U0166375

基 于
Python
的数据分析丛书

非参数统计
基于Python

王　星　编著

中国人民大学出版社
·北京·

前　言

如果读者仅仅将非参数统计看成是关于数据分析的技术, 那就错了, 非参数统计作为一套可靠性推断方法更多的是展开对数据更深层的分析, 这就需要借助由计算资源和解释性能都更强大的 Python 数据科学社群平台, 发展统计思维和增强深刻分析的基本功.

在数据分析实践中, 如果将统计模型根据研发的成熟度分为起步期、发展期和成熟期三个阶段, 我们可以将模型里的信息分为参数信息和非参数信息. 处在起步期的模型里参数信息的成分比较多, 一般包括由样本所估计出的位置参数 (如均值)、波动性参数 (如方差和相关度) 等信息, 较为成熟的模型和算力中, 非参数信息则更多一些, 发展期的模型是由参数信息不断向非参数信息过渡的过程. 非参数信息能体现模型设计的功底, 包含相容性、秩序、分位数、信噪比、对称性、稳健性、失效性、可用性等丰富的分析维度. 如果想通过手中的数据对模型进行 "二度创作" 使其成为独树一帜的信息提取模式, 需要培养对数据的敏锐性、数据的评估、分析与处理技能、利用数据进行决策、对数据的批判性思维和数据伦理等专业综合能力, 参数统计和非参数统计的共同作用尤为重要, 缺一不可. Python 语言在高并发场景中的运用能力、简洁可解释性的语言特点、丰富且快速生长的跨平台标准库和第三方库, 都更有利于传递关于科学的认知与思考, 从聚焦结果到重视分析过程, 加速对数据和有效参数的内在逻辑的对话与交流. 这就是我在本书中选择 Python 的基本理由. 在 Python 里践行, 以 Python 取效.

全书内容分为两个部分: 非参数统计推断和非参数统计模型. 非参数统计推断的内容由单一变量、两变量及多组数据非参数统计估计、多重检验、分类数据的关联分析方法、定量数据的相关和分位回归等分析方法构成; 非参数统计模型部分包括非参数密度估计、稳健回归、非参数回归、数据挖掘与深度学习等内容.

本书具有如下特点:

(1) 全面对接 Python 语言编程, 习题和思考题中增加了具有复杂样态的一手数据和分析习题, 用于提高学生对统计建模的分析能力, 增强学生对复杂数据的辨析能力.

(2) 有教学资源和官方网站支持. 教学资源中有参考课件、程序代码、参考习题、扩展阅读、中国大学 MOOC (慕课) 国家精品课程在线学习平台等, 每一章配有微课精品短视频, 点击二维码可以获取下载这些资源. 本书获得中国人民大学第一批探究性教学课程立项支持, 有配套的教学网站 (http://rucres.ruc.edu.cn), 受 2018、2019 年度中央高校建设世界一流大学 (学科) 和特色发展引导专项资金 (教材类) 及中国人民大学 "十三五" 规划教材支持. 教师可围绕相关知识从网站上获取延展性学习材料, 比如, 知识点中的历史人物、重要事件理论的推证过程、相关文献、应用技术等. 这些辅助学习资源会不断更新, 以适用于研讨型和协作型学习和教学.

　　本书可作为高等院校统计学、经济学、管理学、生物学、信息科学、大数据分析等专业领域本科三、四年级及以上学生、相关研究人员学习非参数统计方法的教材, 也可作为从事统计研究或数据分析工作的人员的案头参考书. 本书的读者需要具备初等统计学基础、概率论和数理统计的相关知识.

　　本书的内容建议安排在一学期 54 课时内完成, 并且安排 1/3 左右课时用于学生上机实验. 有条件的教师可以选择教材中部分案例组织案例教学和课堂讨论. 2017 年和 2018 年连续两年, 我们在中国人民大学统计学专业的本科三年级尝试了案例教学, 获得了学生们的高度认可. 事实证明, 通过案例探究和团组讨论, 学生们会形成一股深入研究、严谨辨析、开拓创新的统计学课堂新风. 本书备有丰富的习题、理论推导、方法应用和上机实验题目, 可灵活支持各种教学需要.

　　本书的数据资源文件请登录中国人民大学出版社网站 (www.crup.com.cn) 查看.

　　本书在写作过程中, 得到过诸多老师的鼓励与建议, 感谢叶艳戈、施佳、王晗、赵玉冰、杜露露、陈志豪、徐华繁、吴宇恒和张潇等同学对案例和数据代码的整理, 对习题的深入讨论, 感谢王伟娟编辑的专业工作.

　　感谢我的同事、好友、学生和家人与我相伴的每一天!

王　星

中国人民大学应用统计研究中心&统计学院

E-mail:wangxing@ruc.edu.cn

目　录

第 1 章　基本概念

1.1　非参数统计的概念与产生

1.1.1　非参数统计的研究对象

人天生就有多种不同的思维能力, 不停地从外部世界接受混杂数据, 对其简化和做格式化处理, 可用于理解世界、预测未来和生成决策. 个体需求多样性和影响因素繁杂多样是现代复杂决策中的两个难点, 良好的决策离不开清晰的目标、适用的模型和对数据的广泛动员. 概率论通过分布表示和可能性计算为决策提供了基本的理论框架, 传统统计意义上的参数作为刻画分布的组成部分, 简化了问题表示, 借助分布实现了高效的推断. 但这类推断的有效性依赖于两个基本前提: (1) 同类不宜强行分开, 同分布族绑定参数的方式, 显示其同质性结构; (2) 不同分布之间的差异有分析比较的意义. 当这样两个分析的前提不能得到满足时, 完全由分布绑定的参数推断会带来以下不足: 将人为定义好的分布视为恒定不变, 以为定义好的标签里的分布都一样而忽视个体差异, 放大不同类之间的差异, 在分布的视野里偏爱或歧视甚至忽视某些类. 大量实践表明, 如果问题的来源不是十分清晰的话, 那么必须借助可能性分析, 全方位地权衡损失以制订策略, 这样就需要将依赖分布的参数和不依赖分布的参数放在一个能够感知到有意义的差异并分析其影响可能性的环境中去训练出判断力.

根据数据对背后的分布做出推断是传统统计推断里的一项核心任务. 在传统的参数推断框架里, 参数通常是作为随机变量 (向量) 分布族中的显性特征而为人所知的. 比如, 新冠肺炎疫情爆发初期, 用于集中隔离救治新冠肺炎患者的床位数、出院比率、社会安全距离等都是随机变量. 可以将出院比率这个随机变量简化用两点分布 $B(1, p)$ $(0 < p < 1)$ 来表示, p 是两点分布族的待估计的参数; 床位需求数得不到满足时, 假定每天空出来的床位数来自泊松分布 $p(\lambda)$ $(0 < \lambda < \infty)$; 在研究一个人员分布相对集中的封闭环境中新冠肺炎病毒感染者对社会安全距离的影响时, 假定平均的意义下, 每测量免受感染单元 (接近新冠肺炎病毒感染者的最短距离, 单位为米) $y|x$ 服从正态分布 $N(\mu + x\beta, \sigma^2)$, 其中 x 为感染者人数变量, μ, β 和 σ^2 为待估参数. 一般一个推断过程包括以下几个步骤: 假定分布族 $\mathcal{F}(\theta)$, 确定要推断的参数和范围, 选择用来推断参数的统计量, 确定抽样分布, 运用抽样分布估计参数, 进行可靠性分析, 检验分布特征等. 样本被视为从分布族的某个参数族抽取出来的用于估计总体分布的数据代表, 未知的仅仅是总体分布中具体的参数值. 这样, 一个实际问题就转化为对分布族中若干设定好的未知参数通过样本进行推断的过程. 通过样本对参数做出估计或进行检验, 从而获知数据背后的分布, 这类推断方法称为参数方法.

在许多实际问题中, 人们所关心的数据中对分析问题有帮助的分布可能是多样化、高维度且带噪声的, 这就为统计推断带来了第二项任务: 关注数据的使用, 特别是数据的可靠性问题. 然而可靠性并没有十分确定的内涵, 在不同的场合下其意义也不同. 首先, 在问题表示方面, 当真实信号相对于噪声而言是稀疏微弱分散时, 收集到的数据可能包含信号也可能不包含信号, 需要了解一项技术是否可以从被检数据中产生有用的检验结果, 这是技术对信号的灵敏度问题. 再比如, 参数空间里是否存在着不易推断的区域? 人们既不清楚手中的数据里能够提供多少种对分布可能性的表达, 也不清楚这些分布差异的大小. 用人为指定的参数分布去表示真实数据的复杂分布也许并不可行, 这需要关注模型对不同类数据的区分性能, 提供的数据所能达到的识别单元是具体到个体还是只能区分到类别. 另外, 很多时候, 数据是由不同的实验室和不同的操作员产生的, 每一条数据都具备同等的诚信度吗? 如果数据的产生过程很复杂, 对那些用于预防实验结果被污染的恰当的控制程序是否都被完整地予以执行投入关注也是十分必要的. 这就需要突破传统对参数的认识, 扩展分析问题的范围, 在统计推断的任务中纳入参数多样性的理解和分析程序的控制等必要内容. 一方面, 需要纳入多样化的参数来引导对数据产生丰富分析结构的理解. 比如用 q 分位数 $F^{-1}(q)$ 表示分布的边界, 其中 F 是数据的分布函数. 这个参数特征是分布函数依赖的而不必借由均值和标准差来定义. 如果 q 取 0.9 就可能对应一组特别的人群. 比如, 经济学家艾略特·哈里斯在一份美国橄榄球联盟球员的健康报告中指出: 高级别参赛队伍球员的身高和体重较之低级别参赛队伍而言会呈现显著优势. 但研究显示因高强度的训练和频繁不断的赛事安排, 高级别队员的大脑损伤几乎无一幸免. 这表明职业联赛中均值所指向的群组之外有一类特殊群体需要获得健康方面的额外关注, 也就是说 "明者毋掩其弱", 这就需要用于探索异质性结构的参数来发现这些群体. 另一方面, 需要纳入参数估计过程的动态适应性调整设计. 比如 C. 比绍曾在书中讲过一个多项式回归中理想阶数选择的例子, 一个阶数较高的模型成功实现了对训练数据高精度的拟合, 却会遭遇系数严重膨胀问题. 这是一个典型的计算效率高但统计效率低下的例子. 如何平衡统计效率和计算效率也是非参数推断里需要面对的问题 (C. Bishop, 2007).

其次, 参数推断和非参数推断虽然在方法论和分析框架上有一些区别, 但非参数模型与参数模型的结合会带来更细致和更可靠的量化结果. 比如, 金融资产管理的可靠性和有效性来自对风险度量的准确性. 传统风险计量方法局限于金融资产波动率为一个恒定的常数体系, 但是研究发现, 资产波动率的方差是随时间变化的, 这就使得传统风险计量模型关于独立同方差的假设不再适于描述金融资产的运动规律. 近几年随着微观数据不断被深入挖掘, 稳健的非参模型引起金融资产管理广泛关注. 它的优点是: 一方面无须设定模型的具体形式, 极大地提高了模型的自由性和灵活性; 另一方面这些稳健的方法允许大范围数据存在相依性, 这对于相互关联的金融时间序列数据来说, 增强了传统量化模型的功能 (解其昌, 2015).

最后, 非参数统计推断与更多算法议题产生交集, 丰富了跨学科技术决策的传导机制. 现有很多数据驱动技术比较偏爱算法, 却普遍缺乏统计分析的保障, 两者之间的交互借鉴对模型与计算技术的协调发展具有十分重要的意义. 比如, 重大疾病再入院研究指出, 国际上关于再入院率研究与监管已十分成熟 (蒋重阳, 2017). 建立在随访数据基础上的健康管理医院里的病人再入院率明显降低, 该系统也为综合疾病的监测与预防提供了广泛的时空观测视角. 比如在传染病流行期, 一些地理位置相邻的小区的发病率相邻时间段之间会有关联性的升高或下降. 传统的通过移动平均结合偏离均值的全局异常检测方法, 对局部尺度下的异常响应迟钝, 无法满足应急精准施策的灵敏要求. 一种通过观察局部时空区域发病密度变化所生成的复合性得分则为预防和检测提供了快速响应的统计监测方法. 这样一类局部算法框架不仅在快速决策层面优势明显, 而且在理论上有良好的统计相合性, 实际中还可增强推断的解释性, 可保证检测结果的低假阳率 (Saligrama, 2012).

在这些例子中, 金融资产动态波动下的稳健风险模型以及在病人再入院巡检数据上的流行病预警指标的设计等, 这些数据变形为参数按不同时逐序、分层结构性地参与建模并影响着决策. 研究人员需要综合应用场景、模型性能和数据所反馈的信号强弱, 找到联结各个参变量之间的影响进而设计和建构出有效的模型. 这样就衍生出两种建模理论: 一类是以模型为核心的建模理论, 重点关注批量参数推断任务中的参数产生过程, 如图 1-1 (左) 所示. 它的缺陷是明显的, 如果模型是现成的, 它对有价值的信息的表示可能是不完整的, 因为它可能仅仅涵盖了系统中诸多分布中的某一类而忽略了异质性群体有被平等表达的需要. 另一类是不断持续更新的建模理论, 称为以数据为中心的建模理论, 这套理论指的是有能力完成一项综合性任务的参数流程的设计, 它综合考虑统计模型的推断模式和训练的研究模式, 遵循多种参数一体的系统推断理论. 这种建模思想如图 1-1 (右) 所示, 以数据为中心, 逐步提炼出数据中的参数信息, 探索出适用于分析目标的参数并辅以相匹配的数据加以巩固. 模型在参数调试中持续获得更新, 设计的模型也需要满足多解性以及模型动态更新的现实需要.

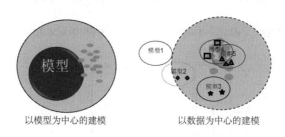

以模型为中心的建模　　　　以数据为中心的建模

图 1-1　两种建模理论

对于系统性建模, 通常会涉及三种参数.

(1) 统计类参数. 指对数据中可靠性信息的解读, 以增进数据理解并帮助尝试不同的模型空间, 其中包括分布中的显性参数 μ 和 σ^2 等, 也包括分布非显性参数, 比如 $F^{-1}(q)$, F 等.

(2) 训练类参数. 在训练模型时, 需要在模型的弹性空间和训练数据 (或测试数据) 上对模型的泛化误差进行估计, 泛化误差追求的是对训练数据的充分拟合和在测试数据上产生较少的错误之间的权衡, 这个用来权衡目标的参数也称为模型的弹性参数. 比如绘制直方图和进行密度估计计算中的带宽参数等.

(3) 平台类参数. 指为保证分析过程顺利进行而搭设的工作平台参数. 比如为程序停止而设置的初始、调节运行速度的学习率和停止条件等参数, 这些参数是程序依赖的, 它们的作用是保证运算的暂时正常输出.

将预设的模型用于信息提炼并使之有助于复杂的决策任务并不容易, 许多参数真实存在且未知, 只能借助已有的数据提炼出来. 传统的参数推断方法主要聚焦在统计类参数, 多为特定的问题而定制, 当模型适用的条件具备时通常有较好的效果. 当模型设定有误或需要针对复杂情况进行调整时, 仅仅考虑参数模型, 其估计的效率和精度则呈现明显不足. 如此一来, 对参数推断过程提出了两项新的范式要求: 一方面, 放松对分布族形态的假定, 增加具有稳健特征的推断理论, 增强模型对数据的适应性; 另一方面, 尽量以数据 (或个体) 为中心来更新所需的特征, 关注数据和参数特征之间的转换过程, 强调递进式更新建模中数据的作用. 这类 "分布自由" (distribution-free) 的方法称为非参数方法. 事实上, 非参数推断比 "分布自由" 更广泛, 布拉德利 (Bradley, 1968) 曾这样说, "分布自由" 仅仅关注分布的表示是不是足够准确, 而非参数推断则关注一个有统计分布参与的系统中哪些参数应该被作为一个科学问题来获得足够的正视. 也就是说, 非参数统计的研究对象主要围绕着有分布参与的分析系统中由参数的不确定性所带来的分析设计、估计过程和评价理论, 其研究范围既包括统计类参数, 也包括训练类参数和平台类参数.

有哪些复杂的问题需要非参数统计的辅助建模呢? 我们先看以下几个问题.

问题 1.1 (数据见 chap3/HSK.txt) 在一项关于两种教学方法对留学生学习汉语的水平 (HSK 四级 (Grade 4)) 影响是否不同的实验研究中, 采用 "结构法" (Type I) 施教的班级的汉语水平考试平均分数为 239 分, 采用 "功能法" (Type II) 施教的班级的汉语水平考试平均分数为 240 分, 传统的 t 检验可以帮助我们分析这个问题. 但是应用 t 检验的一个基本前提是两组学生的成绩服从正态分布, 绘制两组数据的直方图分布, 如图 1-2 所示, 很难相信数据的分布是单峰对称的. 这样, 应用 t 检验会有怎样的问题? 我们将在第 3 章里进行讨论.

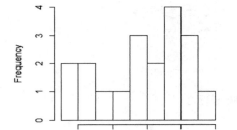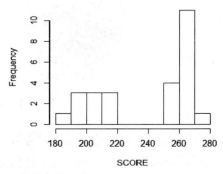

图 1-2　两种教学方法下汉语水平考试学生成绩的直方图

问题 1.2 (数据见 chap4/Gordon.txt) 表 1-1 来自美国哈佛医学院高登 (G. J. Gordon) 2002 年发表在 *Cancer Research* 上的肺癌微阵列数据, 整个数据包括 181 个组织样本, 其中有 31 个恶性胸膜间皮瘤样本 (Malignant Pleual Mesothelioma, MPM) 和 150 个肺癌样本 (Adenocarcinoma, ADCA), 每个样本包括 12533 条基因, 表 1-1 显示了其中的两组基因在两种不同疾病上的表现.

表 1-1　MPM (简称 M) 和 ADCA (简称 A) 病人基因水平

病人	M1	M2	M3	M4	⋯	A1	A2	A3	A4	⋯
基因 1	199.1	188.5	284.1	3.8	⋯	493.8	275.2	189.4	126.8	⋯
基因 2	38.7	82.0	35.6	28.8	⋯	50.6	51.8	59.2	47.2	⋯

要检验 12533 条基因的中位数水平有什么不同, 应该用什么方法? 如果其中只有少数几个检验的 p-值 $< \alpha = 0.05$, 用什么方法可以找到这几个检验所对应的基因呢? 我们将在第 4

章讨论该问题.

问题 1.3　该数据来自卢塞乌 (Rousseeuw, 1987), 是有关 CYG OB1 星团的天文观测数据 (**数据见 chap6/CYGOB1**), 响应变量为对数光强 (log light intensity, 用 logli 表示), 解释变量为对数温度 (log surface temperature, 用 logst 表示), 制作了这两个变量的散点图 (如图 1–3 所示), 最小二乘 (LS) 回归呈现出令人匪夷所思的走向, 那么应该怎样估计才可以将数据中的主要模式比较准确地刻画出来, 我们将在第 6 章给出详细讨论.

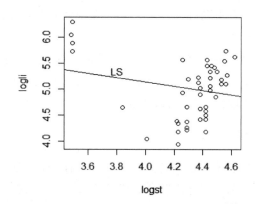

图 1-3　恒星表面对数温度 (logst) 和对数光强 (logli) 散点图与 LS 拟合线

　　以上这些问题并不总能在传统的参数框架结构中找到对应的答案, 因为在传统的参数框架中参数与特定的分布绑定, 而且估计是一次性的. 数据驱动的方法将会打破这两个限制, 在数据中寻找稳定的信息特征. 总而言之, 非参数统计是统计学的一个分支. 相对于参数统计而言, 非参数统计有以下几个突出的特点.

　　(1) 非参数统计方法对总体的假定相对较少, 效率高, 结果一般有较好的稳健性. 其初衷是为了避免对总体假设错误而导致结论的重大偏差. 在经典的统计框架中, 正态分布一直是最引人瞩目的, 可以刻画许多相对确定的好问题. 数据的不确定性是复杂的, 归因于三个方面: 系统内在的随机性、可见数据集的有限性和不完备的建模. 正态分布并不能涵盖所有的推断兴趣, 在对探索性问题建模时, 对总体做服从正态分布的假设并不总是合适的. 在宽松总体假设下的推断反而可获得更为可信的结论, 以 "找形" 来获得对数据真实的理解是非参数推断区别于参数推断的一个特征.

　　(2) 非参数统计可以处理多种类型的数据, 许多统计量由秩序型、计数型和评分型数据合成, 非参数统计设计追求在总体宽松假设下获得稳健估计的过程. 我们知道, 统计数据按照数据类型可以分为两大类: 分类数据 (包括类别数据和顺序数据), 连续数据 (包括等距数据和比例数据). 拿检验来说, 一般而言, 参数统计中常用的是正态型数据, 其在理论上容易得到较好的结果, 然而在实践中, 分布不符合正态假定的数据非常多. 比如, 在满意度调查中数据只有顺序, 没有大小, 这时很多流行的参数模型无能为力. 连续数据如果过度测量则会产生大量累积测量误差, 测量误差会导致对分布的判断失真, 统计推断也会失效. 这个时候将连续数据转化为顺序数据或定性数据, 表面上看损失了一些数据, 但如果丢弃的是噪声则这样的行动是有价值的, 因为这不仅可以消除测量误差的影响, 而且降低了量纲的影响, 增强了数据的可比性, 推进了估计的稳健性.

(3) 非参数统计思想容易理解, 易于计算. 作为统计学的分支, 非参数统计思想非常深刻, 其方法继承了参数统计推断的理论, 容易发展成算法. 特别是伴随着计算机技术的发展, 近代非参数统计更强调运用大量计算求解问题, 这些问题很容易通过编写程序求解, 计算结果也更容易解释. 非参数统计方法在处理小样本问题时, 可能涉及一些不常见的统计表, 过去会对一些非专业的使用者造成不便. 现如今很多统计软件, 如 R 和 Python 软件中已存储了现成的统计表供人们计算和使用, 一些统计量的精确分布或近似分布都可以从软件中轻松地获取, 取代了以往编制粗糙且不精确的表. 事实上, 在现代的许多参数统计推断中, 在诊断过程、图形展现和拟合优度检验方面使用了大量的非参数统计量.

当然, 非参数统计方法也有一些弱点, 比如, 当人们对总体有充分的了解且足以确定其分布类型时, 非参数统计方法就不如参数统计方法具有针对性, 且有效性可能会差一些. 这样看来, 非参数统计并非要取代参数统计, 而是继承和发展了参数统计.

1.1.2 非参数统计简史

在早期形成阶段, 非参数统计强调与分布无关 (distribution free) 的思想. 最早有关非参数统计推断的历史记载是 1701 年苏格兰数理统计学家约翰·阿巴斯诺特 (John Arbuthnot) 提出了单样本符号检验. 1900 年卡尔·皮尔逊 (Karl Pearson) 提出了列联表和拟合优度检验等适用于计数类型数据分布的检验方法. 1904 年心理学家查尔斯·斯皮尔曼 (Charles Spearman) 提出了 Spearman 等级相关系数检验方法. 1937 年弗里德曼 (Friedman) 提出了可用于区组实验设计的 Q 检验法. 随后莫里斯·肯德尔 (Maurice Kendall) 提出了 τ 相关系数检验方法, 肯德尔还是《统计名词词典》(*Dictionary of Statistical terms*) (1957 年, 1962 年, 1965 年和 1968 年) 的总编. 1939 年斯米尔诺夫 (Smirnov) 提出了著名的 K-S 正态性检验, 同时期费歇尔·欧文 (Fisher Erwin) 提出 Fisher 精确性检验作为 χ^2 独立性检验的补充. 一般认为, 非参数统计概念形成于 20 世纪四五十年代, 其中化学家威尔科克森 (F. Wilcoxon) 做出了突出贡献, 1945 年威尔科克森提出两样本秩和检验, 1947 年亨利·B. 曼 (Henry B. Mann) 和 D. 兰塞姆·惠特尼 (D. Ransom Whitney) 将结果推广到两组样本量不等的一般情况, 1975 年班贝尔 (Bamber) 发现 ROC 曲线面积与 Mann-Whitney 统计量之间的天然等价关系.

继威尔科克森之后, 20 世纪五六十年代多元位置参数的估计和检验理论相继建立起来, 这些理论极大地丰富了实验设计不同情况下的数据分析方法. 1950 年科克伦 (Cochran) 补充了分类数据的 Q 检验法. 1951 年, 布朗和沐德 (Brown & Mood) 提出中位数检验法, 德宾 (Durbin) 提出均衡不完全区组实验设计方法. 1952 年克鲁斯卡尔 (Kruskal) 和沃利斯 (Wallis) 提出 K–W 秩检验, 麦金太尔 (McIntyre) 提出排序集抽样方法用以提取更有效的总体信息. 1958 年布洛斯 (Bross) 提出了非参数 Ridit 检验法. 1960 年科恩 (Cohen) 提出 Kappa 一致性检验. 这些方法在小样本检验和异常数据诊断方面获得了成功应用. 1948 年皮特曼 (Pitman) 回答了非参数统计方法相对于参数统计方法的效率问题. 1956 年霍吉斯 (J. L. Hodges) 和莱曼 (E. L. Lehmann) 发现了一个令人吃惊的结果, 与正态模型中的 t 检验相比, 秩检验能经受住有效性的较小损失. 对于厚尾分布所产生的数据, 秩检验统计量可能更为有效. 第一本论述非参数统计的著作《非参数统计》是 1956 年由西格尔 (S. Siegel) 所著. 托马斯·P. 海特曼斯波格 (Thomas P. Hettmansperger) 所著的《基于秩的统计推断》(*Statistical Inference Based on Ranks*) 一书在 1956—1972 年被引用了 1824 次.

20 世纪 60 年代, 霍吉斯和莱曼从秩检验统计量出发, 推导出了若干估计量和置信区间, 以 HL 估计量和 Theilsen 估计量为代表, 由检验统计量推导出估计量引发了推断理论的一次新的变迁 (参见文献莱曼 (E. L. Lehmann, 1975), 沃尔夫 (Wolfe, 1999)). 约翰·图基 (John Tukey, 1960) 较早地注意到传统估计量的不稳健性和效率低下的问题, 提出了 M 稳健估计, 打开了数据分析的大门. 之后, 非参数统计的应用和研究获得巨大的发展, 其中较有代表性的是 20 世纪 60 年代中后期考克斯 (D. R. Cox) 和弗古森 (Ferguson) 最早将非参数方法应用于生存分析. 1930—1970 年非参数统计体系大厦得以建立. 约翰·渥施 (John Walsh) 于 1962, 1965 和 1968 年相继出版了一部三卷有关非参数方法的指南. 萨维奇 (I. R. Savage) 于 1962 年编纂了一部有关非参数统计的文献志. 20 世纪六七十年代比较流行的两本教材有詹姆斯·V. 布拉德利 (James V. Bradley) 于 1958 年出版的《不依赖于分布的统计检验》(*Distribution-free Statistical Tests*) 以及吉恩·D. 吉本斯 (Jean D. Gibbons) 于 1970 年编纂的《非参数统计推断》(*Non-parametric Statistical Inference*). 这段时期恰恰是数据科学的萌芽期, 由于不同学科之间还没有形成很厚的壁垒, 很多统计学家实际上一生都在从事着对其他学科的研究, 他们的眼界十分开阔. 这段时间是传统统计通往机器学习的过渡期, 也是整个非参数话语体系正式形成期. 统计学家们在解决化学、生物、心理等快速发展领域现实问题的过程中发展出一种全新的数据分析理论, 这些方法借着参数推断已形成的渐近工具阐释优良性理论, 同时通过成熟的分布表技术推广方法的应用, 发展存在于数据本身的 "秩序" "稳健性" "有效性" "局部表示" 等潜在特征. 这些统计方法在当时的推断文化中看似不具有核心话语权, 但是随着信息技术的发展, 以见微知著的独特力量, 连接着数据分析的传统与未来.

进入 20 世纪七八十年代, 继埃夫龙 (Efron) 1979 年提出自助法 (Bootstrap) 之后, 非参数方法借助计算机技术提出大量稳健估计和预测方法, 比如, 置换检验 (Permutation Tests) 和多重检验等在生物医学等诸多领域取得长足发展. 以休伯 (P. J. Huber) 和汉佩尔 (F. Hampel) 为代表的统计学家从实际数据出发, 为衡量估计量的稳健性提出了新准则. 20 世纪 90 年代非参数统计将其早期的检验和估计优势扩展到非参数回归领域, 典型的方法有核方法 (kernel)、样条 (spline) 及小波 (wavelet), 相关文献有 Eubank (1988), Hart (1997), Wahba (1990), Green & Silverman (1994), Fan & Gijbels (1996), Härdle (1998), I. M. Johnstone & D. L. Donoho (1994). 20 世纪 90 年代以后, 算法建模思想发展飞快, 成为非参数统计的新宠儿. 非参数统计借助其独有的化繁为简的灵活性能, 在半参数模型、模型 (变量) 选择和降维方法中显示出巨大优势并成为大尺度统计推断中的领跑者, 代表性的成果有切夫·黑斯帖和罗伯特·提布施拉尼 (Trevor Hastie & Robert Tibshirani, 1990), 丹尼斯·库克和李冰 ((R. Dennis Cook & Bing Li, 2002), 郁彬 (Bin Yu, 2013) 以及多诺霍和金 (Donoho & Jin, 2004, 2016), 其中不乏中国海外学者的杰出贡献. 机器学习的兴起无疑推动了非参数统计方法的巨大发展, 代表人物有弗拉基米尔·万普尼克 (Vladimir N. Vapnik, 1974) 等从结构风险的角度规范了面向预测的模型选择框架, 里奥·布莱曼 (Leo Brieman, 1984, 2001) 通过提出分类回归树和随机森林为数据驱动的统计文化打开了大门. 随着大规模计算和自动化技术的飞速发展, 非参数统计为机器学习输送了大量的新方法, 其中的统计推断与机器学习彼此渗透、相互叠加, 共同推动数据科学的发展.

1.2　假设检验回顾

假设检验问题是统计推断和决策问题的基本形式之一, 其核心内容是运用样本所提供的信息对关于总体的某个假设进行检验. 相对于探索型数据分析, 假设检验是典型的推断型数据分析. 基本的假设检验是从两个相互对立的命题即假设开始的: 原假设和备择假设. 对这两个相互对立的假设而言, 一般还要假设分布族和数据, 比如假设分布族是正态的, 那么对总体的选择就可以简化为对位置参数或形状参数的选择. 假设一般都以参数的形式出现, 记作 θ. 原假设记作 $H_0 : \theta \leqslant \theta_0$; 备择假设记作 $H_1 : \theta > \theta_0$. 当然, 这里给出的是一个常规的单边检验问题. 类似地, 如果猜测是另一个方向的或无倾向性的, 则有单边检验问题 $(H_1 : \theta < \theta_0)$ 或双边检验问题 $(H_1 : \theta \neq \theta_0)$. 假设检验的基本原理是小概率事件在一次试验中是不会发生的. 如果在 H_0 成立时, 一次试验中某个小概率事件发生了, 则表明原假设 H_0 不成立. 从某种意义上说, 假设检验的过程类似于数学中的反证法.

在假设检验理论框架形成的过程中有一个著名的假设检验故事——女士品茶试验. 穆里尔·布里斯托 (Muriel Bristol) 博士是著名的统计学家罗纳德·费歇尔 (Ronald Fisher) 的同事, 她声称自己能够通过奶茶的口味判断奶茶是先加的奶还是先加的茶. 显然, 一般人很难察觉出这种细微的口感差别. 为了验证该女士的正确性, 费希尔设计了一个试验, 他预备了 8 杯奶茶, 其中 4 杯先加茶后加奶, 另外 4 杯先加奶后加茶. 将 8 杯奶茶的顺序随机打乱, 布里斯托博士对哪些奶茶是先加的茶哪些奶茶是先加的奶并不知道. 原假设 H_0 是布里斯托博士不能通过奶茶口味成功分辨出奶和茶加入的先后顺序. 如果原假设成立, 而布里斯托博士猜对了全部奶茶加奶的顺序, 这就等价于布里斯托博士完全靠猜的方式分辨出全部奶茶, 可以计算得到她全部猜对的可能性是 $\frac{1}{70} = 0.014$ (为什么是这个结果? 可以通过思考题来回答). 这是一个非常小的概率, 表示如果加奶的先后顺序对于判断没有影响, 随机猜全部答对的可能性几乎是 0, 而从史料记载来看, 布里斯托全部答对, 那么她 "没有任何分辨能力" 这个假设就与数据的客观结果不相容, 于是可以拒绝这个假设, 在显著性水平为 5% 的情况下, 拒绝原假设, 统计上呈现显著结果.

在假设检验的基本原理中, 有个限定是 "单次试验" 而并非重复试验. 如果试验重复很多遍, 即便是小概率事件, 无论它的概率多么小总会发生, 这是著名的墨菲定律.

假设检验的基本原理是, 先假定原假设成立, 样本被视为通过合理设计所获得的总体的代表. 一旦总体分布确定, 那么统计量的抽样分布也就确定了, 从而理论上样本应该体现总体的特点, 统计量的值应该位于其抽样分布的中心位置附近, 不会距离中心位置太远. 这显然是原假设成立的一个几乎必然的结果, 就像在理想环境下投一枚质地均匀的硬币 100 次, 正面和负面出现的次数应近乎相等, 因为这是在硬币质地均匀假设前提下几乎必然的抽样结果. 然而, 假设检验里硬币的正负面胜算的真值是未知的, 在一次固定投币次数的试验中, 当发现硬币正面和负面呈现的次数之间有较大差异, 一种直觉是硬币不均匀. 用逆否命题进行推断是假设检验的本质. 当然, 正负差大到多少才可以认为硬币是不均匀的, 需要测量样本远离中心位置程度大小, 如果样本量的值偏离抽样分布的中心位置过远, 则从小概率事件很难发生的统计观点出发, 认为有很大的把握认为这个试验是从假定总体中取得的, 几乎必然地认为这些样本与备择命题更匹配, 从而拒绝数据对原假设的支持, 接受数据对备择假设的支持. "过远" 是一个统计概念, 在假设检验中用显著性衡量. 几乎必然的含义是, 虽然拒绝原假设的依据是样本偏离了原假设的分布, 然而在零假设下产生特殊样本的可能性和随机性是存在的, 承认差距存在并不表示判断是绝对准确的, 随机性的发生不可避免, 但是如果样本超出了假设理论分布允许的边界, 则可以认为样本呈现出的差异性已经超出了随机性可以解释的范围, 这种差异是由于数据与假设分布的不同而导致的必然结果. 因此, 假设检验的实质是对数据来源的分布作比较, 当某一种分布相对于另一种分布而言产生数据的可能性更大, 就可以生成一种检验的标准, 这就是 Neymman-Pearson 引理的核心思想.

一般对假设检验问题而言, 讨论以下 4 组基本概念.

(1) 如何选择原假设和备择假设. 在数学上, 原假设和备择假设没有实际含义, 形式对称, 采取接受或拒绝结论也是对称的. 但在实践中, 检验的目的是试图将样本中表现出来的特点升华为更一般的分布或分布的特点, 是部分数据特征能否推广至整体分布的过程. 因而, 如果所建立的猜想与样本的表现相背离, 则这个推断的过程基本上是 "空想", 也就是说与数据的支持不相符. 这样的假设检验问题是没有意义的, 当然也不可能期待有拒绝假设检验的结果, 参见习题 1.1. 假设不应该是随意设定的, 而是应该根据数据的表现来设定. 如果数据背离理想的抽样分布, 从小概率原理来看, 提出了可能拒绝原假设的证据, 接受备择假设, 认为是分布上的差异导致了样本对原假设分布的偏移. 因此, 通常将样本显示出的特点作为对总体的猜想, 并优先选作备择假设. 与备择假设相比, 原假设的设定则较为简单, 它是相对于备择假设而出现的. 如此建立在实践经验基础上的假设才是有意义的假设.

(2) 检验的 p-值和显著性水平的作用. 从假设检验的整个过程来看, 起关键作用的是和检验目的相关的检验统计量 $T = T(X_1, X_2, \cdots, X_n)$ 和在原假设之下检验统计量的分布情况. 原假设下统计量的分布是已知的, 这样才能通过统计量判断数据是否远离了原假设所支持的参数分布. 以单一总体正态分布均值 μ 是否等于 μ_0 的检验来看, 选择检验统计量 $T = \dfrac{\overline{X} - \mu}{\sigma/\sqrt{n}}$, 如果 $|T|$ 大意味着备择假设 $\mu \neq \mu_0$ 的可能性更大, 那么要计算概率 $P_{H_0}(|T| > t_0), t_0 = \dfrac{\overline{X} - \mu_0}{\sigma/\sqrt{n}}$, 这个概率称为检验的 p 值. 如果 p 值很小, 说明统计量反映出样本在原假设下是小概率事件, 这时如果拒绝原假设, 则决策错误的可能性是非常小的, 等于 p 值, 这个错误称为第 I 类错误. 通常情况下, 统计计算软件都输出 p 值. 传统意义上, 一般先给出犯第 I 类错误的概率 α, 称它为检验的显著性水平, 如果检验的显著性水平 $\alpha > p$ 值, 那么拒绝原假设, p 值可以认为是拒绝原假设的最小的显著性水平. 对于双边检验, p 值是双尾概率之和, 是单边检验 p 值的 2 倍. p 值的概念如图 1-4 和图 1-5 所示. 如果是一个样本, 同一个显著性水平, 双边检验是更不易拒绝的, 如果能够拒绝双边检验, 则更能拒绝单边检验. p 值真正的作用是用来测量数据和原假设不相容的可能性, 是原假设为真时获得极端结果的可能性.

(3) 两类错误. 只要通过样本决策, 就不可避免会发生真实情况和数据推断不一致的情况, 此时会犯决策错误. 在假设检验中, 有可能犯两类错误.

当拒绝原假设而实际的情况是原假设为真时, 犯第 I 类错误, 这个错误一般由事先给出

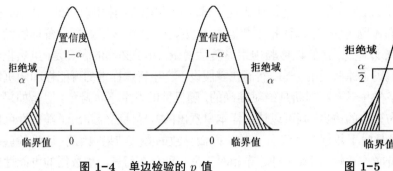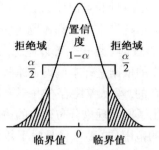

图 1-4　单边检验的 p 值　　　　图 1-5　双边检验的 p 值

描述数据支持的命题和原假设差异显著性的 α 控制, 这表示拒绝原假设时出现决策错误的可能性不会超过 α, 因此拒绝原假设的决策可靠程度较高; 当原假设不能被拒绝而实际情况是备择假设为真时, 犯第 II 类错误, 此时表现为在原假设下样本统计量的 p 值较大. 当不能拒绝原假设时, 如果选择接受原假设, 则会出现取伪错误. 假设检验的目的是给出临界值用于决策, 一个好的决策应该尽量让犯两类错误的概率都小, 然而这在很多情况下是不现实的, 因为在理论上, 犯第 I, II 类错误的概率彼此之间相互制衡, 不可能同时很小. 为了度量犯两类错误的概率, 定义势函数如下.

定义 1.1 (检验的势)　对一般的假设检验问题: $H_0 : \theta \in \Theta_0 \leftrightarrow H_1 : \theta \in \Theta_1$, 其中 $\Theta_0 \bigcap \Theta_1 = \varnothing$, 检验统计量为 T_n. 拒绝原假设的概率, 也就是样本落入拒绝域 W 的概率为检验的势, 记为

$$g_{T_n}(\theta) = P(T_n \in W), \quad \theta \in \Theta = \Theta_0 \bigcup \Theta_1$$

由定义 1.1 可知, 当 $\theta \in \Theta_0$ 时, 检验的势是犯第 I 类错误的概率, 一般由显著性水平 α 控制; 当 $\theta \in \Theta_1$ 时, 检验的势是不犯第 II 类错误的概率, $1 - g(\theta)$ 是犯第 II 类错误的概率. 我们用势函数将犯两类错误的概率统一在一个函数中. 对于一个有意义的检验, 势函数理论上应该越大越好, 低势的检验说明检验在区分原假设和备择假设方面的价值不大.

1933 年奈曼 (J. Neyman) 和皮尔逊 (E. Pearson) 提出了著名的 Neyman-Pearson 引理. 考虑两个简单检验问题: $H_0 : \theta = \theta_0$; $H_1 : \theta = \theta_1$. 记 $f_0(x)$ 和 $f_1(x)$ 分别对应着随机变量 X 在 H_0 和 H_1 下的密度函数, $X \in (\mathcal{X}, \mathcal{F})$, 有 $\int_{\mathcal{X}} f_i(x) \mathrm{d}x = 1$ $(i = 0, 1)$. Neyman-Pearson 引理要表达的是, 如果对水平 α, 存在 $W = W_\alpha \subset \mathcal{X}$ 和 W 上的似然比:

$$W_\alpha = \left\{ x : \frac{f_1(x)}{f_0(x)} \geqslant k_\alpha \right\}, k_\alpha \geqslant 0$$

$$W_\alpha^c = \left\{ x : \frac{f_1(x)}{f_0(x)} < k_\alpha \right\}$$

那么, 似然比检验是简单检验问题水平为 α 的一致最优势检验, k_α 满足 $P(x \in W(\alpha)) = \alpha$.

证明　令 W_α 满足 $P(x \in W_\alpha) = \alpha$, 记 W' 为另一个水平为 α 的检验拒绝域. 那么, 对

任意一个密度函数 $f(x)$, 有

$$
\begin{aligned}
& \int_{W_\alpha} f(x)\mathrm{d}x - \int_{W'} f(x)\mathrm{d}x \\
&= \int_{W_\alpha \cap W'} f(x)\mathrm{d}x + \int_{W_\alpha \cap W'^c} f(x)\mathrm{d}x - \int_{W' \cap W_\alpha} f(x)\mathrm{d}x - \int_{W' \cap W_\alpha^c} f(x)\mathrm{d}x \quad (1.1) \\
&= \int_{W_\alpha \cap W'^c} f(x)\mathrm{d}x - \int_{W' \cap W_\alpha^c} f(x)\mathrm{d}x
\end{aligned}
$$

第一种情况, 如果 $f = f_0$, 上述表达式一定非负, 因为 W' 对应的假设检验的水平不会超过 α, 而 W_α 满足 $P(x \in W_\alpha) = \alpha$. 也就是说:

$$
\int_{W_\alpha} f_0(x)\mathrm{d}x \geqslant \int_{W'} f_0(x)\mathrm{d}x \quad (1.2)
$$

这意味着

$$
\int_{W_\alpha \cap W'^c} f_0(x)dx \geqslant \int_{W' \cap W_\alpha^c} f_0(x)dx \quad (1.3)
$$

第二种情况, 如果 $f = f_1$, 当 $x \in W_\alpha$ 时, 有 $f_1(x) \geqslant k_\alpha f_0(x)$. 因此, 有

$$
\int_{W_\alpha \cap W'^c} f_1(x)dx \geqslant k_\alpha \int_{W_\alpha \cap W'^c} f_0(x)dx, \quad k_\alpha \int_{W' \cap W_\alpha^c} f_0(x)dx > \int_{W' \cap W_\alpha^c} f_1(x)dx \quad (1.4)
$$

上述两个结果表明, 无论 $f = f_0$ 还是 $f = f_1$, 有

$$
\int_{W_\alpha} f(x)dx - \int_{W'} f(x)dx = \int_{W_\alpha \cap W'^c} f(x)dx - \int_{W' \cap W_\alpha^c} f(x)dx \geqslant 0 \quad (1.5)
$$

事实上, 上述推理证明的是 Neyman-Pearson 引理的充分性条件, 说明了似然比检验是一致最优势检验, Neyman-Pearson 引理的必要条件是, 在简单原假设对简单备择假设的情形下, 最优势检验一定是似然比检验, 此处不再赘述, 详细的证明过程可参见文献 George Casella & Roger L. Berger (2002). 这表明似然比可用于构造一致最优势检验.

下面通过一个单边检验问题观察势函数的特点.

例 1.1 假设总体 X 来自泊松 (Poisson) 分布 $\mathcal{P}(\lambda)$, 简单随机抽样 $X_1, X_2, \cdots, X_n$, 假设检验问题为 $H_0 : \lambda \geqslant 1 \leftrightarrow H_1 : \lambda < 1$. 根据假设检验的步骤, 可以选取充分统计量 $\sum_{i=1}^{n} X_i$ 为检验统计量, 检验的目的是选择使犯第 I 类错误的概率较小的检验域, 使 $\alpha(\lambda) = P\left(\sum_{i=1}^{n} X_i < C\right)$ 足够小. 可以看出, $\alpha(\lambda)$ 是分布的函数. 我们在样本量 $n = 10$ 时, 对 $C = 5$ 和 $C = 7$ 考虑了检验势函数随分布的参数 λ_0 从 0 变化到 2 的情况. 在原假设下, 我们注意到:

$$
\alpha(\lambda) = P(拒绝原假设|原假设为真) = P\left(\sum_{i=1}^{n} X_i < C | \lambda \in H_0\right)
$$

$$
\beta(\lambda) = 1 - P(拒绝原假设|备择假设为真) = 1 - P\left(\sum_{i=1}^{n} X_i < C | \lambda \in H_1\right)
$$

检验犯各类错误的概率随分布参数的变化曲线如图 1-6 所示.

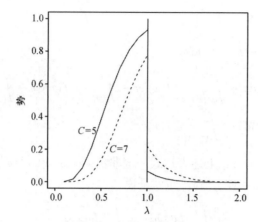

$$\textbf{图 1-6} \quad \textbf{检验势函数随分布参数变化曲线}$$

在图 1-6 中, 右侧的两条曲线分别是 $C = 5$ (实线) 和 $C = 7$ (虚线) 时犯第 I 类错误的概率曲线, 我们观察发现犯第 I 类错误的概率在原假设下随着 λ 的增加而减小, 犯第 I 类错误的概率在 $\lambda = 1$ 处达到最大, 这与 Neyman-Pearson 引理体现的控制第 I 类错误在边界分布上达到最大的思想是一致的. 其中 $C = 5$ 的检验犯第 I 类错误概率比 $C = 7$ 的检验犯第 I 类错误的概率低, 这是因为 $C = 5$ 比 $C = 7$ 的检验更倾向支持备择假设. 两个检验犯第 II 类错误的概率在图像的左侧, 随着 λ 的减小而减小, 犯第 II 类错误的概率在 $\lambda = 1$ 处达到最大. 在单边检验中, 真实的 λ 越远离临界分布 1, 犯第 II 类错误越小.

上面的例子说明, 即便 β 是可以计算的, 当 α 很小时, β 也可能很大. 也就是说, 如果做接受原假设的决策, 则可能存在着很大的潜在决策风险, 比如当参数的真值 (比如 λ) 和要比较的参考值 (比如 λ_0) 比较接近时更应该尽量避免接受原假设. 实际上, 不能拒绝原假设的原因很多, 可能是证据不足, 比如样本量太少, 也可能是模型假设的问题, 也可能是检验效率低, 当然也包括原假设本身就是对的.

结合 Neyman-Pearson 引理, 我们看到, 如果将假设检验当作两类分布的分类问题的话, 拒绝域通过设置临界值定义了一个决策. 这个决策是当样本落入拒绝域 (选择拒绝原假设), 选择备择假设; 当样本没有落入拒绝域, 选择原假设. 当真实参数在备择空间里, 样本落入接受域时, 有一片区域的错误概率是非常高的, 这相当于这个决策失效的区域, 类别在这个区域的归属相对不确定. 如果真值落在这些区域里, 避免作出决策是更合适的选择, 这个区域被称为弃权区 (reject option), 表示决策豁免. 这个拒绝选项区有多大, 受什么因素影响, 将在第 4 章中进行更详细的讨论. 和势有关的检验问题, 我们将在 1.3 节中详细介绍.

(4) 置信区间和假设检验的关系. 以单变量位置参数为例来说, 置信区间和双边检验有密切的联系. 比如, 对参数 θ 的估计量 $\widehat{\theta}$, 用 $\widehat{\theta}$ 构造一个 θ 的 $100(1 - \alpha)\%$ 置信区间如下:

$$(\widehat{\theta} - C_\alpha, \ \widehat{\theta} + C_\alpha) \tag{1.6}$$

这是数据所支持的总体 (参数) 可能的取值范围, 这个区间的可靠性为 $100(1 - \alpha)\%$. 如果猜想的 θ_0 不在该区间内, 则可以拒绝原假设, 认为数据所支持的总体与猜想的总体不一致. 当然, 由于区间端点取值的随机性, 也可能因为一次性试验结果的偶然性而犯错误. 犯错误的概率恰好是区间不包含总体参数的可能性 α. 反之, 如果 θ_0 在区间中, 则表示不能拒绝原假设, 但这并没有表明 θ 就是 θ_0, 而仅仅表达了不拒绝 θ_0. 从这一点来看, 置信区间和假设检验虽然对总体推断的角度不同, 但推断的结果可能是一致的.

1.3 经验分布和分布探索

1.3.1 经验分布

一个随机变量 $X \in \mathbb{R}$ 的分布函数 (右连续) 定义为: $F(x) = P(X \leqslant x), \forall x \in \mathbb{R}$. 对分布函数最直接的估计是应用经验分布函数. 经验分布函数的定义是: 当有独立随机样本 $X_1, X_2, \cdots, X_n$ 时, 对 $\forall x \in \mathbb{R}$, 定义

$$\widehat{F}_n(x) = \frac{1}{n} \sum_{i=1}^{n} I(X_i \leqslant x) \tag{1.7}$$

这里 $I(X \leqslant x)$ 是示性函数:

$$I(X \leqslant x) = \begin{cases} 1, & X \leqslant x \\ 0, & X > x \end{cases}$$

如果对 $\forall i = 1, 2, \cdots, n$, 定义伴随变量 $Y_i = I(X_i \leqslant x), Y_i$ 服从贝努利分布 $B(1, p)$. 除此之外, 还可以定义一个离散型随机变量 Z, Z 是在 $\{x_1, x_2, \cdots, x_n\}$ 上均匀分布的随机变量, Z 的分布函数就是 $\widehat{F}_n(x)$.

定理 1.1 令 $X_1, X_2, \cdots, X_n$ 的分布函数为 F, $\widehat{F}_n$ 为经验分布函数, 于是有以下结论成立:

(1) 对 $\forall x, E(\widehat{F}_n(x)) = F(x), \mathrm{var}(\widehat{F}_n(x)) = \dfrac{F(x)(1 - F(x))}{n}$; 于是, $MSE = \dfrac{F(x)(1 - F(x))}{n}$ $\to 0$, 而且 $\widehat{F}_n(x) \xrightarrow{P} F(x)$.

(2) (Glivenko-Cantelli 定理) $\sup\limits_{x} |\widehat{F}_n(x) - F(x)| \xrightarrow{\text{a.s.}} 0$.

(3) (Dvoretzky-Kiefer-Wolfowitz(DKW) 不等式) 对 $\forall \varepsilon > 0$,

$$P(\sup_{x} |\widehat{F}_n(x) - F(x)| > \varepsilon) \leqslant 2\mathrm{e}^{-2n\varepsilon^2} \tag{1.8}$$

由 DKW 不等式, 我们可以构造一个置信区间. 令 $\varepsilon_n^2 = \ln(2/\alpha)/(2n)$, $L(x) = \max\{\widehat{F}_n(x) - \varepsilon_n, 0\}$, $U(x) = \min\{\widehat{F}_n(x) + \varepsilon_n, 1\}$, 根据式 (1.8) 可以得到

$$P(L(x) \leqslant F(x) \leqslant U(x)) \geqslant 1 - \alpha$$

也就是说, 可以得到如下推论.

推论 1.1 令

$$L(x) = \max(\widehat{F}_n(x) - \varepsilon_n, 0) \tag{1.9}$$
$$U(x) = \min(\widehat{F}_n(x) + \varepsilon_n, 1) \tag{1.10}$$

其中

$$\varepsilon_n = \sqrt{\frac{1}{2n} \ln\left(\frac{2}{\alpha}\right)}$$

那么

$$P(L(x) \leqslant F(x) \leqslant U(x)) \geqslant 1 - \alpha$$

例 1.2 1966 年考克斯和刘易斯 (Cox & Lewis) 的一篇研究报告给出了神经纤维细胞连续 799 次激活的等待时间的分布拟合. 求数据的经验分布函数, 可以编写程序, 也可以调用函数 ecdf. 我们根据定理 1.1 编写了函数求解经验分布函数的 95% 的置信区间, 程序如下, 先加载 Python 中的 pandas,numpy 和绘图包 matplotlib.

```python
import pandas as pd
import numpy as np
import math
import matplotlib.pyplot as plt
from matplotlib.pyplot import MultipleLocator
# 读入数据, 求经验分布函数点估计, 置信带, 绘制置信带
df=pd.read_csv("./nerve.csv")
nerve=df.value.tolist()
sort_nerve=sorted(nerve) # 重新排序
rank_nerve=np.argsort(nerve)+1 # 求秩
N=len(nerve)
cdf_nerve=sorted((rank_nerve+1)/N) # 经验分布函数
plt.scatter(sort_nerve,cdf_nerve,c='',edgecolors='k')
x_major_locator=MultipleLocator(0.1) # 将 x 轴的刻度间隔设置为 0.1, 并存在变量里
y_major_locator=MultipleLocator(0.1) # 将 y 轴的刻度间隔设置为 0.1, 并存在变量里
ax=plt.gca() #ax 为两条坐标轴的实例
ax.xaxis.set_major_locator(x_major_locator)
ax.yaxis.set_major_locator(y_major_locator)
plt.xlim(0,1.4)
plt.ylim(0,1.1)
plt.rcParams['font.sans-serif']=['SimHei'] # 用来显示中文标签
plt.xlabel(' 排序后的激活等待时间 (sort_nerve)')
plt.ylabel(' 经验分布函数 (cdf_nerve)')
for i in range(N-1):
    x=[sort_nerve[i],sort_nerve[i+1]]
    y=[cdf_nerve[i],cdf_nerve[i]]
    plt.plot(x,y,c='k')
alpha=0.05
band=math.sqrt(1/(2*N)*math.log(2/alpha))
Lower= [x-band for x in cdf_nerve] # 求 95% 置信区间下界
Upper= [x+band for x in cdf_nerve] # 求 95% 置信区间上界
## 下面绘制 95% 置信区间图像: Lower= [x-band for x in cdf_nerve] # 求 95% 置信区间下界
Upper= [x+band for x in cdf_nerve] # 求 95% 置信区间上界
plt.plot(sort_nerve,Lower,c='k')
plt.plot(sort_nerve,Upper,c='k')
print('band=',band)
band= 0.04807
```

如图 1–7 所示, 分段左连续函数即为经验分布函数, 上下两条虚线分别是 95% 上下置信限.

1.3.2 生存函数

很多实际问题关心随机事件的寿命, 比如零件损坏的时间、病人生病的生存时间等, 这时需要用生存分析来回答. 生存函数是生存分析中基本的概念, 它是用分布函数来定义的:

$$S(t) = P(T > t) = 1 - F(t)$$

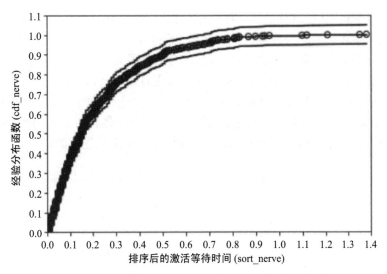

图 1-7 经验分布函数及分布函数的置信区间变化曲线

式中, T 为服从分布 F 的随机变量. 这里, 我们更习惯用生存函数而不是累积分布, 尽管两者给出同样的信息. 于是, 可以用经验分布函数估计生存函数:

$$S_n(t) = 1 - F_n(t)$$

表示寿命超过 t 的数据占的比例.

例 1.3 (数据见 chap1/pig.rar) 数据来自受不同程度结核菌感染的豚鼠的死亡时间. 其中实验组分为 5 组, 每组安排 72 只豚鼠, 组内豚鼠受同等程度结核菌感染. 1~5 组感染结核菌的程度依次增大, 标记为 1, 2, 3, 4, 5. 对照组包含 107 只豚鼠, 没有受到感染. 实验持续两年以上, 记录豚鼠死亡时间. 这个例子中, 我们用经验分布函数估计生存函数, 研究受不同程度结核菌感染的豚鼠的生存情况. 其生存函数如图 1-8 所示.

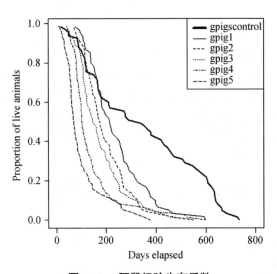

图 1-8 豚鼠经验生存函数

　　粗实线对应于对照组, 其他的线 (细实线和虚线) 分别为 1∼5 实验组, 图 1-8 中的经验生存函数直观地描述了受感染豚鼠的生存情况. 超过规定时间的存活比率在图 1-8 中表现出来, 可以看出, 随着结核菌剂量的增加, 豚鼠的寿命有很大程度的下降, 第 5 组豚鼠的寿命和第 3 组的寿命相比几乎差了 100 天. 该图比列表更有效地展示了数据.

　　危险函数是生存分析中另一项重要内容, 它表示一个生存时间超过给定时间的个体瞬时死亡率. 生存图形可以非正式地表现危险函数. 如果一个个体在时刻 t 仍然存活, 那么个体在时间范围 $(t, t+\delta)$ 死亡的概率为 (假设密度函数 f 在 t 上是连续的):

$$
\begin{aligned}
P(t \leqslant T \leqslant t + \delta | T \geqslant t) &= \frac{P(t \leqslant T \leqslant t + \delta)}{P(T \geqslant t)} \\
&= \frac{F(t + \delta) - F(t)}{1 - F(t)} \\
&\approx \frac{\delta f(t)}{1 - F(t)}
\end{aligned}
$$

危险函数定义为:

$$
h(t) = \frac{f(t)}{1 - F(t)}
$$

$h(t)$ 是一个存活时间超过规定时间的个体瞬时死亡率. 如果 T 是一个产品零件的寿命, $h(t)$ 可以解释成零件的瞬时损坏率. 危险函数还可以表示为:

$$
h(t) = -\frac{\mathrm{d}}{\mathrm{d}t} \ln(1 - F(t)) = -\frac{\mathrm{d}}{\mathrm{d}t} \ln S(t)
$$

上式说明危险函数是对数生存函数斜率的负数.

　　考虑一个指数分布的例子:

$$
\begin{aligned}
F(t) &= 1 - \mathrm{e}^{-\lambda t} \\
S(t) &= \mathrm{e}^{-\lambda t} \\
f(t) &= \lambda \mathrm{e}^{-\lambda t} \\
h(t) &= \lambda
\end{aligned}
$$

　　如果一个零件的损坏时间服从指数分布, 由于指数分布的 "无记忆" 特性, 零件损坏的可能性不依赖于它使用的时间, 但这不符合零件损坏的规律. 一个合理的零件损坏时间分布应该是: 它的危险函数是 U 形曲线. 新零件刚开始损坏的概率 (危险函数值) 较大, 因为制造过程中一些缺陷在使用之初会很快暴露出来. 然后危险函数值会下降. 当用了一段时间后, 零件老化, 危险函数值会再度上升. 这个过程体现了危险函数的作用.

　　我们还可以计算对数经验生存函数的方差:

$$
\begin{aligned}
\operatorname{var}(\ln(1 - F_n(t))) &\approx \frac{\operatorname{var}(1 - F_n(t))}{(1 - F(t))^2} \\
&= \frac{1}{n} \frac{F(t)(1 - F(t))}{(1 - F(t))^2} \\
&= \frac{1}{n} \frac{F(t)}{(1 - F(t))}
\end{aligned}
$$

例 1.4　对上例中的数据, 图 1-9 展现的是负对数经验生存函数随时间 t 的变化. 从曲线的斜率我们可以看到危险函数随时间 t 的变化. 开始危险率是比较小的, 随着结核菌剂量的增加, 豚鼠的死亡率增加得很快, 而且就早期危险率而言, 高剂量组相比于低剂量组增加得更快. 从图中可以看出, 当 t 值很大时, 负的对数经验生存函数会变得不稳定, 因为此时 $1 - F(t)$ 的值变得很小. 所以画图时, 每组的最后几个点被忽略了.

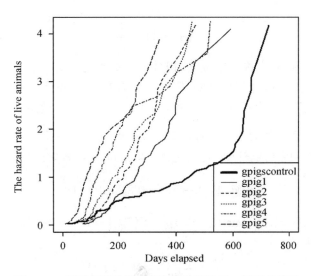

图 1-9　豚鼠负对数经验生存函数随时间 t 的变化情况

1.4　检验的相对效率

正如 1.3 节所述, 一个好的检验, 在达到犯第 I 类错误 α 的水平下, 势应该越大越好, 当对一个检验问题有许多检验可以选择时, 用怎样的标准选择检验函数是一个自然的问题. 这一节将给出选择检验函数的一些理论评价结果.

对同一个假设检验问题而言, 选择不同的统计量, 得到的势函数也不同. 一般一个好的检验应有较大的势, 因而可以通过比较势大小选择较优的检验. 然而直接比较势是困难的, 转而考虑影响势大小的因素: 总体的真值、检验的显著性水平和样本量. 在这些因素中, 真值未知对我们的帮助不大, 在显著性水平固定的情况下, 势的大小依赖于样本量, 样本量越大势越大. 考虑势的大小问题可以转化为对样本量的比较: 在相同的势条件下, 比较不同检验所需的样本量的大小, 样本量越小的检验被认为是更优的统计量, 于是依赖于该统计量所作出的检验也被认为是较优的或更有效率的. 渐近相对效率 (asymptotic relative efficiency, ARE) 给出了该问题的一个可行的答案, Pitman 渐近相对效率是 ARE 的代表. 针对原假设只取一个值的假设检验问题, 在原假设的一个邻域内, 固定势, 令备择假设逼近原假设, 将两个统计量的样本量比值的极限定义为渐近相对效率.

具体而言, 对假设检验问题

$$H_0 : \theta = \theta_0 \leftrightarrow H_1 : \theta \neq \theta_0$$

取备择假设序列 $\theta_i(i = 1, 2, \cdots), \theta_i \neq \theta_0$, 且 $\lim\limits_{i \to \infty} \theta_i = \theta_0$. 在固定势 $1 - \beta$ 之下, 我们考虑两个

检验统计量 V_{n_i} 和 T_{m_i}. V_{n_i} 和 T_{m_i} 分别为 θ_i 所对应的两个检验统计量序列, n_i 和 m_i 为两个统计量分别对应的样本量. 势函数满足:

$$\lim_{i \to \infty} g_{V_{n_i}}(\theta_0) = \lim_{i \to \infty} g_{T_{m_i}}(\theta_0) = \alpha$$

$$\alpha < \lim_{i \to \infty} g_{V_{n_i}}(\theta_i) = \lim_{i \to \infty} g_{T_{m_i}}(\theta_i) = 1 - \beta < 1$$

如果极限

$$e_{VT} = \lim_{i \to \infty} \frac{m_i}{n_i}$$

存在, 且独立于 θ_i, α 和 β, 则称 e_{VT} 是 V 相对于 T 的渐近相对效率, 简记为 $\mathrm{ARE}(V, T)$. 它是皮特曼 (Pitman) 于 1948 年提出来的, 因此又称为 Pitman 渐近相对效率.

下面的 Nother 定理给出了计算渐近相对效率应满足的 5 个条件.

定理 1.2　对假设检验问题 $H_0 : \theta = \theta_0 \leftrightarrow H_1 : \theta \neq \theta_0$:

(1) V_n 和 T_m 是相容的统计量. 也就是说: 当 $n, m \to +\infty$ 时, $\forall \theta \neq \theta_0$,

$$g(\theta_i, V_{n_i}) \to 1, \quad g(\theta_i, T_{m_i}) \to 1$$

(2) 如果记 $E(V_{n_i}) = \mu_{V_{n_i}}$, $\mathrm{var}(V_{n_i}) = \sigma_{V_{n_i}}^2$, $E(T_{m_i}) = \mu_{T_{m_i}}$, $\mathrm{var}(T_{m_i}) = \sigma_{T_{m_i}}^2$, 则在 $\theta = \theta_0$ 的邻域中一致地有[①]

$$\frac{V_{n_i} - \mu_{V_{n_i}}(\theta)}{\sigma_{V_{n_i}}(\theta)} \xrightarrow{\mathcal{L}} N(0, 1)$$

$$\frac{T_{m_i} - \mu_{T_{m_i}}(\theta)}{\sigma_{T_{m_i}}(\theta)} \xrightarrow{\mathcal{L}} N(0, 1)$$

(3) 存在导数 $\left. \dfrac{\mathrm{d}\mu_{V_{n_i}}(\theta)}{\mathrm{d}\theta} \right|_{\theta=\theta_0}$, $\left. \dfrac{\mathrm{d}\mu_{T_{m_i}}(\theta)}{\mathrm{d}\theta} \right|_{\theta=\theta_0}$, 而且 $\mu'_{V_{n_i}}(\theta), \mu'_{T_{m_i}}(\theta)$ 在 $\theta = \theta_0$ 的某一个闭邻域内连续, 导数不为 0.

(4)

$$\lim_{i \to \infty} \frac{\sigma_{V_{n_i}}(\theta_i)}{\sigma_{V_{n_i}}(\theta_0)} = \lim_{i \to \infty} \frac{\sigma_{T_{m_i}}(\theta_i)}{\sigma_{T_{m_i}}(\theta_0)} = 1$$

$$\lim_{i \to \infty} \frac{\mu_{V_{n_i}}(\theta_i)}{\mu_{V_{n_i}}(\theta_0)} = \lim_{i \to \infty} \frac{\mu_{T_{m_i}}(\theta_i)}{\mu_{T_{m_i}}(\theta_0)} = 1$$

(5)

$$\lim_{i \to \infty} \frac{\mu'_{V_{n_i}}(\theta_0)}{\sqrt{n_i \sigma_{V_{n_i}}^2(\theta_0)}} = C_V$$

$$\lim_{i \to \infty} \frac{\mu'_{T_{m_i}}(\theta_0)}{\sqrt{m_i \sigma_{T_{m_i}}^2(\theta_0)}} = C_T$$

则 V 相对于 T 的 Pitman 渐近相对效率等于

$$\mathrm{ARE}(V, T) = \lim_{i \to \infty} \frac{m_i}{n_i} = \frac{C_V^2}{C_T^2}$$

---

① $\mathcal{L}$ 表示依分布收敛.

这意味着计算 Pitman 渐近相对效率只要用到 $\mu'_{V_{n_i}}(\theta_0)$, $\mu'_{T_{m_i}}(\theta_0)$ 和 $\sigma^2_{V_{n_i}}(\theta_0)$, $\sigma^2_{T_{m_i}}(\theta_0)$, 这四项都不难计算.

定义 1.2 假设检验问题: $H_0 : \theta = \theta_0 \leftrightarrow H_1 : \theta = \theta_1 (\theta_0 \neq \theta_1)$, 上述定理中定义的极限为:

$$\lim_{i \to \infty} \frac{\mu'_{V_{n_i}}(\theta_0)}{\sqrt{n}\sigma_{V_{n_i}}(\theta_0)}$$

称为 V_n 的效率, 记为 $\mathrm{eff}(V)$.

例 1.5 考虑总体为正态分布, $\{X_j, j = 1, 2, \cdots, n\}$ 是独立同分布的样本, 有

$$p(x, \mu, \sigma) = \frac{1}{\sqrt{2\pi}}\mathrm{e}^{-\frac{1}{2}\left(\frac{x-\mu}{\sigma}\right)^2}, \quad -\infty < x < +\infty$$

假设检验问题: $H_0 : \mu = 0 \leftrightarrow H_1 : \mu = \mu_i (i = 1, 2, \cdots)$, $\lim\limits_{i \to \infty} \mu_i = 0$, 考虑检验统计量 $T_n = \sqrt{n}\overline{X}/S$ 和 $SG_n = \sum\limits_{j=1}^{n} I(X_j > 0)$, 其中, $\overline{X} = \frac{1}{n}\sum\limits_{j=1}^{n} X_j$ 是样本均值, $S^2 = \frac{1}{n-1}\sum\limits_{j=1}^{n}(X_j - \overline{X})^2$ 是样本方差, $I(X_j > 0)$ 是示性函数, 计算 $\mathrm{ARE}(T, SG)$.

根据 t 分布的性质有

$$E_\mu(T_n) = \frac{\mu}{\frac{\sigma}{\sqrt{n}}}, \quad \mathrm{var}_\mu(T_n) = 1$$

$$E_\mu(SG_n) = np, \quad \mathrm{var}_\mu(SG_n) = np(1-p)$$

因而 $\mathrm{eff}(T_n) = \frac{1}{\sigma}$. 其中

$$p = \int_0^\infty \frac{1}{\sqrt{2\pi}\sigma}\mathrm{e}^{-\frac{1}{2}\left(\frac{t-\mu}{\sigma}\right)^2} \, \mathrm{d}t$$

容易证明它们满足 Nother 定理的条件 $(1) \sim (5)$, 而且:

$$(E_\mu(T_n))' = \frac{\sqrt{n}}{\sigma}$$

$$\begin{aligned}
(E_\mu(SG_n))' &= \frac{n}{\sqrt{2\pi}\sigma}\int_0^\infty \frac{1}{\sigma^2}(t-\mu)\mathrm{e}^{-\frac{1}{2}\left(\frac{t-\mu}{\sigma}\right)^2} \, \mathrm{d}t \\
&= \frac{n}{\sqrt{2\pi}\sigma}\int_0^\infty \mathrm{d}\left(-\mathrm{e}^{-\frac{1}{2}\left(\frac{t-\mu}{\sigma}\right)^2}\right) = \frac{n}{\sqrt{2\pi}\sigma}\mathrm{e}^{-\frac{\mu^2}{2\sigma^2}}
\end{aligned}$$

$$\begin{aligned}
\mathrm{eff}(SG_n) &= \lim_{n \to \infty} \frac{(E_0(SG_n))'}{\sqrt{n\mathrm{var}_0(SG_n)}} \\
&= \lim_{n \to \infty} \left(\frac{n}{\sqrt{2\pi}\sigma} \Big/ \frac{n}{2}\right) = \frac{1}{\sigma}\sqrt{\frac{2}{\pi}}
\end{aligned}$$

于是, T 相对于 SG 的渐近相对效率为:

$$\mathrm{ARE}(SG, T) = \left(\frac{1}{\sigma}\sqrt{\frac{2}{\pi}} \Big/ \frac{1}{\sigma}\right)^2 = \frac{2}{\pi}$$

$$\text{ARE}(T, SG) = \frac{\pi}{2}$$

从结果看, 在正态分布下, T 相对于 SG 的渐近相对效率还是不错的. 后面我们会给出其他分布下的结果, 在偏态分布下 T 相对于 SG 的渐近相对效率可能会小于 1.

1.5 分位数和非参数估计

1.5.1 顺序统计量

定义 1.3 假设总体 X 有样本量为 n 的样本 $X_1, X_2, \cdots, X_n$, 将 $X_1, X_2, \cdots, X_n$ 按从小到大排序后生成的统计量

$$X_{(1)} \leqslant X_{(2)} \leqslant \cdots \leqslant X_{(n)}$$

则称统计量 $(X_{(1)}, X_{(2)}, \cdots, X_{(n)})$ 为顺序统计量. 其中 $X_{(i)}$ 是第 i 个顺序统计量. 顺序统计量是非参数统计的理论基础之一, 许多非参数统计量的性质与顺序统计量有关.

定理 1.3 如果总体分布函数为 $F(x)$, 则顺序统计量 $X_{(r)}$ 的分布函数为:

$$\begin{aligned}
F_r(x) &= P(X_{(r)} \leqslant x) = P(\text{至少 } r \text{ 个 } X_i \text{ 小于或等于 } x) \\
&= \sum_{i=r}^{n} \binom{n}{i} F^i(x)(1 - F(x))^{n-i}
\end{aligned}$$

如果总体分布密度 $f(x)$ 存在, 则顺序统计量 $X_{(r)}$ 的密度函数为:

$$f_r(x) = \frac{n!}{(r-1)!(n-r)!} F^{r-1}(x) f(x)(1 - F(x))^{n-r}$$

证明 注意到第 r 个顺序统计量的随机事件 $\{X_{(r)} \in (x, x + \Delta x]\}$, 该随机事件等价于如下随机事件: 在 n 个样本点里, 有 $(r-1)$ 个点比 x 小, 有 1 个点落在区间 $(x, x + \Delta x]$ 里. 上一句话等价于在 n 个样本点里, 有 $(r-1)$ 个点比 x 小, 剩余的 $(n - r + 1)$ 个点不能都比 $x + \Delta x$ 小.

$$\begin{aligned}
&P\left(X_{(r)} \in (x, x + \Delta x]\right) \\
&= \binom{n}{r-1}(P(X \leqslant x))^{r-1}(P(X \in (x + \Delta x, +\infty)))^{n-r+1}
\end{aligned} \tag{1.11}$$

两边都除以 Δx, 并令 Δx 趋于 0, 有

$$f_r(x) = \binom{n}{r-1} F(x)^{r-1}(n - r + 1) f(x)(1 - F(x))^{n-r} \tag{1.12}$$

定理 1.4 如果总体分布函数为 $F(x)$, 则顺序统计量 $X_{(r)}$ 和 $X_{(s)}$ 的联合密度函数为:

$$f_{r,s}(x, y) = \frac{n!}{(r-1)!(s-r-1)!(n-s)!} F^{r-1}(x) f(x)(F(y) - F(x))^{s-r-1} f(y)(1 - F(y))^{n-s} \tag{1.13}$$

证明 同理可以求出第 r 个顺序统计量和第 s 个顺序统计量的联合分布. 不妨假设 $r < s$, 注意到, $\{X_{(r)} \in (x, x + \Delta x], X_{(s)} \in (y, y + \Delta y]\}$, 该随机事件等价于如下随机事件: 在 n 个样本点里, 有 $(r-1)$ 个点比 x 小, 有 1 个点落在区间 $(x, x + \Delta x]$, 在 $(n - r)$ 个点里有

$(s-r-1)$ 个点落在区间 $(x+\Delta x, y]$, 在 $(n-s+1)$ 个点里, 有 1 个点落在小区间 $(y, y+\Delta y]$, 还有剩余 $(n-s)$ 个点比 $y+\Delta y$ 大. 因此有

$$
\begin{aligned}
&P\left(X_{(r)} \in (x, x+\Delta x], X_{(s)} \in (y, y+\Delta y]\right)\\
&= \tbinom{n}{r-1}(P(X \leqslant x))^{r-1}\tbinom{n-r+1}{1}P(X \in (x, x+\Delta x])\\
&\quad \times \tbinom{n-r}{s-r-1}(P(x+\Delta x < X \leqslant y))^{s-r-1}\\
&\quad \times \tbinom{n-s+1}{1}P(X \in (y, y+\Delta y])\\
&\quad \times \tbinom{n-s}{n-s}(P(X > y+\Delta y))^{n-s}
\end{aligned} \tag{1.14}
$$

等式的左右同时除以 Δx 和 Δy, 并令 Δx 和 Δy 分别趋于 0, 等式左边趋向 $X_{(r)}$ 和 $X_{(s)}$ 的联合密度函数, 右边趋向:

$$
\begin{aligned}
&\tbinom{n}{r-1}(P(X \leqslant x))^{r-1}\tbinom{n-r+1}{1}f(x)\\
&\quad \times \tbinom{n-r}{s-r-1}(P(x < X \leqslant y))^{s-r-1}\\
&\quad \times \tbinom{n-s+1}{1}f(y)\tbinom{n-s}{n-s}(1-F(y))^{n-s}
\end{aligned} \tag{1.15}
$$

这样就导出顺序统计量 $X_{(r)}$ 和 $X_{(s)}$ 的联合密度函数为:

$$
f_{r,s}(x,y) = \frac{n!}{(r-1)!(s-r-1)!(n-s)!}F^{r-1}(x)f(x)(F(y)-F(x))^{s-r-1}f(y)(1-F(y))^{n-s}
$$

由式 (1.15) 可以导出许多常用的顺序统计量的分布函数. 比如极差 $W = X_{(n)} - X_{(1)}$ 的分布函数为:

$$
F_W(w) = n \int_{-\infty}^{\infty} f(x)(F(x+w) - F(x))^{n-1}\mathrm{d}x
$$

1.5.2　分位数的定义

一组数据从小到大排序后, 每一个数在数据中的序非常重要, 给定序, 寻找对应的数据, 用分布的语言来说, 就是找分位数. 比如, 分布在 3/4 位置的数称为 3/4 分位数. 中位数是分布在样本中间位置的数.

不失一般性, 对任意分布而言, 分布的分位数有如下定义.

定义 1.4　假定 X 服从概率密度为 $f(x)$ 的分布, 令 $0 < p < 1$, 满足等式 $F(m_p) = P(X < m_p) \leqslant p, F(m_p+) = P(X \leqslant m_p) \geqslant p$ 唯一的根 m_p 称为分布 $F(x)$ 的 p 分位数.

例如, 中位数可以定义为 $P(X < m_{0.5}) \leqslant 1/2, P(X \leqslant m_{0.5}) \geqslant 1/2$. 分布的 3/4 分位数定义为 $P(X < m_{0.75}) \leqslant 0.75, P(X \leqslant m_{0.75}) \geqslant 0.75$.

对连续分布而言, 分布的分位数可以简化如下.

定义 1.5　假定 X 服从概率密度为 $f(x)$ 的分布, 令 $0 < p < 1$, 满足等式 $F(x) = P(X < m_p) = p$ 的唯一的 m_p 称为分布 $F(x)$ 的 p 分位数.

1.5.3　分位数的估计

分位数是刻画分布的重要特征, 经验分布函数的基本思想就是建立在分位数估计上的. 如果一组数据有 n 个值, 分布的第 $i/(n+1)$ 分位点的估计由第 i 个数据生成. 一般而言, 对任意分位数可以构造如下估计.

给定 n 个值 $X_1, X_2, \cdots, X_n$, 可以根据下面的公式计算任意 p 分位数的值:

$$m_p = \begin{cases} X_{(k)}, & \dfrac{k}{n+1} = p \\ X_{(k)} + (X_{(k+1)} - X_{(k)})[(n+1)p - k], & \dfrac{k}{n+1} < p < \dfrac{k+1}{n+1} \end{cases}$$

1.5.4 分位数的图形表示

1. 箱线胡须图

箱线胡须图 (boxwisker) 是用分位数表示数据分布的重要的探索性数据分析方法. 箱线胡须图的基本原理是找出数据中的 5 个数据, 用这 5 个数据直观地表示数据的分布.

(1) 中位数: 将数据从小到大排序后, 位于中间位置的数. 用粗带表示, 显示了数据的平均位置.

(2) 上四分位数和下四分位数: 分别是数据中排序在 3/4 位置和 1/4 位置的数. 这两个数之间有 50% 的数据量, 是数据中的主体部分, 用矩形箱表示, 可以观察数据的分散程度和相对于中位数的对称情况.

(3) 异常上下警戒点: 以中位数为中心, 加减 3/4 位置与 1/4 位置差的 1.5 倍. 1.5 倍是经验值, 在 R 软件中可能根据情况调整. 如遇最小值或最大值, 则以最小值或最大值为限, 以 W_u 表示上警戒点, 以 W_l 表示下警戒点, 则

$$W_u = \min(M_{0.5} + 1.5 \times (M_{0.75} - M_{0.25}), \ X(n))$$
$$W_l = \max(M_{0.5} - 1.5 \times (M_{0.75} - M_{0.25}), \ X(1))$$

这两个数之间上下四分位数以外的部分以实线段表示, 表示这是数据的次要信息. 通过次要信息可以观察到数据的特色信息, 比如: 零散信息与主体部分两侧的对称情况, 线段相对于主体部分较长, 表示次要信息比较分散; 较短表示次要信息比较密集. 还可以表示零散信息与主体部分两侧的对称情况, 上下线基本相等, 表示分布对称; 不等表示分布不对称, 线短的一侧表示分布较密. 警戒点以外的数据表示数据主体信息以外的异常点, 常用空心点表示. 这些点被诊断为异常点, 是 "胡须" 这个词的来源. 如果空心点数量较多而且比较集中, 说明数据有厚尾现象. 最外侧的点是最大值或最小值; 如果没有, 则上下线恰好为最大值和最小值.

例 1.6 (数据见 chap1/Airplane.txt) 数据中给出了某航空公司 1949—1960 年每月国际航班旅客人数, 我们分别按照年和月为分组变量制作箱线胡须图.

从按年旅客人数分布图中 (见图 1–10(a)) 可以观察到随着年份的增加, 国际旅客人数呈现明显的增长态势, 各年的旅客人数差异有逐步增加趋势, 每年的旅客人数分布大致呈现右偏分布; 从按月旅客人数分布图上 (见图 1–10(b)), 容易观察到各月的旅客人数分布也呈现出规律, 一般 2 月和 11 月是旅客人数的低谷, 7 月和 8 月是旅客人数的高峰, 我们还发现均值高的月份更容易产生较多的旅客人数.

显然, 这个例子证明箱线胡须图是一种直观地观察和了解数据分布的有效工具, 特别适合比较分组定量数据的分布特征.

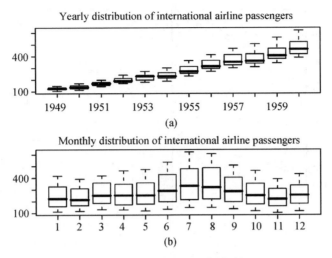

图 1-10　航空公司旅客分布箱线胡须图

2. Q-Q 图

Q-Q (Quantile-Quantile) 图是一种非常有用的通过两组数据的分位数大小比较数据分布的图形工具, 一般用于数据与已知分布的比较, 也可以比较两组数据的分布. 一般地, 如果 X 是一个连续随机变量, 有严格增的分布函数 F, p 分位点为 x_p, 被比较的分布用 Y 表示, Y 的分布是 G, p 分位点为 y_p, 满足 $F(x_p) = G(y_p) = p$. 当要比较的是正态分布时, $G = \Phi$, $y_{(i)} = \Phi^{-1}\left(\dfrac{i - 0.375}{n + 0.25}\right)$, 这样如果数据服从正态分布, 数据点应该近似地分布在直线 $y = \sigma x + \mu$ 附近, 其中 μ, σ 是待比较数据的均值和方差.

Q-Q 图的基本原理是将两组数据分别从小到大排序后, 组成数据对 $(x_{(i)}, y_{(i)})$, 描绘二者的散点图. 如果两组数据的分布相近, 表现在 Q-Q 图上, 散点图应该近似呈现直线; 反之, 则认为两组数据的分布有较大差异.

例 1.7 (数据见 chap1/sunmon.txt)　数据中给出了墨西哥城 1986—2007 年 22 年间空气中污染物的浓度, 可以用每种污染物星期日的分位数和工作日的分位数制作 Q-Q 图 (见图 1-11), 臭氧 (O_3, ppm) 周日的高分位点小于工作日的高分位点, 极端高值更容易发生在平时而不是周日. 一氧化碳 (CO, ppm)、可吸入颗粒物 (PM10, mg/m^3) 和氮氧化物 (NO_x, ppb) 的各个分位数上, 工作日的含量都明显高于周日, 这是工作日空气污染严重的有利证据. 从图中还发现随着空气污染物浓度的增加, 周日和工作日各分位点含量之间的差异有加大的趋势, 这表示空气质量较差的周日和工作日之间的差异比空气质量较好的周日和工作日之间的差异大.

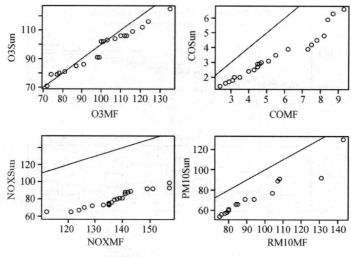

图 1-11   污染数据 Q-Q 图

1.6   秩检验统计量

1.6.1   无重复数据的秩及性质

定义 1.6   设样本 $X_1, X_2, \cdots, X_n$ 是取自总体 X 的简单随机样本, $X_1, X_2, \cdots, X_n$ 中不超过 X_i 的数据个数 $R_i = \sum_{j=1}^{n} I(X_j \leqslant X_i)$, 称 R_i 为 X_i 的秩, X_i 是第 R_i 个顺序统计量, $X_{(R_i)} = X_i$. 令 $R = (R_1, R_2, \cdots, R_n)$, R 为由样本产生的统计量, 称为秩统计量.

例 1.8   某学院本科三年级由 9 个专业组成, 统计每个专业学生每月消费数据如下:

$$300 \quad 230 \quad 208 \quad 580 \quad 690 \quad 200 \quad 263 \quad 215 \quad 520$$

用 Python 求消费数据的秩和顺序统计量.

Python 程序如下:

```python
import numpy as np
L=[300,230,208,580,690,200,263,215,520]
# 排序
sort_L=sorted(L)
print(f" 消费数据的顺序统计量: ",sort_L)
# 求解秩
rank_L=np.argsort(L)+1 # 修正 python 从 0 开始计数
print(f" 消费数据的秩: ",rank_L)
```

```
消费数据的顺序统计量:  [200, 208, 215, 230, 263, 300, 520, 580, 690]
消费数据的秩:  [6 3 8 2 7 1 9 4 5]
```

定理 1.5   对于简单随机样本, $R = (R_1, R_2, \cdots, R_n)$ 等可能取 $(1, 2, \cdots, n)$ 的任意 $n!$ 个排列之一, R 在由 $(1, 2, \cdots, n)$ 的所有可能的排列组成的空间上均匀分布, 即对 $(1, 2, \cdots, n)$ 的任一排列 $(i_1, i_2, \cdots, i_n)$ 有

$$P(R = (i_1, i_2, \cdots, i_n)) = \frac{1}{n!}$$

定理 1.5 给出的是 $R_1, R_2, \cdots, R_n$ 联合分布. 类似地, 每一个 R_i 在空间 $\{1, 2, \cdots, n\}$ 上有均匀分布; 每一对 (R_i, R_j) 在空间 $\{(r, s) : r, s = 1, 2, \cdots, n; r \neq s\}$ 上有均匀分布. 以推论的形式表示如下.

推论 1.2 对于简单随机样本, 对任意 $r, s = 1, 2, \cdots, n; r \neq s$ 及 $i \neq j$, 有

$$P(R_i = r) = \frac{1}{n}$$
$$P(R_i = r, R_j = s) = \frac{1}{n(n-1)}$$

推论 1.3 对于简单随机样本, 有

$$E(R_i) = \frac{n+1}{2}$$
$$\text{var}(R_i) = \frac{(n+1)(n-1)}{12}$$
$$\text{cov}(R_i, R_j) = -\frac{n+1}{12}$$

证明

$$E(R_i) = \sum_{r=1}^{n} r \frac{1}{n} = \frac{n+1}{2}$$
$$\text{var}(R_i) = \sum_{r=1}^{n} (r^2) \cdot \frac{1}{n} - (E(R_i))^2$$
$$= \frac{n(n+1)(2n+1)}{6} \frac{1}{n} - \frac{(n+1)(n+1)}{4}$$
$$= \frac{(n+1)(n-1)}{12}$$
$$\text{cov}(R_i, R_j) = E(R_i - E(R_i))(R_j - E(R_j))$$
$$= \sum_{r \neq s} \sum \left[\left(r - \frac{n+1}{2}\right)\left(s - \frac{n+1}{2}\right) \frac{1}{n(n-1)} \right]$$
$$= \left[\sum_{r=1}^{n} \sum_{s=1}^{n} \left(r - \frac{n+1}{2}\right)\left(s - \frac{n+1}{2}\right) - \sum_{s=1}^{n} \left(s - \frac{n+1}{2}\right)^2 \right] \frac{1}{n(n-1)}$$
$$= -\frac{n+1}{12}$$

这些结果说明, 对于独立同分布样本来说, 秩的分布和总体分布无关.

1.6.2 带结数据的秩及性质

在许多情况下, 数据中有重复数据, 称数据中存在结 (tie). 结的定义如下.

定义 1.7 设样本 $X_1, X_2, \cdots, X_n$ 取自总体 X 的简单随机样本, 将数据排序后, 相同的数据点组成一个 "结", 称重复数据的个数为结长.

假设有样本量为 7 的数据:

$$3.8 \quad 3.2 \quad 1.2 \quad 1.2 \quad 3.4 \quad 3.2 \quad 3.2$$

其中有 4 个结, $x_2 = x_6 = x_7 = 3.2$, 结长为 3; $x_3 = x_4 = 1.2$, 结长为 2; $x_1 = 3.8$ 和 $x_5 = 3.4$ 的结长都为 1. 如果有重复数据, 则将数据从小到大排序后, $(R_3, R_4) = (1, 2)$, 也可以等于 $(2, 1)$, 这样秩就不唯一. 一般常采用秩平均方法处理有结数据的秩.

定义 1.8　将样本 $X_1, X_2, \cdots, X_n$ 从小到大排序, 如果 $X_{(1)} = \cdots = X_{(\tau_1)} < X_{(\tau_1+1)} = \cdots = X_{(\tau_2)} < \cdots < X_{(\tau_1+\cdots+\tau_{g-1})} = \cdots = X_{(\tau_1+\cdots+\tau_g)}$, 其中 g 是样本中结的个数, τ_i 是第 i 个结的长度, $(\tau_1, \tau_2, \cdots, \tau_g)$ 是 g 个正整数, $\sum_{i=1}^{g} \tau_i = n$, 称 $(\tau_1, \tau_2, \cdots, \tau_g)$ 为结统计量. 第 i 组样本的秩都相同, 是第 i 组样本原秩的平均, 如下所示:

$$r_i = \frac{1}{\tau_i} \sum_{k=1}^{\tau_i} (\tau_1 + \cdots + \tau_{i-1} + k) = \tau_1 + \cdots + \tau_{i-1} + \frac{1 + \tau_i}{2} \tag{1.16}$$

例 1.9　样本数据为 12 个数, 其值、秩和结统计量 (用 τ_i 表示, 为第 i 个结中的观测值数量) 如表 1-2 所示.

表 1-2　结的计算

观测值	2	2	4	7	7	8	9	9	9	9	10
秩	1.5	1.5	3	5	5	5	7	9.5	9.5	9.5	9.5	12

其中有 6 个结, 每个结长分别为 2, 1, 3, 1, 4, 1.

1. 结数据秩与秩平方和的一般性质

在一个已排序的数列中, 其中有一段由 τ 个数组成的结数据, 如果这个结的第一个数的秩 $R_{r+1} = r + 1$, 考虑以下两种情况.

(1) 当这 τ 个数完全不同时, 每个数的秩都不一样, 这 τ 个数的秩和如下:

$$(r+1) + (r+2) + \cdots + (r+\tau) = \tau r + \frac{\tau(\tau+1)}{2} \tag{1.17}$$

这些数的秩的平方和为:

$$(r+1)^2 + (r+2)^2 + \cdots + (r+\tau)^2 = \tau r^2 + \tau r(\tau+1) + \frac{\tau(\tau+1)(2\tau+1)}{6} \tag{1.18}$$

(2) 当这 τ 个数完全相同时, 这些数的秩和为:

$$(r + \frac{\tau+1}{2}) + (r + \frac{\tau+1}{2}) + \cdots + (r + \frac{\tau+1}{2}) = \tau r + \frac{\tau(\tau+1)}{2} \tag{1.19}$$

这些数的秩的平方和为:

$$(r + \frac{\tau+1}{2})^2 + (r + \frac{\tau+1}{2})^2 + \cdots + (r + \frac{\tau+1}{2})^2 = \tau r^2 + \tau r(\tau+1) + \frac{\tau(\tau+1)^2}{4} \tag{1.20}$$

观察式 (1.17)、式 (1.18) 和式 (1.19)、式 (1.20) 可以发现, 不论这 τ 个数是否全相同, 秩和是相同的, 但是秩的平方和不同, 完全不同的数列比完全相同的数列的秩的平方和大 $\frac{\tau^3 - \tau}{12}$.

2. 结数为 g 的数据秩的一般性质

假设有 n 个样本, 记 R_i 为 x_i $(i = 1, 2, \cdots, n)$ 的不考虑平均秩下的秩. 令 $\alpha(i)$ $(i = 1, 2, \cdots, n)$ 为一个计分函数, 当结的长度为 1 时, $\alpha(R_i) = R_i$, 当结的长度大于 1 时, $\alpha(R_i)$ 取平均秩.

(1) 由式 (1.17) 和式 (1.19), n 个有结数据的秩和与无结数据的秩和是一样的:

$$\sum_{i=1}^{n} \alpha(R_i) = \sum_{i=1}^{n} \alpha(i) = \frac{(n+1)n}{2}$$

由于无结数据的秩的平方和为:

$$\sum_{i=1}^{n} \alpha(R_i)^2 = \frac{n(n+1)(2n+1)}{6}$$

所以结数为 g 的数据的秩的平方和为:

$$\sum_{i=1}^{n} \alpha(R_i)^2 = \sum_{i=1}^{n} \alpha(i)^2 = \frac{n(n+1)(2n+1)}{6} - \sum_{j=1}^{g} \frac{\tau_j^3 - \tau_j}{12} \tag{1.21}$$

(2) 对于 $x_1, x_2, \cdots, x_n$, i.i.d. 的情况, $\alpha(R_i)$ 等可能地取 $\alpha(i)$, 有

$$E\left(\alpha(R_i)\right) = \overline{\alpha} = \frac{\sum_{j=1}^{n} \alpha(i)}{n}$$

$$\mathrm{Var}\left(\alpha(R_i)\right) = \frac{\sum_{i=1}^{n} (\alpha(i) - \overline{\alpha})^2}{n}$$

对于协方差 $\mathrm{cov}(\alpha(R_i), \alpha(R_j)) = E(\alpha(R_i)\alpha(R_j)) - E(\alpha(R_i))E(\alpha(R_j))$

$$E(\alpha(R_i)\alpha(R_j)) = \frac{\sum_{i \neq j} \alpha(i)\alpha(j)}{n(n-1)} = \frac{n^2\overline{\alpha}^2 - \sum_{i=1}^{n} \alpha(i)^2}{n(n-1)} \tag{1.22}$$

$$\mathrm{cov}(\alpha(R_i), \alpha(R_j)) = \frac{n^2\overline{\alpha}^2 - \sum_{i=1}^{n} \alpha(i)^2}{n(n-1)} - \overline{\alpha}^2 \tag{1.23}$$

$$= -\frac{\sum_{i=1}^{n} (\alpha(i) - \overline{\alpha})^2}{n(n-1)} \tag{1.24}$$

将式 (1.21) 关于有结数据秩和与秩的平方和的结论代入, 可以得到

$$\sum_{i=1}^{n} (\alpha(i) - \overline{\alpha})^2 = \sum_{i=1}^{n} \alpha(i)^2 - n\overline{\alpha}^2$$

$$= \frac{n(n+1)(2n+1)}{6} - \sum_{j=1}^{g} \frac{\tau_j^3 - \tau_j}{12} - \frac{n(n+1)^2}{4}$$

$$= \frac{n(n+1)(n-1)}{12} - \frac{\sum_{j=1}^{g} (\tau_j^3 - \tau_j)}{12} \tag{1.25}$$

注意到 $\overline{\alpha} = \dfrac{n+1}{2}$, 有

$$E\left(\alpha(R_i)\right) = \frac{n+1}{2}$$

$$\mathrm{Var}\left(\alpha(R_i)\right) = \frac{n^2-1}{12} - \frac{\sum_{j=1}^{g}(\tau_j^3 - \tau_j)}{12n}$$

$$\text{cov}(\alpha(R_i), \alpha(R_j)) = -\frac{n+1}{12} + \frac{\sum_{j=1}^{g}(\tau_j^3 - \tau_j)}{12n(n-1)}$$

(3) 令 $x_1, x_2, ..., x_m$ 为 n 个 i.i.d. 数列中的任意 m 个数, 则

$$E\left(\sum_{i=1}^{m}\alpha(R_i)\right) = \sum_{i=1}^{m}E(\alpha(R_i)) = m\bar{\alpha} \tag{1.26}$$

$$\text{Var}\left(\sum_{i=1}^{m}\alpha(R_i)\right) = \sum_{i=1}^{m}\text{Var}(\alpha(R_i)) + 2\sum_{i<j}\text{cov}(\alpha(R_i), \alpha(R_j)) \tag{1.27}$$

$$= m\text{Var}(\alpha(R_i)) + m(m-1)\text{cov}(\alpha(R_i), \alpha(R_j)) \tag{1.28}$$

$$= m\frac{\sum_{i=1}^{n}(\alpha(i)-\bar{\alpha})^2}{n} - m(m-1)\frac{\sum_{i=1}^{n}(\alpha(i)-\bar{\alpha})^2}{n(n-1)} \tag{1.29}$$

$$= \frac{m(n-m)\sum_{i=1}^{n}(\alpha(i)-\bar{\alpha})^2}{n(n-1)} \tag{1.30}$$

将式 (1.25) 代入式 (1.26) 和式 (1.30) 可得

$$E\left(\sum_{i=1}^{m}\alpha(R_i)\right) = \frac{m(n+1)}{2} \tag{1.31}$$

$$\text{Var}\left(\sum_{i=1}^{m}\alpha(R_i)\right) = \frac{m(n-m)(n+1)}{12} - \frac{m(n-m)\sum_{j=1}^{g}(\tau_j^3 - \tau_j)}{12n(n-1)} \tag{1.32}$$

1.7 U 统计量

1.7.1 单一样本的 U 统计量和主要特征

我们知道, 在参数估计和检验中, 充分完备统计量是寻找一致最小方差无偏估计的一条重要途径, 在非参数统计中, 类似的统计量也存在. 这里我们介绍 U 统计量.

定义 1.9 设 $X_1, X_2, \cdots, X_n$ 取自分布族 $\mathcal{F} = \{F(\theta), \theta \in \Theta\}$, 如果待估参数 θ 存在样本量为 k 的无偏估计量 $h(X_1, X_2, \cdots, X_k), k < n$, 即满足

$$E(h(X_1, X_2, \cdots, X_k)) = \theta, \quad \forall \theta \in \Theta$$

使上式成立的最小样本量为 k, 则称参数 θ 是 k 阶可估参数. 此时 $h(X_1, X_2, \cdots, X_k)$ 称为参数 θ 的核 (kernel).

一般地, 还要求核有对称的形式, 也就是说, 对 $(1, 2, \cdots, k)$ 的任何一个排列 $(i_1, i_2, \cdots, i_k)$, 有 $h(X_1, X_2, \cdots, X_k) = h(X_{i_1}, X_{i_2}, \cdots, X_{i_k})$. 如果核本身不对称, 可以构造对称的核函数:

$$h^*(X_1, X_2, \cdots, X_k) = \frac{1}{k!}\sum_{(i_1, i_2, \cdots, i_k)} h(X_{i_1}, X_{i_2}, \cdots, X_{i_k})$$

$\sum_{(i_1, i_2, \cdots, i_k)}$ 是对 $(1, 2, \cdots, k)$ 的任意排列 $(i_1, i_2, \cdots, i_k)$ 共计 $k!$ 个算式求和. 这时, $h^*(X_1, X_2, \cdots, X_k)$ 是满足定义 1.9 要求且对称的 θ 的核.

定义 1.10 设 $X_1, X_2, \cdots, X_n$ 是取自分布族 $\mathcal{F} = \{F(\theta), \theta \in \Theta\}$ 的样本, 可估参数 θ 存在样本量为 k 的无偏估计量 $h(X_1, X_2, \cdots, X_k)$, θ 有对称核 $h^*(X_1, X_2, \cdots, X_k)$, 则参数 θ 的 U 统计量定义如下:

$$U(X_1, X_2, \cdots, X_n) = \frac{1}{\binom{n}{k}} \sum_{(i_1, i_2, \cdots, i_k)} h^*(X_{i_1}, X_{i_2}, \cdots, X_{i_k})$$

式中, $\displaystyle\sum_{(i_1, i_2, \cdots, i_k)}$ 表示对 $(1, 2, \cdots, n)$ 中所有可能的 k 个数的组合求和.

例 1.10 设 $\mathcal{F} = \{F(\theta), \theta \in \Theta\}$ 为全体一阶矩存在的分布族, 则期望 $\theta = E(X)$ 是 1 阶可估参数, 有对称核 $h(X_1) = X_1$. 由对称核生成的 U 统计量为:

$$U(X_1, X_2, \cdots, X_n) = \frac{1}{\binom{n}{1}} \sum_{i=1}^{n} X_i = \overline{X}$$

例 1.11 设 $\mathcal{F} = \{F(\theta), \theta \in \Theta\}$ 为全体二阶矩有限的分布族, 则方差 $\theta = E(X - EX)^2$ 是 2 阶可估参数. 由 $E(X - E(X))^2 = E(X^2) - (E(X))^2$, 可知

$$h(X_1, X_2) = X_1^2 - X_1 X_2$$

是参数 θ 的无偏估计, 显然它不具有对称性, 如下构造对称核:

$$h^*(X_1, X_2) = \frac{1}{2}[(X_1^2 - X_1 X_2) + (X_2^2 - X_1 X_2)] = \frac{1}{2}(X_1 - X_2)^2$$

相应的 U 统计量为:

$$
\begin{aligned}
U&(X_1, X_2, \cdots, X_n) \\
&= \frac{1}{\binom{n}{2}} \sum_{i<j} \frac{1}{2}(X_i - X_j)^2 \\
&= \frac{1}{n(n-1)} \sum_{i<j} (X_i^2 + X_j^2 - 2X_i X_j) \\
&= \frac{1}{n(n-1)} \left[\frac{1}{2} \sum_{i \neq j} (X_i^2 + X_j^2) - \sum_{i \neq j} X_i X_j \right] \\
&= \frac{1}{n(n-1)} \left[\frac{1}{2} \sum_{i=1}^{n} \sum_{j=1}^{n} (X_i^2 + X_j^2) - \frac{1}{2} \sum_{i=1}^{n} (X_i^2 + X_i^2) - \sum_{i \neq j} X_i X_j \right] \\
&= \frac{1}{n(n-1)} \left[n \sum_{i=1}^{n} X_i^2 - \left(\sum_{i=1}^{n} X_i \right)^2 \right] \\
&= \frac{1}{n-1} \sum_{i=1}^{n} (X_i - \overline{X})^2
\end{aligned}
$$

定理 1.6 设 $X_1, X_2, \cdots, X_n$ 是取自分布族 $\mathcal{F} = \{F(\theta), \theta \in \Theta\}$ 的简单随机样本, θ 是 k 可估参数, $U(X_1, X_2, \cdots, X_n)$ 是 θ 的 U 统计量, 它的核是 $h(X_1, X_2, \cdots, X_k)$, 有

$$E(U(X_1, X_2, \cdots, X_n)) = \theta$$

$$\mathrm{var}(U(X_1, X_2, \cdots, X_n)) = \frac{1}{\binom{n}{k}} \sum_{c=1}^{k} \binom{k}{c} \binom{n-k}{k-c} \sigma_c^2$$

其中, 给定 $0 \leqslant c \leqslant k$, 如果一组 $(i_1, i_2, \cdots, i_k)$ 和另一组 $(j_1, j_2, \cdots, j_k)$ 有 c 个元素是一样的, 那么

$$\sigma_c^2 = \mathrm{cov}(h(X_{i_1}, X_{i_2}, \cdots, X_{i_k}), h(X_{j_1}, X_{j_2}, \cdots, X_{j_k}))$$
$$= E(h_c(X_1, X_2, \cdots, X_c) - \theta)^2$$

这里, $h_c(X_1, X_2, \cdots, X_c) = E(X_1, X_2, \cdots, X_c, X_{c+1}, \cdots, X_k)$, $\sigma_c^2 = \mathrm{var}(h_c(X_1, X_2, \cdots, X_k))$ 是不降的, 也就是说 $\sigma_0^2 = 0 \leqslant \sigma_1^2 \leqslant \cdots \leqslant \sigma_k^2$.

U 统计量的方差计算如下:

$$\mathrm{var}(U(X_1, X_2, \cdots, X_n)) = E\left(\frac{1}{\binom{n}{k}} \sum (h(X_1, X_2, \cdots, X_k) - \theta)\right)^2$$
$$= \frac{1}{\binom{n}{k}^2} \sum_{(i_1, i_2, \cdots, i_k)} \sum_{(j_1, j_2, \cdots, j_k)} \mathrm{cov}(h(X_{i_1}, X_{i_2}, \cdots, X_{i_k}),$$
$$h(X_{j_1}, X_{j_2}, \cdots, X_{j_k}))$$
$$= \frac{1}{\binom{n}{k}^2} \sum_{c=0}^{k} \binom{n}{k} \binom{k}{c} \binom{n-k}{k-c} \sigma_c^2$$
$$= \frac{1}{\binom{n}{k}} \sum_{c=1}^{k} \binom{k}{c} \binom{n-k}{k-c} \sigma_c^2$$

U 统计量具有很好的大样本性质. 定理 1.7 表明当样本量较大时, U 统计量均方收敛到 σ_1^2, 从而 U 统计量是 θ 的相合估计 (consistency). 定理 1.8 表明 U 统计量的极限分布是正态分布. 这里仅给出结果, 详细的证明参见文献 (孙山泽, 2000).

定理 1.7 设 $X_1, X_2, \cdots, X_n$ 是取自分布族 $\mathcal{F} = \{F(\theta), \theta \in \Theta\}$ 的简单随机样本, θ 是 k 可估参数, $U(X_1, X_2, \cdots, X_n)$ 是 θ 的 U 统计量, 它的核为 $h(X_1, X_2, \cdots, X_k)$, 有

$$E(h(X_1, X_2, \cdots, X_k))^2 < \infty$$

则

$$\lim_{n \to \infty} \frac{n}{k^2} \mathrm{var}(U(X_1, X_2, \cdots, X_n)) = \sigma_1^2$$

其中 $\sigma_1^2 = \mathrm{cov}(h(X_1, X_{i_2}, \cdots, X_{i_k}), h(X_1, X_{j_2}, \cdots, X_{j_k})) > 0$. 其中 $(i_2, \cdots, i_k)$ 和 $(j_2, \cdots, j_k)$ 取自 $(1, 2, \cdots, n)$ 且没有相同元素.

定理 1.8 (Hoeffding 定理) 设 $X_1, X_2, \cdots, X_n$ 是取自分布族 $\mathcal{F} = \{F(\theta), \theta \in \Theta\}$ 的简单随机样本, θ 是 k 可估参数, $U(X_1, X_2, \cdots, X_n)$ 是 θ 的 U 统计量, 它的核是 $h(X_1, X_2, \cdots, X_k)$, 有

$$E(h(X_1, X_2, \cdots, X_k))^2 < \infty$$

当 $\sigma_1^2 = \mathrm{cov}(h(X_1, X_{i_2}, \cdots, X_{i_k}), h(X_1, X_{j_2}, \cdots, X_{j_k})) > 0$ 时, 有

$$\sqrt{n}(U(X_1, X_2, \cdots, X_n) - \theta) \to N(0, k^2\sigma_1^2)(n \to +\infty)$$

例 1.12 设 $X_1, X_2, \cdots, X_n$ 为取自连续分布族 $\mathcal{F} = \{F(\theta), \theta \in \Theta\}$ 的简单随机样本, 估计参数 $\theta = P(X_1 + X_2 > 0)$, 有核 $h(x_1, x_2) = I(x_1 + x_2 > 0)$, 之后会知道这个核是 Wilcoxon 检验统计量的核. 令

$$U_n^{(2)} = \binom{n}{2}^{-1} \sum_{i<j} I(X_i + X_j > 0)$$

证明 $U_n^{(2)}$ 是 2 阶可估参数 $P(X_1 + X_2 > 0)$ 的 U 统计量, 当 $F(\theta)$ 关于 0 对称, $\sqrt{n}(U_n^{(2)} - 1/2)$ 渐近服从正态分布 $N(0, 1/3)$.

根据 0 点对称性有

$$
\begin{aligned}
&P(X_1 + X_2 > 0,\ X_1 + X_3 > 0) \\
&= P(X_1 > -X_2,\ X_1 > -X_3) \\
&= P(X_1 > X_2,\ X_1 > X_3) \\
&= 1/3
\end{aligned}
$$

$$
\begin{aligned}
\sigma_1^2 &= \mathrm{cov}(h(X_1, X_2),\ h(X_1, X_3)) \\
&= P(X_1 + X_2 > 0,\ X_1 + X_3 > 0) - \theta^2
\end{aligned}
$$

由第一项最大, 第二项 $\theta = 1/2$, 得 $\sigma_1^2 = 1/3 - (1/2)^2 = 1/12$, $k = 2$. 根据定理 1.8 有 $\sqrt{n}(U_n^{(2)} - 1/2)$ 渐近服从正态分布 $N(0, 1/3)$.

例 1.13 设 $X_1, X_2, \cdots, X_n$ 为取自连续分布族 $\mathcal{F} = \{F(\theta), \theta \in \Theta\}$ 的简单随机样本, 固定 p, 假设 m_p 是样本的 p 分位数, $\forall i = 1, 2, \cdots, n$, 令 $Y_i = I(X_i > m_p)$, 定义计数统计量 $T = \sum_{i=1}^n Y_i$. 证明: T/n 是 1 阶可估参数 $P(X > m_p)$ 的 U 统计量, T/n 渐近服从正态分布.

因为 $\sigma_1^2 = \mathrm{var}(Y_i) = P(X > m_p)(1 - P(X > m_p))$, 所以根据定理 1.8, $\sqrt{n}\left(\dfrac{T}{n} - P(X > m_p)\right)$ 渐近服从正态分布 $N(0, \sigma_1^2)$. 也就是说:

$$\frac{T - E(T)}{\sqrt{\mathrm{var}(T)}} = \frac{\sqrt{n}\left(\dfrac{1}{n}T - P(X > m_p)\right)}{\sqrt{\sigma_1^2}}$$

渐近服从正态分布 $N(0, 1)$.

1.7.2　两样本 U 检验统计量和分布

类似单一样本的 U 统计量的定义, 对两样本的情况, 有下面定义.

定义 1.11　设 $X = (X_1, X_2, \cdots, X_n), X_1, X_2, \cdots, X_n$ 独立同分布取自分布族 $\mathcal{F}, Y = (Y_1, Y_2, \cdots, Y_m)$ 独立同分布取自分布族 $\mathcal{G}, X$ 与 Y 独立. 如果 $h(X_1, X_2, \cdots, X_k)$ 待估参数 $\theta \in \mathbf{F} = \{\mathcal{F}, \mathcal{G}\}$, 存在样本量分别为 $k \leqslant n$ 和 $l \leqslant m$ 的样本构成的估计量 $h(X_1, X_2, \cdots, X_k, Y_1, Y_2, \cdots, Y_l)$ 是 θ 的无偏估计, 即满足

$$E(h(X_1, X_2, \cdots, X_k, Y_1, Y_2, \cdots, Y_l)) = \theta, \quad \forall \theta \in \mathbf{F}$$

上述关系成立的最小样本量为 k, l, 则称参数 θ 是 (k, l) 可估的, $h(X_1, X_2, \cdots, X_k, Y_1, Y_2, \cdots, Y_l)$ 称为参数 θ 的核 (kernel).

定义 1.12　$X = (X_1, X_2, \cdots, X_n), X_1, X_2, \cdots, X_n$ 独立同分布取自分布族 $\mathcal{F}, Y = (Y_1, Y_2, \cdots, Y_m)$ 独立同分布取自分布族 $\mathcal{G}, X$ 与 Y 独立, (k, l) 可估参数 θ 存在样本量分别为 (k, l) 的对称无偏估计量 $h(X_1, X_2, \cdots, X_k, Y_1, Y_2, \cdots, Y_l)$, 则参数 θ 的 U 统计量如下定义:

$$U(X_1, X_2, \cdots, X_n, Y_1, Y_2, \cdots, Y_m)$$
$$= \frac{1}{\binom{n}{k}\binom{m}{l}} \sum_{(i_1, i_2, \cdots, i_k)} \sum_{(j_1, j_2, \cdots, j_l)} h(X_{i_1}, X_{i_2}, \cdots, X_{i_k}, Y_{j_1}, Y_{j_2}, \cdots, Y_{j_l})$$

例 1.14　设总体 X 服从分布函数为 $F(x)$ 的分布, Y 服从分布函数为 $G(x)$ 的分布, $X_1, X_2, \cdots, X_n$ 独立同分布取自分布族 $\mathcal{F}$, 而 $Y_1, Y_2, \cdots, Y_m$ 独立同分布取自分布族 $\mathcal{G}, X$ 与 Y 独立, 待估参数是 $\theta = P(X > Y)$, 考虑 θ 的 U 统计量和它的性质.

给定 i, j, 令

$$h(X_i, Y_j) = I(X_i > Y_j) = \begin{cases} 1, & X_i > Y_i \\ 0, & \text{其他} \end{cases}$$

容易知道: $E(h(X_i, Y_j)) = \theta$, 由 $h(X_i, Y_j)$ 张成的 U 统计量定义为:

$$U_{nm} = \frac{1}{nm} \sum_{i=1}^{n} \sum_{j=1}^{m} I(X_i > Y_j) \tag{1.33}$$

这个 U 统计量将在第 3 章介绍, 它是曼 (Mann) 和惠特尼 (Whitney) 于 1947 年提出的, 称做 Mann- Whitney 统计量, 它是 $\theta = P(X > Y)$ 的最小方差无偏估计. 如果我们要检验问题:

$$H_0 : F = G \leftrightarrow H_1 : F \geqslant G$$

则在原假设成立的情况下, U 统计量的方差为:

$$\text{var}(U_{nm}) = \frac{n + m + 1}{12nm}$$

因此可知, 当 $n \to \infty, m \to \infty$ 时, 有

$$\sqrt{12nm} \cdot \frac{U - 0.5}{\sqrt{n + m}} \xrightarrow{\mathcal{L}} N(0, 1)$$

故在大样本情况下检验的拒绝域为:

$$U \geqslant \frac{1}{2} + \sqrt{\frac{n+m}{12nm}} \cdot U_{1-\alpha}$$

这个检验称为 Mann-Whitney 检验.

习题

1.1 某批发商从厂家购置一批灯泡, 根据合同的规定, 灯泡的使用寿命平均不低于 1000h, 已知灯泡的使用寿命服从正态分布, 标准差是 20h. 从总体中随机抽取了 100 只灯泡, 得知样本均值为 996h, 问题是: 批发商是否应该购买该批灯泡?

(1) 原假设和备择假设应该如何设置? 给出你的理由.

(2) 在原假设 $\mu < 1000$ 之下, 给出检验的过程并做出决策. 如果不能拒绝原假设, 可能是哪里出了问题?

(3) 请讨论不显著结果的错误解读可能带来的严重后果. 请结合王珺等《解读不显著结果: 基于 500 个实证研究的量化分析》一文对该问题进行回答.

1.2 尝试证明, 如果 $X_1, X_2, \ldots, X_n$ 独立同分布地来自 $[0,1]$ 上的均匀分布, 则对任意的 $s > k$, $X_{(s)} - X_{(k)}$ 服从贝塔分布, 第一个参数是 $(s-k)$, 第二个参数是 $(n-s+k+1)$.

1.3 尝试证明, 例 1.5 中原假设下, $\lim\limits_{n \to +\infty} E\left(\dfrac{1}{S}\right) = \dfrac{1}{\sigma}$.

1.4 思考布里斯托博士在不知道奶茶加奶顺序的前提下, 将 8 杯奶茶加奶顺序全部猜对的可能性.

1.5 将例 1.1 的原假设和备择假设对调:

$$H_0 : \lambda \leqslant 1 \leftrightarrow H_1 : \lambda > 1$$

请选择 $T = \sum\limits_{i=1}^{n} X_i$ 作为统计量, 当样本量 $n = 100$ 时, 对拒绝域分别为 $W_1 = \{T \geqslant 117\}$ 和 $W_2 = \{T \geqslant 113\}$, 分别绘制势函数曲线图, 令犯第 I、II 类错误的概率相等, 给出弃权域的参数范围, 比较两个检验弃权域有怎样的不同.

1.6 设 $X_1, X_2, \cdots X_{(n)}$ 为具有连续分布函数 $F(x)$ 的 i.i.d. (独立同分布) 的样本, 且具有概率密度函数 $f(x)$, 如定义

$$U_i = \frac{F(X_{(i)})}{F(X_{(i+1)})}, \quad i = 1, 2, \cdots, n-1, \quad U_n = F(X_{(n)}) \tag{1.34}$$

证明 $U_1, U_2^2, \cdots, U_n^n$ 为来自 $(0,1)$ 上均匀分布的 i.i.d. 样本.

1.7 设随机变量 $Z_1, Z_2, \cdots, Z_N$ 相互独立同分布, 分布连续, 其对应的秩向量为 $\boldsymbol{R} = (R_1, R_2, \cdots, R_N)$, 假定 $N \geqslant 2$, 令 $V = R_1 - R_N$, 试证明

$$P(V = k) = \begin{cases} \dfrac{N - |k|}{N(N-1)}, & \text{当 } |k| = 1, 2, \cdots, N-1 \text{ 时} \\ 0, & \text{其他} \end{cases}$$

1.8 设随机变量 $X_1, X_2, \cdots, X_n$ 是来自分布函数为 $F(x)$ 的总体的样本, 试对下列参数确定参数可估计的自由度、对称核 $h(\cdot)$、U 统计量、适应的分布族 $\mathcal{F}$. 这些参数为:

(1) $P(|X_1| > 1)$;

(2) $P(X_1 + X_2 + X_3 > 0)$;

(3) $E(X_1 - \mu)^3$, 其中 μ 为 $F(x)$ 的期望;

(4) $E(X_1 - X_2)^4$.

1.9 考虑参数 $\theta = P(X_1 + X_2 > 0)$, 其中随机变量 X_1, X_2 独立同分布, 有连续分布函数 $F(x)$. 定义

$$h(x) = 1 - F(-x) \tag{1.35}$$

说明 $E(h(X_1)) = \theta$, 并请回答: $h(X_1)$ 是对称核吗? 为什么?

1.10 设 $X_1, X_2, \cdots, X_m$ 和 $Y_1, Y_2, \cdots, Y_n$ 分别为具有连续分布函数的 $F(x)$ 和 $G(y)$ 的相互独立的 i.i.d. 样本, $\theta = P(X_1 + X_2 < Y_1 + Y_2)$.

(1) 证明在 $H_0 : F = G$ 之下, $\theta = \dfrac{1}{2}$;

(2) 试求关于 θ 的 U 统计量.

1.11 设 $X_1, X_2, \cdots, X_m$ 和 $Y_1, Y_2, \cdots, Y_n$ 为分别来自连续分布的相互独立的样本, 试求 $\theta = \mathrm{var}(X) + \mathrm{var}(Y)$ 的 U 统计量.

1.12 设 $(X_1, X_2, \ldots, X_n)$ 为独立同分布的样本, 服从分布 $F(x)$, 记最小次序统计量 $X_{(1)}$ 的分布函数为 $F_{(1)}(x)$, 求最小次序统计量的分布, 用 geyser 数据的 duration 变量, 每次不放回抽取 20 个数据, 计算最小值, 一共重复 50 次, 得到最小值的观测样本 50 个, 由 50 个数据计算最小次序统计量 $Y = X_{(1)}$ 的经验分布函数 $\widehat{F}_b(y)$.

(1) 假设变量 X(duration) 的理论分布是正态分布, 先由观测数据估计理论分布密度的参数值, 再得出 $\widehat{F}(y)$, 比较 $\widehat{F}_b(y)$ 和 $\widehat{F}(y)$ 这两个函数的差距.

(2) 假设变量 X(duration) 服从 2 分支的混合正态分布, 请先使用极大似然法估计其分布密度参数和分支结构参数. 比较 $\widehat{F}_b(y)$ 和 $\widehat{F}(y)$ 这两个分布函数的差距.

请用图示法来说明你的观察结果.

1.13 设 $(X_1, X_2, \ldots, X_n)$ 为独立同分布的样本, 服从连续分布 $F(x)$. 证明: $h(X_1, X_2, X_3) = \mathrm{sgn}(2X_1 - X_2 - X_3)$ 是概率 $\theta(F) = P\left(X_1 > \dfrac{X_2 + X_3}{2}\right) - P\left(X_1 < \dfrac{X_2 + X_3}{2}\right)$ 的无偏估计, 这里 $\mathrm{sgn}(x)$ 是符号函数:

$$\mathrm{sgn}(x) = \begin{cases} 1, & x > 0 \\ 0, & x = 0 \\ -1, & x < 0 \end{cases}$$

(1) 证明: x 的分布密度是对称的, 那么 $\theta(F) = 0$.

(2) 从 $N(0,1)$ 中选取随机数 a, 经 $x = \exp(a)$ 变换成一个新的变量 x, 请计算由 x 所形成的 $\theta(F)$ 的 U 统计量的观察值, 根据 U 统计量的观察, 用图示法来观察 X 的分布是不是对称的.

1.14 比较图 1–9 中组 1 到组 5 中 10% 最强的组、10% 最弱的组和中位的组的豚鼠寿命之间的差别.

1.15 考虑一个从参数 $\lambda = 1$ 的指数分布中抽取的样本量为 100 的样本.

(1) 给出样本的对数经验生存函数 $\ln S_n(t)$ 的标准差 ($\ln S_n(t)$ 作为 t 的函数).

(2) 从计算机中产生几个类似的样本量为 100 的样本, 画出它们的对数经验生存函数图, 联系图补充对上一问的回答.

1.16 (数据见 chap1/beenswax.txt) 为探测蜂蜡结构, 生物学家做了很多实验, 每个样本蜡里碳氢化合物 (hydrocarbon) 所占的比例对蜂蜡结构有特殊的意义, 数据中给出了一些观测.

(1) 画出 beenswax 数据的经验累积分布、直方图和 Q-Q 图.

(2) 找出 0.90, 0.75, 0.50, 0.25 和 0.10 的分位数.

(3) 这个分布是高斯分布吗?

1.17 考虑一个实验: 对减轻皮肤瘙痒的药物进行疗效研究 (Beecher, 1959). 在 10 名 20~30 岁的男性志愿者身上做实验比较五种药物和安慰剂、无药的效果. (注意这批被试限制了药物评价的范围. 例如这

个实验不能用于老年人.) 每个被试每天接受一次治疗, 治疗的顺序是随机的. 对每个被试首先以静脉注射方式给药, 然后用一种豆科藤类植物刺激前臂, 产生皮肤瘙痒, 记录皮肤瘙痒的持续时间. 具体实验细节可参见文献 Beecher (1959). 表 1–3 中给出皮肤瘙痒的持续时间 (单位: s).

表 1–3　皮肤瘙痒持续时间观测值

被试	无药	安慰剂 Placebo	I Papav- erine	II Amin- ophylline	III Morp- hine	IV Pento- barbital	VI Tripele- nnamine
BG	174	263	105	141	199	108	141
JF	224	213	103	168	143	341	184
BS	260	231	145	78	113	159	125
SI	255	291	103	164	225	135	227
BW	165	168	144	127	176	239	194
TS	237	121	94	114	144	136	155
GM	191	137	35	96	87	140	121
SS	100	102	133	222	120	134	129
MU	115	89	83	165	100	185	79
OS	189	433	237	168	173	188	317

用经验生存函数比较不同治疗方法在减轻皮肤瘙痒的作用方面是否有差异.

第 2 章　单变量位置推断问题

单一随机变量位置点估计、置信区间估计和假设检验是参数统计推断的基本内容, 其中 t 统计量和 t 检验作为正态分布总体期望均值的推断工具是我们所熟知的. 如果数据不服从正态分布, 或有明显的偏态表现, 在 t 统计量和 t 检验推断下的结论不一定可靠. 本章将关注三方面的推断问题: (1) 非参数位置检验基本检验; (2) 非参数置信区间构造问题; (3) 分布的检验. 主要内容包括符号检验和分位数推断及其扩展应用、对称分布的 Wicoxon 符号秩检验和推断、估计量的稳健性评价、正态记分检验和应用、分布的一致性检验等. 最后一节给出单一总体中心位置各种不同检验的渐近相对效率的比较.

2.1　符号检验和分位数推断

2.1.1　基本概念

符号检验 (sign test) 是非参数统计中最古老的检验方法之一, 最早可追溯到 1701 年苏格兰数理统计学家约翰·阿巴斯诺特 (John Arbuthnot) 有关伦敦出生的男婴与女婴比率是否超过 1/2 的性别比平衡性研究. 该检验被称为符号检验的一个原因是它所关心的信息只与两类观测值有关. 如果用符号 "+" 和 "−" 区分, 符号检验就是通过符号 "+" 和 "−" 的个数来进行统计推断, 故称为符号检验.

首先看一个例子.

例 2.1　假设某城市 16 个预出售的楼盘均价 (单位: 百元/m²) 如表 2-1 所示.

表 2-1　16 个预出售的楼盘均价

36	32	31	25	28	36	40	32
41	26	35	35	32	87	33	35

问: 该地楼盘均价是否与媒体公布的 37 百元/m² 的说法相符?

这是一个实际的问题, 可以将其转化成一个单一随机变量分布位置参数的假设检验问题. 在参数假设检验中, 我们所熟知的是正态分布未知参数的检验问题. 假设在某一统计时点上楼盘价格服从正态分布 $N(\mu, \sigma^2)$, 依照题意和参数统计的基本原理和步骤, 可以建立如下原假设和备择假设:

$$H_0 : \mu = 37 \leftrightarrow H_1 : \mu \neq 37$$

其中, μ 是分布均值, 原假设 $\mu_0 = 37$, 根据样本数据计算样本均值和样本方差分别为 $\overline{X} = 36.50$, $S^2 = 200.53$.

由于 $n = 16 < 30$ 为小样本, 采用 t 统计量计算检验统计值:

$$t = \frac{\overline{X} - \mu_0}{S/\sqrt{n}} = -0.1412$$

根据自由度为 $n - 1 = 16 - 1 = 15$, 得 t 检验的 p 值为 0.89, 在显著性水平 $\alpha < 0.89$ 以下都不能拒绝原假设.

Python 中 t 检验参考代码和输出结果如下:

```
import scipy.stats as stats
build_price=[36,32,31,25,28,36,40,32,41,26,35,35,32,87,33,35]
stats.ttest_1samp(build_price, 37)
```

```
输出: Ttest_1sampResult(statistic=-0.1412, pvalue=0.8896)
```

t 检验的结果是不拒绝原假设. 我们注意到在这 16 个数据中, 3 个楼盘的均价高于 37, 另外 13 个楼盘的均价都低于 37. 由正态分布的对称性可知, 如果 37 可以作为正态分布的平均水平, 那么从该正态总体中取出的样本分布在 37 左侧 (小于 37) 与右侧 (大于 37) 的数量应大致相等, 不会出现大比例失衡. 然而观察数据发现, 3:13 显然难以支持 37 作为正态分布的对称中心的说法, 这与 t 检验选择不拒绝原假设的结论并不一致, 是数据量太少显著性证据不充分还是方法使用不当?

我们先来回答第一个有关样本量是否不足的问题. 让我们换一个角度考虑位置检验推断问题. 不妨先试试将 37 理解为总体的中位数, 那么数据中应该差不多各有一半在 37 的两侧. 计算每一个数据与 37 的差, 大于 37 位于右侧的样本个数为 3, 小于 37 位于 37 左侧样本个数为 13, 这是一个中位数为 37 的分布应有的样本特征吗? 在原假设和独立同分布的随机抽样条件下, 每一个样本理应等可能地出现在 37 的左与右, 3:13 是一个在中位数两侧分布比例均衡的结果呢, 还是一个明显的分布不均的结果? 为此需要考虑出现在中位数左侧的样本量, 它服从二项分布 $B(16, 0.5)$. 在这个分布下很容易计算出出现 3 个以下样本的可能性是小于 0.05 的 (请思考这是怎么计算出来的). 这表明如果从中位数的角度来看这个问题的话, 中位数 37 遭到拒绝, 这表明对数据量不充分的猜测完全是错误的. 这个分析思路实际上就是符号检验的基本原理. 下面给出规范的符号检验推断过程.

假设 $X_1, X_2, \cdots, X_n$ 是来自总体 $\mathcal{F}(M_e)$ 的简单随机样本, M_e 是总体的中位数, 有位置模型 (location model)

$$X_i = M_e + \epsilon_i, i = 1, 2, \cdots, n \tag{2.1}$$

我们感兴趣的是如下假设检验问题:

$$H_0 : M_e = M_0 \leftrightarrow H_1 : M_e \neq M_0 \tag{2.2}$$

式中, M_0 为事先给定的待检验中位数值. 定义新变量: $Y_i = I(X_i > M_0), Z_i = I(X_i < M_0), i = 1, 2, \cdots, n$

$$S^+ = \sum_{i=1}^{n} Y_i, \quad S^- = \sum_{i=1}^{n} Z_i$$

$S^+ + S^- = n'(n' \leqslant n)$, 令 $K = \min(S^+, S^-)$. 在原假设之下, 假设检验问题 (2.2) 等价于另

一个随机变量 Y 的检验问题, 如式 (2.3) 所示. 其中 $Y \sim B(1,p)$, $p = P(X > M_0)$, 有

$$H_0 : p = 0.5 \leftrightarrow H_1 : p \neq 0.5 \tag{2.3}$$

此时, $K \leqslant k$ 可以按照抽样分布 $B(n', 0.5)$ 求解得到, 在显著性水平 α 下, 检验的拒绝域为:

$$2P_{\text{binom}}(K \leqslant k|n', p = 0.5) \leqslant \alpha$$

其中, k 是满足上式最大的值. 也可以通过计算统计量 K 的 p 值做决策: 如果统计量 K 的值是 k, p 值 $= 2P_{\text{binom}}(K \leqslant k|n', p = 0.5)$, 当 $\alpha > p$ 时, 拒绝原假设. 也就是说, 当大部分数据都在 M_0 的右边, 此时 S^+ 较大, S^- 较小, 认为数据的中心位置大于 M_0; 反之, 当大部分数据都在 M_0 的左边时 S^- 较大, S^+ 较小, 认为数据的中心位置小于 M_0. 两种现象都是 M_e 不等于 M_0 的直接证据.

例 2.2 (例 2.1 续) 根据符号检验, 假设检验问题表示为:

$$H_0 : M_e = 37 \leftrightarrow H_1 : M_e \neq 37 \tag{2.4}$$

式中, M_e 为总体的中位数. 如果原假设为真, 则 37 是总体的中位数. 用 S^+ 表示位于 37 右边点的个数, S^- 表示位于 37 左边点的个数, 数据中没有等于 37 的数, $S^+ + S^- = 16$. 在原假设和独立同分布的随机抽样条件下, 每个样本等可能出现在 37 的左与右. 也就是说, $S^+ \sim B(n, 0.5)$. 从有利于接受备择假设的角度出发, S^+ 过大或过小, 都表示 37 不能作为总体的中心.

取 $k = 3, 2P(K \leqslant k|n = 16, p = 0.5) = 2\sum_{i=0}^{3} \binom{16}{i} \left(\frac{1}{2}\right)^{16} \approx 0.0213$. 于是, 在显著性水平 0.05 之下, 拒绝原假设, 认为这些数据的中心位置与 37 存在显著性差异.

符号检验的 Python 代码和输出结果如下:

```
import scipy.stats as stats
build_price=[36,32,31,25,28,36,40,32,41,26,35,35,32,87,33,35]
def sign_test(l,q,u):
    ♯: 输入数据; q: 位置; u: 检验数据.
    S_pos=S_neg=0
    for i in l:
        if i< u:
            S_neg+=1
        elif i> u:
            S_pos+=1
        else:
            continue
    n1=S_neg+S_pos
    k=min(S_neg,S_pos)
    p=2*stats.binom.cdf(k,n1,q)
    if p>1:
        p=1
    print('neg:%i pos:%i p-value:%f'%(S_neg,S_pos,p))
sign_test(build_price,0.5,37)
```

对结果的讨论

我们注意到, 在相同的显著性水平之下, t 检验和符号检验看似得到了相反的结论, t 检验的结果平均值等于 37, 符号检验的结果平均值不等于 37, 应该采用哪一种分析结论呢? 在回答这个问题之前, 首先应该明确的是, 仅从两个检验过程的结论来评价两种检验并不恰当, 这是因为两种方法的分析目标是很不一样的, 一个将 37 作为正态分布的均值考虑, 另一个则将 37 作为中位数考虑, 各司其职, 从不同的角度呈现数据中隐含的参数信息, 对问题的理解角度不同, 得到看似不同的结论在数据分析中是很常见的.

然而结合推断过程的决策细节来做一个选择还是有可能的. 首先, 在 t 检验中, 结论是不能拒绝原假设, 它并不表示接受原假设, 而是表示要拒绝原假设还需要收集更多的证据. 我们知道要做出接受原假设的决策, 还需要计算决策的势, 也就是不犯第 II 类错误的概率, 这样 t 检验的做出接受原假设的决策的可靠性没有保证. 由于符号检验在仅假定数据服从常规连续分布的情况下就得到了拒绝的结论, 因此这一决定的风险至少有 0.05 的显著性水平作为保证, 表明已收集到的数据对于形成可靠性决定而言, 其提供的数据是充分的.

另外, 一个经典的假设检验过程通常由以下几个步骤构成: 假定随机变量分布族 → 确定假设 → 检验统计量在原假设下的抽样分布 → 由抽样分布计算拒绝域或计算 p 值或与预设的显著性比较 → 做出决策. 我们知道单一连续数据总体中心位置的参数有中位数和均值, 样本均值的点估计是总体均值, 样本中位数的点估计是总体中位. 对来自正态分布总体的样本而言, 均值与中位数相等, 但对于非对称分布而言, 中位数较均值而言是对总体中心位置更稳健的估计.

t 检验是在正态总体的前提假定下得到结果, 接受原假设也必须回到正态的假设分布中, 这样就出现了结论不一致的问题, 因为在正态分布中这两个位置是一个位置. 数据是充分的, 使用正态分布的假定又出现了自相矛盾的结果, 因而符号检验给出了拒绝原假设的可靠性结论. 综合而言, 不当的分布假定导致 t 检验使用不当才是 t 检验没有成功的原因. 也就是说, 正是由于分布假设错误, 导致了本该充分的证据没有产生对参数做出可靠性推断的结论, 也正因为如此才导致两种检验的结果看似不一致, 实际上这种不一致仅仅是在正态假设中的不一致. 放松对总体分布的假定, 对要回答的问题的参数进行另一种选择, 就会发掘出数据背后可靠的信息, 这里符号检验的结果较 t 检验的结果更可信.

类似地, 给出符号检验单边假设检验问题的检验方法, 如表 2-2 所示.

表 2-2　符号检验单边假设检验问题检验方法

左侧检验	$H_0 : M_e \leqslant M_0 \leftrightarrow H_1 : M_e > M_0$	$P_{\text{binom}}(S^- \leqslant k \| n', p = 0.5) \leqslant \alpha$ 其中 k 是满足上式最大的 K
右侧检验	$H_0 : M_e \geqslant M_0 \leftrightarrow H_1 : M_e < M_0$	$P_{\text{binom}}(S^+ \leqslant k \| n', p = 0.5) \leqslant \alpha$ 其中 k 是满足上式最大的 K

说明: P_{binom} 表示二项分布的分布函数.

2.1.2　大样本的检验方法

当样本量较大时, 可以使用二项分布的正态近似进行检验, 也就是说, 当 $S^+ \sim B\left(n', \dfrac{1}{2}\right)$

时, $S^+ \dot{\sim} N\left(\dfrac{n'}{2}, \dfrac{n'}{4}\right)$, 定义

$$Z = \frac{S^+ - \dfrac{n'}{2}}{\sqrt{\dfrac{n'}{4}}} \xrightarrow{\mathcal{L}} N(0,1), \quad n' \to +\infty \tag{2.5}$$

当 n' 不够大时, 可以用 Z 的正态性修正, 其式如下:

$$Z = \frac{S^+ - \dfrac{n'}{2} + C}{\sqrt{\dfrac{n'}{4}}} \xrightarrow{\mathcal{L}} N(0,1) \tag{2.6}$$

一般地, 当 $S^+ < \dfrac{n'}{2}$ 时, $C = -\dfrac{1}{2}$; 当 $S^+ > \dfrac{n'}{2}$ 时, $C = \dfrac{1}{2}$. 相应的 p 值为 $2P_{N(0,1)}(Z < z)$. 同理, 可以得到单侧检验方法如表 2-3 所示.

表 2-3　符号检验大样本假设检验方法

左侧检验	$H_0: M_e \leqslant M_0 \leftrightarrow H_1: M_e > M_0,$	p 值为 $P_{N(0,1)}(Z \geqslant z)$
右侧检验	$H_0: M_e \geqslant M_0 \leftrightarrow H_1: M_e < M_0,$	p 值为 $P_{N(0,1)}(Z \leqslant z)$

关于正态性修正的讨论

对离散分布应用正态性修正是非参数统计推断中较为普遍的做法. 我们知道, 很多检验统计量都可以表达为独立随机变量和形式的随机变量, 其抽样分布的近似分布都是正态分布. 然而, 不同抽样分布渐近性的收敛速度可能不同, 有的分布在样本量较小时近似效果就不错, 有的分布则在样本量很大时, 近似效果还不够理想. 有时还会受到参数本身数值的影响. 为克服利用连续分布对离散分布估计在样本量不大时可能出现的尾部概率估计偏差, 在对离散分布左右两侧点的概率分布值进行计算时, 不直接采用正态分布值估计, 而是通过对分布中心位置做出一定的平移进而取得一定的修正效果.

正态性修正的具体定义为: 假设 X 服从离散分布, X 所有的可能取值为 $(0, 1, 2, \cdots, n)$, 如果 X 近似的正态分布为 $N(\mu, \sigma^2)$, 当待估计的点 $X = k > n/2$ 时, k 处的概率分布函数 $P(X \leqslant k)$ 用正态分布 $N(\mu - C, \sigma^2)$ 在 k 处的分布函数估计, $C = 1/2$, 这相当于用位置参数向右平移 $1/2$ 单位的分布来估计 k 的概率分布; 同理, 当待估计的点 $X = k < n/2$ 时, k 处的概率分布函数 $P(X \leqslant k)$ 用正态分布 $N(\mu - C, \sigma^2)$ 在 k 处的分布函数估计, $C = -1/2$, 这相当于用位置参数向左平移 $1/2$ 单位的分布来估计 k 的概率分布. 当 $n = 30$ 时, 二项分布、正态分布和正态性正负修正的左右两端代表点上的分布函数比较如表 2-4 所示.

表 2-4　二项分布 $B(30, 0.5)$、正态分布和正态性正负修正之间的分布函数 $P(X \leqslant k)$ 比较

	k					
	0	1	2	21	22	23
$B(30, 0.5)$	9.31e−10	2.89−08	4.34e−07	9.79e−01	9.92e−01	9.98e−01
$N(15, 7.5)$	2.16e−08	1.59e−07	1.03e−06	9.66e−01	9.86e−01	9.95e−01
$N(15 - 1/2, 7.5)$	—	—	—	9.78e−01	9.91e−01	9.97e−01
$N(15 + 1/2, 7.5)$	7.58e−09	5.96e−08	4.12e−07	—	—	—

由表 2–4 可以看出, 对较大点处的分布函数做正态分布正修正结果 $\left(C = \dfrac{1}{2}\right)$ 与二项分布精确分布比较接近, 对较小点处的分布函数做正态分布负修正结果 $\left(C = -\dfrac{1}{2}\right)$ 与二项分布精确分布比较接近.

例 2.3　设某大学有 A 和 B 两个食堂, 为了解教职工对两个食堂的餐饮服务是否存在倾向性差异, 每隔一个月随机安排共计 50 位教职工填写意向度调查表, 每位回答者只能从两个食堂中选择一个作为自己倾向性更高的食堂, 某月得到以下数据:

喜欢 A 食堂的人数: 29 人

喜欢 B 食堂的人数: 18 人

不能区分的人数: 3 人

分析在显著性水平 $\alpha = 0.10$ 下, 是否可以认为, 在该大学两个食堂被喜爱的程度存在差异.

假设检验问题:

$$H_0 : P(A) = P(B) \text{（喜欢 A 食堂的客户与喜欢 B 食堂的客户比例相等）}$$

$$H_1 : P(A) \neq P(B) \text{（喜欢 A 食堂的客户与喜欢 B 食堂的客户比例不等）}$$

这是定性数据的假设检验问题, 可以应用符号检验, 喜欢 A 食堂的人数设为 S^+, $S^+ = 29$; 喜欢 B 食堂的人数设为 S^-, $S^- = 18$, $S^+ + S^- = n' = 47$, $\dfrac{n'}{2} = 23.5$, 由于 $S^+ > 23.5$, 所以取正修正, 应用式 (2.6) 有

$$Z = \frac{29 - 23.5 + \dfrac{1}{2}}{\sqrt{\dfrac{47}{4}}} = 1.75 > Z_{0.05} = 1.64$$

式中, $Z_{0.05}$ 是标准正态分布的 0.05 尾分位点.

结论: 在显著性水平 $\alpha = 0.10$ 下拒绝原假设, 证据显示 A 食堂和 B 食堂用餐者的倾向性存在显著差异.

2.1.3　符号检验在配对样本比较中的应用

在对两个总体进行比较时, 配对样本是经常遇到的情况, 比如生物的雌雄、人体疾病的有无、前后两次试验的结果、意见的赞成或反对等. 这时, 设配对观测值为 $(x_1, y_1), (x_2, y_2), \cdots,$ (x_n, y_n). 在 n 对样本数据中, 若 $x_i < y_i$, 则记为 "+"; 若 $x_i > y_i$, 则记为 "−"; 若 $x_i = y_i$, 则记为 0. 于是数据可能被分成三类 $(+, -, 0)$. 我们只比较 "+" 和 "−" 的个数, 记 "+" 和 "−" 的个数和为 n', $n' \leqslant n$. 问题是比较两类数据的比例是否相等. 假设 P_+ 为 "+" 的比例, P_- 为 "−" 的比例, 则可以有假设检验:

$$H_0 : P_+ = P_-$$

$$H_1 : P_+ \neq P_-$$

这类问题由于只涉及符号, 自然可以用符号检验来分析. 看下面的例题.

例 2.4 表 2-5 为某瑜伽教练的一个小班 12 位学员每周两次跟班训练一年前后的体重数据, 用符号检验分析参加该教练的瑜伽训练活动对体重的影响效果如何 $(\alpha = 0.05)$.

表 2-5 瑜伽训练一年前后学员体重变化比较表 单位: kg

学员号	瑜伽训练前体重	瑜伽训练后体重	符号
1	71	66	+
2	78.5	73	+
3	69	70	0
4	74.5	70	+
5	61.5	64	−
6	68	72	−
7	59	63	−
8	68	63	+
9	57	56.5	0
10	63	67	−
11	62	55	+
12	70	64	+

假设检验问题:

$$H_0 : P(瑜伽训练前体重) = P(瑜伽训练一年后体重)$$

$$H_1 : P(瑜伽训练前体重) \neq P(瑜伽训练一年后体重)$$

这是定性数据的假设检验问题, 可以应用符号检验. 瑜伽训练前体重大于瑜伽训练后体重的样本个数记为 S^+, $S^+ = 6$; 瑜伽训练前体重小于瑜伽训练后体重的样本个数记为 S^-, $S^- = 4$; $S^+ + S^- = n' = 10$, $\frac{n'}{2} = 5$. 应用式 (2.6), 有

$$Z = \frac{6 - 5 + \dfrac{1}{2}}{\sqrt{\dfrac{10}{4}}} = 0.9487 < Z_{0.025} = 1.96$$

式中, $Z_{0.025}$ 是标准正态分布的 0.025 尾分位点.

结论: 证据不足不能拒绝原假设, 没有充分证据显示瑜伽训练前与训练后学员体重有明显减低.

我们注意到, 在面对体重的数据分析中, 进行符号计数时, 对学员前后体重差异未超过 1kg 的都未做符号计数, 这是因为采取了个体体重测量误差在 1kg 以内属于正常体重偏差这个通用体重测量误差标准.

值得注意的是, 在本例结论部分, 我们并没有草率地选择接受原假设, 而是较为谨慎地选择了没有充分证据拒绝原假设来表述结论. 这样做的目的是提醒假设检验的使用者注意接受原假设可能有犯第 II 类错误的潜在风险.

2.1.4　分位数检验——符号检验的推广

以上我们主要介绍了中位数的符号检验, 实际上以上方法完全可以扩展到单一随机变量分布的任意 p 分位数的检验. 假设单一随机变量 $\mathcal{F}(M_p)$, M_p 是总体的 p 分位数, 对于假设检验问题:

$$H_0 : M_p = M_{p_0} \leftrightarrow H_1 : M_p \neq M_{p_0}$$

M_{p_0} 是待检验的 p_0 分位数. 上述检验问题等价于

$$H_0 : p = p_0 \leftrightarrow H_1 : p \neq p_0$$

类似中位数检验, 定义 $Y_i = I(X_i > M_{p_0})$, $Z_i = I(X_i < M_{p_0})$, 我们注意到在原假设之下, $Y_i \sim B(1, 1 - p_0)$, $Z_i \sim B(1, p_0)$,

$$S^+ = \sum_{i=1}^{n} Y_i, \quad S^- = \sum_{i=1}^{n} Z_i$$

注意到 S^+ 是数据落在 M_{p_0} 右边的数据量, S^- 是数据落在 M_{p_0} 左边的数据量. 假设有效数据量 $n' = S^+ + S^-$, 原假设下 $S^- \sim B(n', p_0)$, $S^+ \sim B(n', 1 - p_0)$, 容易注意到此时二项分布不再是对称分布, 所以得到假设检验问题的结果如表 2-6 所示.

表 2-6　分位数符号检验问题结果

$H_0 : M_p = M_{p_0} \leftrightarrow H_1 : M_p \neq M_{p_0}$	$p_0 > 0.5$ 时, $P_{\text{binom}}(S^- \leqslant k_1 \mid n', p = p_0)$ $+ P_{\text{binom}}((S^+ \leqslant k_2 \mid n', p = 1 - p_0)) \leqslant \alpha$ $p_0 < 0.5$ 时, $P_{\text{binom}}(S^+ \leqslant k_1 \mid n', p = 1 - p_0)$ $+ P_{\text{binom}}((S^- \leqslant k_2 \mid n', p = p_0)) \leqslant \alpha$ 其中 k_1, k_2 是满足上式最大的 k_1, k_2
$H_0 : M_p \leqslant M_{p_0} \leftrightarrow H_1 : M_p > M_{p_0}$	$P_{\text{binom}}(S^- \leqslant k \mid n', p = p_0) \leqslant \alpha$ 其中 k 是满足上式最大的 k
$H_0 : M_p \geqslant M_{p_0} \leftrightarrow H_1 : M_p < M_{p_0}$	$P_{\text{binom}}(S^+ \leqslant k \mid n', p = 1 - p_0) \leqslant \alpha$ 其中 k 是满足上式最大的 k

例 2.5 (例 2.4 续)　根据医学知识, 降低体重必须通过热量的高消耗来实现, 而普通的瑜伽训练重在改善肌肉骨骼结构增强体质, 个体差异比较大, 并不都能达到实现减重的目标. 然而小部分学员可通过课内和课外训练结合的方式, 来达到热量消耗从而降低体重. 如此一来, 考虑将降低体重的中位目标降低到 3/4 分位目标, 学员中能否有 1/4 的学员通过瑜伽训练减重超过 2kg, 学员训练前后体重降低值如表 2-7 所示, 显著性水平设为 $\alpha = 0.05$.

表 2-7　学员训练前后体重降低值

	5.0	5.5	4.5	-2.5	-4.0	-4.0	5.0	-4.0	7.0	6.0
$M_{0.75}$ 是否 > 2	+	+	+	-	-	-	+	-	+	+

假设检验问题是:

$$H_0 : M_{0.75} \leqslant 2 \leftrightarrow H_1 : M_{0.75} > 2$$

$S^+ = 6, S^- = 4$, 计算 $P_{\text{binom}(4|10,0.75)}(S^- \leqslant 4) = 0.02 < \alpha = 0.05$, 因而拒绝原假设, 认为 3/4 分位数大于 2, 于是参加瑜伽训练班个人努力增强脂肪代谢, 可以期待身体素质较高的学员能够达到降低体重的目标.

2.2 Cox-Stuart 趋势存在性检验

在客观世界中会遇到各种各样随时间变动的数据序列, 人们通常关心这些数据随时间变化的规律, 其中趋势分析是几乎都会分析的内容. 在趋势分析中, 人们首先关心的是趋势是否存在, 比如, 收入是否下降了? 农产品的产量或某地区历年的降雨量是否随着时间增加了? 如果趋势存在, 则根据实际需要建立更精细的模型以刻画或度量趋势的程度或变化规律. 一些分析习惯于将存在性问题和确定性问题以及影响程度等问题放在一起由一个模型统一来回答, 比如, 回归分析就是最常用的趋势分析的工具. 通常的做法是用线性回归拟合直线, 然后通过检验验证线性假设的合理性, 如果检验通过, 则表示回归模型是合适的, 线性趋势存在. 如果检验未通过, 那么趋势是否存在呢? 也就是说, 当线性趋势没有得到肯定时, 是否也该否定其他可能的趋势的存在性? 显然, 答案是否定的. 因为存在性是一个一般性的问题, 而特定形式的模型是所有可能趋势中的某一种, 用特殊的形式回答一般性的问题, 显然存在不可回答的风险. 也就是说, 当线性趋势被否定时, 也许有结构假定不恰当等多种原因, 并不能一概否定其他趋势的存在性. 我们显然也无法通过穷尽所有可能的结构来回答存在性问题. 即便模型通过了检验, 也只能说在模型的假设之下, 数据的趋势是存在的.

考克斯 (Cox) 与斯图尔特 (Stuart) 在研究数列趋势问题时注意到了这一点. 他们于 1955 年提出了一种不依赖趋势模型的快速判断趋势是否存在的方法, 这一方法称为 Cox-Stuart 趋势存在性检验, 它的理论基础正是 2.1 节的符号检验. 他们的想法是: 如果数据有上升趋势, 那么排在后面的数的取值比排在前面的数显著地大; 反之, 如果数据有明显的下降趋势, 那么排在后面的数的取值比排在前面的数显著地小. 换句话讲, 我们可能生成一些数对, 每一个数对是从前后两段数据中各选出一个数构成的, 这些数对可以反映前后数据的变化. 为保证数对同分布, 前后两个数的间隔尽可能大, 这就意味着可以将数据一分为二, 自然形成前后数对; 在数据量充足的情况下, 也可以将数据一分为三, 将中间部分忽略不计, 取前后两段数据. 为保证数对不受局部干扰, 前后两个数的间隔应较大, 另外数对的数量也不能过少. 具体而言, 考虑序列 y_s 的趋势问题表示如下:

$$y_s = \alpha + \Delta s + \epsilon_s \ (s = 1, 2, \cdots, N) \tag{2.7}$$

$$H_0 : \Delta \leqslant 0 \leftrightarrow H_1 : \Delta > 0 \tag{2.8}$$

$\Delta > 0$ 表示正趋势参数, ϵ_s 为随机误差项, 定义 $s < t$, 计算得分:

$$h_{st} = \begin{cases} 1, & y_s > y_t \\ 0, & y_s < y_t \end{cases}$$

Cox-Stuart 统计量定义为:

$$S = \sum_{s<t} w_{st} h_{st} \tag{2.9}$$

2.2.1　最优权重 Cox-Stuart 统计量基本原理

先考虑正态的情况 (假设 N 为偶数), $y_s \sim N(s\Delta, 1)$ (忽略 α). H_0 之下, 有 $h_{st} \sim B\left(1, \frac{1}{2}\right)$, $\mu(h_{st}) = P(y_s - y_t > 0)$, ϕ 是标准正态分布的分布函数, 于是有

$$\mu(h_{st}) = \phi\left(-\frac{(s-t)\Delta}{\sqrt{2}}\right) \tag{2.10}$$

$$\mu'(h_{st}) = \left(\frac{\partial \mu(h_{st})}{\partial \Delta}\right)_{\Delta=0} = \frac{s-t}{2\sqrt{\pi}} \tag{2.11}$$

令 $r_{st} = s - t$, 将式 (2.10) 和式 (2.11) 代入式 (2.9) 有:

$$\mu'_S = \sum w_{st}\mu'(h_{st}) = \frac{1}{2\sqrt{\pi}}\sum w_{st}r_{st} \tag{2.12}$$

$$\sigma^2_{S|H_0} = \sum w_{st}^2 \sigma^2(h_{st}|H_0) = \frac{1}{4}\sum w_{st}^2 \tag{2.13}$$

$$C_S^2 = \frac{\mu_S'^2}{\sigma^2_{S|H_0}} = \frac{1}{\pi}\frac{(\sum w_{st}r_{st})^2}{\sum w_{st}^2} \tag{2.14}$$

这里的 C_S^2 是第 1 章讨论的效率. 使式 (2.14) 取比较大的值相当于一个两阶段的求解问题: 先固定 r_{st}, 令 w_{st} 变化使式 (2.14) 取大, 再令 r_{st} 变动使 C_S^2 继续取大. 于是式 (2.14) 最大值的求解问题相当于求下面的最优化问题:

$$f(w, r) = \sum w_{st}r_{st} - \lambda \sum w_{st}^2 \tag{2.15}$$

对 w 求导得到:

$$r_{st} + w_{st}\frac{\partial r_{st}}{\partial w_{st}} - 2\lambda w_{st} = 0 \tag{2.16}$$

i.e.

$$\frac{r_{st}}{w_{st}} + \frac{\partial r_{st}}{\partial w_{st}} = 2\lambda \tag{2.17}$$

$$r_{st} = \lambda w_{st}(满足式 (2.17)) \tag{2.18}$$

这表示 S 表达式中的权重与序号间隔成正比时, 可以使统计量的效率最大化, 由此可以构造出第一个 S 统计量, 记作 S_1:

$$S_1 = \sum_{k=1}^{\lfloor N/2 \rfloor}(N - 2k + 1)h_{k,N-k+1}$$

注意到这时 $(s, t) = ((1, N), (2, N-2), \cdots, (K, N-K+1)), K = \lfloor N/2 \rfloor$.

$$\mu_{S_1|H_0} = \frac{1}{2}\sum(N - 2k + 1) = \frac{1}{8}N^2$$

$$\sigma^2_{S_1|H_0} = \frac{1}{4}\sum(N - 2k + 1)^2 = \frac{1}{24}N(N^2 - 1)$$

于是可以产生如下的第一种假设检验方法, 当 $y_s \sim N(\Delta s, 1)$, 有

$$S_1^* = \frac{S_1 - \frac{1}{8}N^2}{\sqrt{\frac{1}{24}N(N^2 - 1)}} \sim_{N \to +\infty} N(0, 1)$$

$S_1^* > Z_\alpha$ 时有下降趋势; 反之, $S_1^* < Z_{1-\alpha}$ 时, 有上升趋势, Z_α 是标准正态分布 α 尾分位点.

例 2.6 南美洲某国 2015—2017 年连续三年统计月度失业率数据如表 2–8 所示, 请根据失业率数据进行分析, 判断失业率在 2015 年以后是否有逐年下降的趋势.

表 2–8 某国 36 个月失业率数据表 (%)

年月	2015 年 1 月	2015 年 2 月	2015 年 3 月	2015 年 4 月	2015 年 5 月	2015 年 6 月
失业率	8.5	7.1	8.2	11.5	7.0	8.2
年月	2015 年 7 月	2015 年 8 月	2015 年 9 月	2015 年 10 月	2015 年 11 月	2015 年 12 月
失业率	9.5	7.8	9.2	10.2	9.0	9.4
年月	2016 年 1 月	2016 年 2 月	2016 年 3 月	2016 年 4 月	2016 年 5 月	2016 年 6 月
失业率	9.2	8.9	10.5	8.9	7.3	8.8
年月	2016 年 7 月	2016 年 8 月	2016 年 9 月	2016 年 10 月	2016 年 11 月	2016 年 12 月
失业率	8.4	6.9	8.0	7.8	6.3	7.5
年月	2017 年 1 月	2017 年 2 月	2017 年 3 月	2017 年 4 月	2017 年 5 月	2017 年 6 月
失业率	8.7	7.0	8.4	9.4	8.2	8.6
年月	2017 年 7 月	2017 年 8 月	2017 年 9 月	2017 年 10 月	2017 年 11 月	2017 年 12 月
失业率	8.0	7.6	11.1	7.3	5.5	7.0

假设检验问题:

H_0 : 该地区 36 个月失业率无变化 $\leftrightarrow$ H_1 : 该地区 36 个月失业率有下降的趋势

令 $K = N/2 = 36/2 = 18$, 前后观测值见表 2–9.

表 2–9 失业率数据的 Cox-Stuart S_1 统计量数据对形成表

y	(y_1, y_{36})	(y_2, y_{35})	(y_3, y_{34})	$\cdots$	(y_{18}, y_{19})
数对	(8.5,7)	(7.1,5.5)	(8.2,7.3)	$\cdots$	(8.8,8.4)
w_{st}	35	33	31	$\cdots$	1
h_{st}	+	+	+	$\cdots$	+

本例中, 这 18 个数据对按权重相加 $S_1 = 257$, $\mu(S_1) = 162$, $\sigma^2(S_1) = 1942.5$.

$$S_1^* = \frac{S_1 - \frac{1}{8}N^2}{\sqrt{\frac{1}{24}N(N^2-1)}} = \frac{257 - 162}{44.07} = 2.155$$

标准正态分布 p 值为 $P(S_1^* > 2.155) = 0.0156 < \alpha = 0.05$, 表明该国失业率有下降趋势. Python 程序和输出如下:

```
import scipy.stats as stats
UNE_rate=[8.5,7.1,8.2,11.5,7.0,8.2,9.5,7.8,9.2,
          10.2,9.0,9.4,9.2,8.9,10.5,8.9,7.3,8.8,
          8.4,6.9,8.0,7.8,6.3,7.5,8.7,7.0,8.4,
          9.4,8.2,8.6,8.0,7.6,11.1,7.3,5.5,7.0]
def s1_test(list):
    '''''''
    n=len(list)
    if n%2==1:
    n0=int((n-1)/2)
    else:
        n0=int(n/2)
    s1=0
    for i in range(n0):
        w=n-2*i-1
        if list[i]>list[n-i-1]:
            h=1
        elif list[i]<list[n-i-1]:
            h=0
        else:
            continue
        s1+=h*w
    s1_star=(s1-(n**2)/8)/(n*(n**2-1)/24)**0.5
    p=1-stats.norm.cdf(s1_star,0,1)
    print('s1:%i s1_t:%f p-value:%f'%(s1,s1_star,p))
s1_test(UNE_rate)
```

输出：s1:257 s1_t:2.1555 p-value:0.0156

2.2.2 等权重 Cox-Stuart 统计量

除了最优权重 Cox-Stuart 统计量以外, 相关文献 Cox-Stuart (1955) 显示, 还有两种等权重的 Cox-Stuart 统计量, 分别记为 S_2 和 S_3, 定义如表 2–10 所示.

表 2–10 Cox-Stuart 趋势检验方法汇总表

统计量表达式	效率	与 S_1 的 ARE 比较	对 y 的分布要求
$S_1 = \sum_{k=1}^{\lfloor N/2 \rfloor} (N - 2k + 1)h_{k,N-k+1}$	$R^2(S_1) = \frac{N^3}{6\pi}$	$\mathrm{ARE}(S_1, S_1) = 1$	正态
$S_2 = \sum_{k=1}^{\lfloor N/2 \rfloor} h_{k,\lfloor N/2 \rfloor + k}$	$R^2(S_2) = \frac{N^3}{8\pi}$	$\mathrm{ARE}(S_2, S_1) = 0.91$	与分布无关
$S_3 = \sum_{k=1}^{\lfloor N/3 \rfloor} h_{k,\frac{2}{3}N+k}$	$R^2(S_3) = \frac{4N^3}{27\pi}$	$\mathrm{ARE}(S_3, S_1) = 0.96$	与分布无关

从表 2–10 中可以看到 S_2 与 S_1 有两点异同: (1) 每个 h_{st} 的权重都相同; (2) 数据对的构成方式不同, 修改了 S_1 首尾相接的组对方式, 替换成了间隔相等的顺序组对方式, 组对的两个数据点之间的时间间隔由不等长更新为等长, 而且数据序列间隔足够长的组对方式保证组对数据点彼此的独立性, 这可以看成是对 S_1 的改进. S_2 和 S_3 的等权重计算方式简化了计算, 可直接用符号检验解决该问题. 虽然在效率上有损失, 但从表的第三列来看效率损失并不大, 几乎和不等权重的 S_1 效率相当. S_3 的做法是将数据截成三段, 只使用序列最早一段和最末一段数据, S_3 是对 S_2 的改进, 改进后的效率有所提升, 而且 S_2 和 S_3 都不依赖于

正态分布, 有更好的适用性.

下面我们以双边检验为例具体介绍 S_2 的方法. 假设检验问题:

$$H_0 : \text{数据序列无趋势} \leftrightarrow H_1 : \text{数据序列有增长或减少趋势}$$

假设数据序列 $y_1, y_2, \cdots, y_n$ 独立, 在原假设之下, 同分布为 $F(y)$, 令

$$c = \begin{cases} N/2, & \text{如果 } N \text{ 是偶数} \\ (N+1)/2, & \text{如果 } N \text{ 是奇数} \end{cases}$$

取 y_i 和 y_{i+c} 组成数对 (y_i, y_{i+c}). 当 N 为偶数时, 共有 N 对, 当 N 为奇数时, 共有 $N-1$ 对. 计算每一数对前后两值之差: $D_i = y_i - y_{i+c}$. 用 D_i 的符号度量增减. 令 S^+ 为正 D_i 的数目, 令 S^- 为负 D_i 的数目, $S^+ + S^- = N', N' \leqslant N$. 令 $K = \min(S^+, S^-)$, 显然当正号太多或负号太多, 即 K 过小时, 有趋势存在.

在没有趋势的原假设下, K 服从二项分布 $B(N', 0.5)$, 该检验在某种意义上是符号检验的应用的拓展.

对于单边检验问题:

$$H_0 : \text{数据序列有下降趋势} \leftrightarrow H_1 : \text{数据序列有上升趋势}$$

$$H_0 : \text{数据序列有上升趋势} \leftrightarrow H_1 : \text{数据序列有下降趋势}$$

结果是类似的, S^+ 很大时 (或 S^- 很小时), 有下降趋势; 反之, S^+ 很小时 (或 S^- 很大时), 有上升趋势.

和符号检验几乎类似, Cox-Stuart S_2 趋势检验过程总结于表 2–11.

表 2–11　Cox-Stuart S_2 趋势检验

原假设: H_0	备择假设: H_1	检验统计量 (K)	p 值
H_0: 无上升趋势	H_1: 有上升趋势	$S^+ = \sum \text{sign}(D_i)$	$P(S^+ \leqslant k)$
H_0: 无下降趋势	H_1: 有下降趋势	$S^- = \sum \text{sign}(-D_i)$	$P(S^- \leqslant k)$
H_0: 无趋势	H_1: 有上升或下降趋势	$K = \min\{S^-, S^+\}$	$2P(K \leqslant k)$
小样本时, 用近似正态统计量 $Z = (K \pm 0.5 - N'/2)/\sqrt{N'/4}$			
$K < N'/2$ 时取减号, $K > N'/2$ 时取加号			
大样本时, 用近似正态统计量 $Z = (K - N'/2)/\sqrt{N'/4}$			
对水平 α, 如果 p 值 $< \alpha$, 拒绝 H_0; 否则不能拒绝			

例 2.7　某地区 32 年来的降雨量如表 2–12 所示.

问: (1) 该地区前 10 年降雨量是否有变化?

(2) 该地区 32 年来降雨量是否有变化?

第一问假设检验问题:

$$H_0 : \text{该地区前 10 年降雨量无趋势}$$

$$H_1 : \text{该地区前 10 年降雨量有上升或下降趋势}$$

令 $C = N/2 = 10/2 = 5$, 前后观测值如表 2–13 所示.

表 2-12　某地区 32 年来降雨量数据表

年份	1971	1972	1973	1974	1975	1976	1977	1978
降雨量 (mm)	206	223	235	264	229	217	188	204
年份	1979	1980	1981	1982	1983	1984	1985	1986
降雨量 (mm)	182	230	223	227	242	238	207	208
年份	1987	1988	1989	1990	1991	1992	1993	1994
降雨量 (mm)	216	233	233	274	234	227	221	214
年份	1995	1996	1997	1998	1999	2000	2001	2002
降雨量 (mm)	226	228	235	237	243	240	231	210

表 2-13　降雨量数据前后观察值

(y_1,y_6)	(y_2,y_7)	(y_3,y_8)	(y_4,y_9)	(y_5,y_{10})
(206,217)	(223,188)	(235,204)	(264,182)	(229,230)
−	+	+	+	−

本例中, 这 5 个数据对的符号为 2 负 3 正, 取 $K = \min(S^+, S^-)$, p 值为 $P(K \leqslant 2) = \frac{1}{2^{N'}}\sum_{i=0}^{2}\binom{N'}{i} = \frac{1}{2^5}(1+5) = 0.1875 > \alpha = 0.05$, 表明该地区前 10 年的降雨量没有趋势. 这里的数据量太少, 一般来说要拒绝原假设是很困难的, 没有拒绝原假设, 也很难说问题出在什么地方.

第二问的数据对增加到 16 个, 如表 2-14 所示.

表 2-14　降雨量数据的 Cox-Stuart S_2 分析

206	223	235	264	229	217	188	204
216	233	233	274	234	227	221	214
−	−	+	−	−	−	−	−
182	230	223	227	242	238	207	208
226	228	235	237	243	240	231	210
−	+	−	−	−	−	−	−

这 16 个数据对的符号为 2 正 14 负. 取 $K = \min(S^+, S^-)$, p 值为 $2P(K \leqslant 2) = \frac{1}{2^{N'}}\sum_{i=0}^{k}\binom{N'}{i} = 0.0021 < \alpha$, 对 $\alpha = 0.05$, 可以拒绝原假设, 这表明该地区前 32 年的降雨量有明显的趋势. 为比较结果, 我们直接做线性回归模型, Python 程序如下:

```
import numpy as np
import statsmodels.api as sm
rain=np.array([206,223,235,264,229,217,188,204,
            182,230,223,227,242,238,207,208,
            216,233,233,274,234,227,221,214,
            226,228,235,237,243,240,231,210])
year=np.arange(1971,2003)
year = sm.add_constant(year)
model = sm.OLS(rain, year).fit() # 构建最小二乘模型并拟合
print(model.summary())
```

```
                              OLS Regression Results
==============================================================
Dep.  Variable:  y R-squared:  0.050
Model:  OLS Adj.  R-squared:  0.018
Method:  Least Squares F-statistic:  1.579
Date:  Mon, 15 Mar 2021 Prob (F-statistic):  0.219
Time:  15:22:57 Log-Likelihood:  -137.59
No.  Observations:  32 AIC: 279.2
Df Residuals:  30 BIC: 282.1
Df Model:  1
Covariance Type:  nonrobust
==============================================================
coef std err t P> |t| [0.025 0.975]
--------------------------------------------------------------
const -654.2353 700.282 -0.934 0.358 -2084.403 775.932
x1 0.4430 0.353 1.257 0.219 -0.277 1.163
==============================================================
Omnibus:  3.490 Durbin-Watson:  1.213
Prob(Omnibus):  0.175 Jarque-Bera (JB):  2.213
Skew:  0.337 Prob(JB): 0.331
Kurtosis:  4.098 Cond.  No.  4.27e+05
==============================================================
Notes:
[1] Standard Errors assume that the covariance matrix of the errors is correctly specified.
[2] The condition number is large, 4.27e+05.This might indicate that there are strong multicollinearity
or other numerical problems.
```

结果表明数据的线性趋势并不显著, 数据的趋势图如图 2-1 所示.

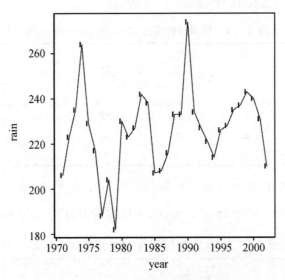

图 2-1　32 年降雨量的变化趋势图

2.3　随机游程检验

2.3.1　两类随机游程检验

在实际中, 经常需要考虑一个序列中的数据出现是否与出现顺序无关, 比如奖券的中奖是否随机出现, 股票价格的变换是否随机, 一个机械制程中产品故障的出现是否有规律, 一个大型赛事中输赢是否有规律. 若事件的发生并非随机的, 而是有规律可循的, 就可以做出相应的决策. 在参数统计中, 研究这一问题相当困难, 要证明数据独立同分布则更难. 但是从非参数的角度来看, 如果数据有上升或下降的趋势, 或有呈周期性变化的规律等特征, 均可能表示数据与顺序是有关的, 或者说序列不是随机出现的. 比如进出口的逆差和顺差是否随时间呈现某种规律, 一个机械流程中产品的次品出现是否存在一定的规律等.

这类问题一般伴随着一个二元 0/1 序列, 感兴趣的是其中的 1 或 0 出现的顺序是否随机的问题. 在一个二元序列中, 0 和 1 交替出现. 首先引入以下概念: 在一个二元序列中, 一个由 0 或 1 连续构成的串称为一个游程, 一个游程中数据的个数称为游程的长度. 一个序列中游程个数 用 R 表示, R 表示 0 和 1 交替轮换的频繁程度. 容易看出, R 是序列中 0 和 1 交替轮换的总次数加 1.

例 2.8　在下面的 0/1 序列中, 总共有 20 个数, 0 的总个数为 $n_0 = 10$, 1 的总个数为 $n_1 = 10$. 共有 4 个 0 游程, 4 个 1 游程, 一共 8 个游程 ($R = 8$).

$$1\,0\,0\,0\,0\,1\,1\,1\,0\,1\,1\,0\,0\,0\,0\,1\,1\,1\,1\,0$$

如果 0/1 序列中 0 和 1 出现的顺序规律性不强, 随机性强, 则 0 和 1 的出现不会太集中, 也不会太分散. 换句话说, 可以通过 0 和 1 出现的集中程度度量序列随机性的强与弱. 我们注意到, 如果不考虑序列的长度和序列中 0 和 1 的个数, 孤立地谈随机性意义不大. 一个序列的顺序随机性是相对的, 只有固定了 0 和 1 的个数才有意义. 在固定序列长度 n 时, n_1 表示序列中 1 的个数, 如果游程个数过少, 则说明 0 和 1 相对比较集中; 如果游程个数过多, 则说明 0 和 1 交替周期特征明显, 这都不符合序列随机性要求. 于是, 这提供了一种通过游程个数过多或过少来判断序列非随机性出现的可能性.

随机游程检验也称为 Wald-Wolfowitz 游程检验, 是波兰的亚伯拉罕·瓦尔德 (Abraham Wald) 和雅各布·沃夫维兹 (Jacob Wolfowitz) 两位统计学家提出来的. 关于这一问题的检验: 设 $X_1, X_2, \cdots, X_n$ 是一列由 0 或 1 构成的序列, 假设检验问题

$$H_0: 数据出现顺序随机 \leftrightarrow H_1: 数据出现顺序不随机$$

设 R 为游程个数, $1 \leqslant R \leqslant n$. 在原假设成立的情况下, $X_i \sim B(1, p)$, p 是 1 出现的概率, 由 n_1/n 确定, R 的分布与 p 有关. 假设有 n_0 个 0 和 n_1 个 1, $n_0 + n_1 = n$, 出现任何一种不同结构序列的可能性是 $1 \Big/ \dbinom{n}{n_1} = 1 \Big/ \dbinom{n}{n_0}$, 注意到 0 游程和 1 游程之间最多差 1, 于是得到

R 的条件分布为:

$$P(R=2k) = \frac{2\dbinom{n_1-1}{k-1}\dbinom{n_0-1}{k-1}}{\dbinom{n}{n_1}}$$

$$P(R=2k+1) = \frac{\dbinom{n_1-1}{k-1}\dbinom{n_0-1}{k}+\dbinom{n_1-1}{k}\dbinom{n_0-1}{k-1}}{\dbinom{n}{n_1}}$$

建立了抽样分布, 根据分布公式就可以得出在 H_0 (即随机性) 成立时 $P(R \geqslant r)$ 或 $P(R \leqslant r)$ 的值, 计算拒绝域进行检验. 这些值在 n_0 和 n_1 不大时可以计算或查表得出. 通常表中给出的水平 $\alpha = 0.025$, 0.05 及 n_0, n_1 时临界值 c_1 和 c_2 的值, 满足 $P(R \leqslant c_1) \leqslant \alpha$ 及 $P(R \geqslant c_2) \leqslant \alpha$.

当数据序列的量很大时, 即当 $n \to \infty$ 时, 在原假设下, 根据精确分布的性质可以得到:

$$E(R) = \frac{2n_1 n_0}{n_1 + n_0} + 1$$

$$\mathrm{var}(R) = \frac{2n_1 n_0(2n_1 n_0 - n_0 - n_1)}{(n_1 + n_0)^2(n_1 + n_0 - 1)}$$

当 $\frac{n_1}{n_0} \to \gamma$ 时, 有

$$E(R) = \frac{2n_1}{(1+\gamma)} + 1$$

$$\mathrm{var}(R) \approx 4\gamma n_1/(1+\gamma)^3$$

于是

$$Z = \frac{R - E(R)}{\sqrt{\mathrm{var}(R)}} = \frac{R - 2n_1/(1+\gamma) - 1}{\sqrt{4\gamma n_1/(1+\gamma)^3}} \xrightarrow{\mathcal{L}} N(0,1)$$

因此可以用正态分布表得到 p 值和检验结果. 这时, 在给定水平 α 后, 可以用近似公式得到拒绝域的临界值:

$$r_{\mathrm{l}} = \frac{2n_1 n_0}{n_1 + n_0}\left(1 + \frac{Z_{\frac{\alpha}{2}}}{\sqrt{n_1 + n_0}}\right)$$

$$r_{\mathrm{u}} = 1 + \frac{2n_1 n_0}{n_1 + n_0}\left(1 - \frac{Z_{\frac{\alpha}{2}}}{\sqrt{n_1 + n_0}}\right)$$

例 2.9　超市一早开门营业, 观察购物的男性和女性是否随机出现, 记录下 26 位顾客到来的性别记录 (用 M 表示男性, 用 F 表示女性) 依次如下:

M M F F F F F M M M M M M F F F M M M M F F F F M M F

假设检验问题如下:

$$H_0: 男女出现顺序随机 \leftrightarrow H_1: 男女出现顺序不随机$$

统计分析: $n = 26, n_0 = 13, n_1 = 13, \alpha = 0.05$, 对于 $n_0 = n_1$ 的情况, 可以调用 Python 里面的函数直接分析:

```
from statsmodels.sandbox.stats.runs import runstest_1samp
cusq=[1,1,0,0,0,0,0,1,1,1,1,1,0,0,0,1,1,1,1,0,0,0,0,1,1,0]
runstest_1samp(cusq)
```

输出: (-2.2018, 0.0277)

结论: 由于实际观测值为 $R = 8, p$ 值很小, 拒绝原假设.

例 2.10 在试验设计中, 经常关心试验误差 (experiment error) 是否与序号无关. 假设有 A,B,C 三个葡萄品种, 采取完全试验设计, 每个品种需要重复测量 4 次, 安排在 12 块试验田中栽种, 共得到 12 组数据, 每块试验田试验结果收成如表 2–15 所示. 试问: 误差分布是否按序号随机?

表 2–15　12 块试验田收成表　　　　　　　　　　　单位: kg

(1) B	(2) C	(3) B	(4) B	(5) C	(6) A	(7) A	(8) C	(9) A	(10) B	(11) C	(12) A
23	24	18	23	19	11	6	22	14	22	27	15

假设检验问题:

H_0 : 试验误差在试验田序号上随机出现 $\leftrightarrow H_1$: 试验误差随试验田序号不随机

完全随机设计观测值

$$x_{ij} = \mu + \mu_i + \varepsilon_{ij} = \overline{x}_{..} + (\overline{x}_{i.} - \overline{x}_{..}) + (x_{ij} - \overline{x}_{i.})$$
$$i = 1, 2, \cdots, k; j = 1, 2, \cdots, n$$

试验误差为 $\varepsilon_{ij} = x_{ij} - \overline{x}_{i.}$, 首先计算每个品种的均值 $\overline{A} = 11.5, \overline{B} = 21.5, \overline{C} = 23$, 各试验田实际收成与各自误差成分之间出现顺序为正和负的记录如表 2–16 所示.

表 2–16　误差成分正负记录表

(1)	(2)	(3)	(4)	(5)	(6)	(7)	(8)	(9)	(10)	(11)	(12)
+	+	−	+	−	−	−	−	+	+	+	+

统计分析: $n = 12, n_1 = 7, n_0 = 5, \alpha = 0.05$, 查出 $r_l = 3, r_u = 11$.

结论: 由于实际观测值为 $3 < r = 5 < 11$, 因此不能拒绝原假设.

对于连续型数据, 也关心数据是否随机出现, 这时可以将连续的数据二元化, 将连续数据的随机性问题转化成二元数据的离散化问题, 这就是穆德 (Mood) 于 1940 年给出的中位数检验法. 看下面的例子.

例 2.11 某实习生在实习期迟到的情况被门禁系统记录下来, N 表示正常, F 表示迟到, 根据表 2–17 的记录判断该实习生迟到是否随机 $(\alpha = 0.10)$.

表 2-17 实习生迟到情况统计表

1	2	3	4	5	6	7
NNN	FF	NNNNNNN	F	NN	FFF	NNNNNN

8	9	10	11	12	13	
F	NNNN	FF	NNNNN	F	NNNNNNNNNNNNN	

假设检验问题:

$$H_0: 该实习生迟到是随机的 \leftrightarrow H_1: 该实习生迟到不随机$$

本例中 $n_1 = 40, n_0 = 10, R = 13$, 根据超几何分布, 计算 R 在大样本下的近似正态分布均值和方差如下:

$$E_R = \frac{2n_1 n_0}{n_1 + n_0} + 1 = 17$$

$$Sd_R = \sqrt{\frac{2n_1 n_0 (2n_1 n_0 - n_0 - n_1)}{(n_1 + n_0)^2 (n_1 + n_0 - 1)}} = 2.213$$

$$Z = \frac{R - E_R}{Sd_R} = -1.81$$

取 $\alpha = 0.10, -1.64 > Z = -1.81$, 于是可以认为该实习生迟到违反随机性, 有一定的规律. 鉴于游程数小于平均数, 这表明该实习生在实习前期迟到状况频繁出现, 而在实习后期迟到习惯有明显改善.

2.3.2 三类及多类游程检验

有时候会碰上三类或多类的问题, 比如足球比赛有赢球、输球和平局三种比赛结果, 如果要看比赛结果随比赛进程是否有规律, 可以用三类游程检验. 假设一串游程有 k 个不同的值, 每类的数据量分别记为 $n_1, n_2, \cdots, n_k, \sum_{i=1}^{k} n_i = n$. $p_i = \frac{n_i}{n}$, 巴顿和戴维 (D. E. Barton & F. N. David, 1957) 提出了可以用近似正态的方法来解决三类或多类游程检验问题, 可以证明游程数有期望和方差如下:

$$E(R) = n \left(1 - \sum_{i=1}^{k} p_i^2 \right) + 1 \tag{2.19}$$

$$\mathrm{var}(R) = n \left[\sum_{i=1}^{k} (p_i^2 - 2p_i^3) + \left(\sum_{i=1}^{k} p_i^2 \right)^2 \right] \tag{2.20}$$

于是可以通过

$$Z = \frac{R - \mathrm{E}(R)}{\sqrt{\mathrm{var}(R)}}$$

来检验, 经验指出, 当 $n > 12$ 时, Z 值过大或过小拒绝原假设.

例 2.12 15 支足球队通过积分赛制争夺冠军, 分析冠军队在 14 场比赛中的成绩, 有人说其冠军相不明显, 有人说其获得冠军偶然性较大, 请问根据表 2-18 的比赛成绩能否判断获胜是遵循一定的规律还是随机的? 其中 W 表示赢得比赛, D 表示平局, L 表示输掉比赛 ($\alpha = 0.10$).

表 2-18 比赛获胜队统计表

1	2	3	4	5	6	7	8	9	10	11	12	13	14
W	W	W	W	D	D	W	W	L	L	L	L	L	W

假设检验问题:

$$H_0: \text{足球队赢球是随机的} \leftrightarrow H_1: \text{足球队赢球不是随机的}$$

本例中, 不妨记 n_W 为赢球场数, $n_W = 7$, n_L 为输球场数, $n_L = 5$, n_D 为平局场数, $n_D = 2$, $n = n_W + n_L + n_D = 14$, 计算赢球概率 $p_W = 7/14$, 输球概率 $p_L = 5/14$, 平局概率 $p_D = 2/14$. R 在大样本下的近似正态分布均值和方差如下:

$$E_R = n \times (1 - p_W^2 - p_L^2 - p_D^2) + 1 = 14 \times \left[1 - \left(\frac{1}{2} \right)^2 - \left(\frac{5}{14} \right)^2 - \left(\frac{2}{14} \right)^2 \right] + 1 = 9.43$$

$$Sd_R = \sqrt{n \times [(p_W^2 + p_L^2 + p_D^2 - 2p_W^3 - 2p_L^3 - 2p_D^3) + (p_W^2 + p_L^2 + p_D^2)^2]} = 1.71$$

$$Z = \frac{R - E_R}{Sd_R} = -2.59$$

取 $\alpha = 0.10, -1.64 > Z = -2.59$, 于是可以认为该冠军球队获胜是有一定规律的. 因为游程数小于平均数, 表明该冠军队获胜的原因是前期赢球数较多, 总的不输场次占到近七成, 保证了后程遭遇强劲对手时虽屡屡落败但依然顽强坚持下来并赢得最后比赛的胜利, 巩固了前程的总积分, 最终登上了冠军的领奖台. 这是在积分赛制规则下摆脱弱队而晋升为强队所必备的战术: "先打分散和孤立的弱队争取积分上的领先, 再集中士气攻克实力强大的劲敌". 表面来看, 这支冠军队似乎赢得有些拖泥带水, 但是通过游程检验的深度分析, 在这场多回合面对强大对手的阻击对抗赛中, 一支在技术上并不十分强大的队伍, 如何科学把握形势变化、精准识别现象本质、清醒明辨行为是非是考验其战术能力的关键. 只有那些不回避失败, 不掩盖问题, 有效抵御风险应对挑战的队伍才能持守信念, 贯穿始终, 荡气回肠, 赢得荣耀.

2.4 Wilcoxon 符号秩检验

2.4.1 基本概念

Wilcoxon 秩检验是由美国化学家和统计学家弗兰克·威尔科克森 (Frank Wilcoxon) 于 1945 年提出来的用于单变量分布位置的检验. 前几节的统计推断都只依赖数据的符号, 这样一类方法对连续分布的形态没有要求. 本节主要讨论对称分布, 研究对称分布的位置具有普遍意义. 原因是许多不对称的单峰数据分布可能通过变换化为对称分布. 多峰分布通过混合分布整体表示后, 每一个分布也可以用单峰对称分布表示. 就对称分布而言, 对称中心只有一个, 中位数却可能有很多. 下面的定理指出, 对称分布的对称中心是总体分布的中位数之一. 毫无疑问, 对称中心是比中位数更重要的位置. 因此, 作为总体的对称中心, 有两点需要考虑:

(1) 由于对称中心是中位数, 因此在对称中心的两侧应大致各有一半的数据量;

(2) 在对称中心的两侧, 数据的分布疏密程度应类似.

这时, 只考虑数据的符号就不够了, 作为刻画数据中心位置的对称中心, 要求数据在其两边分布的疏密情况是对称的. 不仅如此, 如果对称分布的中位数唯一, 则中位数就是对称中心, 中位数与期望是一致的. 因此, 就对称分布而言, 可以比较不同统计量的检验效率, 继而从理论上比较参数方法和非参数方法的效率.

首先, 给出对称分布的一些记号如下: 称连续分布 $F(x)$ 关于 θ 对称, 如果对 $\forall x \in \mathbb{R}$, $F(\theta - x) = P(X < \theta - x) = P(X > \theta + x) = 1 - F(x + \theta)$, 此时称 θ 是分布的对称中心.

定理 2.1 X 服从分布函数为 $F(\theta)$ 的分布, 且 $F(\theta)$ 关于 θ 对称, 总体的对称中心是总体的中位数之一.

证明 对称分布 X 有对称中心 θ, 那么 $X - \theta$ 与 $\theta - X$ 关于零点对称, 而且有相同的分布:

$$P(X - \theta < x) = P(\theta - X < x), \forall x$$

特别地, 取 $x = 0$, 则

$$P(X < \theta) = P(X > \theta) \Rightarrow P(X < \theta) \leqslant \frac{1}{2}$$

以下证明 $P(X \leqslant \theta) \geqslant \frac{1}{2}$. 应用反证法, 如果 $P(X \leqslant \theta) < \frac{1}{2}$, 那么

$$P(X > \theta) = P(X < \theta) = 1 - P(X \leqslant \theta) > \frac{1}{2}$$

这与上面结论矛盾, 综合两者, 有

$$P(X < \theta) \leqslant \frac{1}{2} \leqslant P(X \leqslant \theta)$$

即 θ 是 X 的一个中位数.

先看一个例子. 对以下数据来说:

$$-3.56 \quad -2.22 \quad -0.31 \quad -0.14 \quad 11.12 \quad 12.30 \quad 14.1 \quad 14.3$$

0 是这组数据的中位数, 两侧有相等数量的正号和负号; 如果只看秩而不看数据的取值, 直觉上认为这是一个以 0 为中心的样本. 但实际上, 取负值的数据相对在 0 左侧聚集, 取正值的数据并非在 0 值右侧相等距离的位置聚集, 而是在较远处的 10 附近比较集中, 而左侧距离 0 间隔相当的位置上负值也不密集. 这不满足对称性要求在对称中心两边的分布相同的特点. 为什么符号法失败了? 问题出在没有考虑数据绝对值的大小. Wilcoxon 符号秩统计量的思想是, 首先把样本的绝对值 $|X_1|, |X_2|, \cdots, |X_n|$ 排序, 其顺序统计量为 $|X|_{(1)}, |X|_{(2)}, \cdots, |X|_{(n)}$. 如果数据关于零点对称, 对称中心两侧关于对称中心距离相等的位置上数据的疏密情况应该大致相同. 这表现为, 当数据取绝对值以后, 原来取正值的数据与原来取负值的数据交错出现, 取正值数据在绝对值样本中的秩和与取负值数据在绝对值样本中的秩和应近似相等.

具体而言, 用 R_j^+ 表示 $|X_j|$ 在绝对值样本中的秩, 即 $|X_j| = |X|_{(R_j^+)}$. 如果用 $S(x)$ 表示示性函数 $I(x > 0)$, 它在 $x > 0$ 时为 1, 否则为 0. 为方便起见, 我们引入反秩 (antirank) 的概念. 反秩 D_j 是由 $|X_{D_j}| = |X|_{(j)}$ 定义的. 我们还用 W_j 表示与 $|X|_{(j)}$ 相应的原样本点的

符号函数, 即 $W_j = S(X_{D_j})$, 且称 $R_j^+ S(X_j)$ 为符号秩统计量. Wilcoxon 符号秩统计量定义为:

$$W^+ = \sum_{j=1}^{n} jW_j = \sum_{j=1}^{n} R_j^+ S(X_j)$$

它是正的样本点按绝对值所得秩的和. 为说明这些概念, 看如下例子.

例 2.13　如样本值为 $9, 13, -7, 10, -18, 4$, 则相应的统计量值如表 2–16 所示.

显然, $W^+ = 3 + 5 + 4 + 1 = 13$.

设 $F(x - \theta)$ 对称, 原假设为 $H_0: \theta = 0$, 有下面 3 个定理.

表 2-19　符号秩统计量取值

X_1	X_2	X_3	X_4	X_5	X_6
9	13	-7	10	-18	4
$\|X\|_{(3)}$	$\|X\|_{(5)}$	$\|X\|_{(2)}$	$\|X\|_{(4)}$	$\|X\|_{(6)}$	$\|X\|_{(1)}$
$R_1^+ = 3$	$R_2^+ = 5$	$R_3^+ = 2$	$R_4^+ = 4$	$R_5^+ = 6$	$R_6^+ = 1$
$W_3 = 1$	$W_5 = 1$	$W_2 = 0$	$W_4 = 1$	$W_6 = 0$	$W_1 = 1$
$D_3 = 1$	$D_5 = 2$	$D_2 = 3$	$D_4 = 4$	$D_6 = 5$	$D_1 = 6$

定理 2.2　如果原假设 $H_0: \theta = 0$ 成立, 则 $S(X_1), S(X_2), \cdots, S(X_n)$ 独立于 $(R_1^+, R_2^+, \cdots, R_n^+)$.

证明　事实上, 因为 $(R_1^+, R_2^+, \cdots, R_n^+)$ 是 $|X_1|, |X_2|, \cdots, |X_n|$ 的函数, 而出自随机样本的 $(S(X_i), |X_j|)$ $(i, j = 1, 2, \cdots, n, j \neq i)$ 是互相独立的数据对, 因此只要证明 $S(X_i)$ 和 $|X_i|$ 是互相独立的即可, 事实上, 有

$$P(S(X_i) = 1, |X_i| \leqslant x) = P(0 < X_i \leqslant x) = F(x) - F(0) = F(x) - \frac{1}{2}$$

$$= \frac{2F(x) - 1}{2} = P(S(X_i) = 1)P(|X_i| \leqslant x)$$

下面的定理 2.3 和定理 2.4 平行, 读者可自己验证.

定理 2.3　如果原假设 $H_0: \theta = 0$ 成立, 则 $S(X_1), S(X_2), \cdots, S(X_n)$ 独立于 $(D_1, D_2, \cdots, D_n)$.

定理 2.4　如果原假设 $H_0: \theta = 0$ 成立, 则 $W_1, W_2, \cdots, W_n$ 是独立同分布的, 其分布为 $P(W_i = 0) = P(W_i = 1) = \dfrac{1}{2}$.

证明　令 $\boldsymbol{D} = (D_1, D_2, \cdots, D_n), \boldsymbol{d} = (d_1, d_2, \cdots, d_n)$.

$$P(W_1 = w_1, W_2 = w_2, \cdots, W_n = w_n)$$

$$= \sum_{d} P(S(X_{D_1}) = w_1, S(X_{D_2}) = w_2, \cdots, S(X_{D_n}) = w_n | \boldsymbol{D} = \boldsymbol{d}) P(\boldsymbol{D} = \boldsymbol{d})$$

$$= \sum_{d} P(S(X_{d_1}) = w_1, S(X_{d_2}) = w_2, \cdots, S(X_{d_n}) = w_n) P(\boldsymbol{D} = \boldsymbol{d})$$

$$= \left(\frac{1}{2}\right)^n \sum_{d} P(\boldsymbol{D} = \boldsymbol{d}) = \left(\frac{1}{2}\right)^n$$

因此有 $P(W_1, W_2, \cdots, W_n) = \prod_{i=1}^{n} P(W_i = w_i)$ 及 $P(W_i = w_i) = \dfrac{1}{2}$.

2.4.2　Wilcoxon 符号秩检验和抽样分布

1. Wilcoxon 符号秩检验过程

假设样本点 $X_1, X_2, \cdots, X_n$ 来自连续对称的总体分布 (符号检验不需要这个假设). 在这个假定下总体中位数等于均值. 它的检验目的和符号检验是一样的, 即要检验双边问题 $H_0: M = M_0$ 或检验单边问题 $H_0: M \leqslant M_0$ 及 $H_0: M > M_0$, Wilcoxon 符号秩检验的步骤如下.

(1) 对 $i = 1, 2, \cdots, n$, 计算 $|X_i - M_0|$; 它们表示这些样本点到 M_0 的距离.

(2) 将上面 n 个绝对值排序, 并找出它们的 n 个秩; 如果有相同的样本点, 每个点取平均秩.

(3) 令 W^+ 等于 $X_i - M_0 > 0$ 的 $|X_i - M_0|$ 的秩的和, 而 W^- 等于 $X_i - M_0 < 0$ 的 $|X_i - M_0|$ 的秩的和. 注意: $W^+ + W^- = n(n+1)/2$.

(4) 对双边检验 $H_0: M = M_0 \leftrightarrow H_1: M \neq M_0$, 在原假设下, W^+ 和 W^- 应差不多. 因而, 当其中之一很小时, 应怀疑原假设; 在此, 取检验统计量 $W = \min(W^+, W^-)$. 类似地, 对 $H_0: M \leqslant M_0 \leftrightarrow H_1: M > M_0$ 的单边检验取 $W = W^-$; 对 $H_0: M \geqslant M_0 \leftrightarrow H_1: M < M_0$ 的单边检验取 $W = W^+$.

(5) 根据得到的 W 值, 查 Wilcoxon 符号秩检验的分布表以得到在原假设下的 p 值. 如果 n 很大, 要用正态近似得到一个与 W 有关的正态随机变量 Z 的值, 再查表得到 p 值, 或直接在软件中计算得到 p 值.

(6) 如果 p 值小 (比如小于或等于给定的显著性水平 0.05), 则可以拒绝原假设. 实际上, 显著性水平 α 可取任何大于或等于 p 值的数. 如果 p 值较大, 则没有充分证据来拒绝原假设, 但不意味着接受原假设.

2. W^+ 在原假设下的精确分布

W^+ 在原假设下的分布并不复杂. 我们举一个例子说明如何在简单情况下获得其分布. 当 $n = 3$ 时, 绝对值的秩只有 1, 2 和 3, 但是有 8 种可能的符号排列. 在原假设下, 每一个这种排列都是等概率的 (在这里, 其概率为 1/8). 表 2-20 列出了这些可能的情况以及在每种情况下 W^+ 的值. 可以看出, $W^+ = 3$ 出现了两次, 因而 $P_{H_0}(W^+ = 3) = 2/8$, 其余 W^+ 为 0, 1, 2, 4, 5, 6 六个数中之一的概率为 1/8.

表 2-20　Wilcoxon 分布列计算表

秩	符号的 8 种组合							
1	$-$	$+$	$-$	$-$	$+$	$+$	$-$	$+$
2	$-$	$-$	$+$	$-$	$+$	$-$	$+$	$+$
3	$-$	$-$	$-$	$+$	$-$	$+$	$+$	$+$
W^+	0	1	2	3	3	4	5	6
概率	$\frac{1}{8}$	$\frac{1}{8}$	$\frac{1}{8}$	$\frac{1}{8}$	$\frac{1}{8}$	$\frac{1}{8}$	$\frac{1}{8}$	$\frac{1}{8}$

现在, 给出计算 W^+ 概率的一般方法. 首先, $\forall j$ 有

$$E(\exp(t_j W_j)) = \frac{1}{2}\exp(0) + \frac{1}{2}\exp(t_j) = \frac{1}{2}(1 + \exp(t_j))$$

当计算样本量为 n 时, W^+ 的母函数如下:

$$M_n(t) = E(\exp(tW^+)) = E(\exp(t\sum jW_j))$$
$$= \prod_j E(\exp(tjW_j)) = \frac{1}{2^n}\prod_{j=1}^{n}(1+e^{tj})$$

母函数有展开式

$$M_n(t) = a_0 + a_1 e^t + a_2 e^{2t} + \cdots$$

则 $P_{H_0}(W^+ = j) = a_j$. 利用指数相乘的性质, 当 $n = 2$ 时, 如表 2–21 所示.

表 2-21　$n = 2$ 时 Wilcoxon 分布列计算表

0	1	2	3
1	1	1	1

第一行表示 $M_2(t)$ 的各个指数幂, 第二行是这些幂对应的系数 (忽略除数 2^2).

当 $n = 3$ 时, 我们可以从表 2–21 中通过移位和累加得到指数幂的系数, 如表 2–22 所示 (忽略除数 2^3).

表 2-22　$n = 3$ 时 Wilcoxon 分布列计算表

0	1	2	3	4	5	6	
1	1	1	1				
			1	1	1	1	+
1	1	1	2	1	1	1	

表 2–22 中第一行是 $M_3(t)$ 的指数幂; 第二行是 $M_2(t)$ 的指数幂对应的系数; 第三行是第二行的系数右移三位, 是由第三个因子的第二项 (e^{3t}) 乘前面各项得到的, 因为是三次幂, 所以右移三位; 第四行是二、三两行的和. 由此得到 $P(W^+ = k)$. 类似可通过递推的方法得任意 n 时 W^+ 的分布, 如表 2–23 所示.

表 2-23　任意 n 时 Wilcoxon 分布列计算表

0	1	2	$\cdots$	$\frac{n(n+1)}{2}$	
	$M_{n-1}(t)$ 的系数				
	(右移 $\to n$ 位)	$M_{n-1}(t)$ 的系数			+
	$M_n(t)$ 的系数				

Wilcoxon 分布如图 2–2 所示.

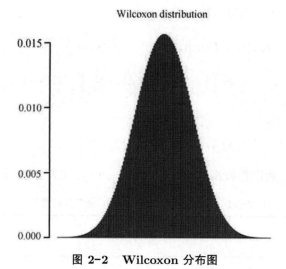

图 2-2　Wilcoxon 分布图

Python 程序如下:

```
import numpy as np
def dwilxonfun(n):
    a=np.array([1,1])
    n1=1
    for i in range(2,n+1):
        l=np.zeros(i)
        t=np.append(l,a)
        a=np.append(a,l)+t
        p=a/2**i
    return(p)
dwilxonfun(19)
```

输出: array([1.9073e-06, 1.9073e-06, 1.9073e-06, 3.8147e-06,
        3.8147e-06, 5.7220e-06, 7.6294e-06, 9.5367e-06,
        1.1444e-05, 1.5259e-05, 1.9073e-05, 2.2888e-05,
        2.8610e-05, 3.4332e-05, 4.1962e-05, 5.1498e-05,
        6.1035e-05, 7.2479e-05, 8.7738e-05, 1.0230e-04,
        1.2016e-04, 1.4114e-04, 1.6403e-04, 1.8883e-04,
        2.1935e-04, 2.5177e-04, 2.8801e-04, 3.2997e-04,
        3.7575e-04, 4.2534e-04, 4.8256e-04, 5.4359e-04,
        6.1035e-04, 6.8665e-04, 7.6675e-04, 8.5450e-04,
        9.5177e-04, 1.0548e-03, 1.1654e-03, 1.2875e-03,
        1.4172e-03, 1.5545e-03, 1.7052e-03, 1.8635e-03,
        2.0313e-03, 2.2144e-03, 2.4033e-03, 2.6035e-03,
        2.8172e-03, 3.0403e-03, 3.2730e-03, 3.5210e-03,
        3.7766e-03, 4.0417e-03, 4.3221e-03, 4.6101e-03,
        4.9057e-03, 5.2166e-03, 5.5332e-03, 5.8575e-03,
        6.1951e-03, 6.5365e-03, 6.8836e-03, 7.2422e-03,
        7.6027e-03, 7.9651e-03, 8.3370e-03, 8.7070e-03,
        9.0790e-03, 9.4547e-03, 9.8286e-03, 1.0197e-02,
        1.0569e-02, 1.0933e-02, 1.1290e-02, 1.1646e-02,
        1.1992e-02, 1.2325e-02, 1.2655e-02, 1.2970e-02,
        1.3271e-02, 1.3563e-02, 1.3838e-02, 1.4093e-02,
        1.4339e-02, 1.4565e-02, 1.4767e-02, 1.4957e-02,
        1.5123e-02, 1.5266e-02, 1.5394e-02, 1.5497e-02,

```
       1.5574e-02, 1.5635e-02, 1.5669e-02, 1.5678e-02,
       1.5669e-02, 1.5635e-02, 1.5574e-02, 1.5497e-02,
       1.5394e-02, 1.5266e-02, 1.5123e-02, 1.4957e-02,
       1.4767e-02, 1.4565e-02, 1.4339e-02, 1.4093e-02,
       1.3838e-02, 1.3563e-02, 1.3271e-02, 1.2970e-02,
       1.2655e-02, 1.2325e-02, 1.1992e-02, 1.1646e-02,
       1.1290e-02, 1.0933e-02, 1.0569e-02, 1.0197e-02,
       9.8286e-03, 9.4547e-03, 9.0790e-03, 8.7070e-03,
       8.3370e-03, 7.9651e-03, 7.6027e-03, 7.2422e-03,
       6.8836e-03, 6.5365e-03, 6.1951e-03, 5.8575e-03,
       5.5332e-03, 5.2166e-03, 4.9057e-03, 4.6101e-03,
       4.3221e-03, 4.0417e-03, 3.7766e-03, 3.5210e-03,
       3.2730e-03, 3.0403e-03, 2.8172e-03, 2.6035e-03,
       2.4033e-03, 2.2144e-03, 2.0313e-03, 1.8635e-03,
       1.7052e-03, 1.5545e-03, 1.4172e-03, 1.2875e-03,
       1.1654e-03, 1.0548e-03, 9.5177e-04, 8.5449e-04,
       7.6675e-04, 6.8665e-04, 6.1035e-04, 5.4360e-04,
       4.8256e-04, 4.2534e-04, 3.7575e-04, 3.2997e-04,
       2.8801e-04, 2.5177e-04, 2.1935e-04, 1.8883e-04,
       1.6403e-04, 1.4114e-04, 1.2016e-04, 1.0300e-04,
       8.7738e-05, 7.2479e-05, 6.1035e-05, 5.1498e-05,
       4.1961e-05, 3.4332e-05, 2.8610e-05, 2.2890e-05,
       1.9074e-05, 1.5259e-05, 1.1444e-05, 9.5367e-06,
       7.6294e-06, 5.7220e-06, 3.8147e-06, 3.8147e-06,
       1.9073e-06, 1.9073e-06, 1.9073e-06])
```

3. 大样本 W^+ 分布

如同对符号检验讨论的那样, 如果样本量太大, 则可能得不到分布表, 这时可以使用正态近似. 根据 2.3 节的定理, 可以得到

$$E(W^+) = E\left(\sum_{j=1}^n jW_j\right) = \frac{1}{2}\sum_{j=1}^n j = \frac{1}{2}\frac{n(n+1)}{2} = \frac{1}{4}n(n+1)$$

$$\text{var}(W^+) = \text{var}\left(\sum_{j=1}^n jW_j\right) = \frac{1}{4}\sum_{j=1}^n j^2 = \frac{1}{24}n(n+1)(2n+1)$$

在原假设下由此可构造大样本渐近正态统计量, 原假设下的近似计算如下:

$$Z = \frac{W^+ - n(n+1)/4}{\sqrt{n(n+1)(2n+1)/24}} \xrightarrow{\mathcal{L}} N(0,1)$$

计算出 Z 值后, 可由正态分布表查出检验统计量对应的 p 值, 如果 p 值过小, 则拒绝原假设 $H_0: \theta = M_0$. 在小样本情况下使用连续性修正如下:

$$Z = \frac{W^+ - n(n+1)/4 \pm C}{\sqrt{n(n+1)(2n+1)/24}} \xrightarrow{\mathcal{L}} N(0,1)$$

当 $W^+ > n(n+1)/4$ 时, 用正连续性修正, $C = 0.5$; 当 $W^+ < n(n+1)/4$ 时, 用负连续性修正, $C = -0.5$.

如果数据有 g 个结, 在小样本情况下可以用正态近似公式:

$$Z = \frac{W^+ - n(n+1)/4 \pm C}{\sqrt{n(n+1)(2n+1)/24 - \sum_{i=1}^{g}(\tau_i^3 - \tau_i)/48}} \xrightarrow{\mathcal{L}} N(0,1)$$

在大样本情况下, 用正态近似公式:

$$Z = \frac{W^+ - n(n+1)/4}{\sqrt{n(n+1)(2n+1)/24 - \sum_{i=1}^{g}(\tau_i^3 - \tau_i)/48}} \xrightarrow{\mathcal{L}} N(0,1)$$

计算出 Z 值以后, 查正态分布表对应的 p 值. 如果 p 值很小, 则拒绝原假设.

下面举例说明如何应用 Wilcoxon 符号秩检验, 并将它与符号检验的结果相比较, 分析在解决位置参数检验问题时各自的特点.

例 2.14 为了解垃圾邮件对大型公司决策层工作影响程度, 某网站收集了 19 家大型公司的 CEO 和他们邮箱里每天收到的垃圾邮件数, 得到如表 2–24 所示的数据 (单位: 封).

表 2-24   每天的垃圾邮件数

310	350	370	377	389	400	415	425	440	295
325	296	250	340	298	365	375	360	385	

从平均意义上来看, 垃圾邮件数量的中心位置是否超出 320?

首先, 我们先作数据的直方图, 如图 2–3 所示. 在直方图上, 没有明显的迹象表明数据的分布不是对称的, 因此采用 R 内置函数 wilcox.test 来进行假设检验:

$$H_0 : \theta = M_0 \leftrightarrow \quad \theta \neq M_0$$

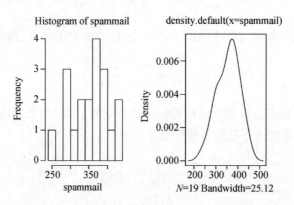

图 2-3   垃圾邮件的直方图和分布密度曲线图

Python 程序如下:

```
import scipy.stats as stats
spammail=[310,350,370,377,389,400,415,425,440,295,325,296,250,340,298,365,375,360,385]
spammail_t=[320]*len(spammail)
#wilcoxon 检验
#scipy.stats.wilcoxon(x,y,correction = Flase, alternative = 'two-sided')x是第一组测量值,y是第二组测量值
stats.wilcoxon(spammail,spammail_t,correction=True,alternative='greater')

# 符号检验
def sign_test(l,q,u):
    #l: 输入数据 q: 位置 u: 检验数据
    S_pos=S_neg=0
    for i in l:
        if i<u:
            S_neg+=1
        elif i>u:
            S_pos+=1
        else:
            continue
    n1=S_neg+S_pos
    k=min(S_neg,S_pos)
    p=2*stats.binom.cdf(k,n1,q)
    if p>1:
        p=1
    print('neg:%i pos:%i p-value:%f'%(S_neg,S_pos,p))
sign_test(spammail,0.5,320)
```

```
输出: neg:5 pos:14 p-value:0.0636
```

从结果看, 虽然两个检验都拒绝了原假设, 但是 wilcox.test 输出的 p 值比 binom.test 小一些, 这表明在对称性的假定之下, Wilcoxon 符号秩检验采用了比符号检验更多的信息, 因而可能得到更可靠的结果. 值得注意的是, 这里假定了总体分布的对称性. 如果对称性不成立, 则还是符号检验的结果更为可靠.

4. 由 Wilcoxon 符号秩检验导出的 Hodges-Lehmann 估计量

定义 2.1　假设 $X_1, X_2, \cdots, X_n$ 为简单随机样本, 计算任意两个数的平均, 将得到一组长度为 $\frac{n(n+1)}{2}$ 的新数据. 这组数据称为 Walsh 平均值, 即 $\left\{ X_u' : X_u' = \dfrac{X_i + X_j}{2}, \ i \leqslant j, u = 1, 2, \cdots, \dfrac{n(n+1)}{2} \right\}$.

定理 2.5　由前面定义的 Wilcoxon 符号秩统计量 W^+ 可以表示为:

$$W^+ = \# \left\{ \frac{X_i + X_j}{2} > 0, \quad i \leqslant j; \ i, j = 1, 2, \cdots, n \right\}$$

即 W^+ 是 Walsh 平均值中符号为正的个数.

证明　记 $X_{i_1}, X_{i_2}, \cdots, X_{i_p}$ 为 p 个正的样本点, 以原点为中心, 以 X_{i_1} 为半径画闭区间 $I_1 = [-X_{i_1}, X_{i_1}]$. X_{i_1} 绝对值的秩 $R_{i_1}^+$ 等于在 I_1 中的样本点的个数. 注意到: I_1 中样本点和 X_{i_1} 构成的平均值都大于 0. 将这个过程对每一个样本点重复一遍, 就得到了所有秩和, 这些秩和恰好为 Walsh 平均值大于 0 的个数.

如果中心位置不是 0 而是 θ, 则定义统计量如下:

$$W^+(\theta) = \# \left\{ \frac{X_i + X_j}{2} > \theta, i \leqslant j; \ i,j = 1, 2, \cdots, n \right\}$$

用 $W^+(\theta)$ 作为检验 $H_0 : \theta = \theta_0 \leftrightarrow H_1 : \theta \neq \theta_0$ 的统计量, 则这个检验是无偏检验.

定义 2.2 假设 $X_1, X_2, \cdots, X_n$ 独立同分布取自 $F(x - \theta)$, 若 F 对称, 则定义 Walsh 平均值的中位数如下:

$$\widehat{\theta} = \text{median} \left\{ \frac{X_i + X_j}{2}, i \leqslant j; \ i,j = 1, 2, \cdots, n \right\}$$

并将其作为 θ 的 Hodges-Lehmann 点估计量.

例 2.15 一个食物研究所在检测某种香肠的肉含量时, 随机测出如表 2-25 所示的数据.

表 2-25 香肠肉含量 (%)

62	70	74	75	77	80	83	85	88

假定分布是对称的, Walsh 平均的数据量记为 NW, $NW = \dfrac{n(n+1)}{2} = 45$, 可以用下面的 R 程序计算中心位置的点估计:

```
a=[62,70,74,75,77,80,83,85,88]
walsh=[]
for i in range(len(a)):
    for j in range(i,len(a)):
        walsh.append((a[i]+a[j])/2)
print(np.median(walsh))
```

```
输出: 77.5
```

2.5 估计量的稳健性评价

这一节主要介绍估计量的稳健性 (robustness) 评价准则. 稳健性用于评价当观测和分布发生微小变化时, 估计量会不会受到太大影响. 稳健性概念首先由博克斯 (Box, 1953) 提出, 后来被汉佩尔 (Hampel) 和休伯 (Huber) 不断发展起来. 图基 (Tukey, 1960) 给出了一个例子: 假设有 n 个观测 $Y_i \sim N(\mu, \sigma^2)$ $(i = 1, 2, \cdots, n)$, 目标是估计 σ^2. 有两个估计量: 一个估计量是 $\widehat{\sigma}^2 = s^2$, 另一个估计量是 $\widetilde{\sigma}^2 = d^2 \pi / 2$, 其中

$$d = \frac{1}{n} \sum_i |Y_i - \overline{Y}|$$

由于 $d \to \sqrt{2/\pi} \sigma$, 于是 $\widetilde{\sigma}^2$ 是 σ^2 的渐近无偏估计, 而且可以得到 $\text{ARE}(\widetilde{\sigma}^2, s^2) = 0.876$. 图基进一步指出, 如果 Y_i 以 $1 - \epsilon$ 从 $N(\mu, \sigma^2)$ 中取得, 以一个很小的概率 ϵ 从 $N(\mu, 9\sigma^2)$ 中取得, ARE 会呈现如表 2-26 所示的变化.

表 2-26 ARE 随 ϵ 变化表

$\epsilon\%$	0	0.1	0.2	1	5
$\text{ARE}(\widetilde{\sigma}^2, s^2)$	0.876	0.948	1.016	1.44	2.04

从表 2–26 中可以看出, 估计量 s^2 的优越性仅仅表现在噪声数据不足 1% 的场景中, 这表明在实际中 s^2 作为估计量对噪声数据的免疫力十分脆弱, 它缺乏效率上的稳健性 (robustness of efficiency).

常用的稳健性评价准则有三类: 敏感曲线 (sensitivity curve)、影响函数 (influence function, IF) 及其失效点 (breakdown point, BP).

2.5.1 敏感曲线

假设 θ 是待估分布函数 F 的参数, 观测 $\boldsymbol{x} = (x_1, x_2, \cdots, x_n)$ 来自分布 F, $\widehat{\theta}_n$ 是 θ 的估计量, 如果增加一个异常点 x, 形成一个新数据 $\boldsymbol{x} = (x_1, x_2, \cdots, x_n, x)$, 那么估计量变成 $\widehat{\theta}_{n+1}$, 敏感曲线定义为:

$$S(x, \widehat{\theta}) = \frac{\widehat{\theta}_{n+1} - \widehat{\theta}_n}{1/(n+1)}$$

敏感曲线用于评估估计量受外界异常干扰的能力.

例 2.16 取例 2.1 数据的前 13 个数据, 取异常值在 [1,15] 和 [60,80] 之间, 每次增加一个异常值, 比较三种估计量样本均值. 样本中位数和 HL (Hodges-Lehmann) 估计量数值随异常数据的变化, 制作敏感曲线分析, 分析结果如图 2–4 所示.

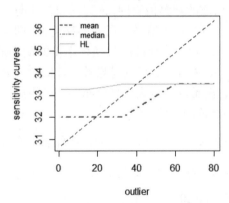

图 2-4　三类估计量的敏感曲线对比图

从图 2–4 来看, 样本均值是无界的, 中位数和 HL 估计是有界的, 有界的含义是当数据受到轻度干扰时, 估计值还是会稳定在一个固定值附近.

2.5.2 影响函数

敏感曲线依赖于观测数据, 另一种评价估计量稳健性的方法只依赖于分布, 称为影响函数, 由汉佩尔 (Hampel, 1974) 首先提出. 它表示给定分布 F 的一个样本, 在任意点 x 处加入一个额外观测后对统计量 T (近似或标准化) 的影响. 具体而言, 如果 X 以 $1 - \epsilon$ $(0 \leqslant \epsilon \leqslant 1)$ 的概率来自既定分布 F, 而以 ϵ 的概率来自另一个任意污染分布 δ_x, 此时的混合分布表示为:

$$F_{x,\delta} = (1 - \epsilon)F + \epsilon\delta_x$$

统计量 T 的影响函数就定义为:

$$IF(x, T, F) = \lim_{\epsilon \to 0} \frac{T((1 - \epsilon)F + \epsilon\delta_x) - T(F)}{\epsilon}$$

从定义来看, 影响函数 $IF(x,T,F)$ 是统计量 T 在一个既定分布 F 下的一阶导数, 其中点 x 是有限维的概率分布空间中的坐标. 如果某个统计量的 IF 值有界, 就称该统计量对微小污染具有稳健性.

如果一个估计量的影响函数是有界的, 则该估计量称为稳健的. 在比例和中心都不变的情况下, 样本均值的影响函数是 x, 中位数的影响函数是 $\mathrm{sign}(x)$, HL 的影响函数是 $F(x)-0.5$, 这么来看, 样本均值不是稳健的, 中位数和 HL 估计都是稳健的.

2.5.3 失效点

失效点是一种全局稳健性评价方法. 一般意义下, 失效点 (BP) 是指: 原始数据中混入了异常数据时, 在估计量给出错误模型估计之前, 异常数据量相对于原始数据量的最大比例. 失效点是估计量对异常数据的最大容忍度. 汉佩尔 (Hampel, 1968) 给出了失效点的近似求解方法. 多诺霍和休伯 (Donoho & Huber, 1983) 提出了一种回归分析下失效点的定义, 这个定义在有限样本条件下是这样给出的:

$$\epsilon_n^*(\widehat{\beta},Z) = \min\left(\frac{m}{n}, \mathrm{bias}(m,\widehat{\beta},Z) \to \infty\right)$$

其中 Z 为自变量与因变量组成的观测值空间, $\widehat{\beta}$ 为回归估计向量, 偏差函数 bias 表示从 Z 空间上 n 个观测中, 将其中任意 m 个值做任意大小替换后 (即考虑了最坏情况下有离群点的情况), 导致回归估计不可用时所能允许的替换样本量的最小值, 记为 ABP (Asymptotic Breakdown Point). 回归估计的失效点表示的是导致估计值 $\widehat{\beta}$ 无意义过失误差的额外样本量的最小比例. 从定义来看, 它衡量的是偏离模型分布的一个距离, 超过该距离, 统计量就变得完全不可靠. BP 值越小, 估计值越不稳健.

样本均值的失效点为 $\mathrm{BP} = \dfrac{1}{n}$, $\mathrm{ABP} = 0$. 因为使任意一个 x_i 变成足够大的数据之后, 估计出来的均值就不再正确了, 渐近失效点为 0. 样本中位数的失效点为 $\dfrac{n-1}{2}$, $\mathrm{ABP} = 0.5$. HL 估计量的失效点为 $\mathrm{ABP} = 0.29$.

2.6 单组数据的位置参数置信区间估计

2.6.1 顺序统计量位置参数置信区间估计

1. 用顺序统计量构造分位数置信区间的方法

在参数的区间估计中, 可以通过样本函数构造随机区间, 使该区间包括待估参数的可能性达到一定可靠性. 如果待估的参数就是分位数点 m_p, 则自然想到用样本的顺序统计量构造区间估计.

令样本 $X_1, X_2, \cdots, X_n$ 独立取自同一分布 $F(x)$, $X_{(1)}, X_{(2)}, \cdots, X_{(n)}$ 是样本的顺序统计量, 对 $\forall i < j$, 注意到:

$$P(X_i < m_p) = p, \quad \forall i = 1, 2, \cdots, n$$

$$P(X_{(i)} < m_p < X_{(j)})$$

$$= P\left(\text{在 } m_p \text{ 之前至少有 } i \text{ 个样本点, 在 } m_p \text{ 之前不能多于 } j-1 \text{ 个样本点}\right)$$

$$= \sum_{h=i}^{j-1} \binom{n}{h} p^h (1-p)^{n-h}$$

如果能找到合适的 i 与 j 使上式大于等于 $1-\alpha$, 这样的 $(X_{(i)}, X_{(j)})$ 就构成了 m_p 置信度为 $100(1-\alpha)\%$ 的置信区间. 当然, 为了得到精度高的置信区间, 理想结果应该是找到使概率最接近 $1-\alpha$ 的 i 与 j.

我们也注意到, 对 $P(X_{(i)} < m_p < X_{(j)})$ 的计算只用到二项分布和 p, 没有用到有关 $f(x)$ 的具体结构, 所以总可以根据事先给定的 α, 求出满足上式的合适的 i 和 j. 这一方法显然适用于一切连续分布, 类似这样的方法称为不依赖于分布的统计推断方法 (distribution free).

如果我们要求的是中位数的置信区间, 那么上式简化为:

$$P(X_{(i)} < m_e < X_{(j)}) = \sum_{h=i}^{j-1} \binom{n}{h} \left(\frac{1}{2}\right)^n$$

例 2.17 表 2-27 是 16 名学生在一项体能测试中的成绩, 求由顺序统计量构成的置信度为 95% 的中位数的置信区间.

表 2-27　16 名学生在一项体能测试中的成绩

82	53	70	73	103	71	69	80
54	38	87	91	62	75	65	77

我们将采用两步法搜索最优的置信区间.
(1) 首先确定使概率大于 $1-\alpha$ 的所有可能区间为备选区间 $(X_{(i)}, X_{(j)})(i < j)$;
(2) 从中选出长度最短的区间作为最终的结果.

第一步: 所有可能的置信区间共计 $\frac{16 \times 15}{2} = 120$ 个, 置信度 95% 以上的置信区间有 24 个, 结果如表 2-28 所示.

表 2-28　体能测试中成绩的置信度在 95% 以上的置信区间

下限	上限	置信度	下限	上限	置信度
38	80	0.9615784	54	87	0.9958191
38	82	0.9893494	54	91	0.9976501
38	87	0.9978943	54	103	0.9978943
38	91	0.9997253	62	80	0.9509583
38	103	0.9999695	62	82	0.9787292
53	80	0.9613342	62	87	0.9872742
53	82	0.9891052	62	91	0.9891052
53	87	0.9976501	62	103	0.9893494
53	91	0.9994812	65	82	0.9509583
53	103	0.9997253	65	87	0.9595032
54	80	0.9595032	65	91	0.9613342
54	82	0.9872742	65	103	0.9615784

第二步: 从这些区间里面找到区间长度最短的区间, 为 $(X_{(5)}, X_{(13)}) = (65, 82)$, 置信度为 0.9510.

在例 2.17 中, 得到精度最优的 Neyman 置信区间 $(X_{(5)}, X_{(13)})$, 其序号不对称, 这是常见的. 在实际中, 为方便起见, 常常选择指标对称的置信区间.

具体定义为: 求满足 $100(1-\alpha)\%$ 的最大的 k 所构成的置信区间 $(X_{(k)}, X_{(n-k+1)})$ (这里 k 可以为 0). 如果要求对称的置信区间, 则 k 应满足

$$1 - \alpha \leqslant P(X_{(k)} < M_e < X_{(n-k+1)}) = \frac{1}{2^n} \sum_{i=k}^{n-k} \binom{n}{i}$$

于是, 编写程序计算如下:

```python
import scipy.stats as stats
alpha=0.05
stu=[82,53,70,73,103,71,69,80,54,38,87,91,62,75,65,77]
n=len(stu)
conf=stats.binom.cdf(n,n,0.5)-stats.binom.cdf(0,n,0.5)
for i in range(1,n+1):
    conf = stats.binom.cdf(n-i,n,0.5)-stats.binom.cdf(i,n,0.5)
    if conf<1-alpha:
        loc=i-1
        print(loc)
        break
    else:
        continue
```

```
输出: 4
```

在例 2.17 中, 求出对称的置信区间为 $(X_{(4)}, X_{(13)}) = (62, 82)$, 比例题中选出的置信区间略微宽了一些.

2. 在对称分布中用 Walsh 平均法求解置信区间

2.4 节给出了对称分布中心的 Walsh 平均估计方法, 自然可想到应用 Walsh 平均顺序统计量构造对称中心的置信区间.

定理 2.6 原始数据为 $X_1, X_2, \cdots, X_n \overset{\text{i.i.d.}}{\sim} F(x - \theta)$, 若 F 对称, 利用 Walsh 平均法可以得到 θ 的置信区间. 首先按升幂排列 Walsh 平均值, 记为 $W_{(1)}, W_{(2)}, \cdots, W_{(N)}$, $N = \dfrac{n(n+1)}{2}$. 则对称中心 θ 的 $1 - \alpha$ 置信区间为 $(W_{(k)}, W_{(n-k+1)})$, 其中 k 是满足 $P(W_{(j)} < \theta < W_{(n-j+1)}) \geqslant 1 - \alpha$ 的最大的 j.

例 2.18 (数据见 chap2/scot.txt) 苏格兰红酒享誉世界, 品种繁多, 本例收集了备受青睐的 21 种威士忌的储存年限 (原酒在橡木桶中的储存年限), 假设这些年限来自对称分布, 试用 Walsh 平均法给出这些收藏年限中位数的置信区间.

下面给出本例的参考程序.

```
import scipy.stats as stats
def walsh(list):
    NL=len(list)
    alpha=0.05
    for i in range(1,int(NL/2)):
        F=stats.binom.cdf(NL-i,NL,0.5)-stats.binom.cdf(i,NL,0.5)
        if F<1-alpha:
            IK=k-1
            break
    list_sort=list.sort()
    Lower=list_scot[IK-1]
    Upper=list_scot[NL-IK]
    print(Lower,Upper)
```

与用顺序统计量求出的置信区间 (7.5,19.5) 比较发现, 显然 Walsh 平均法的结果更为精确.

2.6.2　基于方差估计法的位置参数置信区间估计

置信区间估计中最核心的内容是求解估计量 (或统计量) 的方差, Bootstrap 方法是常用的不依赖于分布的求解统计量 $T_n = g(X_1, X_2, \cdots, X_n)$ 的方差的方法. 在本小节中, 我们首先介绍方差估计的 Bootstrap 方法, 然后介绍用 Bootstrap 方法构造置信区间的方法.

1. 方差估计的 Bootstrap 方法

令 $V_F(T_n)$ 表示统计量 T_n 的方差, F 表示未知的分布 (或参数), $V_F(T_n)$ 是分布 F 的函数. 比如 $T_n = n^{-1} \sum_{i=1}^{n} X_i$, 那么

$$V_F(T_n) = \frac{\sigma^2}{n} = \frac{\int x^2 \mathrm{d}F(x) - \left(\int x \mathrm{d}F(x) \right)^2}{n}$$

是 F 的函数.

在 Bootstrap 方法中, 我们用经验分布函数替换分布函数 F, 用 $V_{\widehat{F}_n}(T_n)$ 估计 $V_F(T_n)$. 由于 $V_{\widehat{F}_n}(T_n)$ 通常很难计算得到, 因此在 Bootstrap 方法中利用重抽样的方法计算 v_{boot} 来近似 $V_{\widehat{F}_n}(T_n)$. Bootstrap 方法估计统计量方差的具体步骤如下:

(1) 从经验分布 $\widehat{F}_n$ 中重抽样 $X_1^*, X_2^*, \cdots, X_n^*$;

(2) 计算 $T_n^* = g(X_1^*, X_2^*, \cdots, X_n^*)$;

(3) 重复步骤 (1)、(2) 共 B 次, 得到 $T_{n,1}^*, T_{n,2}^*, \cdots, T_{n,B}^*$;

(4) 计算

$$v_{\text{boot}} = \frac{1}{B} \sum_{b=1}^{B} \left(T_{n,b}^* - \frac{1}{B} \sum_{r=1}^{B} T_{n,r}^* \right)^2$$

经验分布在每个样本点上的概率密度为 $1/n$, Bootstrap 方差估计所述步骤中的第 (1) 步相当于从原始数据中有放回地简单随机抽取 n 个样本.

由大数定律, 当 $B \to \infty$ 时, $v_{\text{boot}} \xrightarrow{\text{a.s.}} V_{\widehat{F}_n}(T_n)$. T_n 的标准差 $\widehat{Sd}_{\text{boot}} = \sqrt{v_{\text{boot}}}$. 下边这个关系表示了 Bootstrap 方法的基本思想:

$$v_{\text{boot}} \to V_{\widehat{F}_n}(T_n) \sim V_F(T_n)$$

从上面的步骤很容易得到由 Bootstrap 方法对中位数的方差进行估计的基本步骤如下: 给定数据 $X = (X_{(1)}, X_{(2)}, \cdots, X_{(n)})$, 令

$\quad X_{m,b}^* = $ 样本量为 m、对 X 进行有放回简单随机抽样得到的样本;

$\quad\quad M_b = X_{m,b}^*$ 的中位数;

$\quad\quad\quad b = 1, 2, \cdots, B;$

则

$$v_{\text{boot}} = \frac{1}{B} \sum_{b=1}^{B} \left(M_b - \frac{1}{B} \sum_{b=1}^{B} M_b \right)^2$$

$$Sd_{\text{median}} = \sqrt{v_{\text{boot}}}$$

例 2.19 (数据见 chap2/nerve.txt) 用 Bootstrap 方法对 nerve 数据估计中位数的方差.

以下给出 Python 参考程序:

```
import numpy as np
import scipy.stats as stats
import matplotlib.pyplot as plt
def bootstrap(list,B):
    #B:bootstrap 抽样次数
    TBoot=[]
    sd_boot=[]
    for i in range(B):
        Xsample=np.random.choice(list,len(l))
        TBoot.append(np.median(Xsample))
        sd_boot.append(np.std(TBoot))
    sd_b=sd_boot[-1]
    print('sd=%f'%(sd_b))
    ax1=plt.subplot(2,1,1)
    plt.hist(TBoot)
    ax2=plt.subplot(2,1,2)
    plt.plot(sd_boot)
    plt.show
```

在以上程序中, 每次 Bootstrap 样本量 m 设为 20, Bootstrap 试验共进行 1000 次, Tboot 向量中保存了每次 Bootstrap 样本的中位数. $B = 1000$ 时, R 软件计算得到中位数的抽样标准差为 $Sd_{\text{median}} = 0.0052$. 我们制作了 1000 次对中位数进行估计的直方图和当 Bootstrap 试验次数增加时中位数标准差估计的变化情况图, 如图 2-5 所示. 从图中可以观察到, 中位数的估计抽样分布为单峰形态, 有略微右偏倾向. 当 Bootstrap 试验次数增加到 400 次以后, 中位数估计的标准差趋于稳定.

2. 位置参数的置信区间估计

(1) 正态置信区间. 当有证据表明 T_n 的分布接近正态分布时, 正态置信区间是最简单的一种构造置信区间的方法.

$1 - \alpha$ Bootstrap 正态置信区间为:

$$\left(T_n - z_{\alpha/2} \widehat{Sd}_{\text{boot}}, T_n + z_{\alpha/2} \widehat{Sd}_{\text{boot}} \right) \tag{2.21}$$

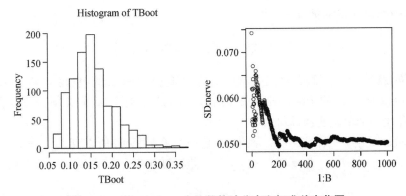

图 2-5 Bootstrap 中位数估计分布和标准差变化图

当然, 应用这一方法的前提是 T_n 的分布接近正态分布, 否则正态置信区间的精确度很低.

(2) 枢轴量置信区间. 当无法确定估计量 T_n 的分布是否正态, 或有证据可以否定 T_n 的分布为正态的可能, 那么可以运用枢轴量 (pivotal) 的方法给出 Bootstrap T_n 的置信区间. 首先回顾枢轴量的概念. 如果一个统计量和参数 θ 的函数 $G(T_n, \theta)$ 的分布与 θ 无关, 而且是可以求得的, 那么可以通过求解 G 分布的分位数, 将求 θ 上、下置信限的问题转化成方程组求根问题, 从而解决置信区间问题. 因此, 枢轴量是一种比较传统的求解置信区间的方法. 比如在参数推断中, 典型的枢轴量有 $\dfrac{\overline{X} - \mu}{\sigma_0/\sqrt{n}} \sim N(0,1)$, $\dfrac{(n-1)S^2}{\sigma^2} \sim \chi^2(n-1)$.

假设 θ 是待估参数, $\widehat{\theta}$ 是估计量, $\widehat{\theta} - \theta$ 是抽样误差, 这个函数的分位点为 $\delta_{\alpha/2}, \delta_{1-\alpha/2}$, 则有

$$P(\widehat{\theta} - \theta \leqslant \delta_{\alpha/2}) = \alpha/2$$
$$P(\widehat{\theta} - \theta \leqslant \delta_{1-\alpha/2}) = 1 - \alpha/2$$

于是

$$P(\widehat{\theta} - \delta_{1-\alpha/2} \leqslant \theta \leqslant \widehat{\theta} - \delta_{\alpha/2}) = 1 - \alpha$$

$\widehat{\theta} - \delta_{1-\alpha/2}$ 和 $\widehat{\theta} - \delta_{\alpha/2}$ 分别是 θ 的置信下限和置信上限. 下面只要得到 $\widehat{\theta} - \theta$ 的 $\alpha/2$ 和 $1 - \alpha/2$ 分位数估计即可.

求解思路是用 $\widehat{\theta}$ 估计 θ, 用 Bootstrap 样本 $\theta_j^*(j = 1, 2, \cdots, B)$ 的分位点估计 $\widehat{\theta}$ 的分位点, 即用 $\widehat{\theta}_{\alpha/2}^* - \widehat{\theta}$ 作为对 $(\widehat{\theta} - \theta)_{\alpha/2}$ 的估计, 用 $\widehat{\theta}_{1-\alpha/2}^* - \widehat{\theta}$ 作为对 $(\widehat{\theta} - \theta)_{1-\alpha/2}$ 的估计, 即

$$\widehat{\delta}_{1-\alpha/2} = \widehat{\theta}_{1-\alpha/2}^* - \widehat{\theta}$$
$$\widehat{\delta}_{\alpha/2} = \widehat{\theta}_{\alpha/2}^* - \widehat{\theta}$$

于是

$$\widehat{\theta} - \widehat{\delta}_{1-\alpha/2} = 2\widehat{\theta} - \widehat{\theta}_{1-\alpha/2}^*$$
$$\widehat{\theta} - \widehat{\delta}_{\alpha/2} = 2\widehat{\theta} - \widehat{\theta}_{\alpha/2}^*$$

$1 - \alpha$ Bootstrap 枢轴量置信区间为:

$$C_n = \left(2\widehat{\theta}_n - \widehat{\theta}^*_{1-\alpha/2}, 2\widehat{\theta}_n - \widehat{\theta}^*_{\alpha/2}\right) \tag{2.22}$$

(3) 分位数置信区间. 假设存在 T 的一个单调变换 $U = m(T)$ 使得 $U \sim N(\phi, \sigma^2)$, 其中 $\phi = m(\theta)$. 可以通过 T 的 Bootstrap 采样构造 θ 的置信区间. 我们无须知道变换的具体形式, 仅知道存在一个单调变换即可.

令 $U^*_j = m(T^*_j), j = 1, 2, \cdots, B$, 因为 m 是一个单调变换, 所以有 $U^*_{\alpha/2} = m(T^*_{\alpha/2})$, 这里 $U^*_{\alpha/2} \approx U - \sigma z_{\alpha/2}$, 且 $U^*_{1-\alpha/2} \approx U + \sigma z_{\alpha/2}, z_{\alpha/2}$ 是标准正态分布的 $\alpha/2$ 尾分位数, 那么有

$$
\begin{aligned}
P(T^*_{\alpha/2} \leqslant \theta \leqslant T^*_{1-\alpha/2}) &= P(m(T^*_{\alpha/2}) \leqslant m(\theta) \leqslant m(T^*_{1-\alpha/2})) \\
&= P(U^*_{\alpha/2} \leqslant \phi \leqslant U^*_{1-\alpha/2}) \\
&\approx P(U - \sigma z_{\alpha/2} \leqslant \phi \leqslant U + \sigma z_{\alpha/2}) \\
&= 1 - \alpha
\end{aligned}
$$

满足转换后为正态分布条件的变换 m 仅在很少的情况下存在, 更一般的情况是, 我们可以用 Bootstrap 样本的分位点作为统计量的置信区间.

$1 - \alpha$ Bootstrap 分位数置信区间为:

$$C_n = (T^*_{\alpha/2}, T^*_{1-\alpha/2}) \tag{2.23}$$

式中, $T^*_{\alpha/2}$ 和 $T^*_{1-\alpha/2}$ 分别是统计量 T 的 Bootstrap $\alpha/2$ 分位数和 $1-\alpha/2$ 分位数.

例 2.20 对 nerve 数据中位数用三种方法构造 95% 的置信区间.

令 $B = 1000, n = 20$, 结果如下:

方法	95% 的置信区间
正态	(0.058225, 0.24177)
枢轴量	(0.039875, 0.220000)
分位数	(0.084875, 0.265000)

参考程序如下:

```
import numpy as np
import scipy.stats as stats
def bootstrap(list,B):
    median_list=np.median(list)
    TBoot=[]
    sd_boot=[]
    for i in range(B):
        Xsample=np.random.choice(list,len(l))
        TBoot.append(np.median(Xsample))
        sd_boot.append(np.std(TBoot))
    sd_b=sd_boot[-1]
    L1=median_list+sd_b*stats.norm.ppf(0.025,0,1)
    U1=median_list-sd_b*stats.norm.ppf(0.025,0,1)
    print(' 正态方法置信区间: %f %f'%(L1,U1))
    L2=2*median_list-np.percentile(TBoot,97.5)
```

```
U2=2*median_list-np.percentile(TBoot,2.5)
print(' 枢轴量方法置信区间:  %f %f'%(L2,U2))
L3=np.percentile(TBoot,2.5)
U3=np.percentile(TBoot,97.5)
print(' 分位数方法置信区间:  %f %f'%(L3,U3))
```

2.7　正态记分检验

由前面的 Wilcoxon 秩检验可知, 如果 $X_1, X_2, \cdots, X_n$ 为独立同分布的连续型随机变量, 那么秩统计量 $R_1, R_2, \cdots, R_n$ 在 $1, 2, \cdots, n$ 上有均匀分布.

秩定义了数据在序列中数量大小的位置和序, 它们与未知分布 $F(x)$ 的 n 个 p 分位点一一对应. 我们知道, 分布函数是单调增函数, 秩大意味着对应分布中较大的分位点, 秩小则对应着分布中较小的分位点. 不同的分布所对应的点虽然不同, 但是序相同, 也就是说, 由秩对应到不同分布的分位点之间的单调关系不变. 可见, 这里分布不是本质的, 完全可以选用熟悉的分布, 比如, 用正态分布作为参照, 将秩转化为相应的正态分布的分位点, 这样就可以将依赖于秩的检验转化为对分位点大小的检验, 同时它提供了将顺序数据转化为连续数据的一种思路. 这种以正态分布作为转换记分函数, 将 Wilcoxon 秩检验进行改进的方法称为正态记分检验.

正态记分可以用在许多检验问题中, 有多种不同的形式. 具体来说, 正态记分检验的基本思想就是把升幂排列的秩 R_i 用升幂排列的正态分位点代替. 比如最直接的想法是用 $\Phi^{-1}(R_i/(n+1))$ 来代替每一个样本的值. 为了保证变换后的和为正, 一般不直接采用 $\Phi^{-1}(R_i/(n+1))$ 作为记分, 而是稍微改变一下:

$$s(i) = \Phi^{-1}\left(\frac{n+1+R_i}{2n+2}\right), \ i = 1, 2, \cdots, n$$

式中, $s(i)$ 为第 R_i 个数据的正态记分.

具体实现步骤如下.

对于假设检验问题 $H_0 : M = M_0 \leftrightarrow H_1 : M \neq M_0$:

(1) 把 $|X_i - M_0|(i = 1, 2, \cdots, n)$ 的秩按升幂排列, 并加上相应的 $X_i - M_0$ 的符号 (成为符号秩).

(2) 用相应的正态记分代替这些秩, 如果 r_i 为 $|X_i - M_0|$ 的秩, 则相应的符号正态记分为:

$$s_i = \Phi^{-1}\left(\frac{1}{2}\left(1 + \frac{r_i}{n+1}\right)\right) \text{sign}(X_i - M_0)$$

其中:

$$\text{sign}(X_i - M_0) = \begin{cases} 1, & X_i > M_0 \\ -1, & X_i < M_0 \end{cases}$$

用 W 表示所有符号记分 s_i 之和, 即 $W = \sum_{i=1}^{n} s_i$, 正态记分检验统计量为:

$$T^+ = \frac{W}{\sqrt{\sum_{i=1}^{n} s_i^2}}$$

(3) 如果观测值的总体分布接近正态, 或者在大样本情况, 可以认为 T^+ 近似地服从标准正态分布. 这对于很小的样本 (无论是否打结) 也适用. 这样可以很方便地计算 p 值. 实际上, 如果记 $\Phi_+(x) \equiv 2\Phi(x) - 1 = P(|X| \leqslant x)$, 则有

$$\Phi_+^{-1}\left(\frac{i}{n+1}\right) = \Phi^{-1}\left(\frac{1}{2}\left(1 + \frac{i}{n+1}\right)\right)$$

大约等于 $E|X|_{(i)}$. 也就是说, 它和期望正态记分相近.

(4) 当 T^+ 大的时候, 可以考虑拒绝原假设.

例 2.21 这是吴喜之 (1999) 书中的一个例子. 表 2-29 是亚洲 10 个国家 1996 年每 1000 个新生儿中的死亡数 (按从小到大次序排列) (按照世界银行编写的《1998 年世界发展指标》).

表 2-29 新生儿死亡数

日本	以色列	韩国	斯里兰卡	叙利亚	中国	伊朗	印度	孟加拉国	巴基斯坦
4	6	9	15	31	33	36	65	77	88

对于新生儿死亡率的例子, 我们考虑两个假设检验: $H_0 : M \geqslant 34 \leftrightarrow H_1 : M < 34$ 和 $H_0 : M \leqslant 16 \leftrightarrow H_1 : M > 16$. 计算结果列在表 2-30 中.

为了计算 T^+ 方便, 标出了带有 $X_i - M_0$ 符号的 s_i^+, 即所谓的 "符号 s_i^+", 它等于 $\mathrm{sign}(X_i - M_0)s_i^+$.

表 2-30 亚洲 10 国新生儿死亡率 (‰) 的正态记分检验
(数据按 $|X_i - M_0|$ 升幂排列 (左边 $M_0 = 34$, 右边 $M_0 = 16$))

\multicolumn{4}{c}{$H_0 : M \geqslant 34 \leftrightarrow H_1 : M < 34$}				\multicolumn{4}{c}{$H_0 : M \leqslant 16 \leftrightarrow H_1 : M > 16$}			
X_i	$|X_i - M_0|$	符号秩	符号 s_i^+	X_i	$|X_i - M_0|$	符号秩	符号 s_i^+
33	1	−1	−0.114	15	1	−1	−0.114
36	2	2	0.230	9	7	−2	−0.230
31	3	−3	−0.349	6	10	−3	−0.349
15	19	−4	−0.473	4	12	−4	−0.473
9	25	−5	−0.605	31	15	5	0.605
6	28	−6	−0.748	33	17	6	0.748
4	30	−7	−0.908	36	20	7	0.908
65	31	8	1.097	65	49	8	1.097
77	43	9	1.335	77	61	9	1.335
88	54	10	1.691	88	72	10	1.691
\multicolumn{4}{c}{$W = 1.156, T^+ = 0.409$}				\multicolumn{4}{c}{$W = 5.217,\ T^+ = 1.844$}			
\multicolumn{4}{c}{p 值 $= \Phi(T^+) = 0.659$}				\multicolumn{4}{c}{p 值 $= 1 - \Phi(T^+) = 0.033$}			
\multicolumn{4}{c}{结论: 不能拒绝 H_0 (水平 $\alpha < 0.659$)}				\multicolumn{4}{c}{结论: $M > 16$ (水平 $\alpha < 0.033$)}			

实际上, 这里也可以使用统计量 $W \equiv |W^+ - W^-|$ 做检验. W 也存在临界值表. 在原假设下的大样本正态近似统计量为:

$$Z = \frac{W}{\sqrt{\sum_i R_i^2}}$$

它的分母在没有结的情况下为 $\sqrt{n(n+1)(2n+1)/6}$. 对于 $H_0 : M \geqslant 34 \leftrightarrow H_1 : M < 34$, $W = \sum s_i = 1.156, T^+ = 0.409, p$ 值 $= \Phi(T^+) = 0.659$; 对于 $H_0 : M \leqslant 16 \leftrightarrow H_1 : M > 16$, $W = \sum s_i = 5.217, T^+ = 1.844, p$ 值 $= 1 - \Phi(T^+) = 0.033$. 这和前面的 T^+ 正态记分检验结果完全一样, 这种相似之处正是源于它们所代表的信息是等价的.

如定义所示, 这里的正态记分检验对应于 Wilcoxon 符号秩检验 (统计量为 W^+), 正态记分检验有较好的大样本性质. 对于正态总体, 它比许多基于秩的检验更好. 对于一些非正态总体, 虽然结果可能不如一些基于秩的检验, 但它又比 t 检验要好. 表 2-31 列出了上述正态记分 (NS^+) 相对于 Wilcoxon 符号秩检验 (W^+) 在不同总体分布下的 ARE 值.

表 2-31　正态记分相对于 Wilcoxon 符号秩检验在不同总体下的 ARE 值

总体分布	均匀	正态	Logistic	重指数	Cauchy
$ARE(NS^+, W^+)$	$+\infty$	1.047	0.955	0.847	0.708

实际上, 在使用以秩定义的检验统计量的地方都可以把秩替换成正态记分而形成相应的正态记分统计量, 从而将顺序的数据转化为定量数据进行分析. 该例第二个检验的 Python 程序如下:

```
import pandas as pd
import numpy as np
import scipy.stats as stats
baby=np.array([4,6,9,15,31,33,36,65,77,88])
def ns(list,m):
    n=len(list)
    a=list-m
    b=abs(a)
    sign=np.sign(a)
    rank=np.argsort(b)+1
    rank=rank*sign
    s=stats.norm.ppf((1+rank/(n+1))/2)
    w=sum(s)
    t=w/(sum(s**2))**0.5
    p=1-stats.norm.cdf(t)
    print('w:%f T+:%f p-value:%f'%(w,t,p))
ns(baby,16)
```

输出: w:5.2179 T+:1.8442 p-value:0.0326

2.8　分布的一致性检验

在数据分析中, 经常要判断一组数据是否来自某一特定的分布, 比如对连续型分布, 常要判断数据是否来自正态分布; 对离散型分布, 常要判断数据是否来自某一事先假定的分布, 常见的分布有二项分布、泊松分布, 或判断实际观测与期望数是否一致. 本节我们将关注这些问题. 我们从一般到特殊, 首先考察判断实际观测与期望数是否一致, 重点介绍 Pearson χ^2 拟合优度检验法; 然后介绍当总体均值和方差未知时, 两种检验数据是否偏离正态分布的常用方法, 即 Kolmogrov-Smirnov 检验法和 Lilliefor 检验法.

2.8.1 χ^2 拟合优度检验

1. 实际观测数量与期望次数一致性检验

当一组数据的类型为类别数据 (categorical data) 时, 其中 n 个观测值可分为 c 种类别, 每一类别可计算发生频数, 称为实际观测频数 (observed frequency), 记为 $O_i(i = 1, 2, \cdots, c)$, 如表 2-32 所示.

表 2-32　实际观测频数表

类别	1	2	$\cdots$	c	总和
实测次数	O_1	O_2	$\cdots$	O_c	n

我们想了解每一类别发生的概率是否与理论分布 $\{p_i, i = 1, 2, \cdots, c\}$ 一致. 即有如下假设检验问题:

$$H_0 : 总体分布为\ p_i, \forall i = 1, 2, \cdots, c\ (即\ F(x) = F_0(x))$$
$$H_1 : 总体分布不为\ p_i, \exists i = 1, 2, \cdots, c\ (即\ F(x) \neq F_0(x))$$

若原假设成立, 则期望频数 (expected frequency) 应为 $E_i = np_i(i = 1, 2, \cdots, c)$, 因此可以由实际频数 (O_i) 与期望频数 (E_i) 是否接近作为检验总体分布与理论分布是否一致的测量标准, 通常采用如下定义的 Pearson χ^2 统计量:

$$\chi^2 = \sum_{i=1}^{c} \frac{(O_i - E_i)^2}{E_i} = \sum_{i=1}^{c} \frac{O_i^2}{E_i} - n \tag{2.24}$$

结论: 当实际观测 χ^2 值大于自由度 $v = c - 1$ 的 χ^2 值, 即 $\chi^2 > \chi^2_{\alpha, c-1}$ 时, 拒绝 H_0, 表示数据分布与理论分布不符.

例 2.22 调查发现某美发店上半年各月顾客数量如表 2-33 所示.

表 2-33　上半年各月顾客数量表

月份	1	2	3	4	5	6	合计
顾客数量 (百人)	27	18	15	24	36	30	150

该店经理想了解各月顾客数是否服从均匀分布.

假设检验问题:

$$H_0 : 各月顾客数符合均匀分布\ 1:1(即各月顾客比例\ p_i = p_0 = \frac{1}{6}, \forall i = 1, 2, \cdots, 6)$$

$$H_1 : 各月顾客数不符合均匀分布\ 1:1(即各月顾客比例\ p_i \neq p_0 = \frac{1}{6}, \exists i = 1, 2, \cdots, 6)$$

统计分析如表 2-34 所示.

表 2-34　实际观测频数与期望频数汇总表

	月份						合计
	1	2	3	4	5	6	
实际频数 O_i	27	18	15	24	36	30	150
期望频数 E_i	25	25	25	25	25	25	150

表 2-34 中, $E_i = np_i = 150 \times \dfrac{1}{6} = 25, i = 1, 2, \cdots, 6$.

由式 (2.24) 得

$$\chi^2 = \frac{(27-25)^2}{25} + \frac{(18-25)^2}{25} + \frac{(15-25)^2}{25}$$
$$+ \frac{(24-25)^2}{25} + \frac{(36-25)^2}{25} + \frac{(30-25)^2}{25}$$
$$= 12$$

结论: 实测 $\chi^2 = 12 > \chi^2_{0.05,6-1} = 11.07$, 接受 H_1 假设, 认为到该店消费的顾客在各月比例不相等, 即 $p \neq \dfrac{1}{6}$.

2. 泊松分布的一致性检验

例 2.23　调查某农作物根部蚜虫的分布情况. 调查结果如表 2-35 所示, 问: 蚜虫在某农作物根部的分布是否为泊松分布?

表 2-35　蚜虫实际株数表

每株虫数 x	0	1	2	3	4	5	6 以上	合计
实际株数 O_i	10	24	10	4	1	0	1	50

假设检验问题:

$$H_0 : 蚜虫在农作物根部的分布是泊松分布$$
$$H_1 : 蚜虫在农作物根部的分布不是泊松分布$$

若蚜虫在农作物根部的分布为泊松分布, 则分布列为:

$$P(X = x) = \frac{e^{-\lambda}\lambda^x}{x!}, \quad x = 0, 1, 2, \cdots$$

式中, λ 为泊松分布的期望, 是未知的, 需要用观测值估计, 其估计值如下:

$$\widehat{\lambda} = \overline{x} = (0 \times 10 + 1 \times 24 + \cdots + 6 \times 1)/50 = 1.3$$

因而

$$\widehat{p_0} = \frac{e^{-1.3} \times 1.3^0}{0!} = 0.2725$$
$$\widehat{p_1} = \frac{e^{-1.3} \times 1.3^1}{1!} = 0.3543$$
$$\widehat{p_2} = \frac{e^{-1.3} \times 1.3^2}{2!} = 0.2303$$

$$\widehat{p_3} = \frac{e^{-1.3} \times 1.3^3}{3!} = 0.0998$$

$$\widehat{p_4} = \frac{e^{-1.3} \times 1.3^4}{4!} = 0.0324$$

$$\widehat{p_5} = 1 - \widehat{p_0} - \widehat{p_1} - \widehat{p_2} - \widehat{p_3} - \widehat{p_4} = 0.0107$$

根据泊松分布计算各 x_i 类别下的期望数 $E_i = np_i (i = 0, 1, 2, 3)$, 由于 3, 4, 5, 6 的实际株数数量较少, 此处做了合并, 得表 2–36.

表 2-36　农作物根部蚜虫数实际株数和期望株数计算表

虫数	实际株数 O_i	泊松概率 p_i	期望株数 E_i	$\dfrac{(O_i - E_i)^2}{E_i}$
0	10	0.2725	13.625	0.9644
1	24	0.3543	17.715	2.2298
2	10	0.2303	11.515	0.1993
3	6	0.1429	7.145	0.1835
总和	50			3.577

由式 (2.24) 得

$$\chi^2 = \frac{10^2}{13.625} + \cdots + \frac{6^2}{7.145} - 50 = 3.577 < \chi^2_{0.05,2} = 5.991$$

结论: 由表 2–36 可知, $\chi^2 = 3.577 < \chi^2_{0.05,2} = 5.991$, 不能拒绝 H_0, 不能排除蚜虫在某农作物根部的分布不是泊松分布.

3. 正态分布一致性检验

χ^2 拟合优度检验也可用于检验一组数据是否服从正态分布.

例 2.24　从某地区高中二年级学生中随机抽取 45 位学生量得体重如表 2–37 所示, 问该地区学生体重的分布是否为正态分布?

表 2-37　45 位学生体重抽样数据表　　　　单位: kg

36	36	37	38	40	42	43	43	44	45	48	48	50	50	51
52	53	54	54	56	57	57	57	58	58	58	58	58	59	60
61	61	61	62	62	63	63	65	66	68	68	70	73	73	75

假设检验问题:

$$H_0: 某地区高中二年级学生体重分布为正态分布$$

$$H_1: 某地区高中二年级学生体重分布不为正态分布$$

统计分析: 将上述体重数据分为 5 组 (class), 每组实际观测次数如表 2–38 所示.

表 2-38　以 10 为间隔分组体重频数分布表　　　　单位: kg

体重	30～40	40～50	50～60	60～70	70～80
频数	5	9	16	12	3

由表 2-38 可知, 分组数据的平均值为 $\overline{X} = 54.78$; 样本方差为 $S^2 = 120.4040$; 样本标准差为 $S = 10.9729$. 其中分组均值和分组样本方差如下式计算:

$$\overline{X} = \frac{\sum\limits_{i=1}^{K} f_i X_i}{\sum\limits_{i=1}^{K} f_i}$$

$$S^2 = \frac{\sum\limits_{i=1}^{K} f_i (X_i - \overline{X})^2}{\sum\limits_{i=1}^{K} f_i}$$

式中, K 为组数; f_i 为第 i 组的频数.

根据正态分布计算累计概率和期望频数, 如表 2-39 所示.

表 2-39　学生体重分组频数与期望频数计算表

分组	上组限 b_i	实际观测频数	标准正态值 $Z_i = (b_i - \hat{\mu})/S$	累计概率 $F_0(x)$	组间概率 p_i	期望频数 $E_i = np_i$	$(O_i - E_i)^2/E_i$
30~40	40	5	−1.35	0.0885	0.0766	3.45	0.6964
40~50	50	9	−0.44	0.3300	0.2415	10.87	0.3217
50~60	60	16	0.48	0.7190	0.3890	17.51	0.1302
60~70	70	12	1.39	0.9177	0.1987	8.94	1.0474
70~80	80	3	2.30	0.9893	0.0716	3.22	0.0150
80 以上		0		1.0000	0.0107	0.48	
							2.2107

结论: 由表 2-39 可知, 实际观测 $\chi^2 = 2.2107 < \chi^2_{0.05,2} = 5.991$, 不拒绝 H_0, 没有理由怀疑该地区高中二年级学生的体重不服从正态分布.

2.8.2 Kolmogorov-Smirnov 正态性检验

Kolmogorov-Smirnov 检验 (简称 K-S 检验) 用来检验单一简单随机样本 $X_1, X_2, \cdots, X_n$ 是否来自某一指定分布 $F(.)$, 比如检验一组数据是否来自正态分布. K-S 检验的原理是用样本数据的经验分布函数与指定理论分布的函数做比较, 若两者之间的差很小, 则推论该样本取自某特定分布族, 若两者之差很大, 则拒绝样本来自指定分布. 假设检验问题如下:

$$H_0: 样本所来自的总体服从某特定分布$$
$$H_1: 样本所来自的总体不服从某指定分布$$

K-S 检验统计量定义如下:

$$D_n = \max_{1 \leqslant r \leqslant n} \left(\left| F_0(x_{(r)}) - \frac{r-1}{n} \right|, \left| F_0(x_{(r)}) - \frac{r}{n} \right| \right)$$

式中, $x_{(1)} \leqslant x_{(2)} \leqslant \cdots \leqslant x_{(n)}$ 是对样本从小到大的排序, 柯尔莫戈洛夫 (Kolmogorov) 于 1933 年给出了证明:

$$\lim_{n \to \infty} P(D_n \leqslant x) = \sum_{j=-\infty}^{+\infty} (-1)^j \exp(-2nj^2 x)$$

令 $F_0(x)$ 表示待检验的分布的理论分布函数, $F_n(x)$ 表示样本的经验分布函数, D_n 如下所示:

$$D_n = \max_{1 \leqslant r \leqslant n} \left| F_n(x_{(r)}) - F_0(x_{(r)}) \right| \tag{2.25}$$

当 X 为连续分布时, 式 (2.25) 中的 D_n 可以简化, D_n 表示的是理论分布 $F_0(x)$ 与经验分布函数 $F_n(x)$ 每一个样本之差的最大值.

结论: 当实际观测 $D_n > D_\alpha$ 时, 拒绝 H_0; 反之, 则不拒绝 H_0.

例 2.25 35 位健康成年男性进食前的血糖值如表 2-40 所示, 试检验这组数据是否来自均值 $\mu = 5.24$, 标准差 $\sigma = 0.42$ 的正态分布.

表 2-40　35 位健康成年男性进食前的血糖值　　　　　　　单位: 毫摩尔/升

4.98	5.24	5.31	4.91	5.04	4.71	5.31	4.71	5.51	5.64	5.24	4.44	5.04	5.71
5.71	5.04	6.04	4.44	5.24	5.11	5.51	5.04	5.31	5.24	5.24	5.04	6.04	5.64
4.98	5.04	5.11	6.04	4.91	5.24	5.11							

假设检验问题:

$$H_0: \text{健康成年男性血糖值服从正态分布}$$

$$H_1: \text{健康成年男性血糖值不服从正态分布}$$

通过观察计算经验分布数, 根据正态分布计算理论分布值, 进而得到 D_n. 计算过程如表 2-41 所示.

表 2-41　健康男性血糖值由观测频数计算 K-S 检验 D_n 的计算表

血糖值 x	频数 f	累计频数 F	经验分布 $F_n(\cdot) = F/n$	标准化值 $Z = (x-\mu)/\sigma$	理论分布 $F_0(\cdot)$	$\|F_n(\cdot) - F_0(\cdot)\|$
4.44	2	2	0.0571	-1.9048	0.0284	0.0287
4.71	2	4	0.1143	-1.2619	0.1035	0.0108
4.91	2	6	0.1714	-0.7857	0.2160	0.0446
4.98	2	8	0.2286	-0.6190	0.2679	0.0393
5.04	6	14	0.4000	-0.4762	0.3170	0.0830
5.11	3	17	0.4857	-0.3095	0.3785	0.1072
5.24	6	23	0.6571	0	0.5000	0.1571
5.31	3	26	0.7429	0.1667	0.5662	0.1767*
5.51	2	28	0.8000	0.6429	0.7398	0.0602
5.64	2	30	0.8571	0.9524	0.8295	0.0276
5.71	2	32	0.9143	1.1190	0.8684	0.0459
6.04	3	35	1.0000	1.9048	0.9716	0.0284

* 该值是这一列最大值.

结论: 表 2–41 中的 $F_0(x)$ 是根据 $Z = (x - 5.24)/0.42$ 的标准化值得到的. 实际观测 $D_n = \max|F_n(x) - F_0(x)| = 0.1767 < D_{0.05,35} = 0.23$, 故不能拒绝 H_0, 不能说明健康成年男性血糖值不服从正态分布. 当样本量 n 较大时, 可以用 $D_{\alpha,n} = 1.36/\sqrt{n}$ 求得结果, 如上述 $D_{0.05,35} = 1.36/\sqrt{35} = 0.2299 \approx 0.23$. 该例可以通过调用 Python 中的函数 stats.kstest 求解, 示范程序如下:

```
from scipy import stats
healthy=[4.98,5.24,5.31,4.91,5.04,4.71,5.31,4.71,5.51,5.64,5.24,4.44,5.04,5.71,
        5.71,5.04,6.04,4.44,5.24,5.11,5.51,5.04,5.31,5.24,5.24,5.04,6.04,5.64,
        4.98,5.04,5.11,6.04,4.91,5.24,5.11]
stats.kstest(healthy,'norm',args=(5.24,0.42))
```

```
输出: KstestResult(statistic=0.1768, pvalue=0.1994)
```

χ^2 拟合优度检验与 Kolmogorov-Smirnov 正态性检验都通过对比实际观测与理论分布之间的差异进行检验. 它们之间的不同在于: 前者主要用于类别数据, 后者主要用于有计量单位的连续和定量数据, χ^2 拟合优度检验虽然也可用于定量数据, 但必须先将数据分组才能获得实际的观测频数, 而 Kolmogorov-Smirnov 正态性检验可以直接对原始数据的 n 个观测值进行检验, 使用了数据的秩信息, 对数据的利用较完整.

2.8.3　Liliefor 正态分布检验

Liliefor 正态分布检验是指当总体均值和方差未知时, 用样本的均值 ($\overline{X}$) 和标准差 (S) 代替总体的期望 μ 和标准差 σ, 然后使用 Kolmogorov-Smirnov 正态性检验法. 首先对原始数据 X_i 标准化:

$$Z_i = \frac{X_i - \overline{X}}{S}, \quad i = 1, 2, \cdots, n$$

定义 L 统计量:

$$L = \max|F_n(x) - F_0(z)| \tag{2.26}$$

例 2.26 (例 2.25 续)　由例 2.25 中的 35 位健康成年男性血糖数据可知, 样本均值为:

$$\overline{X} = (4.98 + 5.24 + \cdots + 5.11)/35 = 182.86/35$$
$$= 5.2246$$

样本方差

$$S^2 = \frac{1}{35 - 1}(4.98^2 + 5.24^2 + \cdots + 5.11^2 - 182.86^2/35]$$
$$= (960.6846 - 955.3651)/34$$
$$= 5.3195/34$$
$$= 0.1565$$
$$S = 0.3955$$

根据标准正态分布, 计算理论分布函数值如表 2–42 所示.

表 2-42　健康成年男性血糖观测数与理论分布计算表

血糖值 x	频数 f	累计频数 F	经验分布 $F_n(\cdot)$	标准化值 $Z = (x - \overline{x})/S$	理论分布 $F_0(\cdot)$	$|F_n(\cdot) - F_0(\cdot)|$
4.44	2	2	0.0571	−1.7253	0.0422	0.0149
4.71	2	4	0.1143	−1.1281	0.1296	0.0153
4.91	2	6	0.1714	−0.6857	0.2464	0.0751
4.98	2	8	0.2286	−0.5309	0.2977	0.0691
5.04	6	14	0.4000	−0.3982	0.3452	0.0548
5.11	3	17	0.4857	−0.2433	0.4039	0.0818
5.24	6	23	0.6571	0.0442	0.5176	0.1395
5.31	3	26	0.7429	0.1991	0.5789	0.1640*
5.51	2	28	0.8000	0.6415	0.7394	0.0606
5.64	2	30	0.8571	0.9290	0.8236	0.0335
5.71	2	32	0.9143	1.0839	0.8608	0.0535
6.04	3	35	1.0000	1.8138	0.9651	0.0349

* 该值是这一列最大值.

由表 2-42 可知, 实际 $L = 0.1640 < L_{0.05,35} = 0.23$, 推断不能否认这些健康成年男性血糖值服从正态分布.

2.9　单一总体渐近相对效率比较

假设 $X_1, X_2, \cdots, X_n \overset{\text{i.i.d.}}{\sim} F(x - \theta)$, $F(x) \in \Omega_S$, 根据第 1 章的介绍, 只要 Pitman 条件满足, 我们可通过求 $\mu'_n(0)$ 和 $\sigma_n(0)$ 来找到一个统计量的效率 C, 从而可用不同统计量的效率得到渐近相对效率 (ARE). 下面根据本章定义的几个非参数统计量, 结合参数统计中常用的统计量进行一些比较. 这里我们用 $f(x)$ 表示 $F(x)$ 的概率密度函数.

(1) 记符号统计量 $S = \#\{X_i > 0, 1 \leqslant i \leqslant n\}$, 有

$$E(S) = n(1 - F(-\theta))$$
$$\text{var}(S) = n(1 - F(-\theta))F(-\theta)$$

可取 $\mu_n(\theta) = E(S)$ 及 $\sigma_n^2(\theta) = \text{var}(S)$, 于是有

$$\mu'_n(0) = nf(0), \quad \sigma_n^2(0) = \frac{n}{4}, \quad C_S = 2f(0)$$

这里 C_S 表示符号统计量的效率.

(2) 定义

$$p_1 = P(X_1 > 0)$$
$$p_2 = P(X_1 + X_2 > 0)$$
$$p_3 = P(X_1 + X_2 > 0, X_1 > 0)$$
$$p_4 = P(X_1 + X_2 > 0, X_1 + X_3 > 0)$$

对 Wilcoxon 符号秩统计量 $W^+ = \sharp\{\frac{X_i + X_j}{2} > 0, i, j = 1, 2, \cdots, n\}$, 可以证明

$$E(W^+) = np_1 + \frac{n(n-1)}{2}p_2$$

$$\text{var}(W^+) = np_1(1-p_1) + \frac{n(n-1)}{2}p_2(1-p_2) + 2n(n-1)(p_3 - p_1p_2)$$

$$+ \frac{n(n-1)(n-2)}{2}(p_4 - p_2^2)$$

注意到 $p_1 = 1 - F(-\theta), p_2 = \int (1 - F(-x - \theta))f(x - \theta)\mathrm{d}x$.

$$\mu_n(\theta) = E(W^+) = n(1 - F(-\theta)) + \frac{n(n-1)}{2}\int (1 - F(-x - \theta))f(x - \theta)\,\mathrm{d}x$$

有

$$\mu'_n(0) = nf(0) + n(n-1)\int f^2(x)\,\mathrm{d}x$$

取 $\sigma_n^2(0) = \text{var}(W^+)$, 得

$$C_{W^+} = \sqrt{12}\,\Psi \int f^2(x)\,\mathrm{d}x$$

这里 Ψ^2 是总体的方差因子, C_{W^+} 表示 Wilcoxon 符号秩统计量的效率.

(3) 对传统的 t 统计量, 记 $\sigma_f = \int x^2 f(x)\,\mathrm{d}x$. 取

$$\mu_n(\theta) = \sqrt{n}\frac{\theta}{\sigma_f}, \quad \sigma_n(0) = 1$$

有 $C_t = \frac{1}{\sigma_f}$. 这里 C_t 表示 t 统计量的效率.

由 ARE 的定义, $e_{12} = \frac{C_1^2}{C_2^2}$, 则上述三个统计量之间的 ARE 如下:

$$\text{ARE}(S, W^+) = \frac{C_S^2}{C_{W^+}^2} = \frac{f^2(0)}{3\left(\int f^2(x)\,\mathrm{d}x\right)^2}$$

$$\text{ARE}(S, t) = \frac{C_S^2}{C_t^2} = 4\sigma_f^2 f^2(0)$$

$$\text{ARE}(W^+, t) = \frac{C_{W^+}^2}{C_t^2} = 12\sigma_f^2\left(\int f^2(x)\,\mathrm{d}x\right)^2$$

因此, 对任意给定的分布, 都可计算上面的 ARE, 见表 2-43.

表 2-43　不同分布下常用的检验 ARE 效率比较

分布	$U(-1, 1)$	$N(0, 1)$	logistic	重指数
密度	$\frac{1}{2}I(-1, 1)$	$\dfrac{\exp\left(-\dfrac{x^2}{2}\right)}{\sqrt{2\pi}}$	$e^{-x}(1 + e^{-x})^{-2}$	$\dfrac{e^{-|x|}}{2}$
$\text{ARE}(W^+, t; F)$	1	$\dfrac{3}{\pi}$	$\dfrac{\pi^2}{9}$	$\dfrac{3}{2}$
$\text{ARE}(S, t; F)$	$\dfrac{1}{3}$	$\dfrac{2}{\pi}$	$\dfrac{\pi^2}{12}$	2

下面的例子讨论了当正态分布有不同程度 "污染" 时, ARE(W^+,t) 的不同结果.

例 2.27 假定随机样本 $X_1, X_2, \cdots, X_n$ 来自分布 $F_\varepsilon = (1-\varepsilon)\,\Phi(x) + \varepsilon\,\Phi\left(\dfrac{x}{3}\right)$. 这里 $\Phi(x)$ 为 $N(0,1)$ 的分布函数, 易见

$$\int f_\varepsilon^2(x)\,\mathrm{d}x = \frac{(1-\varepsilon)^2}{2\sqrt{\pi}} + \frac{\varepsilon^2}{6\sqrt{\pi}} + \frac{\varepsilon(1-\varepsilon)}{\sqrt{5\pi}}, \quad \sigma_{f_\varepsilon}^2 = 1 + 8\varepsilon$$

由上式得

$$\mathrm{ARE}(W^+, t) = \frac{3(1+8\varepsilon)}{\pi}\left[(1-\varepsilon)^2 + \frac{\varepsilon^2}{3} + \frac{2\varepsilon(1-\varepsilon)}{\sqrt{5}}\right]^2$$

对不同的 ε, 有如表 2-44 所示的结果.

表 2-44 不同混合结构 ε 下 W^+ 与 t 的 ARE 比较

ε	0	0.01	0.03	0.05	0.08	0.10	0.15
ARE(W^+,t)	0.955	1.009	1.108	1.196	1.432	1.373	1.497

从表 2-43 和表 2-44 可以看出, 只用到样本中大小次序方面信息的 Wilcoxon 符号秩检验和符号检验, 当总体分布 F 为 $N(0,1)$ 时, 相对于 t 检验的效率并不算差. 当总体分布偏离正态时, 比如在 logistic 分布和重指数分布下, 符号检验和 W_n^+ 基本上都优于 t 检验. 可以证明, 对任何总体分布, Wilcoxon 符号秩检验对 t 检验的渐近相对效率绝不低于 0.864. 这说明非参数检验在使用样本的效率上不比参数检验差很多, 有时候甚至会更好.

之前提到, 一个检验统计量及与其关联的估计量有同样的效率. 上面的符号统计量、Wilcoxon 符号秩统计量和 t 统计量分别相应于样本中位数、Walsh 平均的中位数及样本均值, 这些都是 Hodges-Lehmann 估计量的特例. 一般地, 有下面的估计效率 C 的定理.

定理 2.7 假设 $\widehat{\theta}$ 为相应于满足 Pitman 条件的统计量 V 的 Hodges-Lehmann 估计量. 如果 V 的效率为 C, 则

$$\lim_{n\to\infty} P(\sqrt{n}(\widehat{\theta} - \theta) < a) = \Phi(aC)$$

即渐近地有 $\sqrt{n}(\widehat{\theta} - \theta) \sim N(0, C^{-2})$.

表 2-45 为 t 检验 (t)、符号检验 (S)、Wilcoxon 符号秩检验 (W^+) 之间的 ARE 范围, 其中带星号 (*) 的是分布为非单峰时的结果.

表 2-45 t,s 和 W^+ 的 ARE 范围

	t	S	W^+
t		$(0,3);(0,\infty)^*$	$\left(0, \dfrac{125}{108}\right)$
S	$\left(\dfrac{1}{3},\infty\right);(0,\infty)^*$		$\left(\dfrac{1}{3},\infty\right);(0,\infty)^*$
W^+	$\left(\dfrac{108}{125},\infty\right)$	$(0,3);(0,\infty)^*$	

由表 2-45 可看出 $0.864 = \dfrac{108}{125} < \mathrm{ARE}(W^+, t) < \infty$, 无穷大在分布为 Cauchy 分布时出

现, 很明显, 在分布未知时, 非参数方法有很强的优越性. 在用 Pitman 渐近相对效率时, 要注意这个概念只对大样本适用, 并且只局限在 H_0 点的一个邻域中的比较.

习题

2.1 超市经理想了解每位顾客在超市购买的商品平均件数是否为 10 件, 随机观察 12 位顾客, 得到如表 2–46 所示数据.

表 2-46 顾客在超市购买商品数量情况

顾客	1	2	3	4	5	6	7	8	9	10	11	12
件数	22	9	4	5	1	16	15	26	47	8	31	7

(1) 采用符号检验进行决策.

(2) 采用 Wilcoxon 符号秩检验进行决策, 比较它与符号检验的结果.

2.2 (1) 请根据例 2.6 的失业率对时间 (月) 建立线性回归模型, 观察一次项的估计结果, 解释该结果和例题中 S_1 结果的不同之处.

(2) 请根据 S_3 的性质 $\mu(S_3|H_0) = N/6, \sigma^2(S_3|H_0) = N/12$, 将上述数据分为三段, 只保留前后两段, 用 S_3 进行检验, 给出检验结果.

2.3 设表 2–47 为拥有 10 万人口的某城市 15 年来每年的车祸死亡率. 请分别使用 S_1 和 S_2 分析死亡率是否有逐年增加的趋势?

表 2-47 某城市 15 年来每年车祸死亡率　　　　单位: 十万分之一

17.3	17.9	18.4	18.1	18.3	19.6	18.6	19.2	17.7
20.0	19.0	18.8	19.3	20.2	19.9			

2.4 表 2–48 中的数据是篮球联赛两个赛季的三分球的进球次数, 考察两个赛季三分球进球次数是否存在显著差异.

(1) 采用符号检验;

(2) 采用配对 Wilcoxon 符号秩检验;

(3) 哪个检验更好? 为什么?

表 2-48 两个赛季的三分球进球次数

队伍序号	三分球进球次数	
	赛季 1	赛季 2
1	91	81
2	46	51
3	108	63
4	99	51
5	110	46
6	105	45
7	191	66
8	57	64

续表

队伍序号	三分球进球次数	
	赛季 1	赛季 2
9	34	90
10	81	28

2.5 一个监听装置收到如下信号:

$$0101110011000011111111101001110101010100$$
$$0000001011001110101000100101010100000000$$

能否说该信号是纯粹随机干扰?

2.6 某品牌消毒液质检部要求每瓶消毒液的平均容积为 500mL, 现从流水线上的某台装瓶机器上随机抽取 20 瓶, 测得其容量 (单位: mL) 如表 2-49 所示.

表 2-49 某台装瓶机器的装瓶结果

509	505	502	501	493	498	497	502	504	506
505	508	498	495	496	507	506	507	508	505

试检查这台机器装多装少是否随机.

2.7 六位女性参加瘦身试验, 试验前后体重 (单位: lb) 如表 2-50 所示, 选择适当方法判断她们的减肥计划是否成功.

表 2-50 六位女性瘦身试验前后体重

	1	2	3	4	5	6
试验前	174	192	188	182	201	188
试验后	165	186	183	178	203	181

2.8 (数据见 chap2/AQI) 已知一组北京市某年某月某日 34 个观测站的空气质量指数实地观测数据, 其中列出了有关空气质量指数和级别的对应关系. 问: 如果要判断这一日北京市整体的空气质量, 应该设计怎样的假设检验?

2.9 试给出 p 分位数的 Bootstrap 置信区间求解程序, 并在 nerve 数据汇总求解 0.75 和 0.25 分位数的置信区间.

2.10 表 2-51 给出的是申请进入法学院学习的学生 LSAT 测试成绩和 GPA 成绩.

表 2-51 LSAT 测试成绩和 GPA 成绩

LSAT	576	635	558	578	666	580	555	661
	651	605	653	575	545	572	594	
GPA	3.39	3.30	2.81	3.03	3.44	3.07	3.00	3.43
	3.36	3.13	3.12	2.74	2.76	2.88	3.96	

每个数据点用 $X_i = (Y_i, Z_i)$ 表示, 其中 $Y_i = \text{LSAT}_i$, $Z_i = \text{GPA}_i$.

(1) 计算 Y_i 和 Z_i 的相关系数.

(2) 使用 Bootstrap 方法估计相关系数的标准误差.

(3) 计算置信度为 0.95 的相关系数 Bootstrap 枢轴量置信区间.

2.11　构造一个模拟比较 4 个 Bootstrap 置信区间的方法. $n = 50$, $T(F) = \int (x - \mu)^3 \mathrm{d}F(x)/\sigma^3$ 是偏度. 从分布 $N(0,1)$ 中抽出样本 $Y_1, Y_2, \cdots, Y_n$, 令 $X_i = \mathrm{e}^{Y_i}(i = 1, 2, \cdots, n)$. 根据样本 $X_1, X_2, \cdots, X_n$ 构造 $T(F)$ 的 4 种类型的置信度为 0.95 的 Bootstrap 置信区间. 多次重复上述步骤, 估计 4 种区间的真实覆盖率.

2.12　令 $X_1, X_2, \cdots, X_n \sim N(\mu, 1)$. 估计 $\widehat{\theta} = \mathrm{e}^{\overline{X}}$ 是参数 $\theta = \mathrm{e}^{\mu}$ 的 MLE(极大似然估计). 用 $\mu = 5$ 生成 100 个观测的数据集.

(1) 用枢轴量方法获得 θ 的 0.95 置信区间和标准差. 用参数 Bootstrap 方法获得 θ 的 0.95 置信区间和估计标准差. 用非参数 Bootstrap 方法获得 θ 的 0.95 置信区间和估计标准差. 比较两种方法的结果.

(2) 画出参数和非参数 Bootstrap 观测的直方图, 观察图形给出对 $\widehat{\theta}$ 分布的判断.

2.13　在白令海所捕获的 12 岁的某种鱼的长度 (单位: cm) 样本如表 2-52 所示.

表 2-52　12 岁的某种鱼的长度

长度 (cm)	64	65	66	67	68	69	70	71	72	73	74	75	77	78	83
数目	1	2	1	1	4	3	4	5	3	3	0	1	6	1	1

你能否同意所声称的 12 岁的这种鱼的长度的中位数总是在 69~72cm 之间?

2.14　为考察两种生产方法的生产效率是否有显著差异, 随机抽取 10 人用方法 A 进行生产, 抽取 12 人采用方法 B 进行生产, 并记录下 22 人的日产量, 如表 2-53 所示.

表 2-53　两种生产方法的日产量

A 方法	92	69	72	40	90	53	85	87	89	88		
B 方法	78	95	58	65	39	67	64	75	60	80	83	96

两种方法的生产效率的影响不同吗? 用 wilcox. test 应该怎样设置假设, 得到怎样的结果? 该题目可以使用随机游程方法来解决吗?

2.15　社会学家欲了解某疾病的发病率是否随季节的不同而不同, 他使用了来自一所大医院的患者的数据, 按一年 4 个季节 (比如: 冬季 = 12 月、1 月和 2 月) 依次记录过去五年中第一次被确诊为患该病的患者数 (单位: 人), 结果如表 2-54 所示.

表 2-54　某疾病的患者数

春季	夏季	秋季	冬季	合计
495	503	491	581	2070

请问: 该疾病的发病率是否与季节有关?

2.16　运用模拟方法从标准正态分布中每次抽取样本量 $n = 30$ 的样本进行 Wilcoxon 符号秩检验.

(1) 分别在显著性水平 $\alpha = 0.1, 0.05, 0.01$ 的条件下, 基于对 α 的估计结果, 即经验显著性水平, 得到 α 的一个 95% 的置信区间.

(2) 将 (1) 中的标准正态分布变为自由度分别为 1, 2, 3, 5, 10 的 t 分布, 重新做 (1) 中的分析.

2.17　两个估计量置信区间长度的平方的期望之比是度量这两个估计量的效率高低的指标. 通过 10000 次模拟, 每次样本量为 30, 分别在总体服从 $N(0,1)$ 和服从自由度为 2 的 t 分布时, 比较 Hodges-Lehmann 统计量和样本均值的效率 (95% 的置信区间).

2.18　有一个标准化的变量 X, 其分布可表示为 $X = (1 - I_\epsilon)Z + cI_\epsilon Z$, 其中 $0 \leqslant \epsilon \leqslant 1$, 服从 $n = 1$ 且成功概率为 ϵ 的二项分布, Z 服从标准正态分布, $c > 1$, 且 I_ϵ 和 Z 是相互独立的随机变量. 当从 X 的

分布中抽样时, 有比例为 $(1-\epsilon)100\%$ 的观测是由分布 $N(0,1)$ 生成, 但有比例为 $\epsilon 100\%$ 的观测是由分布 $N(0,c^2)$ 生成的, 后者的观测大多为异常值. 我们称 X 服从分布 $CN(c,\epsilon)$.

　　(1) 使用 Python 自行编写一个函数, 从分布 $CN(c,\epsilon)$ 中抽取样本量为 n 的随机样本, 制作样本直方图和箱线图, 探究它的分布;

　　(2) 从分布 $N(0,1)$ 和 $CN(16,0.25)$ 中各抽取样本量为 100 的样本, 分别制作样本直方图和箱线图, 比较结果.

第 3 章　两独立样本数据的位置和尺度推断

在单一样本的推断问题中, 引人关注的是总体位置的估计问题. 在实际应用中, 常常涉及两个不同总体的位置参数或尺度参数的比较问题, 比如, 两只股票中哪一只股票的红利更高, 两种汽油中哪一种对环境的污染更少, 两种市场营销策略中哪种更有效等.

假定两独立样本

$$X_1, X_2, \cdots, X_m \overset{\text{i.i.d.}}{\sim} F_1\left(\frac{x - \mu_1}{\sigma_1}\right), \quad Y_1, Y_2, \cdots, Y_n \overset{\text{i.i.d.}}{\sim} F_2\left(\frac{x - \mu_2}{\sigma_2}\right)$$

而且 $X_1, X_2, \cdots, X_m, Y_1, Y_2, \cdots, Y_n$ 相互独立. 其中 μ_1, μ_2 为位置参数, σ_1, σ_2 为尺度参数, 有关 μ_1 和 μ_2 的估计和检验问题称为两样本的位置参数问题. 有关 σ_1 和 σ_2 的估计和检验问题称为两样本的尺度参数问题.

对位置参数问题, 本章只考虑如下简单的情况:

$$X_1, X_2, \cdots, X_m \overset{\text{i.i.d.}}{\sim} F_1(x) = F(x), \quad Y_1, Y_2, \cdots, Y_n \overset{\text{i.i.d.}}{\sim} F_2(x) = F(y - \mu)$$

两样本具有相似的分布. 这时典型的假设检验问题表示如下:

$$H_0 : \mu = 0 \leftrightarrow H_1 : \mu > 0$$

这时, 两样本的位置比较相当于中位数之间的比较, 即如果 $\mu > 0$, 则 Y 的取值平均来讲比 X 大. 假设分布函数是连续的, 在分布函数上的表现为: 给定 c, 如果 $F_1(c) \geqslant F_2(c)$, 那么 $1 - F_1(c) \leqslant 1 - F_2(c)$, 有 $P(X > c) \leqslant P(Y > c)$. 也就是说:

$$\begin{aligned}
P(Y < X) &= \int_{-\infty}^{+\infty} \int_{-\infty}^{x} \mathrm{d}(F(y - \mu)F(x)) \\
&= \int_{-\infty}^{+\infty} F(x - \mu) \, \mathrm{d}F(x) \\
&\leqslant \int_{-\infty}^{+\infty} F(x) \, \mathrm{d}F(x) = \frac{1}{2}
\end{aligned}$$

对于两样本中位数位置检验, 本章将介绍两种常用的分析方法: Brown-Mood 中位数检验和 Mann-Whitney 秩和检验. 还将讨论 ROC 曲线和 Mann-Whitney 统计量的关系, 引入置换检验的相关概念.

对尺度参数问题, 假设

$$X_1, X_2, \cdots, X_m \sim F\left(\frac{x - \mu_1}{\sigma_1}\right), Y_1, Y_2, \cdots, Y_n \sim F\left(\frac{x - \mu_2}{\sigma_2}\right)$$

F 处处连续, 且 $X_1, X_2, \cdots, X_m, Y_1, Y_2, \cdots, Y_n$ 相互独立.

假设检验问题为:

$$H_0 : \sigma_1 = \sigma_2 \leftrightarrow H_1 : \sigma_1 \neq \sigma_2$$

对于两样本尺度参数的检验, 本章将介绍两种方法: Mood 方差检验和 Moses 方差检验.

3.1　Brown-Mood 中位数检验

3.1.1　假设检验问题

Brown-Mood 中位数检验是由布朗 (Brown, 1948, 1951) 和沐德 (Mood, 1950) 提出的, 该方法用于检验两组数据的中位数是否相同, 该检验有时也称为 Westernberg-Mood 检验, 也可以视作 Fisher 精确性检验的一种特殊形式. 假设 $X_1, X_2, \cdots, X_m, Y_1, Y_2, \cdots, Y_n$ 是两组相互独立的样本, 来自两个分布 $F(x)$ 和 $F(y - \mu)$, 有相应的中位数 med_X 和 med_Y. 假设检验问题为:

$$H_0 : \mathrm{med}_X = \mathrm{med}_Y \leftrightarrow H_1 : \mathrm{med}_X > \mathrm{med}_Y \tag{3.1}$$

在零假设之下, 如果两组数据有相同的中位数, 则将两组数据混合后, 两组数据的混合中位数 med_{XY} 与 med_X 和 med_Y 相等, 两组数据应该比较均匀地分布在 med_{XY} 两侧. 因此, 与符号检验类似, 检验的第一步是找出混合数据的样本中位数 M_{XY}, 将 X 和 Y 按照分布在 M_{XY} 的左右两侧分为四类, 对每一类计数, 形成 2×2 列联表, 如表 3–1 所示.

表 3–1　X 和 Y 按照分布在 M_{XY} 两侧计数表

	X	Y	总和
$> M_{XY}$	A	B	t
$< M_{XY}$	C	D	$(m + n) - (A + B)$
总和	m	n	$m + n \equiv A + B + C + D$

令 A, B, C, D 表示上述列联表中 4 个类别的样本点数, A 表示左上角取值, 即 X 样本中大于 M_{XY} 的点数. t 表示混合样本中大于 M_{XY} 的样本点的个数, 它依赖于 $m + n$ 的奇偶性. 当 m, n 和 t 固定时, A 的分布在零假设下是超几何分布:

$$P(A = k) = \frac{\dbinom{m}{k} \dbinom{n}{t - k}}{\dbinom{m + n}{t}}, \quad k \leqslant \min(m, t)$$

在给定 m, n 和 t 时, 若 A 的值太大, 可以考虑拒绝零假设, 接受单边检验 $(H_1 : M_X > M_Y)$. 同理, 可以得到另外一个单边检验 $(H_1 : M_X < M_Y)$ 和双边检验的解决方案, 如表 3–2 所示.

表 3-2　Brown-Mood 中位数检验的基本内容

零假设: H_0	备择假设: H_1	检验统计量	p 值
$H_0: M_X \leqslant M_Y$	$H_1: M_X > M_Y$	A	$P_{\text{hyper}}(A \geqslant a)$
$H_0: M_X \geqslant M_Y$	$H_1: M_X < M_Y$	A	$P_{\text{hyper}}(A \leqslant a)$
$H_0: M_X = M_Y$	$H_1: M_X \neq M_Y$	A	$P_{\text{hyper}}(A \leqslant c) + P_{\text{hyper}}(A \geqslant c')$

对显著性水平 α, 如果 p 值 $< \alpha$, 拒绝 H_0; 否则, 不能拒绝

例 3.1　为研究两个不同品牌同一规格显示器在某市不同商场的零售价格是否存在差异, 收集了出售 A 品牌的 9 家商场的零售价格数据和出售 B 品牌的 7 家商场的零售价格数据, 如表 3-3 所示.

表 3-3　两种品牌显示器在不同商场的零售价格　　　　单位: 元

A 品牌	698	688	675	656	655	648	640	639	620
B 品牌	780	754	740	712	693	680	621		

首先计算混合样本中位数: $M_{XY} = 676.5$, 得到如表 3-4 所示列联表.

表 3-4　两种显示器价格按分布在零售价格中位数两侧的计数表

	X 样本	Y 样本	总和
观测值大于 M_{XY} 的数目	2	6	8
观测值小于 M_{XY} 的数目	7	1	8
总和	9	7	16

在比较不同商场显示器零售价格的例 3.1 中, $A = 2$, 备择假设是 $H_1: M_X < M_Y$. 做单边检验时, p 值为 $P(A \leqslant 2) = 0.0203$. 这个 p 值相当小, 因而拒绝零假设. 对于两个方差相等的正态总体, 该检验相对于 t 检验的 ARE 为 $2/\pi = 0.637$, 对比符号检验相对于 t 检验的 ARE $= 2/\pi$, 二者相等, 这表明它和单样本情况的符号检验效率相当.

这个检验统计量也常用于构造 $\theta = M_Y - M_X$ 的置信区间. 如果假设 X 与 $Y - \theta$ 独立同分布, 这表示在位置漂移 (location shifting) 假设成立的条件下, θ 的置信水平为 $1 - \alpha$ 的置信区间如下:

$$Y_{(n-c'+1)} - X_{(c')} \leqslant \theta \leqslant Y_{(n-c)} - X_{(c+1)}$$

其中, $c < c'$ 满足 $Pr(A \leqslant c) + Pr(A \geqslant c') = \alpha$ 的最大的 c 和最小的 c'.

3.1.2　大样本检验

大样本时, 在零假设下, 可以利用超几何分布的正态近似进行检验:

$$Z = \frac{A - mt/(m+n)}{\sqrt{mnt(m+n-t)/(m+n)^3}} \xrightarrow{\mathcal{L}} N(0,1)$$

小样本时, 也可以使用连续性修正:

$$Z = \frac{A \pm 0.5 - mt/(m+n)}{\sqrt{mnt(m+n-t)/(m+n)^3}} \xrightarrow{\mathcal{L}} N(0,1)$$

例 3.2 (例 3.1 续) 用 Python 计算 p 值为 0.02, 结论与精确分布检验一致.

```
def BM_test(x,y,alt):
    import numpy as np
    import pandas as pd
    xy=list(np.array(x))# 使 x 与 xy 的存储地址不同
    xy.extend(y)
    md_xy=np.median(xy)
    t=sum(xy>md_xy)
    lx=len(x)
    ly=len(y)
    lxy=lx+ly
    A=sum(x>md_xy)
    if alt=="greater":
        w=1-sum([stats.hypergeom.pmf(k=i, M=lxy, n=lx, N=t) for i in range(A+1)])
    elif alt=="less":
        w=sum([stats.hypergeom.pmf(k=i, M=lxy, n=lx, N=t) for i in range(A+1)])
    row_names=['>MXY','<MXY','TOTAL']
    column_names=['X','Y','X+Y']
    matrix=np.array([A,t-A,t,lx-A,ly-t+A,lxy-t,lx,ly,lxy]).reshape(3,3)
    tabledf=pd.DataFrame(matrix,columns=column_names,index=row_names)
    print('contingency.table is\ n',tabledf)
    print("p-value is",w)
x=[698,688,675,656,655,648,640,639,620]
y=[780,754,740,712,693,680,621]
BM_test(x,y,'less')
```

```
输出:
contingency.table is
        X  Y   X+Y
 >MXY   2  6    8
 <MXY   7  1    8
TOTAL   9  7   16
p-value is 0.0203
```

值得注意的是, 我们这里虽然只给出了中位数的检验, 但是任意 p 分位数 M_p 的检验都是类似的, 只是大于 M_p 的 t 不再是 $\dfrac{m+n}{2}$, 而是 $(m+n)(1-p)$.

3.2 Wilcoxon-Mann-Whitney 秩和检验

3.2.1 无结点 Wilcoxon-Mann-Whitney 秩和检验

Brown-Mood 检验与符号检验的思想类似, 仅仅比较了两组数据的符号, 与单样本的 Wilcoxon 符号秩检验类似, 也可利用更多的样本信息. 这里假定两总体分布有类似形状, 不假定对称, 即样本 $X_1, X_2, \cdots, X_m \sim F(x-\mu_1)$ 和 $Y_1, Y_2, \cdots, Y_n \sim F(x-\mu_2)$, 检验问题为:

$$H_0: \mu_1 = \mu_2(\mu = \mu_1 - \mu_2 = 0) \leftrightarrow H_1: \mu_1 \neq \mu_2(\mu = \mu_1 - \mu_2 \neq 0) \tag{3.2}$$

把样本 $X_1, X_2, \cdots, X_m$ 和 $Y_1, Y_2, \cdots, Y_n$ 混合在一起, 将 $m+n$ 个数按照从小到大的顺序排列起来. 每一个 Y 观测值在混合排列中都有自己的秩. 令 R_i 为 Y_i 在这 N 个数中的秩 (即 Y_i 是第 R_i 小的). 令 I_m 和 I_n 分别表示两样本的指标集, 则

$$R_i = \#\{X_j < Y_i, j \in I_m\} + \#\{Y_k \leqslant Y_i, k \in I_n\}$$

显然, 如果这些秩的和 $W_Y = \sum_{i=1}^{n} R_i$ 过小, 则 Y 样本的值从平均的意义上来看偏小, 这时可以怀疑零假设. 同样, 对于 X 样本也可以得到 W_X. 称 W_Y 或 W_X 为 Wilcoxon 秩和统计量 (Wilcoxon rank-sum statistics).

根据单样本的 Wilcoxon 符号秩检验可知

$$W_Y = \sum_{i=1}^{n} R_i = \#\{X_j < Y_i, j \in I_m, i \in I_n\} + \frac{n(n+1)}{2}$$

记

$$W_{XY} = \#\{X_j < Y_i, j \in I_m, i \in I_n\}$$
$$W_{YX} = \#\{Y_i < X_j, j \in I_m, i \in I_n\}$$

W_{XY} 表示混合样本中 Y 观测值大于 X 观测值的个数. 它是对 Y 相对于 X 的秩求和.

$$W_Y = W_{XY} + \frac{n(n+1)}{2} \tag{3.3}$$
$$W_X = W_{YX} + \frac{m(m+1)}{2} \tag{3.4}$$

而 $W_X + W_Y = \frac{(n+m)(n+m+1)}{2}$, 于是有

$$W_{XY} + W_{YX} = nm$$

在零假设之下, W_{XY} 与 W_{YX} 同分布, 它们称为 Mann-Whitney 统计量. 从式 (3.3) 和式 (3.4) 中我们发现, Wilcoxon 秩和统计量与 Mann-Whitney 统计量是等价的. 事实上, Wilcoxon 秩和检验于 1945 年首先由威尔科克森 (Wilcoxon) 提出, 主要针对两样本量相同的情况. 1947 年, 曼 (Mann) 和惠特尼 (Whitney) 又在考虑到不等样本的情况下补充了这一方法. 因此, 也称两样本的秩和检验为 Wilcoxon-Mann-Whitney 检验 (简称 W-M-W 检验). 事实上, Mann-Whitney 检验还被称为 Mann-Whitney U 检验, 原因是 W_{XY} 可以化为 U 统计量. 为了解零假设下 W_Y 或 W_X 的分布性质, 给出有关 R_i 的以下定理.

定理 3.1 在零假设下, 有

$$P(R_i = k) = \frac{1}{n+m}, \ k = 1, 2, \cdots, n+m$$

和

$$P(R_i = k, R_j = l) = \begin{cases} \dfrac{1}{(n+m)(n+m-1)}, & k \neq l \\ 0, & k = l \end{cases}$$

由此容易得到

$$E(R_i) = \frac{n+m+1}{2}$$
$$\text{var}(R_i) = \frac{(n+m)^2 - 1}{12}$$
$$\text{cov}(R_i, R_j) = -\frac{n+m+1}{12}, \ i \neq j$$

由于 $W_Y = \sum\limits_{i=1}^{n} R_i$ 以及 $W_Y = W_{XY} + n(n+1)/2$, 有

$$E(W_Y) = \frac{n(n+m+1)}{2}, \quad \mathrm{var}(W_Y) = \frac{mn(n+m+1)}{12}$$

及

$$E(W_{XY}) = \frac{mn}{2}, \quad \mathrm{var}(W_{XY}) = \frac{mn(n+m+1)}{12}$$

这些公式是计算 Wilcoxon-Mann-Whitney 统计量的分布和 p 值的基础.

定理 3.2   在零假设下, 若 $m, n \to +\infty$, 且 $\dfrac{m}{m+n} \to \lambda$ $(0 < \lambda < 1)$, 有

$$Z = \frac{W_{XY} - \dfrac{mn}{2}}{\sqrt{\dfrac{mn(m+n+1)}{12}}} \xrightarrow{\mathcal{L}} N(0,1) \tag{3.5}$$

$$Z = \frac{W_X - \dfrac{m(m+n+1)}{2}}{\sqrt{\dfrac{mn(m+n+1)}{12}}} \xrightarrow{\mathcal{L}} N(0,1) \tag{3.6}$$

对于双边检验, 令 $K = \min(W_X, W_Y)$, 此时, K 可以通过正态分布 $N(a, b)$ 求得任意点的分布函数, a, b 由式 (3.5) 和式 (3.6) 确定. 在显著性水平为 α 下, 检验的拒绝域为:

$$2P_{\mathrm{norm}}(K < k | a, b) \leqslant \alpha$$

式中, k 为满足上式的最大的 k. 也可以通过计算统计量 K 的 p 值做决策, 即 p 值 $= 2P_{\mathrm{norm}}(K < k | a, b)$.

例 3.3   研究不同饲料对雌鼠体重增加是否有差异, 数据如表 3-5 所示.

表 3-5   喂不同饲料的两组雌鼠在 8 周内增加的体重

饲料	鼠数	雌鼠增加的体重 (g)										
高蛋白	12	134	146	104	119	124	161	107	83	113	129	97	123
低蛋白	7	70	118	101	85	112	132	94				

假设检验问题如下:

$$H_0: \mu_1 = \mu_2 \leftrightarrow H_1: \mu_1 \neq \mu_2 \tag{3.7}$$

先将两组数据混合后从小到大排列, 并注明饲料组别与秩, 如表 3-6 所示.

表 3-6   两样本 W-M-W 秩和检验表

体重 (g)	70	83	85	94	97	101	104	107	112	113
组别	低	高	低	低	高	低	高	高	低	高
秩	1	2	3	4	5	6	7	8	9	10

体重 (g)	118	119	123	124	129	132	134	146	161
组别	低	高	高	高	高	低	高	高	高
秩	11	12	13	14	15	16	17	18	19

令 Y 为低蛋白组, $n = 7$, X 为高蛋白组, R_i 是低蛋白组在混合样本中的秩:

$$W_Y = \sum_{i=1}^{m} = 1 + 3 + 4 + 6 + 9 + 11 + 16 = 50$$

根据式 (3.3), 可计算出 $W_{XY} = W_Y - \dfrac{n(n+1)}{2} = 50 - 7 \times 8/2 = 22$. 当 $m = 12, n = 7$ 时正态分布的临界值 $q_{0.05}$ 为 46, 或直接计算 $W_{XY} = 22$ 的 p 值, R 程序计算后可得: $p = 0.1003 > 0.05$, 没有显著差异. Python 程序如下:

```
import scipy.stats as stats
weight_low=[134,146,104,119,124,161,107,83,113,129,97,123]
weight_high=[70,118,101,85,112,132,94]
print("alternative hypothesis :true location shift is not equal to 0")
print(stats.ranksums(weight_low,weight_high))
```

```
输出:
alternative hypothesis :true location shift is not equal to 0
RanksumsResult(statistic=1.6903, pvalue=0.0910)
```

例 3.4　理查德 (Richard) 2005 年给出一个例子, 是关于服用某类药物对被试者视觉刺激反应时间的影响研究. 研究者随机将 8 名被试者放在实验条件下, 7 名放在控制条件下, 用毫秒记录被试者的视觉反应时间. 这里测量上的问题是, 反应时间受其他不可测且不能忽略的因素 (比如个体潜在反应时间或个体解决问题的时间差异) 影响, 于是测量可能是有偏的. 数据有偏的直接结果是反应时间虽然不可能小于 0 但可能会无穷大. 这是信息不充分的典型情况. 测量数据如表 3-7 所示.

表 3-7　计算 Mann-Whitney U 统计量

实验组		控制组		
时间/ms	秩	时间/ms	秩	
140	4	130	1	
147	6	135	2	$U = mn + \dfrac{m(m+1)}{2} - R_1$
153	8	138	3	$= 8 \times 7 + \dfrac{8 \times (8+1)}{2} - 81$
160	10	144	5	$= 56 + \dfrac{72}{2} - 81$
165	11	148	7	
170	13	155	9	$= 56 + 36 - 81$
171	14	168	12	$= 11$
193	15			
$R_1 = 81$		$R_2 = 39$		
$m = 8$		$n = 7$		

零假设: 两组秩之间的差异是偶然产生的.
备择假设: 两组秩之间的差异不是偶然产生的.
检验统计量: Mann-Whitney U 检验统计量.
显著性水平: $\alpha = 0.05$.
样本量: $m = 8, n = 7$.

拒绝零假设的临界值: $U \leqslant 11$ 或 $U \geqslant 46$. 如果 U 在两个临界值以外, 就拒绝零假设. 因为本例中 $U = 11$, 所以拒绝零假设.

3.2.2 带结点时的计算公式

当 X 和 Y 中有相同数值时, 也就是说数据有结, 如用 $(\tau_1, \tau_2, \cdots, \tau_g)$ 表示混合样本的结, 则相同的数据采用平均秩 (如果数字相同则取平均秩). 此时, 大样本近似的 Z 应修正为:

$$Z = \frac{W_{XY} - mn/2}{\sqrt{\dfrac{mn(m+n+1)}{12} - \dfrac{mn\left(\sum\limits_{i=1}^{g}\tau_i^3 - \sum\limits_{i=1}^{g}\tau_i\right)}{12(m+n)(m+n-1)}}}$$

式中, τ_i 为第 i 个结的结长; g 为所有结的个数.

关于 Wilcoxon 秩和检验 (Mann-Whitney 检验), 可总结如表 3-8 所示.

表 3-8 Wilcoxon 秩和检验 (Mann-Whitney 检验) 表

零假设: H_0	备择假设: H_1	检验统计量 (Z)	p 值
$H_0: M_X = M_Y$	$H_1: M_X > M_Y$	W_{XY} 或 W_Y	$P(Z \leqslant z)$
$H_0: M_X = M_Y$	$H_1: M_X < M_Y$	W_{YX} 或 W_X	$P(Z \leqslant z)$
$H_0: M_X = M_Y$	$H_1: M_X \neq M_Y$	$\min(W_{YX}, W_{XY})$ 或 $\min(W_X, W_Y)$	$2P(Z \leqslant z)$
大样本时, 用上述近似正态统计量计算 p 值			

这里虽然从表面看是按照备择假设的方向选择 W_X 或 W_Y 作为检验统计量, 但实际上往往是按照实际观察的 W_X 和 W_Y 的大小来确定备择假设. 在选定备择假设之后, 比如 $H_1: M_X > M_Y$, 我们之所以选 W_Y 或 W_{XY} 作为检验统计量, 是因为它们的观测值比 W_X 或 W_{YX} 的小, 因而计算或查表 (表只有一个方向) 要方便些. 如果利用大样本正态近似, 则可以选择任意一个作为检验统计量.

3.2.3 $M_X - M_Y$ 的点估计和区间估计

$M_X - M_Y$ 的点估计很简单, 只要把 X 和 Y 的观测值成对相减 (共有 mn 对), 然后求它们的中位数即可. 就例 3.3 来说, $M_X - M_Y$ 的点估计为 18.5. 如果想求 $\theta \equiv M_X - M_Y$ 的 $100(1-\alpha)\%$ 置信区间, 有以下两种方法.

(1) 将 $\theta = M_X - M_Y$ 作为待估计参数, 用 Bootstrap 方法分别估计 M_X 和 M_Y, 取得二者的差, 得到 Bootstrap $\hat{\theta}^*$, 求出 $\hat{\theta}$ 的方差, 再用第 2 章的方法求解. 以下是求 $M_X - M_Y$ 的 $100(1-\alpha)\%$ 置信区间的 Python 参考程序:

```
from scipy import stats
from sklearn.utils import resample
x1=[3,4,5,6,7] #firstsample
x2=[2,5,3,6,7,9] #secondsample
n1=len(x1)
n2=len(x2)
th_hat=np.median(x2)-np.median(x1)
```

```
B=1000
Tboot=[0]*B # 初始化用于存储的列表
for i in range(B):
    xx1=resample(x1,n_samples=n1,replace=1)
    xx2=resample(x2,n_samples=n2,replace=1)
    Tboot[i]=np.median(xx2)-np.median(xx1)
se=np.std(Tboot)
Normal_conf=[th_hat-se*stats.norm.ppf(0.025),th_hat+se*stats.norm.ppf(0.025)]
Percentile_conf=[np.percentile(Tboot,2.5),np.percentile(Tboot,97.5)]
Pivotal_conf=[2*th_hat-np.percentile(Tboot,97.5),2*th_hat-np.percentile(Tboot,2.5)]
print(Normal_conf)
print(Percentile_conf)
print(Pivotal_conf)
```

```
输出:
    [3.7476, -2.7476]
    [-3.0, 3.5]
    [-2.5, 4.0]
```

(2) 计算 X 与 Y 的差, 求排序后的中位数, 具体步骤如下:

① 得到所有 mn 个差 $(X_i - Y_j)$.

② 从小到大按序排列的这些差为 $D_{(1)}, D_{(2)}, \cdots, D_{(N)}$, $N = mn$.

③ 从表中查得 $W_{\alpha/2}$, 它满足 $P(W_{XY} \leqslant W_{\alpha/2}) = \alpha/2$, 则所求的置信区间为 $(D_{W_{\alpha/2}}, D_{mn+1-W_{\alpha/2}})$.

在例 3.3 中 ($N = 12\times 7 = 84$), 如果要求 $\Delta = M_X - M_Y$ 的 95% 置信区间, 有 $\alpha/2 = 0.025$; 对于 $m = 12, n = 7$, 查置信区间表得 $W_{0.025} = 10$. 再找出 $D_{19} = -3$ 及 $D_{84+1-19} = D_{66} = 42$. 因此, 区间 $(-3, 42)$ 为所求的 $\Delta = M_X - M_Y$ 的 95% 置信区间.

对于差异具有统计意义的两组呈正态分布的样本来说, W-M-W 检验相对于两样本的 t 检验的渐近相对效率是 0.955; 对于总体为非正态分布 (例如非对称分布) 的样本来说, W-M-W 检验比两样本 t 检验的效率高得多, 事实上这时的渐近相对效率能高达无穷大, 所以 W-M-W 方法对于两样本的检验是十分适用的.

3.3 Mann-Whitney U 统计量与 ROC 曲线

在机器学习中常常要建立二分类学习器, 此时常用测试数据检测学习器的性能. 学习器的学习性能用 ROC 曲线表示, ROC 的全称为 receiver operating characteristic, 也称做受试者操作特征. ROC 曲线最早由彼得森 (Peterson) 和博兹奥 (Birdsall) 于 1953 年提出, 用于军事领域, 后来逐步运用到医学等领域. 它的基本原理是首先对学习器产生的得分从大到小排序, 依次将每个测试数据点选为一个二分类阈值, 得到一对 (正确率 (TPR), 假阳率 (FPR)) 值, 其中 TPR 表示把正例 (+) 预测为正例 (+) 的数据比例, 而 FPR 表示把负例 (−) 预测为正例 (+) 的数据比例, 将 TPR 设为 y 轴, 将 FPR 设为 x 轴. 在坐标 (0,0) 处将所有的样例全部预测为负例, 这时正确率 (TPR) 和假阳率 (FPR) 均为 0. 在由 FPR 和 TPR 构成的直角坐标系里, 如果该曲线和横轴所夹的面积较大, 那么该学习器的学习性能较好. 这里有一个统计问题, 就是如何计算该曲线与横轴所夹面积. 假设测试数据的数据量为 n, 其中正例为 e 笔, 负例为 e' 笔, $e+e' = n$. 只有当 TPR 上升时, ROC 曲线与横轴之间才会有新增面积. 也就是说, 新增面积只与正例作为阈值有关. 如果将第 i 个正例 (+) 设置为当前阈值, 将 f_i 个负例 (−) 预测为正例 (+), 此时新增面积如图 3–1 所示 (截图引自 S. J. Mason, 2002).

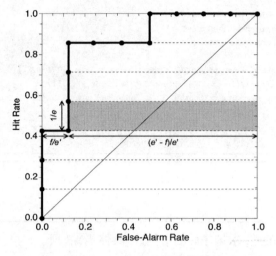

图 3–1　ROC 面积计算图

由图 3–1 可知, 新增 ROC 曲线下的面积为:

$$\text{新增面积} = \frac{e' - f_i}{e'e}$$

整个 ROC 曲线下的面积 AUC 表示为:

$$AUC = \frac{1}{e'e}\sum_{i=1}^{e}(e' - f_i) = 1 - \frac{1}{e'e}\sum_{i=1}^{e} f_i \tag{3.8}$$

要想求出 ROC 曲线下的面积 (式 (3.8)), 需要解出 $F = \sum_{i=1}^{e} f_i$, 其计算公式如下:

$$F = \sum_{i=1}^{e} f_i = \sum_{i=1}^{e}(e' - r_i) = e'e - \sum_{i=1}^{e} r_i \tag{3.9}$$

式 (3.9) 中 r_i 表示在该测试集中第 i 个正例得分高于负例得分的点数, 也是每个正样本在得分混合序列中的相对秩. 假设不存在得分相等的结, 将这些信息代入 AUC 的计算公式中得到:

$$AUC = 1 - \frac{1}{e'e}\sum_{i=1}^{e} f_i = \frac{1}{e'e}\sum_{i=1}^{e} r_i = \frac{U}{e'e}. \tag{3.10}$$

也就是说, AUC 与 Mann-Whitney U 统计量的大小是等价的, AUC 值越大意味着 Mann-Whitney U 统计量的值越大, 它们之间只差一个归一化参数 $e'e$.

例 3.5　假设已经得出一系列样本被划分为正类的概率 (得分), 按从大到小排序如表 3–9 所示, 表中共有 20 个测试样例, "分类" 一栏表示每个测试样例真实的类别标签 (+ 表示正样例, − 表示负样例), "得分" 表示每个测试样本属于正样的概率.

表 3-9 测试样例的真实分类和得分数据表

ID	分类	得分	ID	分类	得分
1	+	0.9	11	+	0.4
2	+	0.8	12	−	0.39
3	−	0.7	13	+	0.38
4	+	0.6	14	−	0.37
5	+	0.55	15	−	0.36
6	+	0.54	16	−	0.35
7	−	0.53	17	+	0.34
8	−	0.52	18	−	0.33
9	+	0.51	19	+	0.30
10	−	0.505	20	−	0.10

接下来, 从得分由高向低依次将 "得分" 值所对应的样本作为阈值, 当测试样本属于正样本的概率大于或等于这个阈值时, 我们认为它是正样本, 否则为负样本. 举例来说, 对于表 3-9 的第 4 个样本, 其得分值为 0.6, 那么样本 1, 2, 3, 4 都被认为是正样本, 因为它们的得分值都大于等于 0.6, 而其他样本则认为是负样本. 每次选取一个不同的样本点作为阈值, 就可以得到一组 FPR 和 TPR, 即 ROC 曲线上的一点. 这样一来, 共计可以产生 20 组 FPR 和 TPR 的值, 将它们画在 ROC 曲线上, 结果如图 3-2 所示.

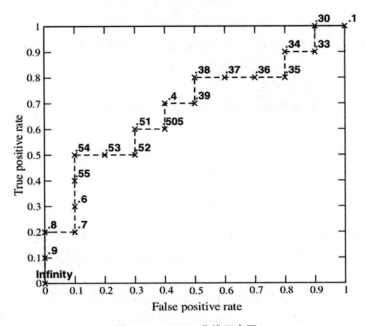

图 3-2 ROC 曲线示意图

对于图 3-2, 首先由数据的得分秩根据两类的符号计算出正样例相对于负样例的秩和如下:

$$U = 1 + 2 + 5 + 6 + 7 + 9 + 9 + 9 + 10 + 10 = 68$$

然后结合式 (3.10), 计算出 AUC 值为 0.68, 表示此时该二分类器性能比较好.

3.4 置换检验

置换检验 (permutation test) 是一种非参数检验, 可以用来检验两个分布是否相同, 它不是基于大样本渐近理论, 主要用于小样本. 假设 $X_1, X_2, \cdots, X_{n_1} \sim F_X$ 和 $Y_1, Y_2, \cdots, Y_{n_2} \sim F_Y$ 是两个独立样本. 零假设是两个样本来自同一个分布, 比如, 确定交通事故中驾驶员受伤程度与是否系安全带的分布是否有不同. 具体而言, 这里的统计假设检验问题是:

$$H_0 : F_X = F_Y \Leftrightarrow H_1 : F_X \neq F_Y$$

令 $T(x_1, x_2, \cdots, x_{n_1}, y_1, y_2, \cdots, y_{n_2})$ 是一个检验统计量, 常用两组数据的位置差来表示,

$$T(x_1, x_2, \cdots, x_{n_1}, y_1, y_2, \cdots, y_{n_2}) = |\overline{X}_{n_1} - \overline{Y}_{n_2}|$$

考虑零假设, 两组数据混合在一起就是一个分布, 这样 X 和 X 之间, Y 与 Y 之间以及 X 与 Y 之间均可以互相置换, 于是可以考虑由该数据形成的 $(n_1 + n_2)!$ 种置换, 对每一种置换计算统计量 T, 形成统计量的置换样本 $T_1, T_2, \cdots, T_N$, 其中 $N = (n_1 + n_2)!$, T 取每种置换的可能性是 $1/N$, 用 $\mathbb{P}_p$ 表示 T 的置换分布 (permutation distribution). 令 t_0 表示检验统计量的观测值, 如果 T 很大, 拒绝零假设, 那么置换检验的 p 值为:

$$p = \mathbb{P}_p(T > t_0) = \frac{1}{N!} \sum_{j=1}^{N!} I(T_j > t_0)$$

实际中, 如果 N 比较大, 把 $N!$ 种不同的置换都试验一遍是不现实的, 可以从置换集中随机抽取数据, 计算近似的 p 值, 以下是置换检验 p 值的 Bootstrap 计算方法:

(1) 计算检验统计量的观测值 $t_0 = T(x_1, x_2, \cdots, x_{n_1}, y_1, y_2, \cdots, y_{n_2})$;

(2) 随机置换数据, 用置换数据再次计算检验统计量的值 B 次, 令 $T_1, T_2, \cdots, T_B$ 表示置换样本后的 T 的观察值;

(3) 近似的 p 值为:

$$\frac{1}{B} \sum_{j=1}^{B} I(T_j > t_0) \tag{3.11}$$

例 3.6 在家教育和学校教育是两种教育方式, 两种教育方式对幼儿社会交往能力有怎样的差异并不明确. 已有教育学理论支持将孩子送入幼儿园有助于提升孩子的社会交往能力, 设置如下假设:

H_0: 送入学校的孩子和在家教育的孩子的社会交往能力没有差异

H_1: 送入学校的孩子的社会交往能力高于在家教育的孩子的社会交往能力

实验对象是幼儿园适龄双胞胎, 共计 $n = 8$ 对, 研究期初每一对随机选出一位送到幼儿园, 另一位在家教育, 研究期结束后, 16 个孩子统一接受同一套认知能力测试, 测试数据如表 3-10 所示 (分值高代表社会交往能力强).

表 3-10 两种不同教育方式认知能力测试得分表

学校教育 (x)	82	69	73	43	58	56	76	65
在家教育 (y)	63	42	74	37	51	43	80	62
两者分值差异 d	19	27	-1	6	7	13	-4	3

这是配对两样本位置检验问题, 假设模型如下:

$$d_i = me + \epsilon_i, \quad i = 1, 2, \cdots, 8$$

me 为位置中心, Wilcoxon 检验 p 值 $=0.027$. 计算置换检验的 p 值, Python 程序如下:

```
import numpy as np
from sklearn.utils import resample
from scipy import stats
school=[82,69,73,43,58,56,76,65]
home=[63,42,74,37,51,43,80,62]
d=[school[i]-home[i] for i in range(len(school))]
d_=[-i for i in d]
dpm=list(np.array(d))# 使 dpm 与 p 的存储地址不同
dpm.extend(d_)
n=len(d)
B=500
np.random.seed(100)
dbs=np.array(resample(dpm,n_samples=n*B,replace=1)).reshape(-1,n)
bs_teststat=[stats.wilcoxon(dbs[i],correction=True,alternative='greater').statistic for i in range(B)]
np.mean(bs_teststat>=stats.wilcoxon(d,correction=True,alternative='greater').statistic)
```

```
输出:      0.036
```

3.5 Mood 方差检验

对于尺度参数的检验, 它与两样本的位置参数有关, 如果不知道位置参数, 则很难通过秩检验判断两组数据的离散程度. 以表 3-11 中的两组数据为例.

表 3-11 两组独立样本实验数据

样本 1	48	56	59	61	84	87	91	95
样本 2	2	22	49	78	85	89	93	97

观察数据可以看出, 第二组数据比第一组数据分散, 但从秩的角度很难区分. 因此, Mood 检验法假定两位置参数相等. 不失一般性, 假定为零. 于是有样本 $X_1, X_2, \cdots, X_m \sim F\left(\dfrac{x}{\sigma_1}\right)$ 和 $Y_1, Y_2, \cdots, Y_n \sim F\left(\dfrac{x}{\sigma_2}\right)$, 我们的检验问题为:

$$H_0 : \sigma_1^2 = \sigma_2^2 \leftrightarrow H_1 : \sigma_1^2 \neq \sigma_2^2$$

F 处处连续, 且 $X_1, X_2, \cdots, X_m, Y_1, Y_2, \cdots, Y_n$ 相互独立, 令 R_i 为 X_i 在混合样本中的秩, 当 H_0 成立时, $X_1, X_2, \cdots, X_m, Y_1, Y_2, \cdots, Y_n$ 独立同分布, 有

$$E(R_i) = \sum_{i=1}^{m+n} \frac{i}{m+n} = \frac{m+n+1}{2}$$

当 H_0 成立时, 对样本 X 来说, 考虑秩统计量:

$$M = \sum_{i=1}^{m} \left(R_i - \frac{m+n+1}{2} \right)^2 \tag{3.12}$$

如果它的值偏大, 则 X 的方差也可能偏大. 可以对大的 M 拒绝零假设. 这种方法由穆德 (Mood) 于 1954 年提出, 称为 Mood 检验.

在零假设 H_0 下, M 的分布可以由秩的分布性质得出. 这里给出大样本近似. 在零假设下, 当 $m, n \to \infty$ 并且 $m/(m+n)$ 趋于常数时, 有

$$E(M) = \frac{m(m+n+1)(m+n-1)}{12} \tag{3.13}$$

$$\operatorname{var}(M) = \frac{mn(m+n+1)(m+n+2)(m+n-2)}{180} \tag{3.14}$$

$$Z = \frac{M - E(M)}{\sqrt{\operatorname{var}(M)}} \xrightarrow{\mathcal{L}} N(0,1) \tag{3.15}$$

当样本量比较小时, 比如 $m + n < 30$, 可以用连续性修正:

$$Z = \frac{M - E(M) \pm 0.5}{\sqrt{\operatorname{var}(M)}} \xrightarrow{\mathcal{L}} N(0,1) \tag{3.16}$$

也可以修正如下:

$$Z = \frac{M - E(M)}{\sqrt{\operatorname{var}(M)}} + \frac{1}{2\sqrt{\operatorname{var}(M)}} \xrightarrow{\mathcal{L}} N(0,1) \tag{3.17}$$

例 3.7　假定有 5 位健康成年人的血液, 分别用手工 (x) 和仪器 (y) 两种方法测量血液中的血糖值, 测量结果如表 3–12 所示. 问: 两种测量方法的精确度是否存在差异?

表 3–12　两种不同血液测量方法的测量结果数据表　　　　　　　单位: 毫摩尔/升

手工 (x)	4.5	6.5	7	10	12
仪器 (y)	6	7.2	8	9	9.8

假设检验问题为:

$$H_0: 两种测量血糖值的方法方差相同, 即 \quad \sigma_1^2 = \sigma_2^2$$
$$H_1: 两种测量血糖值的方法方差不同, 即 \quad \sigma_1^2 \neq \sigma_2^2$$

统计分析: 将两样本混合, 计算混合秩如表 3–13 所示.

表 3–13　两样本混合之后的混合秩

	血糖值									
	4.5	6	6.5	7	7.2	8	9	9.8	10	12
秩	1	2	3	4	5	6	7	8	9	10
组别	x	y	x	x	y	y	y	y	x	x

设 $m = n = 5$, $(m + n + 1)/2 = (5 + 5 + 1)/2 = 5.5$. 根据式 (3.12), 有

$$M = (1 - 5.5)^2 + (3 - 5.5)^2 + (4 - 5.5)^2 + (9 - 5.5)^2 + (10 - 5.5)^2$$
$$= 61.25$$

$M_{0.025,5,5} = 15.25$, $M_{0.975,5,5} = 61.25$, $M = 61.25$. 由于 $15.25 < M = 61.25 < 65.25$, 故不能拒绝 H_0, 表示两种测量方法的精度没有明显差异.

若用式 (3.13) 和式 (3.14) 分别计算, 则

$$E(M) = \frac{m(m + n + 1)(m + n - 1)}{12}$$
$$= \frac{5(5 + 5 + 1)(5 + 5 - 1)}{12}$$
$$= 41.25$$
$$\text{var}(M) = \frac{mn(m + n + 1)(m + n + 2)(m + n - 2)}{180}$$
$$= \frac{5 \times 5(5 + 5 + 1)(5 + 5 + 2)(5 + 5 - 2)}{180}$$
$$= 146.6667$$

代入式 (3.16) 得

$$Z = \frac{1}{\sqrt{\text{var}(M)}} \left(M - E(M) + \frac{1}{2} \right)$$
$$= \frac{1}{\sqrt{146.6667}}(61.25 - 41.25 + 0.5)$$
$$= \frac{20.5}{12.1106}$$
$$= 1.6927 < Z_{0.05/2} = 1.96$$

所得结论与第一种方法相同.

3.6　Moses 方差检验

摩西 (Moses) 于 1963 年提出了另一种检验两总体方差相等的方法, 该方法不需要事先假设两分布均值相等, 因此应用较广.

设 $x_1, x_2, \cdots, x_m$ 为第一个分布的随机样本, 第一个总体的方差为 σ_1^2. 设 $y_1, y_2, \cdots, y_n$ 为第二个分布的随机样本, 第二个总体的方差为 σ_2^2.

假设检验:

$$H_0: \text{两分布方差相等, 即 } \sigma_1^2 = \sigma_2^2$$
$$H_1: \text{两分布方差不等, 即 } \sigma_1^2 \neq \sigma_2^2$$

统计分析:

Moses 检验法的统计值 T 求法如下.

(1) 将两样本各分成几组, 如第一个样本随机分成 m_1 组, 每组含 k 个观测值, 记为 $A_1, A_2, \cdots, A_{m_1}$; 同理第二个样本随机分成 m_2 组, 每组含 k 个观测值, 记为 $B_1, B_2, \cdots, B_{m_2}$.

(2) 分别求各小组样本的离差平方和如下:

$$\text{SSA}_r = \sum_{x_i \in A_r} (x_i - \overline{x})^2, \quad r = 1, 2, \cdots, m_1$$

$$\text{SSB}_s = \sum_{y_i \in B_s} (y_i - \overline{y})^2, \quad s = 1, 2, \cdots, m_2$$

(3) 将两样本各小组的平方和 $\text{SSA}_r, \text{SSB}_s, r = 1, 2, \cdots, m_1, s = 1, 2, \cdots, m_2$ 混合, 排序按大小定秩.

(4) 计算第一个样本 m_1 组平方和的秩和, 用 S 表示, 则 Moses 的统计值 T_M 为:

$$T_M = \frac{S - m_1(m_1 + 1)}{2}$$

如果两组数据的方差存在很大的差异, 平均来看, 一组数据的平方和比另一组数据的平方和小, 因此查 Mann-Whitney 的 W_α 值表, 若实际 $T_M < W_{0.025, m_1, m_2}$ 或 $T_M > W_{0.975, m_1, m_2} = m_1 m_2 - W_{0.025}$, 则不能拒绝 H_1, 反之则接受 H_0.

例 3.8 设中风患者与健康成人血液中血尿酸水平如表 3–14 所示.

表 3-14 中风患者与健康成人血尿酸水平数据 单位: 微摩尔/升

| 中风患者 (x) | 299.63 | 350.55 | 285.37 | 430.00 | 260.93 | 320.00 | 375.00 | 246.67 | 393.33 | 238.52 | 232.41 | 407.59 | m = 12 |
| 正常人 (y) | 189.84 | 236.40 | 204.39 | 250.95 | 216.03 | 175.28 | 227.67 | 268.42 | 288.79 | 242.22 | | | n = 10 |

假设检验:

$$H_0: \text{中风患者与健康成人血尿酸水平变异相同, 即 } \sigma_1^2 = \sigma_2^2$$
$$H_1: \text{中风患者与健康成人血尿酸水平变异不同, 即 } \sigma_1^2 \neq \sigma_2^2$$

统计分析: 现在将中风患者随机分成 4 组 ($m_1 = 4$), 每组 3 人 ($K = 3$), 健康成人分成 3 组 ($m_2 = 3$), 每组 3 人 ($K = 3$), 多出 1 人去除. 各组血尿酸水平及其平方和如表 3–15 和表 3–16 所示.

表 3-15 中风患者各组血尿酸水平及其平方和

中风患者 (x)	观测值			平方和 (SSA)	秩 (R(SSA))
1	299.63	430.00	375.00	8567.3	5
2	350.55	260.93	238.52	7028.2	4
3	285.37	246.67	393.33	11554.1	6
4	320.00	232.41	407.59	15344.0	7

表 3-16 正常人各组血尿酸水平及其平方和

正常人 (y)	观测值			平方和 (SSB)	秩 (R(SSB))
1	189.84	250.95	227.67	1902.5	2
2	236.40	216.03	268.42	1395.0	1
3	204.39	175.28	288.79	6951.8	3

如果取较小的 $S = \min\left(R(\text{SSA}), R(\text{SSB})\right) = \min(22, 6) = 6$, 则

$$T_M = S - m_2(m_2 + 1) = 6 - 3(3+1)/2 = 0$$

$W_{0.025,4,3} = 0$, 统计量 $T = 0 \leqslant W_{0.025} = 0$, 因此不能拒绝 H_1. 由于 $T = S_1 - m_1(m_1 + 1)/2 = 22 - 4(4+1)/2 = 12$, $W_{0.975} = m_1 m_2 - W_{0.025} = 4 \times 3 - 0 = 12$, $T = 12 > W_{0.975,4,3} = 12$, 所以接受 H_1, 认为两组数据的方差不相等.

习题

3.1　在一项研究毒品对增强人体攻击性影响的实验中, 组 A 使用安慰剂, 组 B 使用毒品. 实验后进行攻击性测试, 测量得分 (得分越高表示攻击性越强) 显示如表 3–17 所示.

表 3-17　两组测量得分

组 A	组 B
10	12
8	15
12	20
16	18
5	13
9	14
7	9
11	16
6	

(1) 给出这个实验的零假设.
(2) 画出表现这些数据特点的曲线图.
(3) 分析这些数据用哪种检验方法最合适.
(4) 用你选择的检验对数据进行分析.
(5) 是否有足够的证据拒绝零假设? 如何解释数据?

3.2　试针对例 3.1 进行如下操作:
(1) 给出 0.25 分位数的检验内容 (包括假设、过程和决策);
(2) 应用 (1) 的结果分析比较两组数据的 0.25 分位数是否有差异, 对结果进行合理解释;
(3) 给出 0.75 分位数的检验内容 (包括假设、过程和决策);
(4) 应用 (3) 的结果分析比较两组数据的 0.75 分位数是否有差异, 对结果进行合理解释.

3.3　一家大型保险公司的人事主管宣称在人际关系方面受过训练的保险代理人会给潜在顾客留下更好的印象. 为了检验这个假设, 从最近雇用的职员中随机选出 22 个人, 一半人接受人际关系方面的课程训练, 剩下的 11 个人组成控制组. 在训练之后, 所有的 22 个人都在一个与顾客的模拟会面中被观察, 观察者以 20 分制 (1~20) 对他们在建立与顾客关系方面的表现进行评级, 得分越高, 评级越高. 数据见表 3–18.

表 3-18　两组评分对比

受过人际关系训练组	控制组
18	12
15	13
9	9
10	8
14	1
16	2
11	7
13	5
19	3
20	2
6	4

(1) 这项研究的零假设和备择假设各是什么?

(2) 画出表示这些数据特点的曲线图.

(3) 你认为分析这些数据用哪种检验方法最合适?

(4) 用你选择的检验方法对数据进行分析.

(5) 是否有足够的证据拒绝零假设? 如何解释数据?

3.4　两个不同学院教师一年的课时量如表 3–19 所示.

表 3-19　两个不同学院教师一年的课时量　　　　　　　　　　　　　　单位: 学时

A 学院	221	166	156	186	130	129	103	134	199	121	265	150	158	242	243	198	138	117
B 学院	488	593	507	428	807	342	512	350	672	589	665	549	451	492	514	391	366	469

根据这两个样本,判断两个学院教师讲课的课时是否有不同? 估计其差别. 从两个学院教师讲课的课时来看, 教师完成讲课任务的情况是否类似? 给出检验和判断.

3.5　对 A 和 B 两块土地有机质含量抽检结果如表 3–20 所示, 试用 Mood 和 Moses 两种方法检验两组数据的方差是否存在差异.

表 3-20　两块土地有机质含量数据

A	8.8	8.2	5.6	4.9	8.9	4.2	3.6	7.1	5.5	8.6	6.3	3.9
B	13.0	14.5	16.5	22.8	20.7	19.6	18.4	21.3	24.2	19.6	11.7	
	18.9	14.6	19.8	14.5								

3.6　根据第 1 章问题 1.1 的数据, 请选择合适的方法进行中位数检验, 比较两者的结果.

第 4 章　多组数据位置推断

很多时候需要对多组数据的分布位置进行比较, 传统的问题中需要通过试验组和对照组试验研究结构来采集数据, 需要考虑到不同的组是否对响应变量的结果有影响. 对于传统的假设检验, 其方法是分析样本数据并通过抽样分布方法计算其 p 值. 如果 p 值小于某一显著性阈值, 则可拒绝相应的原假设. 然而, 当许多假设一起检验时, 总体错误率将随着原假设数量的增多而急剧上升. 分析的主要工具是方差分析, 不同的试验设计选择不同的方差分析模型. 无论采用哪一种方差分析, 在参数统计推断中, 一般都需要数据满足正态分布假定. 当先验信息或数据不足以支持正态假定, 就需要借助非参数方法解决. 另外, 在高维问题上, 多重检验与特征选择密切相关, 特征选择问题可以描述为假设检验问题, 即特定的数据特征是否为数据所描述问题相关的特征.

本章中, 一般假定多个总体有相似的连续分布 (除了位置不同外, 其他条件差异不大), 多组之间是独立样本. 形式上, 假定 k 个独立样本有连续分布函数 $F_1, F_2, \cdots, F_k$, 假设检验问题可表示为:

$$H_0 : F_1 = F_2 \cdots = F_k \leftrightarrow H_1 : F_i(x) = F(x + \theta_i), i = 1, 2, \cdots, k$$

这里 F 是某连续分布函数族, 各组之间位置的差异简化为位置参数 θ_i 可能不全相同. 本章主要介绍五种方法, 其中前两种主要基于完全随机设计之下的位置比较, 后三种针对完全区组和不完全均衡区组设计. 为此, 我们首先在 4.1 节简要回顾试验设计和方差分析的基本概念.

4.1　试验设计和方差分析的基本概念回顾

在实际中, 经常需要比较多组独立数据均值之间的差异性问题. 例如, 材料研究中比较不同温度下试验结果的差异, 临床试验中比较不同药品的疗效, 产品质量检测中比较采用不同工艺生产产品的强度, 市场营销中比较不同地区的产品销售量等. 如果差异存在, 还希望找出较好的. 在试验设计中, 称温度、药品、工艺和地区等影响元素为因素 (factor), 因素不同的状态称为不同的处理或水平. 例如, 在 200°C, 400°C, 160°C 三个温度值下, 比较高度钢的抗拉强度, 1.0GPa, 1.2GPa, 1.5GPa 就是三个处理或水平. 试验设计和方差分析的主要内容是研究不同的影响因素 (也包括因子) 如何影响试验的结果.

有时影响结果的因素不止一个, 比如还有催化剂, 考虑催化剂含量的 0.5% 和 1.5% 两个处理水平. 这样, 就要进行各种因素不同水平 (level) 的组合试验和重复抽样. 由于各种处理的影响, 抽样结果不尽相同, 总会存在偏差 (bias), 这些偏差就是所谓试验误差. 试验误差若太大, 则不利于比较差异. 于是, 一种组合里不能允许有太多的样本. 另外, 还需要考虑一个组里的数据应该满足同质性, 在抽取数据时, 需要根据数据来源的随机性考虑如何更好地设计试验, 需要根据试验材料 (如人、动物、土地) 的性质、试验时间、试验空间 (环境) 及法律规章的可行性制定合理的试验方案, 用尽量少的样本和合适的方法分析试验观察值, 达到试验目的. 这些都是试验设计中要考虑的基本问题.

在进行试验时, 一般试验者应遵循三个基本原则.

(1) 重复性原则: 重复次数越多, 抽样误差越小, 但非抽样误差越大.

(2) 随机性原则: 随机安排各处理, 消除人为偏见和主观臆断.

(3) 适宜性原则: 采用合适的试验设计, 剔除外界环境因素的干扰.

多样本均值比较, 一般不能简单地用两样本 t 均值比较解决. 比如要比较三种处理之间的位置差异, 三种处理的两两比较共有 $\binom{3}{2} = 3$ 种, 假设两两处理比较的显著性水平为 $\alpha = 0.05$, 三次比较的显著性水平只有 $1 - (1 - \alpha)^3 = 0.1426$. 也就是说, 只要拒绝一个检验, 就可能犯第 I 类错误, 犯第 I 类错误的概率是 14.26%, 而不是当初设定的 5%. 如果要比较的是 8 组, 犯第 I 类错误的概率是 76.22%. 因此, 多总体均值的比较都采用方差分析法.

方差分析的基本原理是将不同因素之下的试验结果分解为两方面的因素作用, 即因素之间的差异和不明因素的随机误差两项. 先以单因素方差分析为例回顾参数方差分析的基本原理. 单因素方差分析模型由于没有区组影响, 因而有较简单的表达式:

$$x_{ij} = \mu + \mu_i + \varepsilon_{ij}, \quad i = 1, 2, \cdots, k; \ j = 1, 2, \cdots, n_i \tag{4.1}$$

式中, x_{ij} 为第 i 种处理的第 j 个重复观测; n_i 为第 i 个处理的观测样本量. 假设有 k 个总体 $F(x - \mu_i) \ (i = 1, 2, \cdots, k)$, 即 k 个处理, 在各总体为等方差正态分布以及观测值独立的假定下, 假设问题为:

$$H_0 : \mu_1 = \cdots = \mu_k = \mu \leftrightarrow H_1, \quad \exists i, j, i \neq j, \mu_i \neq \mu_j \tag{4.2}$$

将观测值重新整理表达如下:

$$x_{ij} - \overline{x}.. = (x_{ij} - \overline{x}_{i.}) + (\overline{x}_{i.} - \overline{x}..), \quad i = 1, 2, \cdots, k; j = 1, 2, \cdots, n_i$$

令 x_{ij} 表示第 i 种处理的第 j 个样本, 两边平方后为:

$$\underbrace{\sum (x_{ij} - \overline{x}..)^2}_{} = \underbrace{\sum n_i (\overline{x}_{i.} - \overline{x}..)^2}_{} + \underbrace{\sum (x_{ij} - \overline{x}_{i.})^2}_{} \tag{4.3}$$

$$\text{SST(总平方和)} = \text{SSt(处理间平方和)} + \text{SSE(误差平方和)} \tag{4.4}$$

在正态假定之下, 可以将平方和以及各自的平方和与自由度综合成方差分析表, 如表 4-1 所示.

表 4-1　方差分析表

变异来源	自由度	平方和	均方	实际观测 F 值
处理	$k-1$	SSt	MSt	MSt/MSE
误差	$n-k$	SSE	MSE	
合计	$n-1$	SST		

对假设检验问题 (4.2), 令检验统计量为:

$$F = \frac{\text{MSt}}{\text{MSE}} = \frac{\sum\limits_{i=1}^{k} n_i (\overline{x}_{i\cdot} - \overline{x})^2 / (k-1)}{\sum\limits_{i=1}^{k} \sum\limits_{j=1}^{n_i} (x_{ij} - \overline{x}_{i\cdot})^2 / (n-k)}$$

这里 $\overline{x}_{i\cdot} = \sum\limits_{j=1}^{n_i} x_{ij}/n_i$, $\overline{x} = \sum\limits_{i=1}^{k} \sum\limits_{j=1}^{n_i} x_{ij}/n$. 若假定各处理数据满足正态分布且等方差, 则 F 在 H_0 下的分布为自由度 $(k-1, n-k)$ 的 F 分布. 若 $F = \text{MSt}/\text{MSE} > F_{(\alpha)}(k-1, n-k)$, 则考虑拒绝零假设:

$$H_0 : \mu_1 = \cdots = \mu_k \leftrightarrow H_1 : \text{并非所有 } \mu_i \text{ 都相等} \tag{4.5}$$

不同的试验设计有不同的方差分析方法, 下面分别说明.

1. 完全随机设计

先看一个例子.

例 4.1　假设有 A, B, C 三种饲料配方用于北京鸭饲养, 比较采用不同饲料喂养对北京鸭体重增加的影响. 每种饲料设计重复观测 4 次, 需要 12 只鸭参与试验, 采用完全随机设计. 挑选 12 只体质相当的北京鸭, 比如采用体形相近且健康的北京鸭, 随机将三种饲料分配给不同的北京鸭进行试验, 2 个月后北京鸭增加的体重 (kg) 如表 4–2 所示.

表 4-2　北京鸭体重增加比较数据表

B 2.0	C 2.8	B 1.8	A 1.5
A 1.4	B 2.4	C 2.5	C 2.1
C 2.6	A 1.9	A 2.0	B 2.2

这是一个典型的完全随机设计 (completely randomized design, CRD) 的例子, 是最简单的一种试验设计. 在这个例子中影响因素只有饲料一个, 因此分析这样的数据方法称为单因素方差分析.

为保证样本无偏性, 应用完全随机设计必须具备以下两个条件:

(1) 试验材料 (动物、植物、土地) 为同质;

(2) 各处理 (比如饲料配方) 要随机安排试验材料.

假设检验问题为: $H_0 : \mu_1 = \mu_2 = \mu_3 \leftrightarrow H_1, \exists i, j, i \neq j, i, j = 1, 2, 3, \mu_i \neq \mu_j$ (至少有一对处理均值不等).

在进行方差分析之前通常需要将表 4–2 整理成表 4–3, 便于计算各项均值和方差.

表 4-3　北京鸭体重增加比较数据表 (整理后)

重复	处理 1	2	3	4	和
A	1.4	1.9	2.0	1.5	6.8
B	2.0	2.4	1.8	2.2	8.4
C	2.6	2.8	2.5	2.1	10.0
	6	7.1	6.3	5.8	25.2

各项平方和计算如下:

$$总平方和 \text{ SST} = 1.4^2 + \cdots + 2.1^2 - 25.2^2/12 = 2.00$$

$$处理间平方和 \text{ SSt} = \frac{1}{4}(6.8^2 + \cdots + 10^2) - 25.2^2/12 = 1.28$$

$$误差平方和 \text{ SSE} = \text{SST} - \text{SSt} = 2 - 1.28 = 0.72$$

得出方差分析表, 如表 4–4 所示.

表 4-4　方差分析表

因子	自由度	平方和	均方	F 值	F_α 0.05　0.01
饲料 (t)	2	1.28	0.64	8*	4.26　8.02
误差 (E)	9	0.72	0.08		
总计 (T)	11	2.00			

* 表示 0.05 显著性水平下显著.

结论: 设 $\alpha = 0.05$, 如表 4–4 所示, $F = 8 > F_{0.05}(2,9) = 4.26$, 接受 H_1, 表示三种饲料在增加北京鸭体重方面存在差异.

以下是 Python 软件中单因素方差分析的代码和结果输出:

```
import numpy as np
df = 'A':[1.4,1.9,2.0,1.5],
     'B':[2.0,2.4,1.8,2.2],
     'C':[2.6,2.8,2.5,2.1]
♯ 组合成数据框,ols() 要求这样构造
import pandas as pd
df = pd.DataFrame(df)
df_melt = df.melt()
df_melt.columns = ['name','Value']
df_melt.head()
from statsmodels.formula.api import ols
from statsmodels.stats.anova import anova_lm
model = ols('Value C(name)',data=df_melt).fit()
anova_table = anova_lm(model, typ = 2)
print(anova_table)
```

```
输出:
          sum_sq df F PR(>F)
   C(name) 1.28   2.0 8.0 0.0100
   Residual 0.72  9.0 NaN NaN
```

2. 完全随机区组设计

在实践中, 除了处理之外, 往往还有别的因素起作用. 假设需要对 A, B, C, D 四种处理血液凝固时间设计比较试验, 每种处理方法重复观测 5 次. 换句话说, 应该随机将 20 位正常人分为 5 组, 每组 4 人, 分别接受 4 种不同的处理, 共生成 $4 \times 5 = 20$ 份血液供四种处理方法进行凝血试验比较. 由经验可知, 由于每个人体质不同, 血液自然凝固时间的差异可能比较大. 如果恰好自然凝血时间较短的人的血液都分配给较差的处理方法, 而凝血时间较长的血液分配给较好的处理方法, 最后可能测不出哪一种处理方法更有效. 这是因为在血液凝固试验中, 不同条件的人构成了另一个因素, 称为区组 (block). 如果只取 5 位正常人的血液, 每人的血液分成 4 份随机分配 4 种处理方法, 这就是完全随机区组设计, 其中人为区组.

血液凝固时间见表 4-5, 从中可以看出, 影响结果的因素有各处理效应和区组 (人) 两个.

表 4-5　四种血液凝血时间测量结果表　　单位: 秒

区组	x_{ij}					处理和 $x_{i.}$
	I	II	III	IV	V	
A	8.4	10.8	8.6	8.8	8.4	45.0
B	9.4	15.2	9.8	9.8	9.2	53.4
C	9.8	9.9	10.2	8.9	8.5	47.3
D	12.2	14.4	9.8	12.0	9.5	57.9
区组和 $x_{.j}$	39.8	50.3	38.4	39.5	35.6	$203.6 = x_{..}$

如果影响的因素有区组的影响, 则需要用两因素方差分析模型表示. 为简单起见, 这里只给出主效应的表示模型, 表示处理因素与区组之间不考虑交互作用, 模型如下所示:

$$x_{ij} = \mu + \tau_i + \beta_j + \varepsilon_{ij}$$
$$i = 1, 2, \cdots, k \text{ (处理数)}$$
$$j = 1, 2, \cdots, b \text{ (区组数)}$$

式中, x_{ij} 表示第 i 个因子的第 j 个区组的观测, 每个因子的观测量为 b, 每个区组的观测量为 k, τ_i 是第 i 个处理的效应, β_j 是第 j 个区组的效应.

假设检验问题为 $H_0 : \mu_1 = \mu_2 = \mu_3 = \mu_4 \leftrightarrow H_1 : \mu_i \neq \mu_j, \exists i, j, i \neq j$.

如果随机地把所有处理分配到所有的区组中, 使得总的变异可以分解为:

(1) 处理造成的不同;

(2) 区组内的变异;

(3) 区组之间的变异.

对于完全随机区组试验, 正态总体条件下的检验统计量为:

$$F = \frac{\text{MSt}}{\text{MSE}} = \frac{\sum_{i=1}^{k} b(\overline{x}_{i.} - \overline{x}_{..})^2 / (k-1)}{\sum_{i=1}^{k} \sum_{j=1}^{b} (x_{ij} - \overline{x}_{i.} - \overline{x}_{.j} + \overline{x})^2 / [(k-1)(b-1)]}$$

式中, $\overline{x}_{i\cdot} = \sum_{j=1}^{b} x_{ij}/b$, $\overline{x}_{\cdot j} = \sum_{i=1}^{k} x_{ij}/k$, $\overline{x}_{\cdot\cdot} = \sum_{i=1}^{k}\sum_{j=1}^{b} x_{ij}/n, n = kb$. 统计量 F 在零假设下服从自由度为 $(k-1, n-k)$ 的 F 分布. 如果要检验区组之间是否有区别, 只要把上面公式中的 i 和 j 交换、k 和 b 交换并考虑对称的问题即可.

各效应平方和计算如下:

$$
\begin{aligned}
\mathrm{SST} &= \sum\sum (x_{ij} - \overline{x}..)^2 \\
&= \sum\sum x_{ij}^2 - x_{..}^2/kb \\
&= 8.4^2 + \cdots + 9.5^2 - 203.6^2/20 = 68.672 \\
\mathrm{SSB} &= k\sum_{j=1}^{b}(x_{\cdot j} - \overline{x}_{\cdot\cdot})^2 \\
&= \sum x_{\cdot j}^2/k - x_{..}^2/kb \\
&= \frac{1}{4}(39.8^2 + \cdots + 35.6^2) - 203.6^2/20 \\
&= 31.427 \\
\mathrm{SSt} &= b\sum_{i=1}^{k}(\overline{x}_{i\cdot} - \overline{x}_{\cdot\cdot})^2 \\
&= \sum x_{i\cdot}^2/n - x_{..}^2/kb \\
&= \frac{1}{5}(45.0^2 + \cdots + 57.9^2) - 203.6^2/20 \\
&= 20.604 \\
\mathrm{SSE} &= \mathrm{SST} - \mathrm{SSB} - \mathrm{SSt} = 16.641
\end{aligned}
$$

四种血液凝固处理结果如表 4-6 所示, 实际区组 $F_b = 5.6654 > F_{0.01,4,12} = 5.41$, 这表示区组 (人) 对血液凝固有显著影响; 处理 $F_t = 4.9524 > F_{0.05,3,12} = 3.49$, 表示不同的处理对凝血效果有差别. 图 4-1 给出四种凝血时间观测值分处理箱线图, 图中也显示了凝血效果处理间的差异. 其处理均值间存在差异, 到底是哪些处理之间存在差异还需要进一步检验, 这里省略.

表 4-6　双因素方差分析表

因素	自由度	平方和	均方	F 值	F_α 0.05	0.01
区组 (B)	$5-1=4$	31.427	7.8568	5.6654**	3.26	5.41
处理 (t)	$4-1=3$	20.604	6.8680	4.9524*	3.49	5.95
误差 (E)	$19-7=12$	16.641	1.3868			
总计 (T)	$20-1=19$	68.672				

$**$ 表示 0.01 显著性水平下显著. $*$ 表示 0.05 显著性水平下显著.

完全随机区组的试验设计的基本使用条件如下:

(1) 试验材料为异质, 试验者根据需要将其分为几组, 几个性质相近的试验单位成一区组 (如一个人的血液分成四份, 此人即同一区组, 不同人为不同区组), 使区组内试验个体之间的差异相对较小, 而区组间的差异相对较大;

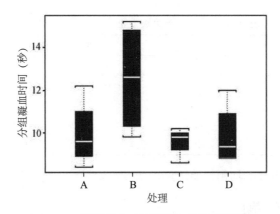

图 4-1 四种凝血时间测量值分处理箱线图

(2) 每一个区组内的试验个体按照随机安排全部参加试验的各种处理;

(3) 每个区组内的试验数等于处理数.

3. 均衡的不完全区组设计

以上介绍的完全随机区组设计要求每一个处理都出现在每一个区组中, 但在实际问题中, 不一定能够保证每一个区组都有对应的样本出现. 此时就有了不完全区组设计. 当处理组非常大, 而同一区组的所有样本数又不允许太大时, 在一个区组中可能不包含所有的处理, 此时只能在同一区组内安排部分处理, 即不是所有的处理都用于各区组的试验中, 这种区组设计称为不完全区组设计 (incomplete block). 在不完全区组设计中, 最常用的就是均衡不完全区组设计 (balanced incomplete block design), 简称 BIB 随机区组设计. 具体而言, 每个区组安排相等处理数的不完全区组设计. 假定有 k 个处理和 b 个区组, 区组样本量为 k (它表示区组中最多可以安排的处理个数), 均衡不完全区组设计 BIB(k, b, r, t, λ) 满足以下条件:

(1) 每个处理在同一区组中最多出现一次;

(2) 区组样本量为 t, t 为每个区组设计的样本量, t 小于处理个数 k;

(3) 每个处理出现在相同多的 r 个区组中;

(4) 每两个处理在一个区组中相遇的次数一样 (λ 次).

用数学语言来说, 这些参数满足:

(1) $kr = bt$;

(2) $\lambda(k-1) = r(t-1)$;

(3) $b \geqslant r$ 或 $k > t$.

如果 $t = k, r = b$, 则为完全随机区组设计.

例 4.2 比较 4 家保险公司 A,B,C,D 在 I, II, III, IV 4 个不同城市的保险经营业绩, 假设以当年签订保险协议的份数作为衡量业绩的标志. 由于 4 家保险公司未必在 4 座城市都有经营网点, 或即便有经营网点, 但分支机构的经营年限各有不同, 导致某些数据不可直接比较, 因此采取 BIB 设计, 得到如表 4–7 所示数据.

表 4-7　不同城市保险公司绩效的 BIB 设计

保险公司 (处理)	城市 (区组)			
	I	II	III	IV
A	34	28		59
B		30	36	45
C	36	44	48	
D	40		54	60

很容易看出 BIB 设计的均衡性质. 这里 $(k, b, r, t, \lambda) = (4, 4, 3, 3, 2)$.

4.2 多重检验问题

4.2.1 FDR 控制基本原理

考虑 m 个假设检验:

$$H_{0j} : \mu_j = 0 \leftrightarrow H_{1j} : \mu_j \neq 0, \quad j = 1, 2, \cdots, m$$

令 $p_1, p_2, \cdots, p_m$ 是这 m 个检验的 p 值, 如果 $p_j < \alpha/m$, 则拒绝原假设, 这就是 Bonferroni 校正法则.

定理 4.1　Bonferroni 法则的错误拒绝原假设的概率小于或等于 α.

　　证明　令 R 表示至少有一个原假设被错误拒绝的事件, 令 R_j 表示第 j 个原假设被错误拒绝的事件, 由式 $\mathbb{P}\left(\bigcup\limits_{j=1}^{m} R_j\right) \leqslant \sum\limits_{j=1}^{m} \mathbb{P}(R_j)$, 于是有

$$\mathbb{P}(R) = \mathbb{P}\left(\bigcup_{j=1}^{m} R_j\right) \leqslant \sum_{j=1}^{m} \mathbb{P}(R_j) = \sum_{j=1}^{m} \frac{\alpha}{m} = \alpha$$

例 4.3　在第 1 章问题 1.2 的基因例子中, $\alpha = 0.05$, 根据 Bonferroni 法则有对应的检验水准为 $0.05/12533 = 3.99\mathrm{E} - 6$, 对任何一个 p 值小于 $3.99\mathrm{E} - 6$ 的基因, 就可以说两种病之间存在显著差异.

　　Bonferroni 法则是比较保守的, 因为它的出发点是力求不犯一个错拒原假设的错误. 然而在实际中, 比如在基因表达分析中, 研究者需要尽可能多地识别出表达了差异的少数基因. 研究者能够容忍和允许在 R 次拒绝中发生少量的错误识别, 只要相对于所有拒绝 H_0 的次数而言错误识别数足够少, 这样的技术就值得被关注, 于是产生了错误发现 (false discovery) 的概念. 到底什么才是错误率足够小呢? 这就需要在错误发现 V 和总拒绝次数 R 之间寻找一种平衡, 即在检验出尽可能多的候选基因的同时将错误发现控制在一个可以接受的范围内, 本加米尼和哈克博格 (Benjamini & Hochberg, 1995) 的错误发现率为上述平衡提供了一种可能.

　　表 4-8 给出了各种可能出现的检验类型: m_0 和 m_1 分别表示在 m 次多重检验中 H_0 为真和 H_0 为假的个数, V 表示在所有 R 次拒绝 H_0 的决定中错误拒绝了 H_0 的次数.

表 4-8　m 次多重检验中结果的类型

	不拒绝 H_0	拒绝 H_0	合计
H_0 为真	U	V	m_0
H_0 为假	T	S	m_1
合计	W	R	m

定义错误发现比率 (false discovery rate, FDR) 如下:

$$\text{FDR} = \begin{cases} V/R, & R \geqslant 0 \\ 0 & R = 0 \end{cases}$$

FDR 是错误拒绝原假设的比例, 注意到在表 4–8 中除 m, R 和 W 外, 其他量均是不能直接观察到的随机变量, 于是需要估计所有 R 次拒绝中错误发现的期望比例 $\text{FDR} = E(\text{FDR})$. 本加米尼和哈克博格 (Benjamini & Hochberg, 1995) 给出了一个基于 p 值逐步向下的 FDR 控制程序, 称为 BH-FDR 检验:

(1) 令 $p_{(1)} \leqslant p_{(2)} \leqslant \cdots \leqslant p_{(m)}$ 表示排序后的 p 值;

(2) $H_{(i)}$ 是对应于 $p_{(i)}$ 的原假设, 定义 Bonferroni 型多重检验过程;

(3) 令 $k = \max\{i : p_{(i)} \leqslant \frac{i}{m}\alpha\}$;

(4) 拒绝所有的 $H_{(i)}$ $(i = 1, 2, \cdots, k)$.

定理 4.2 (Benjamini & Hochberg (1995))　如果应用了上述控制过程, 那么无论有多少原假设是正确的, 也无论原假设不真时的 p 值的分布是什么, 都有

$$\text{FDR} = E(\text{FDR}) \leqslant \frac{m_0}{m}\alpha \leqslant \alpha$$

例 4.4　假设有 15 个独立的假设检验得到如表 4–9 所示由小到大排序的 p 值.

表 4-9　15 个独立检验由小到大排序的 p 值

0.0024	0.0056	0.0096	0.0121	0.0201	0.0278	0.0298	0.0344
0.0349	0.3240	0.4262	0.5719	0.6528	0.7590	1.0000	

在 $\alpha = 0.05$ 的显著性水平下, Bonferroni 检验拒绝所有 p 值小于 $\alpha/15 = 0.0033$ 的假设, 因此有 1 个假设被拒绝了. 对于 BH-FDR 检验, 发现使得 $p_{(i)} < i\alpha/m$ 的最大的 $i = 4$, 也就是说:

$$P(4) = 0.0121 < 4 \times 0.05/15 = 0.013$$

因此拒绝前 4 个 p 值最小的假设.

4.2.2　FDR 的相关讨论

多重检验的目标是对整体检验错误率进行控制, Bonferroni 和 BH-FDR 控制都是通过决定一个显著性水平的阈值, 从而使检验结果犯第 I 类错误的概率整体被限制在某一固定水平 α. 除这两者之外, 常用的还有族错误率测度 (family wise error rate, FWER). FWER 定义为 $P(V > 1)$, 即错误拒绝原假设的概率. Bonferroni 方法直接控制 FWER $\leqslant \alpha$. 两者相比较, 可以证明控制 FWER 相当于控制 FDR.

定理 4.3 FWER≥ FDR , 控制 FDR 相当于 FWER 的弱控制.

证明 令 $Q = \dfrac{V}{V + S}, Q_e = E(Q)$, 考虑第一种情况下, 当所有的原假设都为真时, $m_0 = m, S = 0, V = R$, 如果 $V = 0$ 则 $Q = 0$, 如果 $V > 0$ 则 $Q = 1$. 于是, $E(Q) = PV \geqslant 1$, 这表明 FWER 与 FDR 等效. 考虑第二种情况下, 当原假设不都为真时, $m_0 < m$ 时, 可以证明 FDR<FWER, 此时如果 $V > 0$ 则 $V/R \leqslant 1$, 这样, $P(V \geqslant 1) \geqslant Q$, 两边同时取期望, 得到 $P(V \geqslant 1) \geqslant E(Q)$. 于是, FDR≤ FWER, 因此, 控制 FWER 也一定控制 FDR.

4.3 高阶鉴定法 (HC)

对于多重检验, 本加米尼和哈克博格 (Benjamini & Hochberg, 1995) 提出的 BH-FDR 方法是通过决定一个显著性水平的阈值, 将检验结果犯第 I 类错误的概率整体限制在某一固定水平. 这个方法有一个隐含的假设: 数据中拒绝零假设的信号是很强的或者说大部分是很强的, 由此可以直接用 p 值恢复信号. BH-FDR 的关注点在于控制错误信号的发现率, 实际上还有一个关注点, 就是错误信号发现率的异质性, 这样就需要对错误信号发现率的大与小进行估计. 如果有的错误信号发现率小, 有的错误信号发现率大, 仅仅是将假信号的比例控制在一定水平下, 却未能对其误发现率做出有效的估计, 那么很有可能对于太弱的信号, BH-FDR 无法将其检测出来. 为理解这一点, 可以假想有以下例子: 待检测的检验数量是 100, 其中有 90 个检验的 p 值大于 0.2, 10 个检验的 p 值在 $[0.001, 0.01]$ 之间, 假设最小的三个检验 p 值是 $(0.003, 0.007, 0.009)$, 选取 $\alpha = 0.05$, BH-FDR 最小的阈值是 $0.05/100 = 0.0005$. 用每个检验的观察 p 值, 没有一个 p 值小于阈值 $(0.003 > 0.0005)$, BH-FDR 未能成功地检出信号. 但是如果不是 90 个检验的 p 值大于 0.2, 而是与原假设数量相等的 10 个检验的 p 值大于 0.2, 那么此时对应 3 个最小的 p 值阈的值分别为 $(0.0025, 0.005, 0.0075)$, BH-FDR 至少可以检测出 3 个信号. 从这个例子中我们发现 BH-FDR 有两个明显的缺陷: 一是阈值强烈地依赖于一个主观的显著性水平 α 值; 二是阈值与信噪比有关, 如果噪声检验比较多, 就会妨碍信号的有效检出, 也就是说出现了 "抑真效应", 有时候检测工具会测不出信号, 有时会测出错误的信号. 心理学上的 "破窗效应" 与 "抑真效应" 在道理上有相近之处. 如果一栋大楼有扇窗户破了未得到及时修补, 不久整栋楼其他窗户也会被人莫名其妙地打破, 这表明噪声多的地方无信息, 鉴别弱小信号的技术十分必要.

怎样才能在信号数量不多的情况下仍然可以将其鉴别出来, 大卫·多诺霍 (David Donoho) 和金加顺 (Jiashun Jin) (2004, 2016) 提出了高阶鉴定法 (higher criticism, HC) 理论. 这个理论建立了稀疏和弱信号的分析框架, 其核心就是高阶鉴定法的概念和分析逻辑.

这个理论首先分析了多重检验中奈曼–皮尔逊 (Neyman-Pearson) 似然比检验中检验数量和信号强弱之间的关系, 指出信号的强弱与稀疏度是决定数据分析进程进而决定方法预测性能的根本. 假设有两个检验如下:

$$H_0 : X_1 \overset{i.i.d.}{\sim} N(0, 1)$$
$$H_1^{(i)} : X_i \overset{i.i.d.}{\sim} (1 - \epsilon_p)N(0, 1) + \epsilon_p N(\tau_p, 1), \quad 1 \leqslant i \leqslant p$$

当 $p \to \infty$, 用参数 (ϵ_p, τ_p) 表示信号的稀疏性和强弱性, 它们与检验的数量 p 和信号的

强度 r 之间的关系表达如下:

$$\epsilon_p = p^{-\beta}, \qquad \tau_p = \sqrt{2r \log p}, \qquad 0 < \beta,\ r < 1$$

当 $\epsilon_p \ll 1/\sqrt{p}$ 的时候, 表明只有极少的非零均值, β 越大, τ_p 越小, 信号越稀疏. 当 τ_p 比较小, 信号相对比较弱, 此时 r 比较小. 根据信号的稀疏性和信号的强弱性, β 和 r 之间的关系如图 4–2 所示 (参见 David Donoho & Jiashun Jin, 2004).

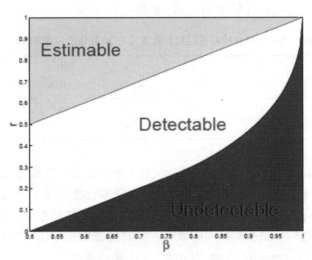

图 4-2 信号强度 r 和 β 所刻画的参数估计区域

大卫·多诺霍和金加顺 (David Donoho & Jiashun Jin, 2004) 的论文中将参数的分析区域分隔为三个部分: 可估计区域 (estimable)、信号可检测区域 (detectable) 以及信号检测不出的区域 (undetectable). 横坐标 β 越大表示信号越稀疏, 纵坐标 r 越大表示信号越强. β 较小而信号强度 r 较大的稠密区域是可估计区域, 信号强度 r 中等而 β 较小的稀疏区域是可检测区域, β 比较大而信号强度 r 较小的是不可检测区域. 在可估计区域, 用目前流行的惩罚方法基本可以做到较好的信号恢复, 能够实现信号与噪声的分离; 对于可检测区域, 虽然知道里面有信号, 但是几乎不可能将它们与噪声完全区分开, 这也是 BH-FDR 失效的区域, 如果是做信号检测、分类、聚类等工作, 一定程度上进行有效的识别还是可能的. 此时进行推断的框架不是 FDR, 而是需要一个对稀疏和弱信号更敏感的框架, 即高阶鉴定法, 这个名字来自约翰·图基 (John Tukey) 1976 年 stat411 课程讲义的笔记. 检测不到信号的区域, 是识别工具的盲区.

这里给出高阶鉴定法的经典算法如下:

(1) 对每个检验计算一个统计量得分, 根据统计量得分计算 p 值;

(2) 对 p 值进行排序 $\pi_{(1)} < \pi_{(2)} < \cdots \pi_{(p)}$;

(3) 计算第 k 个 HC 值, 相当于算了一个二阶 z 得分:

$$HC_{p,k} = \sqrt{p}\left[\frac{k/p - \pi_{(k)}}{\sqrt{\pi_{(k)}(1 - \pi_{(k)})}}\right]$$

(4) 取最大值, 计算相应的 $HC_{p*} = \max_{1 \leqslant k \leqslant p\alpha_0}(HC_{p,k})$, 找到对应的 $\hat{k}$, 前 k 个可以认为是真显著的, 拒绝所有的 $H_{(i)}$ $(i = 1, 2, \cdots, k)$.

例 4.5 (例 4.4 续) 假设每组检验的样本量 $n = 30$, 编写程序.

(1) 根据例 4.4 数据运用高阶鉴定法的经典算法计算阈值和 k 值, 对比 BH-FDR 方法和 HC 方法之间阈值的差别.

(2) 调用 chap4/HC 数据, 重新运行程序, 比较 BH-FDR 方法和 HC 方法之间阈值的差别.

利用相关程序 (略), 可以计算出 HC 值, 如表 4-10 所示.

表 4-10　15 个独立检验按经典高阶鉴定法 p 值依次排序的 HC 值

1	2	3	4	5	6	7	8
5.0869	6.6294	7.5626	9.0177	8.6442	8.7684	9.9507	10.6025

9	10	11	12	13	14	15	
<u>11.9253</u>	2.8358	2.4054	1.7854	1.7398	1.5787	0.0000	

从表 4-10 中可以看出 HC 值先增后降, 在第 9 个检验上达到最大, 如图 4-3 (左) 所示. HC 选择拒绝的检验数量是 9, 而 BH-FDR 检验拒绝的检验数量是 4, 观察 p 值的分布, 发现 HC 的阈值正好选在了两组 p 值间隔最大的位置, 而 BH-FDR 的结果则比较保守而且随意. 可以看出在信号比较强、p 值相对稠密的情况下, HC 方法的效果比较理想.

(3) HC 数据有 80 个检验的 p 值, 其中前 15 个检验来自例 4.4, 多出来的 65 个检验都是 p 值较大的检验, 运用 BH-FDR 方法在 $\alpha = 0.05$ 水平下 1 个也未能检出, 功效显著下降, 而 HC 方法则依然保持了较高的鉴别能力, 最大值在第 9 个检验上取得. 如图 4-3 (右) 所示, k 表示第 k 大的 p 值.

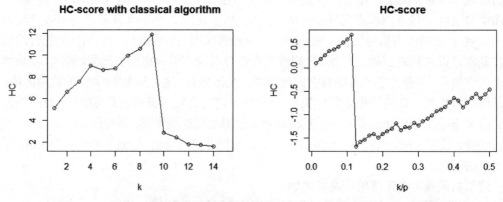

图 4-3　例 4.5 高阶鉴定法经典算法得分 (左: 15 个检验; 右: 80 个检验)

例 4.6　该例子来自大卫·多诺霍和金加顺 (2016) 的文章, 其中使用了美国哈佛医学院高登 (G. J. Gordon, 2002) 提供的癌症微阵列数据, 共有 181 个组织样本, 其中有 31 个恶性胸膜间皮瘤 (Malignant Pleual Mesothelioma, MPM) 样本和 150 个腺癌 (Adenocarcinoma, ADCA) 样本, 每个样本包括 12 533 条基因, 这个数据的主要目标是从 12 533 条基因中找到对识别两类疾病最有效的特征, 文中使用 $K\text{--}S$ 检验输出 p 值, 对 p 值排序, 计算第 k 个 HC 值, 产

生一个高阶鉴定法的经典算法的改进算法. 计算二阶 z 得分如下:

$$HC_{p,k} = \frac{\sqrt{p}(k/p - \pi_{(k)})}{\sqrt{k/p + \max(\sqrt{n}(k/p - \pi_{(k)}), 0)}} \tag{4.6}$$

取最大值, 计算相应的 $HC_{p*} = \max\limits_{1 \leqslant k \leqslant p/2, \pi_{(k)} < (\log p)/p}(HC_{p,k})$, 找到对应的 $\hat{k}$, 前 k 个检验可以认为是真显著的, 而且 HC 阈值 t_p^{HC} 是第 $\hat{k}$ 大的 $K\text{-}S$ 统计量得分. 图 4–3 绘制了 $K\text{-}S$ 统计量得分 (D 统计量与样本量 $\sqrt{n}$ 的乘积)、p 值以及 HC 随实际检验的比例 k/p 变化的曲线, 粗黑线是阈值所在位置, p 值在 0.01 左右以下的检验在高阶鉴定法中得到拒绝, 这个阈值是由第三张图 HC 最大值所确定的, $HC = 5.0476$, 选择出来的特征数量为 261, 错误检测的只有 5 例.

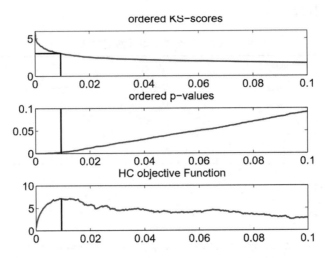

图 4-4　多诺霍和金加顺在高登 2002 年的基因数据上运用高阶鉴定法的分析结果

从图 4-4 和预测性能来看, 高阶鉴定法不仅通过推断实施了有效的特征选择, 而且在强弱信号的识别任务中展现了良好的区分能力.

4.4　Kruskal-Wallis 单因素方差分析

4.4.1　Kruskal-Wallis 检验的基本原理

Kruskal-Wallis 检验是 1952 年由克鲁斯卡尔 (Kruskal) 和瓦里斯 (Wallis) 二人提出的. 它是一个将两样本 W-M-W 检验推广到 3 个或更多组检验的方法. 回想两样本中心位置检验的 W-M-W 检验: 首先混合两个样本, 找出各个观测值在混合样本中的秩, 按各自样本组求和, 如果差异过大, 则可以认为两组数据的中心位置存在差异. 这里的想法是类似的, 如果数据取自完全随机设计, 先把多个样本混合起来求秩, 再按样本组求秩和. 考虑到各个处理的观测数可能不同, 可以比较各个处理之间的平均秩差异, 从而达到比较的目的. 在计算所有数据混合样本秩时, 如果遇到有相同的观测值, 则像之前一样用秩平均法定秩. Kruskal-Wallis 方法也称为 H 检验. H 检验方法的基本前提是数据的分布是连续的, 除位置参数不同以外, 分布是相似的.

对检验问题式 (4.1), 完全随机设计的数据如表 4–11 所示.

表 4-11 完全随机设计数据形态

	总体 1	总体 2	$\cdots$	总体 k
重	x_{11}	x_{12}	$\cdots$	x_{1k}
复	x_{21}	x_{22}	$\cdots$	x_{2k}
测	$\vdots$	$\vdots$		$\vdots$
量	$x_{n_1 1}$	$x_{n_2 2}$	$\cdots$	$x_{n_k k}$

记 x_{ij} 代表第 j 个总体的第 i 个观测值, n_j 为第 j 个总体中样本的重复次数 (replication). 现在将表 4-11 中的所有数据从小到大定秩, 最小值定秩 1, 次小值定秩 2, 依此类推, 最大值的秩为 $n = n_1 + n_2 + \cdots + n_k$. 如果有相同秩, 则采取平均秩. 令 R_{ij} 为观测值 x_{ij} 的秩, 每个观察值的秩如表 4-12 所示.

表 4-12 完全随机设计数据的秩

	总体 1	总体 2	$\cdots$	总体 k
重	R_{11}	R_{12}	$\cdots$	R_{1k}
复	R_{21}	R_{22}	$\cdots$	R_{2k}
测	$\vdots$	$\vdots$		$\vdots$
量	$R_{n_1 1}$	$R_{n_2 2}$	$\cdots$	$R_{n_k k}$
秩和	$R_{.1}$	$R_{.2}$	$\cdots$	$R_{.k}$

假设检验问题为:

$$H_0 : k\text{个总体位置相同 (即 } \mu_1 = \mu_2 = \cdots = \mu_k = \mu)$$
$$H_1 : k\text{个总体位置不同 (即 } \mu_i \neq \mu_j, i \neq j)$$

对每一个样本观察值的秩求和得到 $R_{.j} = \sum_{i}^{n_j} R_{ij}$ $(j = 1, 2, \cdots, k)$. 第 j 组样本的秩平均为:

$$\overline{R}_{.j} = R_{.j} / n_j$$

观测值的秩从小到大依次为 $1, 2, \cdots, n$, 则所有数据混合后的秩和为:

$$R_{..} = 1 + 2 + \cdots + n = n(n+1)/2$$

下面分析 $R_{.j}$ 的分布. 假定有 n 个研究对象和 k 种处理方法, 把 n 个研究对象分配给第 j 种处理, 分配后的秩为 $R_{1j}, R_{2j}, \cdots, R_{n_j j}$. 给定 n_j 后, 所有可能的分法为 $\binom{n}{n_1, n_2, \cdots, n_k}$ 个, 这是多项分布的系数, 在零假设下, 所有可能的分法都是等可能的, 有

$$P_{H_0}(R_{ij} = r_{ij}, j = 1, 2, \cdots, k, i = 1, 2, \cdots, n_j) = \frac{1}{\binom{n}{n_1, n_2, \cdots, n_k}}$$

定理 4.4 在零假设下, 有

$$E(\overline{R}_{.j}) = \frac{n+1}{2}$$

$$\text{var}(\overline{R}_{.j}) = \frac{(n-n_j)(n+1)}{12n_j}$$

$$\text{cov}(\overline{R}_{.i}, \overline{R}_{.j}) = -\frac{n+1}{12}$$

因而, 在 H_0 下, $\overline{R}_{.j}$ 应该与 $\frac{n+1}{2}$ 非常接近, 如果某些 $\overline{R}_{.j}$ 与 $\frac{n+1}{2}$ 相差很远, 则可以考虑零假设不成立.

混合数据各秩的平方和为:

$$\sum\sum R_{ij}^2 = 1^2 + 2^2 + \cdots + n^2 = n(n+1)(2n+1)/6$$

因此混合数据各秩的总平方和为:

$$
\begin{aligned}
\text{SST} &= \sum_{j=1}^{k}\sum_{i=1}^{n_j}(R_{ij} - \overline{R}_{..})^2 \\
&= \sum\sum R_{ij}^2 - R_{..}^2/n \\
&= n(n+1)(2n+1)/6 - [n(n+1)/2]^2/n \\
&= \frac{1}{6}n(n+1)(2n+1) - \frac{1}{4}n(n+1)^2 \\
&= n(n+1)(n-1)/12
\end{aligned}
$$

其总方差估值 (总均方) 为:

$$\text{var}(R_{ij}) = \text{MST} = \text{SST}/(n-1) = n(n+1)/12$$

各样本处理间平方和为:

$$
\begin{aligned}
\text{SSt} &= \sum_{k}^{k} n_j(\overline{R}_{.j} - \overline{R}_{..})^2 \\
&= \sum_{k} R_{.j}^2/n_j - R_{..}^2/n \\
&= \sum R_{.j}^2/n_j - n(n+1)^2/4
\end{aligned}
$$

用处理间平方和除以总均方就得到 Kruskal-Wallis 的 H 值为:

$$
\begin{aligned}
H &= \text{SSt}/\text{MST} \\
&= \frac{\sum R_{.j}^2/n_j - n(n+1)^2/4}{n(n+1)/12} \\
&= \frac{12}{n(n+1)}\sum R_{.j}^2/n_j - 3(n+1)
\end{aligned}
\tag{4.7}
$$

在零假设下, H 近似服从自由度 $k-1$ 的 $\chi^2(k-1)$ 分布.

结论: 当统计量 H 的值 $> \chi^2_\alpha(k-1)$, 拒绝零假设, 接受备择假设, 表示处理间有差异.

当零假设被拒绝时应进一步比较哪两组样本之间有差异. 杜恩 (Dunn) 于 1964 年提议可以用下列检验公式继续检验两两样本之间的差异:

$$d_{ij} = |\overline{R}_{.i} - \overline{R}_{.j}|/SE \tag{4.8}$$

式中, $\overline{R}_{.i}$ 与 $\overline{R}_{.j}$ 为第 i 和第 j 处理平均秩, SE 为两平均秩差的标准误差, 它的计算公式如下:

$$SE = \sqrt{\mathrm{MST}\left(\frac{1}{n_i} + \frac{1}{n_j}\right)}$$
$$= \sqrt{\frac{n(n+1)}{12}\left(\frac{1}{n_i} + \frac{1}{n_j}\right)}, \quad \forall i,j = 1,2,\cdots,k, i \neq j \tag{4.9}$$

当 $n_i = n_j$ 时, 简化为:

$$SE = \sqrt{k(n+1)/6} \tag{4.10}$$

若 $|d_{ij}| \geqslant Z_{1-\alpha^*}$, 则表示第 i 与第 j 处理间有显著差异; 反之, 则表示差异不显著. 式中 $\alpha^* = \alpha/[k(k-1)]$, α 为显著性水平, Z 为标准正态分布的分位数值.

例 4.7 为研究 4 种不同的药物对儿童咳嗽的治疗效果, 将 25 个体质相似的病人随机分为 4 组, 各组人数分别为 8 人、4 人、7 人和 6 人, 各自采用 A, B, C, D 4 种药进行治疗. 假定其他条件均保持相同, 5 天后测量每个病人每天的咳嗽次数如表 4-13 所示 (单位: 次数), 试比较这 4 种药物的治疗效果是否相同.

表 4-13   4 种药物治疗效果比较表

	A	秩	B	秩	C	秩	D	秩
重	80	1	133	3	156	4	194	7
	203	8	180	6	295	15	214	9
	236	10	100	2	320	16	272	12
	252	11	160	5	448	21	330	17
	284	14			465	23	386	19
复	368	18			481	25	475	24
	457	22			279	13		
	393	20						
秩和 $R_{.j}$	104		16		117		88	
平均秩 $\overline{R}_{.j}$	13		4		16.7		14.7	

假设检验问题为:

$$H_0: \mu_1 = \mu_2 = \cdots = \mu_4 = \mu$$
$$H_1: \text{至少有两个 } \mu_i \neq \mu_j$$

统计分析: 由式 (4.7), 有

$$H = \frac{12}{25 \times (25+1)} \left(\frac{104^2}{8} + \frac{16^2}{4} + \frac{117^2}{7} + \frac{88^2}{6} \right) - 3 \times (25+1)$$
$$= 8.0721$$

结论: $H = 8.0721 > \chi_{0.05,3}^2 = 7.8147$, 故接受 H_1, 显示 4 种药物疗效不等. 在 Python 中可以调用 Kruskal-Wallis 检验程序如下:

```
from scipy import stats
A=[80,203,236,252,284,368,457,393]
B=[133,180,100,160]
C=[156,295,320,448,465,481,279]
D=[194,214,272,330,386,475]
print(stats.kruskal(A,B,C,D))
```

```
输出:
KruskalResult(statistic=8.0721, pvalue=0.0445)
```

既然得到 4 种药物疗效不同的结论, 那么可以利用 Dunn 方法进行两两之间的比较. 成对样本共有 $k(k-1)/2 = 4(4-1)/2 = 6$ 组, 4 种药物疗效的平均秩分别为:

$$\overline{R}_{.1} = 13, \quad \overline{R}_{.2} = 4, \quad \overline{R}_{.3} = 16.7, \quad \overline{R}_{.4} = 14.7$$

$$n_1 = 8, \quad n_2 = 4, \quad n_3 = 7, \quad n_4 = 6$$

$$\alpha = 0.05, \quad \alpha^* = 0.05/[4(4-1)] = 0.0042$$

$$Z_{1-0.0042} = Z_{0.9958} = 2.638$$

由 Dunn 方法给出的 SE 计算公式 (4.8) 和式 (4.9) 得如下比较表 (见表 4-14).

表 4-14　Dunn 方法两两比较表

比较式	$|\overline{R}_{.i} - \overline{R}_{.j}|$	SE	d_{ij}	$Z_{0.9958}$
A VS B	$|13-4| = 9$	4.5069	1.9969	2.638
A VS C	$|13-16.7| = 3.7$	3.8091	0.9714	2.638
A VS D	$|13-14.7| = 1.7$	3.9747	0.4277	2.638
B VS C	$|4-16.7| = 12.7$	4.6130	2.7531*	2.638
B VS D	$|4-14.7| = 10.7$	4.7507	2.2523	2.638
C VS D	$|14.7-16.7|=2$	4.0946	0.4884	2.638

由表 4-14 中 4 种疗效比较结果可知, 仅 B 与 C 有显著差别, 其他疗效之间都不存在显著差异, 这与直观比较吻合.

4.4.2　有结点的检验

若各处理观测值有结点时, 则 H 校正如下:

$$H_{\rm c} = \frac{H}{1 - \dfrac{\sum\limits_{j}^{g}(\tau_j^3 - \tau_j)}{n^3 - n}} \tag{4.11}$$

式中, τ_j 为第 j 个结的长度; g 为结的个数.

当统计量 H_c 的值大于 $\chi^2_{\alpha,k-1}$, 则接受 H_1, 表示处理间有差异, 这时 Dunn 方法用于检验任意两组样本之间的差异公式应调整为:

$$SE = \sqrt{\left[\frac{n(n+1)}{12} - \frac{\sum_{i}^{g}(\tau_i^3 - \tau_i)}{12(n-1)}\right]\left(\frac{1}{n_i} + \frac{1}{n_j}\right)} \tag{4.12}$$

若 $|d_{ij}| \geqslant Z_{1-\alpha*}$, 则表示第 i 与第 j 处理间有显著差异; 反之, 则表示差异不显著. 式中 $\alpha* = \alpha/[k(k-1)]$, α 为显著性水平.

例 4.8　表 4–15 为 3 种番茄的产量 (kg), 试比较 3 种番茄的产量是否相同.

表 4–15　番茄品种产量比较表

	A	B	C
	2.6(9)	3.1(14)	2.5(7.5)
	2.4(5.5)	2.9(11.5)	2.2(4)
	2.9(11.5)	3.2(16)	1.5(3)
	3.1(14)	2.5(7.5)	1.2(1)
	2.4(5.5)	2.8(10)	1.4(2)
		3.1(14)	
秩和 $R_{.j}$	45.5	73	17.5
观测数	5	6	5
秩平均 $\overline{R}_{.j}$	9.10	12.17	3.50

注: 括号内为数据在混合样本中的秩.

假设检验问题为:

$$H_0: 3 \text{ 种番茄产量相同}$$
$$H_1: 3 \text{ 种番茄产量不同}$$

统计分析: 由式 (4.7), 有

$$H = \frac{12}{16 \times (16+1)}\left(\frac{45.5^2}{5} + \frac{73^2}{6} + \frac{17.5^2}{5}\right) - 3(16+1)$$
$$= 9.1529$$

由式 (4.11) 得

$$H_c = \frac{9.1529}{1 - \dfrac{42}{16^3 - 16}} = 9.2482$$

结论: 如表 4–16 所示, $H_c = 9.2482 > \chi^2_{0.05,2} = 5.991$, 因而接受 H_1, 表示 3 种番茄产量不同. 有关任意两种产量之间的差异比较可以尝试自己做一下.

表 4-16 结点校正值计算表

同秩	5.5	7.5	11.5	14	和
τ_i	2	2	2	3	
τ_i^3	6	6	6	24	$\sum(\tau_i^3 - \tau_i) = 42$

传统处理这一类问题的参数方法是在正态假设下的 F 检验. 如果总体分布有密度 f, 可以得到 H 对 F 检验的渐近相对效率为:

$$\mathrm{ARE}(H, F) = 12\sigma^2 \left(\int_{-\infty}^{\infty} f^2(x)\mathrm{d}x \right)^2$$

它和前面提到的 Wilcoxon 检验对 t 检验的 ARE 相等, 这是合理的. 因为无论是单样本的 Wilcoxon 检验、两样本的 Mann-Whitney 检验还是多样本的 Kruskal-Wallis 检验, 与之相关的估计量都来源于混合样本秩和的比较方法, 而单样本和两样本的 t 检验、多样本的 F 检验都基于正态假设的同样考虑, 因而它们之间的渐近相对效率自然与样本组数无关.

4.5 Jonckheere-Terpstra 检验

4.5.1 无结点 Jonckheere-Terpstra 检验

正如一般的假设检验问题有双边检验和单边检验问题一样, 多总体问题的备择假设也可能是有方向性的, 比如, 样本的位置显现出上升和下降的趋势, 这种趋势从统计上来看是否显著?

也就是说, 假设 k 个独立样本 $X_{11}, \cdots, X_{1n_1}; \cdots; X_{k1}, \cdots, X_{kn_k}$ 分别来自有同样形状的连续分布函数 $F(x - \theta_1); \cdots; F(x - \theta_k)$, 我们感兴趣的是有关这些位置参数某一方向的假设检验问题:

$$H_0: \theta_1 = \cdots = \theta_k \leftrightarrow H_1: \theta_1 \leqslant \cdots \leqslant \theta_k$$

H_1 中至少有一个不等式是严格的. 如果样本呈下降趋势, 则 H_1 的不等式反号.

与 Mann-Whitney 检验类似, 如果一个样本中观测值小于另一个样本的观测值的个数较多或较少, 则可以考虑两总体的位置之间有大小关系. 这里的思路也是类似的.

第一步, 计算:

$$W_{ij} = \text{样本 } i \text{ 中观测值小于样本 } j \text{ 中观测值的个数}$$
$$= \#\{X_{iu} < X_{jv} \quad u = 1, 2, \cdots, n_i, v = 1, 2, \cdots, n_j\}$$

第二步, 对所有的 W_{ij} 在 $i < j$ 范围求和, 这样就产生了 Jonckheere-Terpstra 统计量:

$$J = \sum_{i<j} W_{ij}$$

它从 0 到 $\sum_{i<j} n_i n_j$ 变化, 利用 Mann-Whitney 统计量的性质容易得到如下定理.

定理 4.5 在 H_0 成立的条件下, 有

$$E_{H_0}(J) = \frac{1}{4}\left(N^2 - \sum_{i=1}^{k} n_i^2\right)$$

$$\mathrm{var}_{H_0}(J) = \frac{1}{72}\left[N^2(2N+3) - \sum_{i=1}^{k} n_i^2(2n_i+3)\right]$$

其中, $N = \sum_i^k n_i$. 类似于 Wilcoxon-Mann-Whitney 统计量, 当 J 大时, 应拒绝零假设. 从 (n_1, n_2, n_3) 及检验水平 α 得到在零假设下的临界值 c, 它满足 $P(J \geqslant c) = \alpha$.

当样本量比较大时, 可以用正态近似, 有下面定理.

定理 4.6 在 H_0 成立的条件下, 当 $\min(n_1, n_2, \cdots, n_k) \to \infty$ 时, 而且 $\lim_{n_i \to +\infty} \dfrac{n_i}{\sum_{i=1}^{k} n_i} = \lambda_i \in (0,1)$, 则

$$Z = \frac{J - \left(N^2 - \sum_{i=1}^{k} n_i^2\right)/4}{\sqrt{\left[N^2(2N+3) - \sum_{i=1}^{k} n_i^2(2n_i+3)\right]/72}} \xrightarrow{\mathcal{L}} N(0,1)$$

这样, 在给定水平 α, 如果 $J \geqslant E_{H_0}(J) + Z_\alpha\sqrt{\mathrm{var}_{H_0}(J)}$, 拒绝零假设.

例 4.9 为测试不同的医务防护服的功能, 让三组体质相似的受试者分别穿着不同的防护服, 记录受试者每分钟心跳次数, 每人试验 5 次, 得到 5 次平均数列于表 4–17. 医学理论判断, 这三组受试者的心跳次数可能存在如下关系: 第一组 $\leqslant$ 第二组 $\leqslant$ 第三组. 用这些数据验证这一论断是否可靠.

表 4–17 三组受试者心跳次数测试数据

第一组	125	136	116	101	105	109		
第二组	122	114	131	120	119	127		
第三组	128	142	128	134	135	131	140	129

设 θ_i $(i=1,2,3)$ 表示第 i 组的位置参数, 则假设检验问题为:

$$H_0: \theta_1 = \theta_2 = \theta_3 \leftrightarrow H_1: \theta_1 \leqslant \theta_2 \leqslant \theta_3$$

各组数据的箱线图如图 4–5 所示. 因此采用 Jonckheere-Terpstra 检验, 计算 W_{ij} 如下:

$$W_{12} = 25, \quad W_{13} = 42, \quad W_{23} = 44.5$$

$J = W_{12} + W_{13} + W_{23} = 111.5$. 结合 Python 程序计算得 $P(J \geqslant 111.5) = 0.02/2 = 0.01$, 因此有理由拒绝零假设, 认为医学临床经验在显著性水平 $\alpha > 0.02$ 下是可靠的.

在大样本情况下, 因为 $n_1 = n_2 = 6, n_3 = 8$, 则有 $E(J) = 66, \sqrt{\mathrm{var}(J)} = 14.38$. 因此,

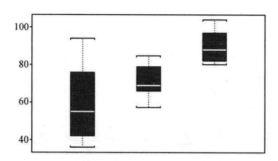

图 4-5　医学防护服的效果比较箱线图

$z = \dfrac{112 - 66}{14.38} = 3.199$, $P(Z \geqslant 3.199) = 0.0007$. 可以在水平 $\alpha \geqslant 0.01$ 时拒绝零假设, 也就是说, 这三个总体的位置的确有上升趋势. Python 程序如下:

```
import numpy as np
from scipy import stats
A=[125,136,116,101,105,109]
B=[122,114,131,120,119,127]
C=[128,142,128,134,135,131,140,129]
w12=sum([sum(A[i]<B[j] for j in range(len(B))) for i in range(len(A))])
w13=sum([sum(A[i]<C[j] for j in range(len(C))) for i in range(len(A))])
w23=sum([sum(B[i]<C[j] for j in range(len(C))) for i in range(len(B))])
J=w12+w13+w23
N=len(A)+len(B)+len(C)
meanJ=(N**2-(len(A)**2+len(B)**2+len(C)**2))/4
stdJ=np.sqrt((N**2*(2*N+3)-(len(A)**2*(2*len(A)+3)+len(B)**2*(2*len(B)+3)+len(C)**2*(2*len(C)+3)))/72)
print('J-statistic',J)
print('p-value is',1-stats.norm.cdf((J-meanJ)/stdJ))
```

```
输出:
J-statistic 111 p-value is 0.001
```

4.5.2　带结点的 Jonckheere-Terpstra 检验

如果有结点出现, 则 W_{ij} 可稍微变形为:

$$W_{ij}^* = \#\{X_{ik} < X_{jl}, \quad k = 1, 2, \cdots, n_i, l = 1, 2, \cdots, n_j\}$$
$$+ \frac{1}{2} \#\{X_{ik} = X_{jl}, \quad k = 1, 2, \cdots, n_i, l = 1, 2, \cdots, n_j\} \tag{4.13}$$

J 也相应地变为:

$$J^* = \sum_{i < j} W_{ij}^* \tag{4.14}$$

类似于 Wilcoxon-Mann-Whitney 统计量, 当 J^* 大时, 应拒绝零假设. 对于有结点时 Jonckheere-Terpstra 统计量 J^* 的零分布, 由于它与结点统计量有关, 因此造表比较困难. 但是当样本容量较大时, 可用如下的正态近似: 当 $\min(n_1, n_2, \cdots, n_k) \to \infty$ 时, 有

$$\frac{J^* - E_{H_0}(J^*)}{\sqrt{\operatorname{var}_{H_0}(J^*)}} \xrightarrow{\mathcal{L}} N(0, 1)$$

其中

$$E_{H_0}(J^*) = \frac{N^2 - \sum\limits_{i=1}^{k} n_i^2}{4}$$

$$\mathrm{var}_{H_0}(J^*)$$
$$= \frac{1}{72}\left[N(N-1)(2N+5) - \sum_{i=1}^{k} n_i(n_i-1)(2n_i+5) - \sum_{i=1}^{k} \tau_i(\tau_i-1)(2\tau_i+5)\right]$$
$$+ \frac{1}{36N(N-1)(N-2)}\left[\sum_{i=1}^{k} n_i(n_i-1)(n_i-2)\right]\left[\sum_{i=1}^{k} \tau_i(\tau_i-1)(\tau_i-2)\right]$$
$$+ \frac{1}{8N(N-1)}\left[\sum_{i=1}^{k} n_i(n_i-1)\right]\left[\sum_{i=1}^{k} \tau_i(\tau_i-1)\right]$$

其中, $\tau_1, \tau_2, \cdots, \tau_k$ 为混合样本的结点统计量. 由大样本近似, 就可以对有结点的情况进行检验.

例 4.10　为研究三组教学法对儿童记忆英文单词能力的影响, 将 18 名英文水平、智力、年龄等各方面条件相当的儿童随机分成三组, 每组分别采用不同的教学法施教. 在学习一段时间后对三组学生记忆英文单词的能力进行测试. 教学法的研究者凭经验认为三组成绩应该按 A, B, C 依序排列 (两个不等号中至少有一个是严格的). 表 4–18 列出他们的测试成绩, 判断研究者的经验是否可靠.

表 4-18　三组教学法的测试成绩

A	40	35	38	43	44	41
B	38	40	47	44	40	42
C	48	40	45	43	46	44

本例的假设检验问题为:

$$H_0: \text{三组成绩相等} \leftrightarrow H_1: \theta_1 \leqslant \theta_2 \leqslant \theta_3$$

易得 $W_{12}^* = 22$, $W_{13}^* = 30.5$, $W_{23}^* = 26.5$, 因此由式 (4.14) 得 $J^* = 79$. p 值等于 0.02306, 对水平 $\alpha \geqslant 0.02306$ 能拒绝零假设. 如果用正态近似, 有 p 值等于 0.0217, 结果和精确的比较一致.

附注: Jonckheere-Terpstra 检验是由特普斯特拉 (Terpstra, 1952) 和乔恩克希尔 (Jonckheere, 1954) 独立提出的, 它比 Kruskal-Wallis 检验有更强的势. 丹尼尔 (Daniel, 1978) 和利奇 (Leach, 1979) 对该检验进行过详细的说明.

4.6　Friedman 秩方差分析法

前面的 Kruskal-Wallis 检验和 Jonckheere-Terpstra 检验都是针对完全随机试验数据的分析方法. 当各处理的样本重复数据存在区组之间的差异时, 必须考虑区组对结果的影响. 对于随机区组的数据, 传统的方差分析要求试验误差是正态分布的, 当数据不符合方差分析的正态分布前提时, 弗里德曼 (Friedman, 1937) 建议采用秩方差分析法. Friedman 检验对试验误差没有正态分布的要求, 仅仅依赖于每个区组内所观测的秩次.

4.6.1　Friedman 检验的基本原理

假设有 k 个处理和 b 个区组, 数据观测值如表 4-19 所示.

表 4-19　完全随机区组数据分析结构表 (x_{ij})

		样本 1	样本 2	$\cdots$	样本 k
区组	区组 1	x_{11}	x_{12}	$\cdots$	x_{1k}
	区组 2	x_{21}	x_{22}	$\cdots$	x_{2k}
	$\vdots$	$\vdots$	$\vdots$		$\vdots$
	区组 b	x_{b1}	x_{b2}	$\cdots$	x_{bk}

与大部分方差分析的检验问题一样, 这里关于位置参数的假设检验问题为:

$$H_0: \theta_1 = \cdots = \theta_k \leftrightarrow H_1, \quad \exists i,j \in 1,2,\cdots,k, i \neq j, \theta_i \neq \theta_j \tag{4.15}$$

由于区组的影响, 不同区组中的秩没有可比性, 比如要对比不同化肥的增产效果, 优质土地即便不施肥, 其产量也可能比施了优等肥的劣质土地的产量高. 但是, 如果按照不同的区组收集数据, 那么同一区组中的不同处理之间的比较是有意义的, 也就是说, 假设其他影响因素相同的情况下, 在劣质土地上比较不同的肥料增产效果是有意义的. 因此, 首先应在每一个区组内分配各处理的秩, 从而得到秩数据表 (见表 4-20).

表 4-20　完全随机区组秩数据表 (R_{ij})

	样本 1	样本 2	$\cdots$	样本 k	秩和 $R_{i.}$
区组 1	R_{11}	R_{12}	$\cdots$	R_{1k}	$\dfrac{k(k+1)}{2}$
区组 2	R_{21}	R_{22}	$\cdots$	R_{2k}	$\dfrac{k(k+1)}{2}$
$\vdots$	$\vdots$	$\vdots$	$\vdots$	$\vdots$	$\vdots$
区组 b	R_{b1}	R_{b2}	$\cdots$	R_{bk}	$\dfrac{k(k+1)}{2}$
秩和 $R_{.j}$	$R_{.1}$	$R_{.2}$	$\cdots$	$R_{.k}$	$\dfrac{k(k+1)}{2}$

如果 R_{ij} 表示第 i 个区组中第 j 处理在第 i 区组中的秩, 则秩按照处理求和为 $R_{.j} = \sum_{i=1}^{b} R_{ij}$, $j = 1,2,\cdots,k$, $\overline{R}_{.j} = R_{.j}/b$.

在零假设成立的情况下, 各处理的平均秩 $\overline{R}_{.j}$ 有下面的性质.

定理 4.7　在零假设下, 有

$$E(\overline{R}_{.j}) = \frac{k+1}{2}$$
$$\mathrm{var}(\overline{R}_{.j}) = \frac{k^2-1}{12b}$$
$$\mathrm{cov}(\overline{R}_{.i}, \overline{R}_{.j}) = -\frac{k+1}{12}$$

证明　易知

$$R_{..} = b(1 + 2 + \cdots + k) = bk(k+1)/2$$

$$\widehat{R}_{..} = R_{..}/bk = (k+1)/2$$

$$\begin{aligned}
\mathrm{var}(R_{ij}) &= \sum_{}^{b}\sum_{}^{k}(R_{ij} - \overline{R}_{..})^2/bk \\
&= \frac{1}{bk}\left(\sum\sum R_{ij}^2 - R_{..}^2/bk\right) \\
&= \frac{1}{bk}\left[\frac{bk(k+1)(2k+1)}{6} - \frac{bk(k+1)^2}{4}\right] \\
&= \frac{(k+1)(k-1)}{12}
\end{aligned}$$

各处理间平方和为:

$$\begin{aligned}
\mathrm{SSt} &= n\sum(\overline{R}_{.j} - \overline{R}_{..})^2 \\
&= \sum^{k} R_{.j}^2/b - R_{..}^2/bk \\
&= \sum R_{.j}^2/b - bk(k+1)^2/4
\end{aligned}$$

Friedman 检验的 Q' 公式为:

$$Q' = \frac{\mathrm{SSt}}{\mathrm{var}(R_{ij})} = \frac{12}{(k+1)(k-1)}\left[\sum R_{.j}^2/b - bk(k+1)^2/4\right]$$

弗里德曼建议用 $(k-1)/k$ 乘 Q' 得校正式

$$\begin{aligned}
Q &= \frac{12}{bk(k+1)}\sum R_{.j}^2 - \frac{12bk(k+1)^2(k-1)}{4(k+1)(k-1)k} \\
&= \frac{12}{bk(k+1)}\sum R_{.j}^2 - 3b(k+1)
\end{aligned} \tag{4.16}$$

Q 值近似服从自由度 $\nu = k-1$ 的 χ^2 分布.

当数据有相同秩时, Q 值校正式如下:

$$Q_c = \frac{Q}{1 - \dfrac{\sum\limits_{}^{g}(\tau_i^3 - \tau_i)}{bk(k^2-1)}} \tag{4.17}$$

式中, τ_i 为第 i 个结的长度; g 为结的个数. 结论: 若实测 $Q < \chi^2_{0.05,k-1}$, 则不拒绝 H_0, 反之则接受 H_1.

例 4.11　设有来自 A, B, C, D 4 个地区的 4 名厨师制作名菜水煮鱼, 想比较各地的品质是否相同. 4 位美食评委评分结果如表 4–21 所示, 试测验 4 个地区制作的水煮鱼这道菜品质有无区别.

表 4-21 评委对 4 名厨师的评分数据表

美食	地区			
评委	A	B	C	D
1	85(4)	82(2)	83(3)	79(1)
2	87(4)	75(1)	86(3)	82(2)
3	90(4)	81(3)	80(2)	76(1)
4	80(3)	75(1.5)	81(4)	75(1.5)
秩和 $R_{.j}$	15	7.5	12	5.5	$R_{..}=40$

注: 表中括号内数据为每位评委品尝 4 名厨师的菜后所给评分的秩.

由于不同评委在口味和美学欣赏上存在差异, 因此适合用 Friedman 检验方法比较. 假设检验问题为:

$$H_0 : 4 \text{ 个地区的水煮鱼品质相同}$$
$$H_1 : 4 \text{ 个地区的水煮鱼品质不同}$$

统计分析: $b = 4$ (区组数), $k = 4$ (处理数).
结点校正如表 4-22 所示.

表 4-22 结点校正计算表

相同的秩	1.5	
τ_i	2	
$\tau_i^3 - \tau_i$	6	$(\tau_i^3 - \tau_i) = 6$

由式 (4.16), 有

$$Q = \frac{12}{4 \times 4 \times (4+1)}[15^2 + 7.5^2 + 12^2 + 5.5^2] - 3 \times 4 \times (4+1)$$
$$= 8.325$$

由式 (4.17), 结合表 4-22, 有

$$Q_c = \frac{8.325}{1 - \dfrac{6}{4 \times 4(4^2 - 1)}}$$
$$= 8.5385$$

结论: 实际测量 $Q_c = 8.5385 > \chi^2_{0.05,3} = 7.814$, 接受 H_1, 认为 4 个地区的水煮鱼品质上存在显著差异. Python 中 Friedman 检验的示范程序如下:

```python
import numpy as np
from scipy.stats import rankdata
from scipy.stats import chi2
data=np.array([85,82,83,79,87,75,86,82,90,81,80,76,80,75,81,75]).reshape(4,4)
b=data.shape[0]
k=data.shape[1]
rankdat=np.array([list(rankdata(data[i])) for i in range(b)])# 求秩矩阵
```

```
tao=[list(pd.value_counts(rankdat[i])) for i in range(b)]
taolist=[i for a in tao for i in a]♯ 求所有的 Tao 值
sumtao=sum([i**3-i for i in taolist])
sumR=sum([sum(rankdat[:,i])**2 for i in range(k)])
Q=12*sumR/(b*k*(k+1))-3*b*(k+1)
Qc=Q/(1-sumtao/(b*k*(k**2-1)))
pvalue=1-chi2.cdf(Qc,df=k-1)
print('Friedman chi-square is ',round(Qc,4))
print('p-value is',round(pvalue,4))
```

```
输出:
Friedman chi-square is 8.5385 p-value is 0.0361
```

4.6.2 Hollander-Wolfe 两处理间比较

当秩方差分析结果样本之间有差异时, 可使用 Hollander-Wolfe 两样本 (处理) 间的比较公式:

$$D_{ij} = \frac{|R_{.i} - R_{.j}|}{SE} = \frac{|R_{.i} - R_{.j}|}{\sqrt{b^2 S_{R_{ij}}^2 \left(\frac{1}{b} + \frac{1}{b}\right)}} \tag{4.18}$$

式中, $R_{.i}$ 与 $R_{.j}$ 为第 i 与第 j 样本 (处理) 秩和, $S_{R_{ij}}^2$ 是 R_{ij} 的方差的无偏估计, 由于

$$S_{R_{ij}}^2 = \frac{k}{k-1} \mathrm{var} R_{ij} = \frac{(k+1)(k-1)}{12} \times \frac{k}{k-1} = \frac{k(k+1)}{12}$$

$$SE = \sqrt{\frac{b^2 k(k+1)}{12} \left(\frac{2}{b}\right)} = \sqrt{bk(k+1)/6}$$

若有相同秩, 则

$$SE = \sqrt{\frac{bk(k+1)}{6} - \frac{b\sum_{i=1}^{g}(\tau_i^3 - \tau_i)}{6(k-1)}} \tag{4.19}$$

式中, τ_i 为同秩观测值个数; g 为同秩组数. 当实测 $|D_{ij}| \geqslant Z_{1-\alpha^*}$ 时, 表示两样本间有差异, 反之则无差异. $\alpha^* = \alpha/k(k-1)$, α 为显著性水平, $Z_{1-\alpha^*}$ 为标准正态分布分位数.

例 4.12 由例 4.11 知, 4 个地区所做的水煮鱼品质上有显著差异, 成对样本比较有 $k(k-1)/2 = 4(4-1)/2 = 6$ 种, 4 种水煮鱼的秩和分别为:

$$R_{.1} = 15, \quad R_{.2} = 7.5, \quad R_{.3} = 12, \quad R_{.4} = 5.5$$

设

$$\alpha = 0.025, \quad \alpha^* = 0.025/4(4-1) = 0.0083$$

$$Z_{1-0.0083} = Z_{0.9917} = 2.395$$

由式 (4.19) 得

$$SE = \sqrt{\frac{4 \times 4(4+1)}{6} - \frac{4 \times 6}{6(4-1)}} = 3.464$$

再利用式 (4.18) 得表 4–23.

表 4-23　两两处理的 Hollander-Wolfe 计算表

比较式	$|R_{.i} - R_{.j}|$	SE	D_{ij}	$Z_{0.9917}$
A　VS　B	15−7.5=7.5	3.464	2.165	2.395
A　VS　C	15−12=3	3.464	0.866	2.395
A　VS　D	15−5.5=9.5	3.464	2.742*	2.395
B　VS　C	$|7.5-12|$=4.5	3.464	1.299	2.395
B　VS　D	7.5−5.5=2	3.464	0.577	2.395
C　VS　D	12−5.5=6.5	3.464	1.876	2.395

由表 4–23 中 4 种水煮鱼品质比较结果可知, 仅 A 与 D 有较大差别, 其他水煮鱼品质间差异不显著.

4.7　随机区组数据的调整秩和检验

当随机区组设计数据的区组数较大或处理组数较小时, Friedman 检验的效果就不是很好了. 因为 Friedman 检验的编秩是在每一个区组内进行的, 这种编秩的方法仅限于区组内的效应 (response), 不同区组间效应的直接比较是无意义的. 为了去除区组效应, 可以用区组的平均值或中位数作为区组效应的估计值, 然后用每个观测值与估计值相减来反映处理之间的差异, 这样做就可能消除区组之间的差异.

于是霍奇斯 (Hodges) 和莱曼 (Lehmmann) 于 1962 年提出了调整秩和检验 (aligned ranks test), 也称为 Hodges-Lehmmann 检验, 简记为 HL 检验. 对于假设检验问题:

$$H_0: \theta_1 = \cdots = \theta_k \leftrightarrow H_1, \quad \exists i,j \in 1,2,\cdots,k, \ \theta_i \neq \theta_j, i \neq j$$

调整秩和检验的主要计算步骤如下:

(1) 对每一个区组 i $(i = 1,2,\cdots,b)$ 来说, 计算其某一位置估计值, 如均值或中位数. 以计算均值为例, 即 $\overline{X}_{i.} = \dfrac{1}{k}\sum\limits_{j=1}^{k} X_{ij}$.

(2) 每一个区组中的每个观测值减去均值, 即 $AX_{ij} = X_{ij} - \overline{X}_{i.}$, 相减后的值称为调整后的观测值 (aligned observation).

(3) 对调整后的观测值, 像 Kruskal-Wallis 检验中一样, 对全部数据求混合后的秩, 相同的用平均秩, AX_{ij} 的秩仍然记为 R_{ij}, 这样编得的秩为调整秩 (aligned ranks).

(4) 用 $\overline{R}_{.j}$ 表示第 j 个处理的平均秩, 即 $\overline{R}_{.j} = \dfrac{1}{b}\sum\limits_{i=1}^{b} R_{ij}$. 在零假设之下, $\overline{R}_{.j}$ 应与 $\dfrac{1}{kb}\sum R_{ij} = \dfrac{kb+1}{2}$ 相等. 于是可以使用

$$\widetilde{Q} = c\sum_{j=1}^{k}\left(\overline{R}_{.j} - \frac{kb+1}{2}\right)^2$$

作为检验统计量, 当 $\widetilde{Q}$ 值较大时, 考虑拒绝 H_0.

(5) 当

$$c = \frac{(k-1)b^2}{\sum\limits_{i,j}(R_{ij} - \overline{R}_{i.})^2}$$

这里 $\overline{R}_{i.} = \frac{1}{k}\sum\limits_{j=1}^{k} R_{ij}$, 即

$$\widetilde{Q} = \frac{(k-1)b^2}{\sum\limits_{i,j}(R_{ij} - \overline{R}_{i.})^2}\sum_{j=1}^{k}\left(\overline{R}_{.j} - \frac{kb+1}{2}\right)^2$$

$$= \frac{(k-1)\left[\sum\limits_{j=1}^{k}R_{.j}^2 - \dfrac{kb^2(kb+1)^2}{4}\right]}{\dfrac{1}{6}kb(kb+1)(2kb+1) - \dfrac{1}{k}\sum\limits_{i=1}^{b}R_{i.}^2}$$

其中, $R_{.j} = \sum\limits_{i=1}^{b} R_{ij}$, $R_{i.} = \sum\limits_{j=1}^{k} R_{ij}$, 检验统计量的 $\widetilde{Q}$ 零假设分布近似于自由度 $\nu = k-1$ 的 χ^2 分布, 所以结果可以和 χ^2 分布进行比较, 这里 k 为处理组数.

当数据中有结点存在时, 用平均秩法定秩, 这时 $\widetilde{Q}'$ 统计量为:

$$\widetilde{Q}' = \frac{(k-1)\left[\sum\limits_{j=1}^{k}R_{.j}^2 - \dfrac{kb^2(kb+1)^2}{4}\right]}{\sum\limits_{i,j}R_{ij}^2 - \dfrac{1}{k}\sum\limits_{i=1}^{b}R_{i.}^2}$$

例 4.13 现研究一种高血压患者的血压控制效果, 经验表明治疗效果与患者本身的肥胖和身高类型有关. 现将高血压患者按控制方法分为四类: A, B, C, D. 从这四类患者中随机抽取 8 名患者做完全区组设计试验. 进行一段时间的高血压控制治疗后, 测量血压指数 (经过一定变化后) 如表 4-24 所示.

表 4-24　高血压患者血压控制效果数据表

处理	区组							
	I	II	III	IV	V	VI	VII	VIII
A	23.1	57.6	10.5	23.6	11.9	54.6	21.0	20.3
B	22.7	53.2	9.7	19.6	13.8	47.1	13.6	23.6
C	22.5	53.7	10.8	21.1	13.7	39.2	13.7	16.3
D	22.6	53.1	8.3	21.6	13.3	37.0	14.8	14.8

试问 4 种血压控制对四类患者降压效果是否相同?

对于这个问题我们先用 Friedman 检验, 求出秩, 如表 4-25 所示.

表 4-25　Friedman 检验区组内秩表

处理	秩								$R_{\cdot j}$
A	4	4	3	4	1	4	4	3	27
B	3	2	2	1	4	3	1	4	20
C	1	3	4	2	3	2	2	2	19
D	2	1	1	3	2	1	3	1	14

由此可计算得 Friedman 检验统计量 $Q = 6.45$, 此时的 p 值为 0.091, 如果取 $\alpha = 0.05$, 则不能拒绝原假设. 但是从原始数据表可以看出, 区组间的差异是明显的, 于是使用 HL 检验如下.

首先计算这 8 个区组效应的估计值分别为:

I	II	III	IV	V	VI	VII	VIII
22.735	54.4	9.825	21.475	13.175	44.475	15.775	18.75

由此可以得到全体 $X_{ij} - X_{\cdot j}$ 的秩, 如表 4-26 所示.

表 4-26　Hodges-Lehmmann 秩数据表

处理	平均秩								秩和
A	21	29	24	27	10	32	31	26	200
B	18	11	16.5	7	23	28	5	30	138.5
C	15	13	25	14	22	2	6	4	101
D	16.5	9	8	19.5	19.5	1	12	3	88.5

计算 HL 检验统计量的值为 8.53. 由 χ^2 近似知, 其检验的 p 值为 0.036, 对于 $\alpha = 0.05$, 拒绝零假设, 即认为对患者采取不同的高血压控制会影响降压效果, 这与直观想象是吻合的, 这也表明 Friedman 检验与 HL 检验是有显著不同的.

4.8　Cochran 检验

一个完全区组设计的特殊情况是观测值只取 "是" 或 "否"、"同意" 或 "不同意"、"1" 或 "0" 等二元定性数据. 这时, 由于有太多的重复数据, 秩方法的应用受到限制. 科克伦 (Cochran, 1950) 提出 Q 检验 (又称 Cochran 检验), 用于测量多处理之间的差异是否存在.

假定有 k 个处理和 b 个区组, 样本为计数数据, 其数据形态如表 4-27 所示.

表 4-27　只取二元数据的完全随机区组数据表

		处理				
		1	2	$\cdots$	k	和
	1	n_{11}	n_{12}	$\cdots$	n_{1k}	$n_{1\cdot}$
区	2	n_{21}	n_{22}	$\cdots$	n_{2k}	$n_{2\cdot}$
组	$\vdots$	$\vdots$	$\vdots$		$\vdots$	$\vdots$
	b	n_{b1}	n_{b2}	$\cdots$	n_{bk}	$n_{b\cdot}$
	和	$n_{\cdot 1}$	$n_{\cdot 2}$	$\cdots$	$n_{\cdot k}$	N

假设检验问题为:

$$H_0 : k \text{ 个总体分布相同 (或各处理发生的概率相等)}$$
$$H_1 : k \text{ 个总体分布不同 (或各处理发生的概率不等)}$$

统计分析:

以表 4-27 观测值 $n_{ij} \in \{0,1\}$ 为计数数据, $n_{.j}$ 为第 j 处理中 1 的个数, 即 $n_{.j} = \sum_{i=1}^{b} n_{ij}, j = 1, 2, \cdots, k$, 显然各个处理之间的差异可以由 $n_{.j}$ 之间的差异显示出来. $n_{i.}$ 为每一区组中 1 的个数. $\sum_{j=1}^{k} n_{.j} = \sum_{i=1}^{b} n_{i.} = N$, 每个成功概率用 p_{ij} 表示.

当 H_0 成立时, 每一区组 i 内的成功概率 p_{ij} 相等, 对 $\forall j = 1, 2, \cdots, k, \forall i, p_{i1} = p_{i2} = \cdots = p_{ik} = p_{i.}, n_{ij}$ 服从两点分布 $b(1, p_{i.})$.

$\mathrm{var}(n_{.j})$ 为 $n_{.j}$ 的方差:

$$
\begin{aligned}
\mathrm{var}(n_{.j}) &= \mathrm{var}\left(\sum_{i=1}^{b} n_{ij}\right) \\
&= \sum_{i=1}^{b} \mathrm{var}(n_{ij}) \\
&= \sum_{i=1}^{b} \widehat{p}_{ij}(1 - \widehat{p}_{ij})
\end{aligned}
\tag{4.20}
$$

将 $\widehat{p}_{ij} = \widehat{p}_{i.} = n_{i.}\dfrac{1}{k}$ 代入式 (4.20), 得

$$
\begin{aligned}
\mathrm{var}(n_{.j}) &= \sum_{i=1}^{b} n_{i.}\frac{1}{k}\left(1 - n_{i.}\frac{1}{k}\right) \\
&= \frac{1}{k^2}\sum_{i=1}^{b}(kn_{i.} - n_{i.}^2)
\end{aligned}
$$

上式的估算值一般都很小, 因而用 $k/(k-1)$ 修正得到下式:

$$
\mathrm{var}(n_{.j}) = \frac{n_{i.}(k - n_{i.})}{k(k-1)}
\tag{4.21}
$$

最后得到估计值为:

$$
\mathrm{var}(n_{.j}) = \sum_{i=1}^{b} n_{i.}(k - n_{i.})/[k(k-1)]
\tag{4.22}
$$

在大样本情况下, $n_{.j}$ 服从近似正态分布, 即

$$
\frac{n_{.j} - E(n_{.j})}{\sqrt{\mathrm{var}(n_{.j})}} \overset{L}{\sim} N(0,1)
\tag{4.23}
$$

式中, $E(n_{.j})$ 为 $n_{.j}$ 的期望值, 一般用样本估计:

$$E(n_{.j}) = \frac{1}{k}\sum n_{.j} = \frac{N}{k} \tag{4.24}$$

一般 $n_{.j}$ 间并非互相独立, 但当 $n_{.j}$ 足够大时, 泰特和布朗 (Tate & Brown, 1970) 认为 $n_{.j}$ 近似独立, 故式 (4.23) 平方后可以累加得自由度 $v = k - 1$ 的近似 χ^2 分布为:

$$\sum_{j=1}^{k}\left(\frac{n_{.j} - E(n_{.j})}{\sqrt{\text{var}(n_{.j})}}\right)^2 = \sum_{j=1}^{k}\frac{(n_{.j} - E(n_{.j}))^2}{\text{var}(n_{.j})} \tag{4.25}$$

将式 (4.23) 及式 (4.21) 代入式 (4.25), 得 Cochran Q 值为:

$$\begin{aligned}Q &= \sum_{j=1}^{k}\frac{\left(n_{.j} - \dfrac{N}{k}\right)^2}{\sum n_{i.}(k - n_{i.})/[k(k-1)]}\\ &= \frac{(k-1)\left[\sum n_{.j}^2 - \left(\sum n_{.j}\right)^2/k\right]}{\sum n_{i.} - \sum n_{i.}^2/k}\end{aligned} \tag{4.26}$$

结论: 当检验统计量的值 $Q < \chi^2_{0.05,k-1}$, 不能拒绝 H_0, 反之则接受 H_1.

例 4.14 设有 A, B, C 三种品牌的榨汁机分给 10 位家庭主妇使用, 用以比较三种品牌的榨汁机受喜爱程度是否相同. 对于喜欢的品牌给 1 分, 否则给 0 分, 调查结果如表 4-28 所示.

表 4-28 家庭主妇对三种品牌的榨汁机喜爱与否统计表

| | | \multicolumn{10}{c}{主妇} | 和 $n_{.j}$ |
		1	2	3	4	5	6	7	8	9	10	
榨	A	0	0	0	1	0	0	0	0	0	1	2
汁	B	1	1	0	1	0	1	0	0	1	1	6
机	C	1	1	1	1	1	1	1	1	1	0	9
和 $n_{i.}$		2	2	1	3	1	2	1	1	2	2	17

假设检验问题为:

$$H_0: 三种品牌的榨汁机受喜爱程度相同$$
$$H_1: 三种品牌的榨汁机受喜爱程度不同$$

统计分析: 由于各主妇的饮食和做家务的习惯不同, 对各榨汁机的功能使用情况也有差异, 故应以主妇为区组. 由式 (4.25), 有

$$\sum n_{.j} = \sum R_j = 17, k = 3$$
$$\sum n_{i.}^2 = 2^2 + 2^2 + 1^2 + \cdots + 2^2 = 33$$
$$\sum n_{.j}^2 = 2^2 + 6^2 + 9^2 = 121$$
$$Q = \frac{(3-1)(121 - 17^2/3)}{17 - 33/3} = \frac{49.3333}{6}$$
$$= 8.2222$$

结论: 现在实际测得 $Q = 8.2222 > \chi^2_{0.05,2} = 5.991$, 接受 H_1, 表示三种品牌的榨汁机受喜爱程度不同, C 榨汁机较受欢迎. 实际上, 三种品牌的榨汁机受喜爱程度的概率点估计 $(\widehat{p_{\cdot 1}} = 0.12, \widehat{p_{\cdot 2}} = 0.35, \widehat{p_{\cdot 3}} = 0.53)$ 也支持这一结论. Python 示范程序如下:

```python
from scipy.stats import chi2
candid1=[0,0,0,1,0,0,0,0,0,1]
candid2=[1,1,0,1,0,1,0,0,1,1]
candid3=[1,1,1,1,1,1,1,1,1,0]
candid=np.array([candid1+candid2+candid3]).reshape(3,-1)
k=candid.shape[0]
b=candid.shape[1]
s_nidot=sum([sum(candid[:,i]) for i in range(b)])
s_ndotj=sum([sum(candid[i]) for i in range(k)])
s_nidot2=sum([sum(candid[:,i])**2 for i in range(b)])
s_ndotj2=sum([sum(candid[i])**2 for i in range(k)])
Q=(k-1)*(s_ndotj2-s_ndotj**2/k)/(s_nidot-(s_nidot2)/k)
print('p-value is',round(1-chi2.cdf(Q,df=k-1),4))
```

```
输出: p-value is 0.0164
```

由于 p 值 0.0164 远小于 0.05, 于是拒绝原假设.

4.9 Durbin 不完全区组分析法

由 4.1 节的预备知识可以知道, 当处理组非常大而区组中可允许样本量有限时, 在一个区组中很难包含所有处理, 于是出现了不完全的数据设计结构, 其中较为常见的是均衡不完全区组 BIB 设计. 杜宾 (Durbin) 于 1951 年提出一种秩检验, 该检验能用于均衡不完全区组设计.

采用 4.1 节的记号, X_{ij} 表示第 j 个处理第 i 个区组中的观测值, R_{ij} 为在第 i 个区组中第 j 个处理的秩, 按处理相加得到 $R_{i\cdot} = \sum\limits_{j}^{k} R_{ij}, \quad i = 1, 2, \cdots, b.$

当 H_0 成立时, 不难得到

$$E(R_{i\cdot}) = \frac{r(t+1)}{2}, \quad i = 1, 2, \cdots, k$$

k 个处理的秩和在 H_0 下是非常接近的, 秩总平均为 $\frac{1}{k}\sum\limits_{i=1}^{k} R_{i\cdot} = \frac{1}{k}\sum R_{ij} = \frac{r(t+1)}{2}.$

当某处理效应大时, 则反映在秩上, 其秩和与总平均之间的差异也较大, 于是可以构造统计量:

$$D = \frac{12(k-1)}{rk(t^2-1)} \sum_{i=1}^{k} \left[R_{i\cdot} - \frac{r(t+1)}{2} \right]^2 \tag{4.27}$$

$$= \frac{12(k-1)}{rk(t^2-1)} \sum_{i=1}^{k} R_{i\cdot}^2 - \frac{3r(k-1)(t+1)}{t-1} \tag{4.28}$$

显然, 在完全区组设计 $(t = k, r = b)$ 时, 上面的统计量等同于 Friedman 统计量. 对于显著性水平 α, 如果 D 很大, 比如大于或等于 $D_{1-\alpha}$, 这里 $D_{1-\alpha}$ 为最小的满足 $P_{H_0}(D \geqslant$

$D_{1-\alpha}) = \alpha$ 的值, 则可以对于显著性水平 α 拒绝零假设. 零假设下精确分布只对有限的几组 k 和 b 计算过. 实践中人们常用大样本近似. 在零假设下, 对于固定的 k 和 t, 当 $r \to \infty$ 时, $D \to \chi^2_{(k-1)}$. 对于小样本, χ^2 近似不很精确.

此外, 当数据中有结存在时, 实践表明, 只要其长度不大, 结统计量对 D 统计量的影响不大.

例 4.15　设需要对四种饲料 (处理) 的养猪效果进行试验, 用以比较饲料的质量. 选 4 胎母猪所生的小猪进行试验, 每胎所生的小猪体重相当, 选择 3 头进行实验. 3 个月后测量所有小猪增加的体重 (单位: 磅), 如表 4-29 所示, 试比较四种饲料品质有无差别.

表 4-29　四种饲料的养猪效果数据表

		区组 (胎别)				和 $n_{.j}$
		I	II	III	IV	
饲	A	73(1)	74(1)		71(1)	3
料	B		75(2.5)	67(1)	72(2)	5.5
	C	74(2)	75(2.5)	68(2)		6.5
	D	75(3)		72(3)	75(3)	9

注: 括号内的数为各区组内按 4 种处理观测值大小分配的秩.

假设检验问题为:

$$H_0: \text{四种饲料质量相同}$$
$$H_1: \text{四种饲料质量不同}$$

统计分析: 由式 (4.28), $t = 3$, $k = 4$, $r = 3$, $v = 4 - 1 = 3$, 则

$$D = \frac{12 \times (4-1)}{3 \times 4 \times (3+1) \times (3-1)}(3^2 + 5.5^2 + 6.5^2 + 9^2) - \frac{3 \times 3 \times (4-1) \times (3+1)}{3-1}$$
$$= 60.9375 - 54$$
$$= 6.9375$$

结论: 实测 $D = 6.9375 < \chi^2_{0.05,3} = 7.814$, 不拒绝 H_0, 没有明显迹象表明四种饲料质量之间存在差异.

习题

4.1　对 A, B, C 三个品牌的灯泡进行寿命测试, 每个品牌随机试验不等量灯泡, 结果得到如表 4-30 所示的寿命数据 (单位: 天), 试比较三个品牌灯泡寿命是否相同.

表 4-30　灯泡寿命数据

A	83	64	67	62	70
B	85	81	80	78	
C	88	89	79	90	95

4.2　在 R 中编写程序完成例 4.7 的 Dunn 检验.

4.3 假设有 10 个独立的假设检验得到如表 4-31 所示有顺序的 p 值.

表 4-31 p 值数据

0.000 17	0.004 48	0.006 71	0.009 07	0.012 20
0.336 26	0.393 41	0.538 82	0.581 25	0.986 17

在 $\alpha = 0.05$ 的显著性水平之下, 计算 Benferroni 检验和 BH-FDR 检验拒绝的原假设的个数.

4.4 针对例 4.5 的 15 个检验的数据, 编写函数使用 IF-PCA 方法计算 HC 值 (式 (4.6)), 对比它拒绝原假设的数量, 与例题中的结果一样吗?

4.5 请对第 1 章的问题 1.2 里的高登研究, 通过例 4.5 编写的程序进行基因有效性的检验, 绘制 HC 图, 判断无效基因的数量.

4.6 表 4-32 是美国三大汽车公司 (A, B, C 三种处理) 的五种不同的车型某年产品的油耗, 在 R 中编写函数完成 Hodges-Lehmmann 调整秩和检验. 试分析不同公司的油耗是否存在差异, 请将 Friedman 检验与 Hodges-Lehmmann 调整秩和检验的结果进行比较.

表 4-32 油耗数据 单位: mpq

汽车公司	车型				
	I	II	III	IV	V
A	20.3	21.2	18.2	18.6	18.5
B	25.6	24.7	19.3	19.3	20.7
C	24.0	23.1	20.6	19.8	21.4

4.7 在一项健康试验中有三种生活方式, 它们的瘦身效果如表 4-33 所示.

表 4-33 瘦身数据

	生活方式		
	1	2	3
一个月后	3.7	7.3	9.0
降低的体重	3.7	5.2	4.9
(单位: 500g)	3.0	5.3	7.1
	3.9	5.7	8.7
	2.7	6.5	
n_i	5	5	4

人们想要知道从这些数据能否得出三种生活方式的瘦身效果 (位置参数) 是不是一样的. 如果瘦身效果不等, 试根据上面这些数据选择方法检验哪一种效果最好, 哪一种最差.

4.8 为考察三位推销员甲、乙、丙的推销能力, 设计试验, 让推销员向指定的 12 位客户推销商品, 若客户对推销服务满意, 则给 1 分, 否则给 0 分, 所得结果如表 4-34 所示. 试检验三位推销员的推销效果是否相同. 请问该题目可以使用 χ^2 检验进行分析吗? 请讨论比较后得出的结论.

表 4-34 客户数据

		客户											
		1	2	3	4	5	6	7	8	9	10	11	12
推	甲	1	1	1	1	1	1	0	0	1	1	1	0
销	乙	0	1	0	1	0	0	0	1	0	0	0	0
员	丙	1	0	1	0	0	1	0	1	0	0	0	1

4.9　现有 A, B, C, D 四种驱蚊药剂, 在南部四个地区试用, 观察实验效果. 受试验条件所限, 每种药剂只在三个地区试验, 每一试验使用 400 只蚊子, 其死亡数如表 4-35 所示. 如何检验四种药剂的药效是否不同?

表 4-35　驱蚊药数据

		地区			
		1	2	3	4
药 剂	A	356	320	359	
	B	338	340		385
	C	372		380	390
	D		308	332	348

第 5 章 分类数据的关联分析

分类变量之间的关系是统计结构中的重要参数, 其中变量的数据类型常常是以计数数据的方式呈现. 本章主要分成三个部分, 第一部分主要是分类变量独立性检验, 包括 χ^2 独立性检验、Fisher 独立性检验和 McNemar 检验. 第二部分是变量关联分析的扩展, 主要介绍了分层 Mantel-Haenszel 检验和关联规则. 第三部分是 Ridit 检验法和对数线性模型.

5.1 $r \times s$ 列联表和 χ^2 独立性检验

假设有 n 个随机试验的结果按照两个变量 A 和 B 分类, A 取值为 $A_1, A_2, \cdots, A_r$, B 取值为 $B_1, B_2, \cdots, B_s$. 将变量 A 和 B 的各种情况的组合用一张 $r \times s$ 列联表表示, 称为 $r \times s$ 二维列联表, 如表 5–1 所示. n_{ij} 表示 A 取 A_i 及 B 取 B_j 的频数, $\sum\limits_{i=1}^{r} \sum\limits_{j=1}^{s} n_{ij} = n$, 其中:

$$n_{i.} = \sum_{j=1}^{s} n_{ij}, \quad i = 1, 2, \cdots, r, \quad \text{表示各行之和}$$

$$n_{.j} = \sum_{i=1}^{r} n_{ij}, \quad j = 1, 2, \cdots, s, \quad \text{表示各列之和}$$

$$n_{..} = \sum_{j=1}^{s} n_{.j} = \sum_{i=1}^{r} n_{i.}$$

表 5-1 $r \times s$ 二维列联表

	B_1	B_2	$\cdots$	B_s	总和
A_1	n_{11}	n_{12}	$\cdots$	n_{1s}	$n_{1.}$
$\vdots$	$\vdots$	$\vdots$	$\vdots$	$\vdots$	$\vdots$
A_r	n_{r1}	n_{r2}	$\cdots$	n_{rs}	$n_{r.}$
总和	$n_{.1}$	$n_{.2}$	$\cdots$	$n_{.s}$	$n_{..}$

令 $p_{ij} = P(A = A_i, B = B_j), i = 1, 2, \cdots, r, j = 1, 2, \cdots, s$. $p_{i.}$ 和 $p_{.j}$ 分别表示 A 和 B 的边缘概率. 对于 $r \times s$ 二维列联表, 如果变量 A 和 B 独立, 或说没有关联, 则 A 和 B 的联合概率应等于 A 和 B 的边缘概率之积.

于是分类变量独立性的问题可以描述为以下假设检验问题:

$$H_0 : p_{ij} = p_{i.} p_{.j}, \quad 1 \leqslant i \leqslant r; 1 \leqslant j \leqslant s$$

我们注意到如果两个变量之间没有关系, 那么观测频数与期望频数之间的总体差异应该很小. 如果观测频数与期望频数之间的差异足够大, 那么可以推断两个变量之间存在相互依

赖关系. 在零假设下, $r \times s$ 列联表每格中期望值为:

$$m_{ij} = \frac{n_i.n_{.j}}{n_{..}}$$

则可以定义统计量

$$\chi^2 = \sum_{i=1}^{r} \sum_{j=1}^{s} \frac{(n_{ij} - m_{ij})^2}{m_{ij}} \tag{5.1}$$

如果有 $m_{ij} > 5$, 则 χ^2 近似服从自由度为 $(s-1)(r-1)$ 的 χ^2 分布. 如果 Pearson χ^2 值过大, 或 p 值很小, 则拒绝零假设, 认为行变量与列变量存在关联. 像这样没有指出两变量之间更细微的相关或其他特殊的关系, 称为一般性关联 (general association).

例 5.1　为研究血型与肝病之间的关系, 对 295 名肝病患者及 638 名非肝病患者 (对照组) 调查不同血型的得病情况, 如表 5-2 所示, 问血型与肝病之间是否存在关联?

表 5-2　血型与肝病间的关系

血型	肝炎	肝硬化	对照	合计
O	98	38	289	425
A	67	41	262	370
B	13	8	57	78
AB	18	12	30	60
合计	196	99	638	933

本例中的行和列都是分类变量, 因而可用 chisq.test 求出 Pearsonχ^2 值, 如下所示:

```
import numpy as np
import pandas as pd
from scipy.stats import chi2_contingency
blood= np.array([[98,38,289],[67,41,262],[13,8,57],[18,12,30]])
kf = chi2_contingency(blood)
print('chisq-statistic=%.4f, p-value=%.4f, df=%i expected_frep=%s'%kf)
```

```
输出:
chisq-statistic=15.0734, p-value=0.0197, df=6
    expected_frep=[[ 89.2819 45.0965 290.6217]
            [ 77.7278 39.2605 253.0118]
            [ 16.3859 8.2765 53.3376]
            [ 12.6045 6.3666 41.0290]]
```

以上输出了 Pearson χ^2 检验结果, 自由度为 $(3-1)(4-1) = 6$, χ^2 值为 15.073, p 值为 0.020. 由于 p 值小于 0.05, 可以拒绝血型与肝病独立的假设, 认为血型与肝病有一定关联.

为达到 χ^2 检验的效果, 一般需要保证在应用 χ^2 检验时满足一些特殊的假定条件. 具体而言, 要测量不同类之间是否独立, 频数过小的格点不能太多. 比如, 西格尔和卡斯泰兰 (Siegel & Castellan, 1988) 指出行数或列数至少其一超过 2, 单元格中期望频数低于 5 的单元格的数目不能超过总单元格个数的 20%, 不能允许单元格中的期望频数小于 1.

当实际观测次数过少时, Pearson χ^2检验会有很大偏差, 威尔克 (Wilk, 1995) 建议改用有偏的 χ^2 值公式 G^2 :

$$G^2 = -2\sum_{i=1}^{r}\sum_{j=1}^{s} n_{ij}\ln(n_{ij}/m_{ij})$$

$$= -2\left[\sum_{i=1}^{r}\sum_{j=1}^{s} n_{ij}\ln(n_{ij}) - \sum_{i=1}^{r}\sum_{j=1}^{s} n_{ij}\ln(m_{ij})\right]$$

G^2 称为似然比卡方值 (likelihood ratio chi-square). G^2 在零假设下与 Pearson χ^2 统计量分布相同, 近似服从自由度为 $(s-1)(r-1)$ 的 χ^2 分布. 如果 G^2 值过大, 或零假设下 p 值很小, 则拒绝零假设, 认为行变量与列变量存在强关联.

5.2 χ^2 齐性检验

一般关系说明行与列向量有一定关系, 如不同血型的病人患某种疾病较多或较少. 由于行和列的变量都是无序的, 因而结果与各行或各列的顺序无关. 另外一类问题是行表示不同的区组, 列表示我们感兴趣的问题, 我们希望回答列变量比例分布在各个区组之间是否一致, 这类检验问题称为齐性检验. 先看下面的例题.

例 5.2 简·奥斯汀 (1775—1817) 是英国著名女作家, 在其短暂的一生中为世界奉献出许多经久不衰的作品, 如《理智与情感》《傲慢与偏见》《曼斯菲尔德庄园》《爱玛》等. 在其身后, 奥斯汀的哥哥亨利主持了其遗作《劝导》和《诺桑觉寺》两部作品的出版, 很多热爱奥斯汀的文学爱好者自发研究后面两部作品与奥斯汀本人的语言风格是否一致. 以下是一个例子, 表 5-3 中收集了代表作《理智与情感》《爱玛》以及遗作《劝导》前两章 (分别以 I, II 标记) 中常用代表词的出现频数, 希望研究不同作品之间在选择常用词汇的比例上是否存在差异, 并以此为作品真迹鉴别提供证据.

表 5-3 不同作品中选词频率统计表

单词	《理智与情感》	《爱玛》	《劝导》I	《劝导》II
a	147	186	101	83
an	25	26	11	29
this	32	39	15	15
that	94	105	37	22
with	59	74	28	43
without	18	10	10	4

齐性检验问题的一般表述为:

$$H_0 : p_{i1} = \cdots = p_{is} = p_{i\cdot} \leftrightarrow H_1 : \text{等式不全成立}, \quad \forall i = 1, 2, \cdots, r \tag{5.2}$$

本例中, p_{ij} 是第 i 个词条在第 j 部著作中出现的概率, 由节选章节出现该词条的频率估计. 在原假设下, 这些概率应视为与不同著作无关, 因此 n_{ij} 的期望值为 $e_{ij} = n_{\cdot j}p_{i\cdot}$, $p_{i\cdot}$ 用其零假设下的估计值 $\hat{p}_{i\cdot} = n_{i\cdot}/n_{\cdot\cdot}$ 代替. 这时的观测值为 n_{ij}, 而期望值为 $e_{ij} \equiv \dfrac{n_{i\cdot}n_{\cdot j}}{n_{\cdot\cdot}}$, 于是构

造 χ^2 统计量反应观测数和期望数的差异为:

$$Q = \sum_{ij} \frac{(n_{ij} - e_{ij})^2}{e_{ij}} = \sum_{i,j} \frac{n_{ij}^2}{e_{ij}} - n_{..}$$

该 χ^2 统计量和独立性检验的统计量形式上完全一致, 近似服从自由度为 $(r-1)(s-1)$ 的 χ^2 分布. 以下是示例程序:

```
from scipy import stats
import numpy as np
data=[147,186,101,83,25,26,11,29,32,39,15,15,94,105,37,22,59,74,28,43,18,10,10,4]
Jane=np.array(data).reshape(6,4)
stats.chi2_contingency(Jane) # 卡方齐性检验
```

```
输出: (45.5775, 6.2050e-05, 15,
    array([[159.8310, 187.5350, 86.0956, 83.5383],
        [ 28.1327, 33.0091, 15.1542, 14.7040],
        [ 31.2242, 36.6364, 16.8195, 16.3199],
        [ 79.7609, 93.5862, 42.9646 , 41.6884],
        [ 63.0668, 73.9984, 33.9720, 32.9629],
        [ 12.9843, 15.2350, 6.9942, 6.7865]]))
```

该例子的 $Q = 45.58$, p 值为 6.205×10^{-5}, 于是拒绝零假设, 认为后两部作品未必全部为简·奥斯汀的真迹.

5.3　Fisher 精确性检验

Pearson χ^2 检验要求二维列联表中只允许 20% 以下格子的期望数小于 5. 对于 2×2 列联表, 如果其中有一个格 (对 $r \times s$ 列联表实际上是 25% 以上的格子) 期望数小于 5, 则 R 程序会输出警告提示, 此时应当用 Fisher 精确性检验法 (Fisher's exact test, Fisher-Irwin test, Fisher-Yates test; Fisher, 1935a, b; Yates, 1934). 下面我们仅以 2×2 列联表为例, 介绍 Fisher 检验. 假设有 2×2 列联表, 如表 5–4 所示.

表 5-4　典型的 2×2 列联表

	B_1	B_2	总和
A_1	n_{11}	n_{12}	$n_{1.}$
A_2	n_{21}	n_{22}	$n_{2.}$
总和	$n_{.1}$	$n_{.2}$	$n_{..}$

如果固定行和与列和, 那么在零假设条件下出现在表中的各数值分别为 n_{11}, n_{12}, n_{21} 及 n_{22}, 假设边缘频数 $n_{1.}, n_{2.}, n_{.1}, n_{.2}$ 和 $n_{..}$ 都是固定的. 在 A 和 B 独立的零假设下, 对任意的 i, j, n_{ij} 服从超几何分布:

$$P(n_{ij}) = \frac{n_{1.}! n_{2.}! n_{.1}! n_{.2}!}{n_{..}! n_{11}! n_{12}! n_{21}! n_{22}!} \tag{5.3}$$

由于 4 个格子中只要有一个数值确定, 另外 3 个也确定了, 因此只要对 n_{11} 的分布进行分析就足够了. 下面举例说明 n_{11} 的分布.

比如行总数为 5, 3, 列总数为 5, 3, 所有可能的表为 4 种, 如下所示:

$$
\begin{matrix}
2 & 3 & & 3 & 2 & & 4 & 1 & & 5 & 0 \\
3 & 0 & & 2 & 1 & & 1 & 2 & & 0 & 3
\end{matrix}
$$

n_{11} 所有的可能取值为 2,3,4,5. 但是在独立或没有齐性的零假设下, 出现这些值的可能性是不同的. 第二个较最后一个表更像是独立或没有齐性的情况, 因此 $P(n_{11}=3) > P(n_{11}=5)$, 用式 (5.3) 也容易计算出 n_{11} 取这些值的概率, 如表 5–5 所示.

表 5-5　n_{11} 取值的分布列

2	3	4	5
0.1785714	0.5357143	0.2678571	0.01785714

当然, n_{11} 取各种可能值的概率之和为 1. 由此很容易得到各种有关的概率, 比如:

$$
P(n_{11} \leqslant 3) = P(n_{11}=2) + P(n_{11}=3) = 0.1785714 + 0.5357143 = 0.7142857
$$

在原假设下 (齐性或独立性), n_{ij} 的各种取值都不会是小概率事件, 如果 n_{11} 过大或过小都可能导致拒绝零假设, 由此可以进行各种检验.

由式 (5.3) 可得

$$
E(n_{11}) = \frac{n_{.1} n_{1.}}{n_{.1} + n_{.2}} \tag{5.4}
$$

$$
\mathrm{var}(n_{11}) = \frac{n_{.1} n_{1.} n_{2.} n_{.2}}{n_{..}^2 (n_{..} - 1)} \tag{5.5}
$$

对于大样本情况, 在原假设下, n_{11} 近似服从正态分布. 将 n_{11} 标准化:

$$
Z = \frac{\sqrt{n_{..}}(n_{11}n_{22} - n_{12}n_{21})}{\sqrt{n_{1.}n_{2.}n_{.1}n_{.2}}} \xrightarrow{\mathcal{L}} N(0,1)
$$

我们注意到分子正好是 2×2 列联表所对应方阵的行列式. 行列式越大表示行列关系越强, 行列式接近零表示方阵降秩, 这正是两变量独立的典型特征.

例 5.3　为了解某种疾病各种药物的治疗效果, 采集药物 A 与 B 的疗效数据整理成二维列联表, 如表 5–6 所示.

表 5-6　某病两种药物治疗结果

药物	疗效		合计
	有效	无效	
A	8	2	10
B	7	23	30
合计	15	25	40

在这个问题中, 某些类别的例数较少, 因而一般的 χ^2 检验不适用, 只能采用精确检验法.

统计计算: 如果固定边缘值 $(15, 25, 10, 30)$, 那么在零假设条件下出现在四格表中各数值分别为 n_{11}, n_{12}, n_{21} 及 n_{22} 的概率按超几何分布为:

$$P\left(n_{11}=8\right)=\frac{n_{1\cdot}!n_{2\cdot}!n_{\cdot 1}!n_{\cdot 2}!}{n_{\cdot\cdot}!n_{11}!n_{12}!n_{21}!n_{22}!}$$

$$=\frac{15!25!10!30!}{40!8!2!7!23!}=0.0023 \tag{5.6}$$

用 fisher.test 函数可以计算得到 $P(n_{11} \geqslant 8) = 0.0024$. 作为比较, 我们还用了 χ^2 检验, 此时 Pearson 统计量为 2.6921, p 值为 0.1008, 程序和相应的输出如下所示:

```
from scipy.stats import fisher_exact
p_value1=fisher_exact([[8,2],[7,23]])[1]
p_value1 #fisher_test 给出的 p 值
```

```
输出: 0.0047
```

在上面的程序中, 进行 χ^2 检验时出现了警告信息, 另外也发现格点中数据量较少时, 用 χ^2 检验近似得到的 p 值与 Fisher 精确性检验的 p 值相差较大.

1951 年弗里曼·霍尔顿 (Freeman Halton) 将 2×2 的情形推广到 $r \times s$ 的情形, 此时假设 X 变量取值为 $j = 1, 2, \cdots, r$, Y 变量取值为 $j = 1, 2, \cdots, s, r, s > 2$, 有如下列联表 (见表 5-7):

表 5-7　$r \times s$ 二维列联表

	1	2	$\cdots$	s	总和
1	n_{11}	n_{12}	$\cdots$	n_{1s}	$n_{1\cdot}$
$\vdots$	$\vdots$	$\vdots$	$\vdots$	$\vdots$	$\vdots$
r	n_{r1}	n_{r2}	$\cdots$	n_{rs}	$n_{r\cdot}$
总和	$n_{\cdot 1}$	$n_{\cdot 2}$	$\cdots$	$n_{\cdot s}$	$n_{\cdot\cdot}$

各交叉处数值的联合分布服从多元超几何分布 (multivariate hypergeometric distribution). 那么有 p 值 $=\dfrac{\prod_i n_{i+}! \prod_i n_{+j}!}{n! \prod_{ij} n_{ij}!}$.

例 5.4　猩红热是一种急性呼吸道传染病, 常伴随并发 3 种疾病: 急性鼻窦炎、咽部炎症和急性中耳炎, 出现 6 种症状. 表 5-8 统计了 24 位收治患者, 确诊后分别为 3 种并发症 (如行显示), 标记如下: 1 为急性鼻窦炎; 2 为咽部炎症; 3 为急性中耳炎. 6 种症状如列显示, 标记如下: 1 为剧烈头痛; 2 为流大量脓涕; 3 为鼻塞; 4 为嗅觉减退; 5 为咽部疼痛; 6 为扁桃体红肿. 分布情况如表 5-8 所示, 分析两者之间的关系如何.

表 5-8　$r \times s$ 二维列联表

	1	2	3	4	5	6	总和
1	1	1	0	1	8	0	11
2	0	1	1	1	0	1	4
3	1	0	0	0	7	1	9
总和	2	2	1	2	15	2	$n_{\cdot\cdot} = 24$

根据公式计算出 p 值是 5.7689E–05, 可以拒绝原假设, 认为主诉症状和三种疾病之间有紧密的关系, 其中猩红热主要并发病症为急性鼻窦炎和急性中耳炎, 咽部疼痛是二者的主诉症状.

5.4 McNemar 检验

McNemar 检验, 中文译名为麦克尼马尔检验 (McNemar test). 用于配对计数数据的分析, 主要分析配对数据中控制组和处理组的频率或比率是否有差异, 对于比较同一批观测对象用药前后或试验前后的结果有无差异非常有效. 配对数据中控制组和处理组均为 0/1 数据, 如 "是" 或 "否", "阳性" 或 "阴性", "有反应" 或 "无反应", "有效" 或 "无效" 等. 该检验只适用于二分变量, 对于非二分变量, 应在分析前进行数据变换.

假设配对样本有两个测量 $X = 1/0$ 和 $Y = 1/0$, X 和 Y 一共有四种结果分别为: $(0,0),(0,1),(1,0)$ 和 $(1,1)$, 每一类的概率用 p_{ij} 表示, $i = 0,1, j = 0,1$, McNemar 检验问题为:

$$H_0:\quad p_{01} - p_{10} = 0 \leftrightarrow H_A:\quad p_{01} - p_{10} \neq 0$$

有如表 5–9 所示四格列联表.

表 5-9   典型的 2×2 列联表

	0	1	总和
0	n_{00}	n_{01}	$n_{1.}$
1	n_{10}	n_{11}	$n_{2.}$
总和	$n_{.1}$	$n_{.2}$	$n_{..}$

$p_{10} - p_{01}$ 的估计是 $\hat{p}_{10} - \hat{p}_{01} = n_{01}/n - n_{10}/n_{..}$ 这是两个比例之差, 它的标准差是

$$SE(\hat{p}_{10} - \hat{p}_{01}) = \sqrt{\frac{\hat{p}_{10} + \hat{p}_{01} - (\hat{p}_{10} - \hat{p}_{01})^2}{n_{..}}}$$

可以使用 Wald 统计量, 它是用一个正态 z 得分和其标准差相除得到的比率, 这里用这个比率的平方来产生一个度量差异的得分, 得到如下 χ^2 检验统计量:

$$\chi^2 = \frac{(n_{01} - n_{10})^2}{n_{01} + n_{10}}$$

在 H_0 检验问题下, 该统计量服从 $\chi^2(1)$ 分布. 可以在 $\chi^2(1)$ 分布下根据 χ^2 值过大拒绝原假设.

例 5.5   有 131 份血清样品, 每份样品分别进行两种血清学检验 A 和 B, 分析两种方法阳性检出率是否不同, 数据如表 5–10 所示.

计算 $\chi^2 = \frac{(10-31)^2}{10+31} = 10.76$, 自由度为 1, p 值是 0.0018, 对该数据表做 χ^2 拟合优度检验, 发现 p 值为 0.0896, 无法发现 A 和 B 在不一致上的关联性.

表 5-10　A 和 B 两种检验结果

B 方法	A 方法		合计
	1	0	
1	80	10	90
0	31	10	41
合计	111	20	131

McNemar 检验主要利用了非主对角线单元格上的信息, 它关注的是行变量和列变量两者之间不一致的评价信息, 用于比较两个评价者各自存在怎样的倾向性. 对于一致性较好的大样本数据, McNemar 检验也可能会失效. 例如对 10000 例数据进行一致性评价, 假设其中 9993 例都是完全一致的, 一致的评价信息集中在主对角线上. 不一致的评价信息共计 7 例, 3 例位于左下区, 4 例位于右上区. 显然, 此时一致性相当好. 但如果使用 McNemar 检验, 反而会得出两种评价有差异的结论.

5.5　Mantel-Haenszel 检验

很多研究都涉及分层数据结构, 比如产品研究中, 需要根据城市和农村特点分别研究不同人群对产品或服务的满意度; 不同类型的医院由于收治的病人特征不同, 要对不同的医院研究不同治疗方案对病人的治疗效果. 这里城市和农村是问题的两个层, 研究所涉及的不同医院也是不同的层. 于是在回答处理与反应结果之间是否独立的问题时, 需要首先按层计算差异, 再将各层的差异进行综合比较, 从而做出综合判断. 一个较为简单的情况是每层都有一个 2×2 列联表, 于是多个层涉及多个 2×2 列联表. 例如在 3 个中心临床试验中, 每个医院随机地把病患分为试验组和对照组, 疗效分为有效和无效, 每个医院形成一个 2×2 列联表数据.

以医院为例, 令分层结构 $h = 1, 2, \cdots, k$, n_{hij} 表示第 h 层四格列联表观测频数, h 表示多层四格表的第 h 层, 第 h 层观测病案数为 n_h, $\sum_{h=1}^{k} n_h = n$.

假设检验问题为:

$$H_0 : 试验组与对照组在治疗效果上没有差异$$

$$H_1 : 试验组与对照组在治疗效果上存在差异$$

表 5-11 是第 h 层四格表的记号表示.

表 5-11　第 h 层四格列联表各单元格记号

	有效	无效	合计
试验组	n_{h11}	n_{h12}	$n_{h1.}$
对照组	n_{h21}	n_{h22}	$n_{h2.}$
合计	$n_{h.1}$	$n_{h.2}$	n_h

当零假设成立时, 先求出第 h 层 n_{h11} 的期望 $E(n_{h11})$ 和方差 $\mathrm{var}(n_{h11})$:

$$E(n_{h11}) = \frac{n_{h1.}n_{h.1}}{n_h}$$

$$\mathrm{var}\,(n_{h11}) = \frac{n_{h1.}n_{h2.}n_{h.1}n_{h.2}}{n_h{}^2\,(n_h-1)}$$

不同组与疗效之间的关系可用 Mantel-Haenszel 检验的 Q_{MH} 统计量表示:

$$Q_{MH} = \frac{\left(\displaystyle\sum_{h=1}^{k} n_{h11} - \sum_{h=1}^{k} En_{h11}\right)^2}{\displaystyle\sum_{h=1}^{k}\mathrm{var}\,(n_{h11})}$$

式中, k 为层数.

定理 5.1 $\forall h = 1, 2, \cdots, k$ 层, $\forall i = 1, 2$ 行, $n_{hi.} = \displaystyle\sum_{j=1}^{2} n_{hij}$ 不小于 30 时, 统计量 Q_{MH} 近似服从自由度等于 1 的卡方分布.

例 5.6 对 2 家医院考察某抗癌药的治疗效果, 试验组 (A) 与对照组 (B)(安慰剂) 对比记录疗效, 如表 5–12 所示.

表 5-12 不同医院抗癌药的治疗效果比较

医院	药品	有效	无效	合计
1	A	50	15	65
	B	92	90	182
	合计	142	105	247
医院	药品	有效	无效	合计
2	A	47	135	182
	B	5	60	65
	合计	52	195	247

Python 程序如下:

```python
import pandas as pd
import numpy as np
import scipy.stats as stats
arr1=np.array([[50,15],[92,90]])
arr2=np.array([[47,135],[5,60]])
def MH(*array):
    h11=[]
    E_h11=[]
    var_h11=[]
    for h in array:
        h10=h.sum(axis=1)[0]
        h20=h.sum(axis=1)[1]
        h01=h.sum(axis=0)[0]
        h02=h.sum(axis=0)[1]
```

```
        h11.append(h[0,0])
        E_h11.append(h10*h01/h.sum())
        var_h11.append(h10*h20*h01*h02/(h.sum()**2*(h.sum()-1)))
    Q=(sum(h11)-sum(E_h11))**2/sum(var_h11)
    return 'Q_MH':Q,'p-value':stats.chi2.sf(Q,1)
MH(arr1,arr2)
```

```
输出: 'Q_MH': 23.0112, 'p-value': 1.6106
```

以上得到 Mantel-Haenszel 检验的结果 $Q_{MH} = 23.0112$, p 值为 1.6106, 通过检验, 说明抗癌药有效果. 进一步比较各层, 发现在第一家医院, 药品 A 相对于安慰剂疗效显著; 在第二家医院, 无论是药品 A 还是药品 B, 疗效都不明显.

进一步计算发现, 如果不按分层结构计算分类变量的关系, 则只能出现两分类变量无关的结论, 参见习题 5.6.

Mantel-Haenszel 检验消除了层次因素的干扰, 提高了检验出变量关联性的可靠性.

5.6 关联规则

前面几节中, 我们给出了两个分类变量的关系度量和检验方法, 这些方法都是针对两个固定变量进行的测量. 实际中, 常常会碰到大规模变量的选择问题. 比如, 超市的购物篮数据中, 哪些物品在选购时相比另一些物品而言更倾向于同时被选中, 这是消费者购买行为分析中的核心问题. 比如, 购买面包和牛奶的人, 是否更倾向于购买牛肉汉堡包和番茄酱. 如何从为数众多的变量中用最快的方法将关联性最强的两组或更多组变量选出来, 是值得关注的一个技术问题. 该问题自然引发了大规模数据探索分析中的核心技术问题, 即关联规则的有效取得.

5.6.1 关联规则基本概念

给定一个事务数据表 D, 设有 m 个待研究的不同变量的取值构成有限项集 $I = \{i_1, i_2, \cdots, i_m\}$, 其中每一条记录 T 是 I 中 k 项组成的集合, 称为 k 项集, 即 $T \subseteq I$, 如果对于 I 的子集 X, 有 $X \subseteq T$, 则称该交易 T 包含 X. 一条关联规则是一个形如 $X \rightarrow Y$ 的形式, 其中 $X \subseteq I, Y \subseteq I$, 且 $X \bigcap Y = \varnothing$. X 称关联规则的前项, Y 称关联规则的后项. 我们关注的是两组变量对应的项集 X 和项集 Y 之间因果依存的可能性. 关联规则中常涉及两个基本的度量: 支持度和可信度.

关联规则的支持度 S 定义为 X 与 Y 同时出现在一次事务中的可能性, 由 X 项和 Y 项在 D 中同时出现的事务数占总事务的比例估计, 反映 X 与 Y 同时出现的可能性, 即

$$S(X \Rightarrow Y) = |T(X \vee Y)|/|T|$$

其中, $|T(X \vee Y)|$ 表示同时包含 X 和 Y 的事务数, $|T|$ 表示总事务数. 关联规则的支持度 (support) 用于测度关联规则在数据库中的普适程度, 是对关联规则重要性 (或适用性) 的衡量. 如果支持度高, 表示规则具有较好的代表性.

关联规则的可信度 (confidence) 用于测度后项对前项的依赖程度, 定义为: 在出现项目 X 的事务中出现项目 Y 的比例, 即

$$C(X \Rightarrow Y) = |T(X \vee Y)|/|T(X)|$$

其中, $|T(X)|$ 表示包含 X 的事务数, $|T(X \vee Y)|$ 表示同时出现 X 和 Y 的事务数. 可信度高说明 X 发生引起 Y 发生的可能性高. 可信度是一个相对指标, 是对关联规则准确度的衡量, 可信度高, 表示 Y 依赖于 X 的可能性比较高.

关联规则的支持度和可信度都是位于 $0 \sim 100\%$ 之间的数. 关联规则的主要目的是建立变量值之间的可信度和支持度都比较高的关联规则. 最常见的关联规则是最小支持度–可信度关联规则, 即找到支持度–可信度都在给定的最小支持度和最小可信度以上的关联规则, 表示为 $X \Rightarrow Y$ (支持度 S, 置信度 C) 关联规则. Apriori 算法是这类关联规则的代表.

5.6.2 Apriori 算法

常用的关联规则算法有 Apriori 算法和 CARMA 算法. 其中 Apriori 算法是由阿格拉瓦尔 (Agrawal), 伊米尔林斯基 (Imielinski) 和斯瓦米 (Swami) 于 1993 年设计的对静态数据库计算关联规则的代表性算法, Apriori 还是许多序列规则和分类算法的重要组成部分. CARMA 算法则是动态计算关联规则的代表. Apriori 是发现布尔关联规则所需频繁项集的基本算法, 即每个变量只取 1 或 0.

Apriori 算法主要以搜索满足最小支持度和可信度的频繁 k 项集为目的, 频繁项集的搜索是算法的核心内容. 如果 k_1 项集 A 是 k_2 项集 B 的子集 $(k_1 < k_2)$, 那么称 B 由 A 生成. 我们知道 k_1 项集 A 的支持度不大于任何它的生成集 k_2 项集 B. 支持度随项数增加呈递减规律, 于是可以从较小的 k 开始向下逐层搜索 k 项集, 如果较低的 k 项集不满足最小支持度条件, 则由该 k 项集生成的 n 项集 $(n > k)$ 都不满足最小条件, 从而可能有效地截断大项集的生长, 削减非频繁项集的候选项集, 有效地遍历满足条件的大项集.

具体而言, 首先从频繁 1 项集开始, 支持度满足最小条件的项集记作 L_1. 从 L_1 寻找频繁 2 项集的集合 L_2, 如此下去, 直到频繁 k 项集为空, 找每个 L_k 扫描一次数据库.

表 5–13 是人为编制的一个购物篮数据, 这个数据有 5 次购买记录, 我们以此为例说明 Apriori 算法的原理.

表 5–13 购物篮数据表

Basket-Id	A	B	C
t_1	1	0	0
t_2	0	1	0
t_3	1	1	1
t_4	1	1	0
t_5	0	1	1

在表 5–13 中, t_i 表示第 i 笔购物交易, $A = 1$ 表示某次交易中用户购买了 A, 显然可以将其转化为项集形式, 如表 5–14 所示.

预先将支持度和置信度分别设定为 0.4 和 0.6, 执行 Apriori 算法如下:

(1) 扫描数据库, 搜索 1 项集, 从中找出频繁 1 项集 $L_1 = \{A, B, C\}$.

(2) 在频繁 1 项集中将任意二项组合生成候选 2 项集 C_2, 比如, 从 1 项集 L_1 可生成候选二项集 $C_2 = \{AB, AC, BC\}$, 扫描数据库找出频繁 2 项集, $L_2 = \{AB, BC\}$.

(3) 从频繁 2 项集按照第二步的方法构成 3 项候选集 C_3, 找出频繁 3 项集. 因为 $s(A \vee$

$B \vee C) = 20\%$, 低于设定的最小支持度, 所以到第三步算法停止, $L_3 = \varnothing$.

表 5-14 购物篮交易数据表

Tid	items
t_1	A
t_2	B
t_3	ABC
t_4	AB
t_5	BC

找出频繁项集之后将构造关联规则, 继续上面的例子, 下面是构造出的一些规则.

规则 1: 支持度 0.4, 可信度 0.67:

$$A \Rightarrow B$$

规则 2: 支持度 0.4, 可信度 1:

$$C \Rightarrow B$$

例 5.7 Adult 数据取自 1994 年美国人口普查局数据库, 最初是用来预测个人年收入是否超过 5 万美元. 它包括 age (年龄), workclass (工作类型), education (教育), race (种族), sex (性别) 等 15 个变量, 48842 个观测. 我们对这个数据集运用 Apriori 算法发现了一些有意义的规则, 如表 5–15 所示.

```
#adult 数据来源 https://archive.ics.uci.edu/ml/datasets/Adult
from apyori import apriori
import pandas as pd
# 数据预处理
header = ['age','workclass','fnlwgt','education','education-num','marital-status','occupation',
'relationship','race','sex','capital-gain','capital-loss','hours-per-week','native-country','salary']
data = pd.read_csv("adult.data",names=header,sep=',')
data.drop(columns=['age','fnlwgt','education-num','capital-gain','capital-loss','hours-per-week','salary'],
axis=1,inplace=True)
data=data.values.tolist()
# 算法实现
result = list(apriori(transactions=data,min_support=0.7,min_confidence=0.9))
for rule in result:
        print(rule)
```

```
输出：
    RelationRecord(items=frozenset('United-States', 'White'), support=0.7869,
    ordered_statistics=[OrderedStatistic(items_base=frozenset('White'),
items_add=frozenset('United-States'), confidence=0.9211, lift=1.0282)])
```

值得注意的是, 并非可信度高的规则都是有意义的. 比如, 某超市里, 80% 的女性 (A) 购买了某类商品 $(B)(A \to B)$, 但这个商品的购买率也是 80%, 也就是说, 女性购买率和男性购买率是一样的, 即 $P(B|A) = P(B|\overline{A})$, 通常这类规则实用性不大. 如果 $P(B|A) > P(B)$, 则说明由 A 决定的 B 更有意义, 于是就产生了评价关联规则的第三个概念——提升度 (lift). 提升度定义为:

$$L(A \Rightarrow B) = \frac{C(A \Rightarrow B)}{T(B)}$$

它是关联度量 $P(A, B)/(P(A)P(B))$ 的一个估计. 当 $P(B) > \dfrac{1}{2}$ 时, 可以证明当提升度 $L(A \Rightarrow B) > 1$ 时, 有 $P(B|A) > P(B|\overline{A})$, 这表示 $A \Rightarrow B$ 规则的集中度较好.

表 5-15 关联规则输出结果

ID	rules	support	confidence	coverage	lift	count
1	$\{\} \to \{capital - gain = None\}$	0.917	0.917	1	1	44807
2	$\{\} \to \{capital - loss = None\}$	0.953	0.953	1	1	46560
3	$\{race = White\} \to$ $\{native - country = United - States\}$	0.788	0.922	0.855	1.023	38493
4	$\{race = White\} \to$ $\{capital - gain = None\}$	0.782	0.914	0.855	0.997	38184
5	$\{race = White\} \to$ $\{capital - loss = None\}$	0.814	0.952	0.855	0.998	39742
6	$\{native - country = United - States\}$ $\to \{capital - gain = None\}$	0.822	0.916	0.897	0.998	40146
7	$\{native - country = United - States\}$ $\to \{capital - loss = None\}$	0.855	0.953	0.897	0.999	41752
8	$\{capital - gain = None\} \to$ $\{capital - loss = None\}$	0.871	0.949	0.917	0.996	42525
9	$\{capital - loss = None\}$ $\to \{capital - gain = None\}$	0.871	0.913	0.953	0.996	42525
10	$\{race = White, native - country$ $-United - States\} \to \{capital - gain = None\}$	0.720	0.913	0.788	0.995	35140

5.7 Ridit 检验法

实际中经常需要对某个抽象概念进行测量, 比如, 通过测量病人对几种药物治疗的反应程度, 以判断不同药物的反应程度之间是否存在差异, 如果存在差异, 这些差异的感知顺序是怎样的? 类似的问题在行为学上同样存在, 在几个不同的项目设定量表测量用户对产品或服务的满意度, 问题是要确定不同项目用户感知差异的顺序. 这类问题的共同特征是采用量表测量受访者的感知, 由于人为和个体差异, 不一定总能理想地测量到真实的数据. 比如, 根据病患对于药物的反应程度进行药物评价或分级时可能会存在一定的级别感知缺陷. 例如, 4 级痛感不能代表 1 级痛感的 4 倍; 10 分钟精神忧郁感也不可认为是 1 分钟忧郁感的 10 倍; 药物使 4 级痛感减轻至 3 级, 这不会与 2 级痛感减轻至 1 级痛感一致. 总之, 我们只能测量到顺序级别的数据, 这些不同的项目之间不具有完整的事实独立性, 因而单纯应用定距分级或评分进行各处理强弱的比较, 数据的量关系可能与客观实际不符. 一个自然的想法是考虑将不能明显显示顺序的得分合并, 重新计算量表评级, 降低人为干扰, 从而做出更客观的评价.

布罗斯 (Bross) 于 1958 年提出一种非参数检验 Ridit 分析方法. Ridit 是 relative to identified distribution 的缩写和 Unit 的词尾 it 的组合, 有时也称为参照单位分析法. 它的基本原理是: 取一个样本数较多的组或将几组数据汇总成为参照组, 根据参照组的样本结构将原来各组响应数变换为参照得分——Ridit 得分, 利用变换后的 Ridit 得分进行各处理之间强弱的公平比较.

5.7.1 Ridit 得分的计算和假设检验

考虑 $r \times s$ 双向列联表, 如表 5-16 所示.

表 5-16 $r \times s$ 二维列联表

	B_1	B_2	$\cdots$	B_s	总和
A_1	O_{11}	O_{12}	$\cdots$	O_{1s}	$O_{1\cdot}$
$\vdots$	$\vdots$	$\vdots$		$\vdots$	$\vdots$
A_r	O_{r1}	O_{r2}	$\cdots$	O_{rs}	$O_{r\cdot}$
总和	$O_{\cdot 1}$	$O_{\cdot 2}$	$\cdots$	$O_{\cdot s}$	$O_{\cdot\cdot}$

行向量 A 是关于不同比较组或不同处理的分类变量, $A_1, A_2, \cdots, A_r$ 表示不同的处理; 列向量 B 是顺序尺度变量, 不失一般性, 一般假定 $B_1 < B_2 < \cdots < B_s$. O_{ij} 表示回答第 i 处理 (类) 在第 j 个顺序类上的响应数. 需要检验的问题是: $A_1, A_2, \cdots, A_r$ 个不同处理的强弱程度是否存在差异.

假设检验问题为:

$$H_0 : A_1, A_2, \cdots, A_r \text{ 之间没有强弱顺序}$$
$$\leftrightarrow H_1 : \text{至少存在一对 } A_i, A_j, \text{ 使得 } A_i \neq A_j \text{ 成立} \tag{5.7}$$

为比较不同处理之间的强弱顺序, 回想在 Kruskal-Wallis 检验中, 我们用每个处理的秩和或平均秩作为代表值, 参与处理之间的差异的比较. 秩或平均秩可以理解为各不同处理的综合得分, 这是多总体位置比较的基础. 假定每个处理的得分分布在不同的 s 个顺序类上, 假设 v_j 是第 j 个顺序类的得分, 那么可以按如下方式计算第 i 个处理的得分:

$$R_i = \sum_{j=1}^{s} v_j p(j|i)$$
$$= \sum_{j=1}^{s} v_j \frac{p_{ij}}{p_{i\cdot}}$$

式中, $p_{i\cdot}$ 为第 i 个处理类的边缘概率; p_{ij} 为第 i 个处理第 j 个顺序类的联合概率; $p(j|i)$ 为条件概率. 但是, 一般 v_j 在很多情况下很不明确, 有时为计算方便, 则以等距数据替代. 比如, 在 Likert 5 级量表中, $s = 5, v_j$ 按照 $j = 1, 2, \cdots, 5$ 分别表示非常不重要、不重要、一般、重要和非常重要. 这些顺序常常以 $1, 2, 3, 4, 5$ 表示, 1 表示弱, 5 表示强. 但是, 如此人为指定等距得分进行计算的结果常常与事实不符.

Ridit 得分选择用累积概率得分表示真实的强弱顺序, 假设顺序类别中第 j 类的边缘分布是 $p_{\cdot j}, j = 1, 2, \cdots, s$. 第 j 类的顺序强度如下定义:

$$R_1 = \frac{1}{2} p_{\cdot 1}$$
$$\vdots$$

$$R_j = \sum_{k=1}^{j-1} p_{\cdot k} + \frac{1}{2} p_{\cdot j}, \quad j = 2, 3, \cdots, s$$

$$= \frac{F_{j-1}^B + F_j^B}{2}$$

其中

$$F_j^B = \sum_{k=1}^{j} p_{\cdot k}, \quad j = 2, 3, \cdots, s$$

式中, F_j^B 是 B 的累积概率. 从上面的定义来看, $R_1 < R_2 < \cdots < R_s$, 这符合顺序类别等级度量特征.

定理 5.2 如上定义的 Ridit 得分, 满足如下性质:

$$R = \sum_{j=1}^{s} R_j p_{\cdot j} \equiv \frac{1}{2}$$

如果定义

$$R_i = \sum_{j=1}^{s} R_j p(j|i) \tag{5.8}$$

则 $R = \sum_{i=1}^{r} R_i p_{i\cdot} \equiv \frac{1}{2}$.

证明 为简单起见, 只证明第一个等式, 第二个等式留给读者自己证明.

$$R = \sum_{j=1}^{s} R_j p_{\cdot j} = \sum_{j=1}^{s} \frac{F_{j-1}^B + F_j^B}{2} p_{\cdot j}$$

$$= \frac{1}{2} \left(\sum_{j=1}^{s} \sum_{k=1}^{j-1} p_{\cdot j} p_{\cdot k} + \sum_{j=1}^{s} \sum_{k=1}^{j} p_{\cdot j} p_{\cdot k} \right)$$

$$= \frac{1}{2} \left(2 \sum_{j=1}^{s} \sum_{k=1}^{j-1} p_{\cdot j} p_{\cdot k} + \sum_{j=1}^{s} p_{\cdot j}^2 \right)$$

$$= \frac{1}{2} \left(\sum_{j=1}^{s} p_{\cdot j} \right)^2 = \frac{1}{2}$$

另外, 注意到 Ridit 得分是用累积概率 F_j^B 定义的, 这正是 Ridit 得分法区别于人为定分的实质所在. 通常的 Likert 量表采用的是均匀分布, 如果各顺序类响应数均匀, 则这样假设是可能的. 但是, 如果各类响应人数不等, 则如此定级可能就不客观. 在实际计算中, F_j^B 需要用样本估计, 为方便计算, 下面给出 Ridit 计算的步骤, 并将计算过程显示于表 5–17 中.

(1) 计算各顺序类别响应总数的一半 $H_j = \frac{1}{2} O_{\cdot j}$, 得到行 (1).

(2) 将行 (1) 右移一格, 第一格为 0, 其余为累计前一级 $(j-1)$ 的累积频率 $C_j, C_j =$

$\displaystyle\sum_{k=1}^{j-1} O_{.k}$, 得到行 (2).

(3) 将行 (1) 与行 (2) 对应位置相加, 即得到行 (3), 行 (3) 中 $N_j = H_j + C_j$.

(4) 计算各顺序类别的 Ridit 得分 $R_j = \dfrac{N_j}{O_{..}}$, 得到行 (4).

(5) 将 R_j 的值按照 O_{ij} 占 $O_{i.}$ 的权重重新配置第 i, j 位置的 Ridit 得分: $R_{ij} = \dfrac{O_{ij}}{O_{i.}} R_{.j}$.

(6) 计算第 i 处理 (类) 的 Ridit 得分: $R_i = \displaystyle\sum_{j=1}^{s} R_{ij}$, 这些 Ridit 得分的期望为 0.5.

表 5-17　各顺序级别 R_j 计算表

		B_1	B_2	$\cdots$	B_s	合计
	A_1	O_{11}	O_{12}	$\cdots$	O_{1s}	$O_{1.}$
	$\vdots$	$\vdots$	$\vdots$		$\vdots$	$\vdots$
	A_r	O_{r1}	O_{r2}	$\cdots$	O_{rs}	$O_{r.}$
	总和	$O_{.1}$	$O_{.2}$	$\cdots$	$O_{.s}$	$O_{..}$
步骤	(1)	$H_1 = \frac{1}{2}O_{.1}$	$H_2 = \frac{1}{2}O_{.2}$	$H_j = \frac{1}{2}O_{.j}$	$H_s = \frac{1}{2}O_{.s}$	
	(2)	0	$C_2 = \sum\limits_{k=1}^{1} O_{.k}$	$C_j = \sum\limits_{k=1}^{j-1} O_{.k}$	$C_s = \sum\limits_{k=1}^{s-1} O_{.k}$	
	(3)	N_1	N_2	$N_j = H_j + C_j$	N_s	
	(4)	R_1	R_2	$R_j = \dfrac{N_j}{O_{..}}$	R_s	

对假设检验问题 (5.7):

$$H_0 : A_1, A_2, \cdots, A_r \text{ 之间没有强弱顺序}$$
$$\leftrightarrow H_1 : \text{至少存在一对 } A_i, A_j, \text{ 使得 } A_i \neq A_j \text{ 成立}$$

有了 R_j, 如果需要比较几个处理强弱是否存在差异, 可以用 Kruskal-Wallis 检验方法:

$$W = \frac{12O_{..}}{(O_{..} + 1)T} \sum_{i=1}^{r} O_{i.}(R_i - 0.5)^2$$

式中, T 为打结校正因子. 阿格莱斯蒂 (Agresti) 于 1984 年指出当样本量足够大时, T 的值趋近于 1, 所以检验统计量简化为:

$$W = 12 \sum_{i=1}^{r} O_{i.}(R_i - 0.5)^2$$

当 H_0 成立, W 近似服从自由度为 $\nu = r - 1$ 的 χ^2 分布, 当 W 过大和过小都考虑拒绝零假设.

5.7.2　根据置信区间分组

R_i 是按照式 (5.8) 计算得到的, 阿格莱斯蒂 (Agresti) 于 1984 年指出, R_i 在大样本情况下服从正态分布, 其 95% 置信区间为:

$$R_i \pm 1.96\widehat{\sigma}_{R_i}$$

如果希望通过置信区间来比较第 i 处理与参照组之间的差异, 可以用 $\widehat{\sigma}_{R_i}$ 的最大值简化上式, 即

$$\max(\widehat{\sigma}_{R_i}) = \frac{1}{\sqrt{12O_{i\cdot}}}$$

取 $\alpha < 0.05$, 因而得到近似公式

$$\overline{R}_i \pm 1/\sqrt{3O_{i\cdot}} \tag{5.9}$$

其中 $O_{i\cdot}$ 为第 i 处理的响应数.

由置信区间与假设检验之间的关系, 可以根据参照组的平均 Ridit$\overline{R}$ 与处理组的平均 Ridit$\overline{R}_i$ 得分的差别来进行两两对比检验, 如果 Ridit$\overline{R}$ 与 Ridit$\overline{R}_i$ 的置信区间没有重叠, 则说明两组存在显著差别 $(\alpha = 0.05)$.

例 5.8　表 5–18 为用头针疗法治疗瘫痪 800 例的疗效分析, 不同病因的疗效可能不一样, 究竟哪一种病因所引起的瘫痪用头针的治疗效果最佳, 哪些次之, 哪些最差, 是医务人员希望通过数据回答的问题.

表 5-18　头针疗法治疗瘫痪 800 例的疗效分析

组别	总数	基本痊愈	显效	有效	无效	恶化	死亡
1. 脑血栓形成及后遗症	539	194	134	182	28	1	0
2. 脑出血及后遗症	132	9	38	73	11	0	1
3. 脑栓塞及后遗症	59	20	13	20	6	0	0
4. 颅内损伤及后遗症	54	4	12	33	5	0	0
5. 急性感染性多发性神经炎	10	4	2	3	1	0	0
6. 脊髓疾病	6	1	3	0	2	0	0
总病例数	800	232	202	311	53	1	1

本例中, 从治疗效果看, 各治愈数存在较大差异, 因而不易采用人为定级的方法, 可以考虑使用 Ridit 分析. 首先将总数 800 例的疗效结果作为参照组, 以各病因组 (1~6 组) 的疗效结果作为比较组. 参照组的 Ridit 得分的计算步骤如表 5–19 所示, 这里为书写方便采用按列计算的方式排列计算步骤, 其中最后一行表示各顺序类 Ridit 得分.

表 5-19　头针疗法治疗瘫痪 800 例疗效的 Ridit 计算步骤

步骤/级别	基本痊愈	显效	有效	无效	恶化	死亡
(I)(病例数总计)	232	202	311	53	1	1
(II)(病例数 ×1/2)	116	101	155.5	26.5	0.5	0.5
(III) 累积	0	232	434	745	798	799

续表

步骤/级别	基本痊愈	显效	有效	无效	恶化	死亡
(II)+(III)	116	333	589.5	771.5	798.5	799.5
$R = \dfrac{(II)+(III)}{800}$	0.145	0.416	0.737	0.964	0.998	0.999
合计	33.64	84.082	229.168	51.11	0.998	0.999

从表 5-19 最后一行合计项总数为 400, 可以证实参照组平均 Ridit $\overline{R}=0.5$.

根据式 (5.9) 可得出其 95% 置信限为 $0.5\pm0.020=(0.480,0.520)$, 将表 5-18 的第一组即脑血栓形成及后遗症 539 例组的疗效结果作比较, 如表 5-20 所示.

表 5-20　脑血栓形成及后遗症疗效结果的 Ridit 得分

等级	(1)	(2)	(3)
基本痊愈	194	0.145	28.130
显效	134	0.416	55.744
有效	182	0.737	134.134
无效	28	0.964	26.992
恶化	1	0.998	0.998
死亡	0	0.999	0
合计	539		245.998

其余各项 Ridit 得分计算类似. 得出 95% 可信限为 $(0.435,0.485)$, 由于 $\overline{R}_1<\overline{R}$, 可认为第 1 组的治疗效果对总数 800 例的效果来讲较好. 又由于两置信区间互不相交, 说明第 1 组与总数 800 例的疗效差别是显著的 $(\alpha<0.05)$. 用相同方法可得出第 2~6 组的平均 Ridit 及 95% 置信限如下:

$$\overline{R}_2 = 0.63 \pm 0.050 = (0.580, 0.680)$$

$$\overline{R}_3 = 0.49 \pm 0.075 = (0.415, 0.565)$$

$$\overline{R}_4 = 0.64 \pm 0.079 = (0.561, 0.719)$$

$$\overline{R}_5 = 0.46 \pm 0.183 = (0.277, 0.643)$$

$$\overline{R}_6 = 0.55 \pm 0.236 = (0.314, 0.786)$$

Ridit 分析的结果也可用图来表示. 图 5-1 表示了不同组 Ridit 值置信区间, 中间的横线是参照单位 0.5, 第 1 组在横线下方, 说明疗效较参照组 (800 例) 好; 第 3 组的平均 Ridit 值虽也在参照单位 0.5 的下方, 但其 95% 置信限与参照组相交叠, 因此差别不显著; 第 2 组与第 4 组皆在上方, 且其 95% 置信限皆不与参照组相交叠, 说明疗效较差; 第 5, 6 组病例数较少. 病症的治疗情况分成 3 组, 第 1 组最好, 第 3, 5, 6 组差异不大, 第 2, 4 组较差.

如果要对各处理组 (除参照组) 进行比较, 可将比较的两组平均 Ridit 值相减后再加 0.5 得出. 例如第 1 组与第 4 组比较为 $\overline{R}_1 - \overline{R}_4 + 0.5 = 0.3$, 这表示第 1 组病患治疗效果差于第 4 组的概率为 0.3, 或者第 1 组病患治疗效果优于第 4 组的概率为 0.7, 即在 10 个病患中, 平均有 7 个人优于第 4 组, 仅 3 个病患差于第 4 组.

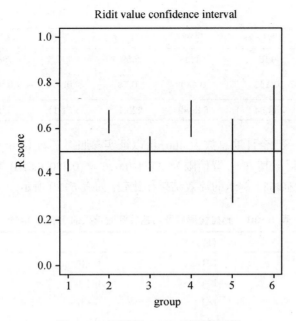

图 5-1 不同组 Ridit 值置信区间

从例子中发现, Ridit 分析不仅能比较处理之间的优劣, 而且能说明优劣的程度, 这是普通的秩检验难以做到的.

5.8 对数线性模型

由前面的章节可知, 列联表是研究分类变量独立性和依赖性的重要工具. 列联表主要采用假设检验反映事件发生的相对频率, 不能反映事件的相对强度等更多或更深层的信息. 与之相比, 定量数据之间的依赖关系多采用模型法, 比如线性模型, 它强调参数估计和检验, 但是线性模型需要研究者事先确定哪些变量是响应变量, 而哪些变量是解释变量. 但有时, 研究者无须区分响应变量和解释变量, 特别对于定性数据而言, 想了解的是变量的哪些取值之间有关联、强度如何等. 这就需要一个介于列联分析和线性模型之间的工具, 对数线性模型正是把列联表问题和线性模型统一起来的研究方法. 与线性模型相比, 它更强调模型的拟合优度、交互效应和网格频数估计, 这些信息可以更好地揭示变量之间的关系强度, 也可以像模型一样预测网格点的频数.

这部分首先介绍泊松回归, 接着是对数线性模型和参数估计, 最后是高维对数线性模型的独立性检验.

5.8.1 泊松回归

假设计数变量 Y 表示某类事件的发生频数, Y 服从泊松分布, $Y = y, y = 0, 1, 2, \cdots$, 发生的概率有如下表示:

$$f(y) = \frac{\mu^y e^{-\mu}}{y!}, \quad y = 0, 1, 2, \cdots$$

这里 $E(Y) = \mu$, $\text{Var}(Y) = \mu$. μ 是事件的平均发生数. 比如要研究一段时间内用户购买商品的件数, 可以从每天顾客进店数开始研究. 顾客光临门店可以理解为有一定的购买商品的倾向性, 进店的顾客数就是曝光数. 购买事件发生与有多少顾客光临门店有关. 如果用曝光率表示单位时间顾客进店数, 那么通过购买率可以知道, 购买商品的人数服从泊松分布.

令 $Y_1, Y_2, \cdots, Y_N$ 为独立同分布的随机变量, Y_i 表示在曝光数 n_i 基础上的事件发生数, Y_i 的期望可以表示为:

$$E(Y_i) = \mu_i = n_i \theta_i$$

比如, Y_i 表示保险公司的索赔数, Y_i 由每年上保险的车辆数和索赔率两部分决定, 而索赔率可能和其他的变量有关系, 比如车龄和行驶的路段等. 下标 i 用来表示车龄和行驶路段所产生的不同的影响. θ_i 和其他的解释变量之间的关系可以用下面的模型表达出来:

$$\theta_i = e^{\boldsymbol{x}_i^{\mathrm{T}}\beta}$$

这就是一个一般的广义线性模型的形式

$$E(Y_i) = \mu_i = n_i e^{\boldsymbol{x}_i^{\mathrm{T}}\beta}, Y_i \sim \mathrm{Pois}(\mu_i)$$

两边取对数

$$\log \mu_i = \log n_i + \boldsymbol{x}_i^{\mathrm{T}}\beta$$

其中 $\log n_i$ 是个常数项, 而 $\boldsymbol{x}_i$ 和 β 表达了协变量的影响模式. 如果 x_i 是个二值变量, 当这个变量等于车龄超过 10 年, $x_i = 1$, 如果这个变量等于车龄小于 10 年, $x_i = 0$. 定义发生率 (rate ratio) 如下:

$$R = \frac{E(Y_i|X=1)}{E(Y_i|X=0)} = e^{\beta}$$

模型的假设检验是:

$$\frac{\widehat{\beta}_j - \beta_j}{s.e.(\widehat{\beta}_j)} \sim N(0,1)$$

拟合值如下:

$$\widehat{Y}_i = \widehat{\mu}_i = n_i e^{\boldsymbol{x}_i^{\mathrm{T}}\widehat{\beta}_j}, \quad i = 1, 2, \cdots, N$$

$\widehat{Y}_i$ 是 $E(Y_i) = \mu_i$ 的估计, 记作 e_i, 由于 $\mathrm{Var}(Y_i) = E(Y_i) = e_i, Sd(Y_i) = \sqrt{e_i}$, 于是有皮尔逊残差如下:

$$r_i = \frac{o_i - e_i}{\sqrt{e_i}}$$

o_i 是 Y_i 的观测频数, 由残差可以引导出拟合优度检验如下:

$$\chi^2 = \sum r_i^2 = \sum \frac{(o_i - e_i)^2}{e_i}$$

对于泊松分布而言, 对数似然比偏差可以表示为:

$$D = 2\sum[o_i \log(o_i/e_i) - (o_i - e_i)]$$

由于 $\sum o_i = \sum e_i$, 于是

$$D = 2\sum[o_i \log(o_i/e_i)]$$

可以证明 D 和 χ^2 等价, 如果定义残差偏差为:

$$d_i = \text{sign}(o_i - e_i)\sqrt{2[o_i \log(o_i/e_i) - (o_i - e_i)]}, \quad i = 1, 2, \cdots, N$$

那么

$$D = \sum d_i^2$$

运用 Taylor 展开, 近似地有:

$$o \log\left(\frac{o}{e}\right) \approx (o - e) + \frac{1}{2}\frac{(o-e)^2}{e}$$

代入 d_i, 有

$$D = \sum_{i=1}^{N} \frac{(o_i - e_i)^2}{e_i} = \chi^2$$

例 5.9 (Breslow & Day 1987 提供的数据, 安尼特·杜布森 (Anniette J. Dobson) 所著《广义线性模型导论》例 9.2.1) 英国医生的吸烟习惯和冠状动脉性猝死之间的关系见表 5–21.

表 5-21　英国医生的吸烟习惯与冠状动脉性猝死之间的关系

年龄 (age) 分组	吸烟 (smoke)		不吸烟 (nonsmoke)	
	死亡人数 (Deaths)	每年跟踪人数 (Person-Years)	死亡人数 (Deaths)	每年跟踪人数 (Person-Years)
35~44	32	52 407	2	18 790
45~54	104	43 248	12	10 673
55~64	206	28 612	28	5 710
65~74	186	12 663	28	2 585
75~84	102	5 317	31	1 462

关心三个问题:

(1) 吸烟者的死亡率高于不吸烟者吗?

(2) 如果 (1) 的结论是对的, 高多少?

(3) 年龄对死亡率的影响有差异吗?

由图 5-2 可以观察到每 10 万人中吸烟者和不吸烟者的死亡率. 很明显, 死亡率随着被观察者年龄的增长而增长, 吸烟者的死亡率比不吸烟者的死亡率略高, 可以用模型来刻画这些因素的影响大小, 如下式所示:

$$\log(\text{死亡}_i) = \log(\text{观察数}_i) + \beta_1 + \beta_2 \text{ 吸烟者}_i + \beta_3 \text{ 年龄级别}_i$$
$$+ \beta_4 \text{ 年龄}_i^2 + \beta_5 \text{ 年龄与吸烟的交互因子}_i$$

观察数 (personyears) 一项是每年处于冠状动脉性猝死潜在危险中的医生数, 吸烟 (smoke) 一项是等于 1 或 0, 吸烟记为 1, 不吸烟记为 0. 年龄级别 (age) 一项取 1, 2, 3, 4, 5 分别对应的是年龄组 (35~44 岁), (45~54 岁), (55~64 岁), (65~74 岁), (75~84 岁). 年龄^2 (agesq) 一项代表的是年龄项的平方, 反映二次关系. 年龄与吸烟的交互因子 (smkage) 对于吸烟者而言与

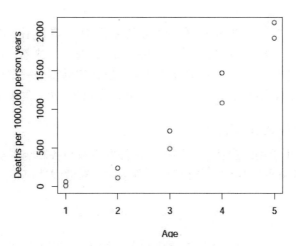

图 5-2　年龄和吸烟习惯对冠状动脉性猝死的影响

年龄等值, 对未吸烟者而言表示 0, 这样设置可用于表达吸烟人群相对于未吸烟人群与年龄的关系有增加更快的效应, 死亡数 (deaths) 是响应变量. Python 示范程序及输出结果如下:

```python
import numpy as np
import pandas as pd
import statsmodels.api as sm
death=np.array([32,104,206,186,102,2,12,28,28,31])
personyears=np.array([52407,43248,28612,12663,5317,18790,10673,5710,2585,1462])
age=np.array([1,2,3,4,5,1,2,3,4,5])
agesq=age*age
smoke=np.array([1,1,1,1,1,0,0,0,0,0])
smkage=smoke*age
x = sm.add_constant(np.column_stack((age,agesq,smoke,smkage,np.log(personyears))))
model = sm.GLM(death,x,family=sm.families.Poisson()).fit()
print(model.summary())
```

```
输出:
              Generalized Linear Model Regression Results
==================================================
Dep. Variable:  y No. Observations:  10
Model:  GLM Df Residuals:  4
Model Family:  Poisson Df Model:  5
Link Function:  log Scale:  1.0000
Method:  IRLS Log-Likelihood:  -28.260
Date:  Sun, 06 Jun 2021 Deviance:  1.4517
Time:  22:27:32 Pearson chi2:  1.39
No. Iterations:  6
Covariance Type:  nonrobust
==================================================
coef std err z P>|z| [0.025 0.975]
--------------------------------------------------
const -8.7447 4.803 -1.821 0.069 -18.158 0.669
x1 2.3927 0.213 11.250 0.000 1.976 2.810
x2 -0.2210 0.061 -3.614 0.000 -0.341 -0.101
x3 1.7785 0.877 2.029 0.042 0.060 3.497
x4 -0.3129 0.099 -3.150 0.002 -0.508 -0.118
x5 0.7837 0.506 1.550 0.121 -0.207 1.775
==================================================
```

统计模型显示所有的变量都显著, 在考虑年龄之后, 吸烟者是不吸烟者的冠状动脉性猝死人数的 $4(\approx \mathrm{e}^{1.4})$ 倍. 从输出的偏差残差 (deviance residual) 来看, 拟合的效果是比较理想的, 所有的残差都很小. 事实上, 根据这些结果可以很容易得到模型检验结果. 如此计算, $\chi^2 = 1.550, D = 1.635$, 自由度为 $n - p = 10 - 5$, 分布 p 值为 0.09, 展现了较好的拟合度.

5.8.2　对数线性模型的基本概念

泊松线性模型可用于刻画服从泊松分布的事件发生数与各影响因素 (特别是分类变量) 之间的关系, 它的结构和回归模型十分相似, 也称为泊松对数线性模型, 其一般形式为:

$$\log \mu_{ij} = \log n_{ij} + \alpha + x^{\mathrm{T}}\beta$$

式中, $\log n_{ij}$ 表示偏移量 (offset), 用于去除观察单位数不等的影响. 如果单元格中的频数服从多项分布, 此时拟合的就是对数线性模型.

简单来看, 对数线性模型分析是将列联表的网格频数取对数表示为各个变量 (边缘分布) 及其交互作用的线性模型形式, 从而运用类似方差分析的思想检验各变量及其交互作用的大小, 是用于离散数据的列联计数表数据分析方法, 把列联分析和线性模型统一起来, 它强调模型拟合优度、交互效应和网格频率的估计.

考虑定性变量 A 和 B 的联合分布, 其中 A 取值 $A_1, A_2, \cdots, A_r$, B 取值 $B_1, B_2, \cdots, B_s$, 根据 A 与 B 交叉出现的频数统计成 $r \times s$ 双向列联表, 如表 5-22 所示. 令 n_{ij} 表示 (i,j) 单元格中的频数, $i = 1, 2, \cdots, r$ 和 $j = 1, 2, \cdots, s, \sum n_{ij} = n$. 如果 n_{ij} 彼此独立服从泊松分布 $E(n_{ij}) = \mu_{ij}$, 那么 $E(n) = \mu = \sum\sum \mu_{ij}$, 如果 n_{ij} 来自多项分布, 那么 $f(\{n_{ij}, i = 1, 2, \cdots, r, j = 1, 2, \cdots, s\}|n) = n! \prod_{i=1}^{r} \prod_{j=1}^{s} p_{ij}^{n_{ij}}/n_{ij}!$, 其中 $p_{ij} = \mu_{ij}/\mu$. 对于二维列联表, 独立性意味着:

$$p_{ij} = p_{i.}p_{.j}$$

因为 $\mu_{ij} = E(n_{ij})$, 这意味着:

$$\log \mu_{ij} = \log n + \log p_{ij}$$

如果独立性成立, 有

$$\log \mu_{ij} = \log n + \log p_{i.} + \log p_{.j}$$

其中, $p_{i.} = \sum_{j=1}^{s} p_{ij}$, $p_{.j} = \sum_{i=1}^{r} p_{ij}$, 分别表示变量 A 与变量 B 的边缘分布. 表 5-22 为行变量 A 和列变量 B 的联合分布记号表.

表 5-22　行变量 A 和列变量 B 的联合分布记号表

	B_1	B_2	$\cdots$	B_s	总和
A_1	$p_{11}(n_{11})$	$p_{12}(n_{12})$	$\cdots$	$p_{1s}(n_{1s})$	$p_{1.}(n_{1.})$
$\vdots$	$\vdots$	$\vdots$		$\vdots$	$\vdots$
A_r	$p_{r1}(n_{r1})$	$p_{r2}(n_{r2})$	$\cdots$	$p_{rs}(n_{rs})$	$p_{r.}(n_{r.})$
总和	$p_{.1}(n_{.1})$	$p_{.2}(n_{.2})$	$\cdots$	$p_{.s}(n_{.s})$	$p_{..}(n_{..})$

如果两个变量独立, 则有

$$p_{ij} = p_{i\cdot}p_{\cdot j} = \frac{1}{rs}(rp_{i\cdot})(sp_{\cdot j})$$

$$= \frac{1}{rs}\left(\frac{p_{i\cdot}}{1/r}\right)\left(\frac{p_{\cdot j}}{1/s}\right), \quad i = 1, 2, \cdots, r; j = 1, 2, \cdots, s \tag{5.10}$$

对两个分类变量的一般情况, p_{ij} 有类似的表达形式:

$$p_{ij} = \frac{1}{rs}\left(\frac{p_{i\cdot}}{1/r}\right)\left(\frac{p_{\cdot j}}{1/s}\right)\left(\frac{p_{ij}}{p_{i\cdot}p_{\cdot j}}\right) \tag{5.11}$$

注意到我们将每个格子的概率 p_{ij} 分解为四项, $\frac{1}{rs}$ 是每个格子的期望概率; $\frac{p_{i\cdot}}{1/r}$ 是第 i 行概率相对于行期望概率的比例; $\frac{p_{\cdot j}}{1/s}$ 是第 j 列边缘概率相对于列期望概率的比例; 最后一项是联合概率偏离独立性的大小, 如果该值为 1, 则表示相互独立, 大于 1 或小于 1 均表示行和列之间有依赖关系. 这与二因子方差分析模型有些相像. 这里也涉及了两个因子, 分别是行变量和列变量, 各自有 r 和 s 个水平. 仿照二因子方差分析模型, 可以将 p_{ij} 的平均变异原因分解为总体平均效应、行效应、列效应以及行列的交互作用. 但是与方差分析的不同在于: 行和列对 p_{ij} 的作用不是相加的作用而是乘法作用.

$$p_{ij} = 常数 \times 行主效应 \times 列主效应 \times 因子行列交互效应$$

两边取对数就可以将乘法模型转换为加法模型:

$$\ln(p_{ij}) = \ln(常数) + \ln(行主效应) + \ln(列主效应) + \ln(因子行列交互效应)$$

上述模型每一项是相对比例, 一般在列联表的不同位置上不均衡, 因此通常使用几何平均数表达各效应的平均情况. 记 $r \times s$ 格子的几何平均概率为 $\overline{p}_{\cdot\cdot}^G$, 则

$$\ln\overline{p}_{\cdot\cdot}^G = \frac{1}{rs}\sum_{j=1}^{s}\sum_{i=1}^{r}\ln p_{ij}$$

行边缘分布的几何平均概率记为 $\overline{p}_{i\cdot}^G$, 列边缘分布的几何平均概率记为 $\overline{p}_{\cdot j}^G$, 则

$$\ln\overline{p}_{i\cdot}^G = \frac{1}{s}\sum_{j=1}^{s}\ln p_{ij}$$

$$\ln\overline{p}_{\cdot j}^G = \frac{1}{r}\sum_{i=1}^{r}\ln p_{ij}$$

注意到独立性的表达式如下:

$$\ln p_{ij} = \ln p_{i\cdot} + \ln p_{\cdot j}$$

将联合概率重新表达成如下的加法形式:

$$\ln p_{ij} = \ln\overline{p}_{\cdot\cdot}^G + (\ln\overline{p}_{i\cdot}^G - \ln\overline{p}_{\cdot\cdot}^G) + (\ln\overline{p}_{\cdot j}^G - \ln\overline{p}_{\cdot\cdot}^G) + (\ln p_{ij} - \ln\overline{p}_{i\cdot}^G - \ln\overline{p}_{\cdot j}^G + \ln\overline{p}_{\cdot\cdot}^G) \tag{5.12}$$

式中:

$$\mu = \ln \overline{p}_{..}^{G} = \frac{1}{rs} \sum_{j=1}^{s} \sum_{i=1}^{r} \ln p_{ij}$$

$$\mu_{A(i)} = \ln \overline{p}_{i.}^{G} - \mu = \frac{1}{s} \sum_{j=1}^{s} \ln p_{ij} - \ln p_{..}^{G}$$

$$\mu_{B(j)} = \ln \overline{p}_{.j}^{G} - \mu = \frac{1}{r} \sum_{i=1}^{r} \ln p_{ij} - \ln p_{..}^{G}$$

$$\mu_{AB(ij)} = \ln p_{ij} - \ln \overline{p}_{i.}^{G} - \ln \overline{p}_{.j}^{G} + \ln \overline{p}_{..}^{G}$$

$$= \ln p_{ij} - \mu - \mu_{A(i)} - \mu_{B(j)}$$

将式 (5.12) 改写为:

$$\begin{cases} \ln p_{ij} = \mu + \mu_{A(i)} + \mu_{B(j)} + \mu_{AB(ij)} \\ \text{其中:} \\ \sum_{i=1}^{r} \mu_{A(i)} = 0; \quad \sum_{j=1}^{s} \mu_{B(j)} = 0; \quad \sum_{i=1}^{r} \mu_{AB(ij)} = 0; \quad \sum_{j=1}^{s} \mu_{AB(ij)} = 0 \end{cases} \tag{5.13}$$

式 (5.13) 就是二维对数线性模型的一般形式, 如果行变量 A 和列变量 B 独立, 那么

$$p_{ij}p_{kl} = p_{kj}p_{il}, \quad \forall i, k = 1, 2, \cdots, r; j, l = 1, 2, \cdots, s$$

即

$$p_{ij} = \frac{\overline{p}_{i.}^{G} \overline{p}_{.j}^{G}}{\overline{p}_{..}^{G}}$$

这相当于

$$\begin{cases} \ln \overline{p}_{..}^{G} + \ln p_{ij} = \ln \overline{p}_{.j}^{G} + \ln \overline{p}_{i.}^{G} \\ \mu_{AB(ij)} = 0 \end{cases} \tag{5.14}$$

因而独立性假设下的对数线性模型可以改写为:

$$\begin{cases} \ln p_{ij} = \mu + \mu_{A(i)} + \mu_{B(j)} + \varepsilon_{ij} \\ \text{其中:} \\ \sum_{i=1}^{r} \mu_{A(i)} = 0; \quad \sum_{j=1}^{s} \mu_{B(j)} = 0 \end{cases} \tag{5.15}$$

模型 (5.15) 称为独立性模型, 而式 (5.13) 称为饱和模型.

例 5.10　为研究不同年龄人群对某地区缺水问题的评价, 按年龄调查了该地区部分居民, 要求他们评价缺水问题的严重程度, 得到表 5-23 所示的数据表. 要求利用表 5-23 建立一个对数线性模型.

表 5-23　不同年龄居民对缺水情况的评价——联合分布频率表 p_{ij}

年龄	不严重	稍严重	严重	很严重	列合计
30 岁以下	0.015	0.076	0.121	0.055	0.267
30~40 岁	0.017	0.117	0.111	0.037	0.282
40~50 岁	0.012	0.074	0.104	0.032	0.222
50~60 岁	0.007	0.034	0.072	0.020	0.133
60 岁及以上	0.001	0.027	0.038	0.030	0.096
行合计	0.052	0.328	0.446	0.174	1.000

表 5-23 中 x_{ij} 为年龄第 i 组回答第 j 项目的频率, 它是两因子联合概率分布的估计值. 我们的目的是研究不同年龄层对缺水严重程度的回答是否一致, 即不同年龄居民的回答是否相同 (A 因子主效应), 也要检验不同严重程度的回答比例是否相同 (B 因子主效应), 还要检验年龄与严重程度之间的关系 (A, B 两因子交互效应). 首先, 计算年龄和对缺水意见的交互作用, 如表 5-24 所示.

表 5-24　联合分布概率 $p_{ij}/(p_{i\cdot}p_{\cdot j})$

年龄	不严重	稍严重	严重	很严重
30 岁以下	1.08	0.87	1.01	1.19
30~40 岁	1.14	1.27	0.88	0.75
40~50 岁	1.07	1.01	1.05	0.83
50~60 岁	1.03	0.78	1.22	0.85
60 岁及以上	<u>0.18</u>	0.85	0.89	<u>1.81</u>

表 5-24 表示了缺水评价与年龄的交互作用与 1 比较的大小. 表中最小值 0.18 和最大值 1.81 均显示了偏离独立性的特点. 最小值和最大值都在最大年龄这一层, 这说明高年龄组中, 有少部分人认为缺水问题不严重, 但相当多的人认为缺水情况很严重. 在 30~50 岁的年龄组中, 只有很少人认为当前缺水问题很严重, 这说明年龄与对缺水问题的态度是有关系的.

不同年龄组对缺水情况的格子分布概率计算如表 5-25 所示.

表 5-25　不同年龄组对缺水情况的态度——格子分布概率的对数

年龄	不严重	稍严重	严重	很严重	列合计 $\sum\limits_{j=1}^{s} \ln p_{ij}$	列平均 $\frac{1}{s}\sum\limits_{j=1}^{s} \ln p_{ij} = \ln \bar{p}_{i\cdot}$
30 岁以下	−4.200	−2.577	−2.112	−2.900	−11.789	−2.947
30~40 岁	−4.075	−2.146	−2.198	−3.297	−11.716	−2.929
40~50 岁	−4.423	−2.604	−2.263	−3.442	−12.732	−3.183
50~60 岁	−4.962	−3.381	−2.631	−3.912	−14.886	−3.722
60 岁及以上	−6.908	−3.612	−3.27	−3.507	−17.297	−4.324
行合计	−24.568	−14.320	−12.474	−17.058	−68.420	
行平均	−4.914	−2.864	−2.495	−3.412		−3.421

由表 5–25 可得

$$\mu = \ln \overline{p}_{..}^{G} = -3.421$$

$$\mu_{B(1)} = \frac{1}{r}\sum_{i=1}^{r}\ln p_{i1} - \ln \overline{p}_{..}^{G} = -4.914 - (-3.421) = -1.493$$

$$\mu_{B(2)} = \frac{1}{r}\sum_{i=1}^{r}\ln p_{i2} - \ln \overline{p}_{..}^{G} = -2.864 - (-3.421) = 0.557$$

$$\mu_{B(3)} = \frac{1}{r}\sum_{i=1}^{r}\ln p_{i3} - \ln \overline{p}_{..}^{G} = -2.495 - (-3.421) = 0.926$$

$$\mu_{B(4)} = \frac{1}{r}\sum_{i=1}^{r}\ln p_{i4} - \ln \overline{p}_{..}^{G} = -3.412 - (-3.421) = 0.009$$

$$\mu_{A(1)} = \frac{1}{s}\sum_{j=1}^{s}\ln p_{1j} - \ln \overline{p}_{..}^{G} = -2.947 - (-3.421) = 0.474$$

$$\mu_{A(2)} = \frac{1}{s}\sum_{j=1}^{s}\ln p_{2j} - \ln \overline{p}_{..}^{G} = -2.929 - (-3.421) = 0.492$$

$$\mu_{A(3)} = \frac{1}{s}\sum_{j=1}^{s}\ln p_{3j} - \ln \overline{p}_{..}^{G} = -3.183 - (-3.421) = 0.238$$

$$\mu_{A(4)} = \frac{1}{s}\sum_{j=1}^{s}\ln p_{4j} - \ln \overline{p}_{..}^{G} = -3.722 - (-3.421) = -0.301$$

$$\mu_{A(5)} = \frac{1}{s}\sum_{j=1}^{s}\ln p_{5j} - \ln \overline{p}_{..}^{G} = -4.324 - (-3.421) = -0.903$$

$\ln p_{ij} - \mu - \mu_{A(i)} - \mu_{B(j)}$ 表示偏离独立性的大小, 可以用交互作用参数 $\mu_{AB(ij)}$ 表示. $\mu_{AB(ij)}$ 见表 5–26, 其中 $A(i)$ 和 $B(j)$ 相交的位置处表示 $\mu_{AB(ij)}$.

其中列和与行和都为零. 从交互作用来看, 回答不严重类中, 与零差距最大的是 $\mu_{AB(51)}$; 在认为很严重的一类中, 与零差距最大的是 $\mu_{AB(54)}$. 将这些结果代入式 (5.13) 就得到一个对数线性模型.

表 5-26　A 与 B 交互作用的期望值

B	$B(1)$	$B(2)$	$B(3)$	$B(4)$
$A(1)$	0.240	-0.188	-0.091	0.038
$A(2)$	0.347	0.225	-0.195	-0.377
$A(3)$	0.253	0.021	-0.006	-0.268
$A(4)$	0.253	-0.217	0.165	-0.199
$A(5)$	-1.091	0.151	0.128	0.808

上面给出的对数线性模型是以频率或概率对数的形式出现的, 实际上从格点频数对数的

角度也可以得到模型. 这里不再赘述过程, 只给出一般的定义, 如下所示:

$$
\begin{cases}
\ln M_{ij} = \mu + \mu_{A(i)} + \mu_{B(j)} + \mu_{AB(ij)}, \quad i = 1, 2, \cdots, r; j = 1, 2, \cdots, s \\
\text{其中:} \\
\displaystyle\sum_{i=1}^{r} \mu_{A(i)} = \sum_{i=1}^{r} \left(\ln \overline{p}_{i\cdot}^{G} - \mu \right) = \frac{1}{s} \sum_{i=1}^{r} \left(\sum_{j=1}^{s} \ln p_{ij} - \ln p_{\cdot\cdot}^{G} \right) = 0 \\
\displaystyle\sum_{j=1}^{s} \mu_{B(j)} = \sum_{j=1}^{s} \left(\ln \overline{p}_{\cdot j}^{G} - \mu \right) = \sum_{j=1}^{s} \left(\frac{1}{r} \sum_{i=1}^{r} \ln p_{ij} - \ln p_{\cdot\cdot}^{G} \right) = 0
\end{cases}
$$

式中:

$$
\mu = \frac{1}{rs} \sum_{j=1}^{s} \sum_{i=1}^{r} \ln M_{ij}
$$

$$
\mu_{A(i)} = \frac{1}{s} \sum_{j=1}^{s} \ln M_{ij} - \mu
$$

$$
\mu_{B(j)} = \frac{1}{r} \sum_{i=1}^{r} \ln M_{ij} - \mu
$$

$$
\mu_{AB(ij)} = \ln M_{ij} - \mu - \mu_{A(i)} - \mu_{B(j)}
$$

用频数定义的最大好处是更方便通过参数估计和模型直接估计出每个格点的期望频数. 然后可以根据这些期望频数的分布规律进一步分析各变量水平之间的关系.

5.8.3 模型的设计矩阵

和多元线性模型一样, 对数线性模型也有矩阵的表现形式. 利用矩阵形式可以更方便进行参数估计和检验. 这里我们仅以 2×2 列联表为例, 说明设计矩阵的表现形式. 在二维对数线性模型中, 令 4 个参数为 $\beta_0, \beta_1, \beta_2, \beta_3$, 用 L_{ij} 表示 $\ln p_{ij}, i = 1, 2, \cdots, r; j = 1, 2, \cdots, s$, 模型可以用以下矩阵表示:

$$
\boldsymbol{L} = \boldsymbol{X}\boldsymbol{\beta} + \boldsymbol{\varepsilon}
$$

式中:

$$
\boldsymbol{L} = \begin{pmatrix} L_{11} \\ L_{12} \\ L_{21} \\ L_{22} \end{pmatrix}, \quad
\boldsymbol{X} = \begin{pmatrix} 1 & 1 & 1 & 1 \\ 1 & 1 & -1 & -1 \\ 1 & -1 & 1 & -1 \\ 1 & -1 & -1 & 1 \end{pmatrix}, \quad
\boldsymbol{\beta} = \begin{pmatrix} \beta_0 \\ \beta_1 \\ \beta_2 \\ \beta_3 \end{pmatrix}
$$

实际上, 式 (5.13), 对于 $r \times s = 2 \times 2$ 列联表数据结构特征, 由 $\ln p_{ij} = \mu + \mu_{A(i)} + \mu_{B(j)} + \mu_{AB(ij)}$, 因而有

$$
\begin{cases}
\ln p_{11} = \mu + \mu_{A(1)} + \mu_{B(1)} + \mu_{AB(11)} \\
\ln p_{12} = \mu + \mu_{A(1)} + \mu_{B(2)} + \mu_{AB(12)} \\
\ln p_{21} = \mu + \mu_{A(2)} + \mu_{B(1)} + \mu_{AB(21)} \\
\ln p_{22} = \mu + \mu_{A(2)} + \mu_{B(2)} + \mu_{AB(22)}
\end{cases} \tag{5.16}
$$

联立方程组 (5.16) 有 9 个未知数, 但只有 4 个观测值, 再加入下列限制条件: $\mu_{A(1)} + \mu_{A(2)} = 0$, $\mu_{B(1)} + \mu_{B(2)} = 0$, 即 $\sum \mu_{A(i)} = 0$, $\sum \mu_{B(j)} = 0$ 及

$$\begin{cases} \mu_{AB(11)} + \mu_{AB(21)} = 0 \\ \mu_{AB(12)} + \mu_{AB(22)} = 0 \end{cases}$$

$$\begin{cases} \mu_{AB(11)} + \mu_{AB(12)} = 0 \\ \mu_{AB(21)} + \mu_{AB(22)} = 0 \end{cases}$$

因此 9 个未知参数减少到 4 个, 式 (5.16) 改写为:

$$\begin{cases} \ln p_{11} = \mu + \mu_{A(1)} + \mu_{B(1)} + \mu_{AB(11)} \\ \ln p_{12} = \mu + \mu_{A(1)} - \mu_{B(1)} - \mu_{AB(11)} \\ \ln p_{21} = \mu - \mu_{A(1)} + \mu_{B(1)} - \mu_{AB(11)} \\ \ln p_{22} = \mu - \mu_{A(1)} - \mu_{B(1)} + \mu_{AB(11)} \end{cases} \tag{5.17}$$

注意到 $\sum\limits_{ij} p_{ij} = 1$, 因此实际上模型还可以化简为:

$$\boldsymbol{Y} = \boldsymbol{X}\boldsymbol{\beta} + \boldsymbol{\varepsilon}$$

用矩阵表示如下:

$$\boldsymbol{Y} = \begin{pmatrix} y_1 = \ln p_{11}/\ln p_{22} \\ y_2 = \ln p_{12}/\ln p_{22} \\ y_3 = \ln p_{21}/\ln p_{22} \end{pmatrix} = \begin{pmatrix} 2 & 2 & 0 \\ 2 & 0 & -2 \\ 0 & 2 & -2 \end{pmatrix} \cdot \begin{pmatrix} \mu_{A(1)} \\ \mu_{B(1)} \\ \mu_{AB(11)} \end{pmatrix} + \boldsymbol{\varepsilon}$$

其中只有 3 个需要估计的参数.

5.8.4 模型的估计和检验

建立对数线性模型后, 就可以估计参数 $B = (\beta_1, \beta_2, \beta_3)$ 以及它们的方差 $\mathrm{var}(B)$, 以便检验各效应是否存在. 对于饱和模型, 通常可以采用加权最小二乘法 (weighted-least squares estimation) 或极大似然估计法, 但对于不饱和模型通常采用极大似然估计法估计模型参数, 这里不详细介绍.

模型的拟合优度 (goodness of fit test) 用于检验模型拟合的效果. 以 $r \times s$ 二维列联表为例, 模型的独立参数有 3 个, 设为 $\beta_1, \beta_2, \beta_3$. 则假设检验问题为:

$$H_0 : \beta_i = 0, i = 1, 2, 3 \leftrightarrow H_1 : \beta_i \neq 0, \ \exists i$$

常用的检验统计量有两个: 一个是 Pearson χ^2 统计量; 另一个是对数似然比统计量, 分别表示为:

$$\chi^2 = \sum_{i,j}^{rs} \frac{(n_{ij} - m_{ij})^2}{m_{ij}} \tag{5.18}$$

$$G^2 = -2 \sum_{i,j}^{rs} n_{ij} \ln \frac{n_{ij}}{m_{ij}} \tag{5.19}$$

其中, n_{ij} 表示列联表中第 i 行第 j 列的观察频数; m_{ij} 表示该格的期望频数. 在零假设之下, 两个统计量都近似服从自由度 $df = rs - k$ 的 χ^2 分布, k 是模型中独立参数的个数.

根据对数线性模型 (5.13) 的数学表达式和限制条件可知, 变量 A 的主效应有 $r-1$ 个独立参数, 变量 B 的主效应应有 $s-1$ 个独立参数, 变量 A 和变量 B 的交互效应有 $(r-1)(s-1)$ 个独立参数, 再加上常数项, 应该有 $1+(r-1)+(s-1)+(r-1)(s-1) = rs$ 个独立参数, 而没有交互项的独立模型只有 $1+(r-1)+(s-1) = r+s-1$ 个独立参数. 模型的自由度等于数据提供的信息量减去模型中独立参数的个数. 对列联表数据而言, 所有格子的个数就是整个信息量, 即 rs. 因此模型 (5.12) 的自由度为 0, 独立模型的自由度 $df = rs - (r+s-1) = (r-1)(s-1)$.

5.8.5　高维对数线性模型和独立性

类似二维列联表, 也有高维列联表的对数线性模型. 以 $r \times s \times t$ 三维表为例, 假设有三个分类变量 A, B, C, 变量 A 有 r 个水平, 变量 B 有 s 个水平, 变量 C 有 t 个水平, 它们构成一个 $r \times s \times t$ 的三维列联表. 令 X_{ijk} 为第 i 行 j 列 k 层格子的观测值, p_{ijk} 为 X_{ijk} 的理论概率值, 三维对数线性模型的一般形式为:

$$\ln p_{ijk} = \mu + \mu_{A(i)} + \mu_{B(j)} + \mu_{C(k)} + \mu_{AB(ij)} + \mu_{BC(ij)} + \mu_{AC(ij)} + \mu_{ABC(ijk)}$$
$$i = 1, 2, \cdots, r; j = 1, 2, \cdots, s; k = 1, 2, \cdots, t$$

其中:

$$\sum_{i=1}^{r} \mu_{A(i)} = \sum_{j=1}^{s} \mu_{B(j)} = \sum_{k=1}^{t} \mu_{C(k)} \equiv 0$$

$$\sum_{i=1}^{r} \mu_{AB(ij)} = \sum_{j=1}^{s} \mu_{AB(ij)} \equiv 0$$

$$\sum_{i=1}^{r} \mu_{AC(ik)} = \sum_{k=1}^{t} \mu_{AC(ik)} \equiv 0$$

$$\sum_{j=1}^{s} \mu_{BC(jk)} = \sum_{k=1}^{t} \mu_{BC(jk)} \equiv 0$$

$$\sum_{i=1}^{r} \mu_{ABC(ijk)} = \sum_{j=1}^{s} \mu_{ABC(ijk)} = \sum_{k=1}^{t} \mu_{ABC(ijk)} \equiv 0$$

如果三个变量 A, B, C 独立, 则对数线性模型为:

$$\ln p_{ijk} = \mu + \mu_{A(i)} + \mu_{B(j)} + \mu_{C(k)} \tag{5.20}$$

三维列联表的独立性共有 4 种情况, 如表 5-27 所示.

表 5-27　三维列联表的独立类型

标记	独立类型	定义说明
Ⅰ 型	边缘独立	三维列联表的任意两个变量独立
Ⅱ 型	条件独立	当一个变量固定不变, 另外两个变量独立
Ⅲ 型	联合独立	将两个变量组合, 形成新变量, 新变量和第三个变量独立
Ⅳ 型	相互独立	三个变量中任何一个变量与另外两个变量联合独立

值得注意的是, 四种独立性之间存在如下关系.

(1) IV ⇒ III: 若 X, Y, Z 相互独立, 则任意两个变量组合成的新变量与剩余的第三个变量独立.

(2) III ⇒ I, III ⇒ II: 若 X 与 Y, Z 联合独立, 则 X 与 Y, X 与 Z 边缘独立; 给定 Y, X 与 Z 条件独立, 给定 Z, X 与 Y 条件独立.

但是, 条件独立不能得到边缘独立.

(3) II 和 I 不能互推: 若 X 与 Y 条件独立, 不一定有 X 与 Y 边缘独立; 反之, 若 X 与 Y 边缘独立, 也不一定有 X 与 Y 条件独立.

可以做不同的独立性检验, 如表 5–28 所示.

表 5-28　三维列联表可做的不同独立性检验

模型记号	可做的检验	独立类型
(X, Y, Z)	X, Y, Z 相互独立	IV 型
(XY, Z)	(X, Y) 与 Z 独立	III 型
(Y, XZ)	(X, Z) 与 Y 独立	III 型
(X, YZ)	X 与 (Y, Z) 独立	III 型
(XZ, YZ)	给定 Z 时 X 与 Y 独立	II 型
(XY, YZ)	给定 Y 时 X 与 Z 独立	II 型
(XY, XZ)	给定 X 时 Y 与 Z 独立	II 型

为叙述方便, 用 (XYZ) 表示饱和模型, (X, Y, Z) 表示独立性模型. 中间一些模型用这三个字母的各种组合来代表. 比如 (Y, XZ) 代表模型中包含 X, Z 的交互作用 (没有和 Y 的交互作用) 及所有出现的字母所代表的主效应的模型, 即

$$\ln m_{ijk} = \mu + \lambda_i^X + \lambda_j^Y + \lambda_k^Z + \lambda_{ij}^{XZ}$$

(XY, XZ) 代表有 X, Y 及 X, Z 两个交互作用及所有主效应的模型, 即饱和模型去掉 λ_{ijk}^{XYZ} 和 λ_{jk}^{YZ} 项.

在各种模型下, 可以做不同的独立性检验, 对于上面所说的各种变量的独立性, 和二维一样可以用 Pearson 统计量或似然比统计量进行 χ^2 检验. 如果真实模型和零假设下的模型不一致, 则这两个统计量会偏大.

例 5.11　表 5–29 是对三所学校五年级分学生性别统计的近视观察数据. 研究的目标是想了解哪些变量独立, 哪些不独立.

表 5-29　三所学校按性别统计学生近视人数数据表

	学校因素 (Y)					
	甲		乙		丙	
近视因素 (Z)\性别因素 (X)	男	女	男	女	男	女
近视	55	58	66	85	66	50
不近视	45	41	87	70	41	39

令 X 表示性别, Y 表示学校, Z 表示近视, 下面就 3 个变量可能感兴趣的独立性问题做出检验, 结果如表 5–30 所示 (显著性水平 $\alpha = 0.10$).

表 5-30　对数线性模型的模型拟合优度检验结果

模型	d.f.	LRT G^2	p 值	Pearson Q	p 值	结论
(X,Y,Z)	7	12.17	0.0951	12.12	0.0968	X,Y,Z 不独立
(XY,Z)	5	10.91	0.0531	10.90	0.0533	(X,Y) 和 Z 不独立
(X,YZ)	5	6.36	0.2727	6.347	0.2739	X 和 (Y,Z) 独立
(XZ,Y)	6	10.85	0.0930	10.93	0.0907	Y 和 (X,Z) 不独立
(XZ,XY)	4	9.59	0.0479	9.538	0.0489	给定 X,Y 和 Z 不独立
(XY,YZ)	3	5.09	0.1648	5.088	0.1654	给定 Y,X 和 Z 独立
(XZ,YZ)	4	5.04	0.2834	5.025	0.2847	给定 Z,X 和 Y 独立

由表 5–30 中可以看出, 近视、性别和学校之间存在关联性. 到底关联性是怎样产生的? 由具体的独立性分析可知, 没有发现不同的学校近视情况 (YZ) 与性别 (X) 有关. 就近视 (Z) 而言, 不能说学校与性别 (X) 关系密切; 就学校 (Y) 而言, 不能说近视 (Z) 与性别 (X) 关系密切. 但是由 (X,Y) 与 Z 不独立, 可以说, 最多的近视是乙校的女生, 不近视最多的是乙校的男生. 可以看出, 学校丙的女生不近视率较低, 对数线性模型中应加入 Y 和 Z 的交互作用项.

Python 中进行对数线性模型独立性检验的示范程序如下:

```python
import numpy as np
import statsmodels.api as sm
A=np.array((55,58,66,85,66,50)).reshape(2,3)
B=np.array((45,41,87,70,41,39)).reshape(2,3)
a=np.array([(55,58,66,85,66,50),(45,41,87,70,41,39)]).reshape(2,3,2)
# 表 5-30 (X, Y, Z) 模型
stats.chi2_contingency(a)
# 表 5-30 (XY, Z) 模型
stats.chi2_contingency(a.reshape(2,6))
# 表 5-30 (X, YZ) 模型
stats.chi2_contingency(a.reshape(6,2))
```

```
输出:
    # 表 5-30 (X, Y, Z) 模型
    (12.1157,
     0.0968,
     7,
     array([[[55.0844, 52.4832],
            [85.2562, 81.2302],
            [54.2540, 51.6920]],
           [[46.8217, 44.6107],
            [72.4678, 69.0457],
            [46.1159, 43.9382 ]]]))
    # 表 5-30 (XY, Z) 模型
    (10.9039,
     0.0533,
     5,
     array([[54.0541, 53.5135, 82.7027 , 83.7838, 57.8378,
```

```
        48.1081],
       [45.9460, 45.4865, 70.2973 , 71.2162, 49.1622,
        40.8919]]))
♯ 表 5-30 (X, YZ) 模型
(6.3467,
 0.2739,
 5,
 array([[57.8663, 55.1337],
        [77.3257 , 73.6742 ],
        [59.4026, 56.5974],
        [44.0398 , 41.9601 ],
        [80.3983, 76.6017],
        [40.9673, 39.0327]]))
```

习题

5.1 在一个有 3 个大型商场的商贸中心, 调查 479 个不同年龄段的人首先去 3 个商场中的哪一个, 结果如表 5-31 所示.

表 5-31 不同商场客户的倾向性研究

年龄段	商场 1	商场 2	商场 3	总和
≤ 30 岁	83	70	45	198
31 ∼ 50 岁	91	86	15	192
> 50 岁	41	38	10	89
总和	215	194	70	479

问题: 不同年龄段的人对各商场的购物倾向性是否存在差异?

5.2 下面是一个医学例子, 研究某类肺炎患者和以前是否曾经患过该类肺炎之间的疾病继承性关系. 表 5-32 是 30 个人按照当前患某类肺炎和曾经患某类肺炎之间的 2 × 2 分类表.

表 5-32 某类肺炎继承性研究数据表

	以前患过某类肺炎	以前没患某类肺炎	总和
当前患过某类肺炎	6	4	10
当前没患某类肺炎	1	19	20
总和	7	23	30

5.3 对 479 位不同年龄段的人调查其对各种不同类型电视节目的喜爱情况, 要求每人只能选出最喜欢观看的电视节目类型, 结果如表 5-33 所示.

表 5-33 不同年龄段的人与喜欢的电视节目类型之间的关系

年龄段	体育类 1	电视剧类 2	综艺类 3	总人数
≤ 30 岁	83	70	45	198
31 ∼ 50 岁	91	86	15	192
> 50 岁	41	38	10	89
总和	215	194	70	479

问: 不同观众对三类节目的关注率是否一样?

5.4 有人认为现在的学生和 20 世纪 60 年代的学生之间存在很大差异. 他在某学校做了一些跟踪调查, 问了学生如下问题: 以下哪个因素是你选择大学深造的主要原因 (单项选择)? (a) 丰富人生哲学; (b)

增加对周围世界的了解; (c) 找到好工作; (d) 不清楚. 同样的问题 1965 年也向当时的在校学生提问过, 表 5-34 是两个调查结果.

表 5-34　大学生选择大学深造的原因调查数据表

	1965 年	现在
丰富人生哲学	15	8
增加对周围世界的了解	53	48
找到好工作	25	57
不清楚	27	47

能够根据这些数据判断出两代大学生之间的差异吗?

5.5　继续例 5.4 的分析, 如果不按照分层结构直接计算分类变量, 能得到怎样的结论?

5.6　对三类不同学校, 分别考察学生家庭经济情况与其高考成绩之间的关系, 用经济状况好 (A) 与经济状况一般 (B) 对比记录其结果, 如表 5-35 所示.

表 5-35　家庭经济情况与学生高考情况关系数据表

学校	经济状况	一类学校	二类学校
1	A	43	65
	B	87	77
2	A	9	73
	B	15	30
3	A	7	18
	B	9	11

试分析学生家庭经济情况与其高考成绩之间的关系.

5.7　S 是一个有限项集.

(1) 令 A, B 是 S 的子集, 试定义下列规则的支持度 (support)、可信度 (confidence)、提升 (lift):

$$A \Rightarrow B$$

(2) 一个强规则的定义是满足最小支持度 s_0 和最小可信度 c_0 的规则. 试对 $s_0 = 0.6$ 和 $c_0 = 0.8$, 从表 5-36 的数据发现所有形式为: $\{x_1, x_2\} \Rightarrow \{y\}(x_1, x_2, y \in S, x_1 \neq x_2 \neq y)$ 的强规则.

表 5-36　购物篮交易记录表

交易	项集
1	$\{a, b, d, k\}$
2	$\{a, b, c, d, e\}$
3	$\{a, b, c, e\}$
4	$\{a, b, d\}$

5.8　数据见 shopping-basket.xls, 这是一个超市的购买记录. 其特征变量为: sex (性别), hometown (是否本地), income (收入), age (年龄), fruitveg (果蔬), freshmeat (鲜肉), dairy (乳品), cannedveg (罐头蔬菜), cannedmeat (罐头肉), frozenmeat (冻肉), wine (酒), softdrink (软饮料), fish (鱼), confectionery (糖果), 共 1000 个观测. 试用 Apriori 算法找出数据中有意义的规则, 把支持度和可信度都设定为 0.8.

5.9　证明定理 5.2 中关于 Ridit 得分的第二个等式.

5.10 假设某电信公司调查某款手机的售后产品及服务满意度, 统计得到调查数据如表 5-37 所示.

表 5-37 手机售后满意度统计表

问项	总数	非常不满意	不满意	一般	满意	非常满意
1. 对手机信号的满意度	200	90	23	53	21	13
2. 对手机外形的满意度	132	47	34	28	18	5
3. 对手机维修质量的满意度	50	20	13	10	5	2
4. 对手机功能的满意度	154	28	32	33	45	16
5. 对手机操作方便的满意度	164	34	28	52	40	10
总数	700	219	130	176	129	46

选择方法分析各个问项满意度之间是否存在差异.

5.11 设春秋两季在某山坡上造林, 在栽种的部分土穴中放有机肥, 另外一些土穴中未放有机肥, 结果树种成活数量与不成活的数量如表 5-38 所示. 试用对数线性模型检验春秋两季与是否填埋有机肥对树的成活数是否存在差异, 以及交互作用是否存在.

表 5-38 不同季节施肥和树苗成活情况统计表

季节	放有机肥		无有机肥	
	活	死	活	死
春	385	48	400	115
秋	198	50	375	120

第 6 章   秩相关和稳健回归

这一章是定量变量间的相互依赖关系. 前 4 节是有关变量的相关关系, 包括两个变量之间的秩相关分析和多变量之间的协同关系, 后 3 节是几种稳健回归和分位数回归.

6.1 Spearman 秩相关检验

设量为 n 的样本 $(X, Y) = ((X_1, Y_1), \cdots, (X_n, Y_n)) \overset{i.i.d.}{\sim} F(x, y)$. 假设检验问题为:

$$H_0: X 与 Y \text{ 不相关} \leftrightarrow H_1: X 与 Y \text{ 正相关} \tag{6.1}$$

对上面的假设检验问题, 当 H_1 成立时, 说明随着 X 的增加 Y 也增加, 即 X 与 Y 具有某种同步性. 在参数推断中, 两个随机变量之间的相关性常通过相关系数度量, Pearson 相关系数定义为:

$$r(X, Y) = \frac{\sum_{i=1}^{n} [(X_i - \overline{X})(Y_i - \overline{Y})]}{\sqrt{\sum_{i=1}^{n} (X_i - \overline{X})^2 \sum_{i=1}^{n} (Y_i - \overline{Y})^2}}$$

式中, $-1 < r < +1$. 当 $r > 0$ 时, 表示 X 与 Y 正相关; 当 $r < 0$ 时, 表示 X 与 Y 负相关; 当 $r = 0$ 时, 表示 X 与 Y 不相关.

在学生 IQ 和 EQ 数据中, 如果使用常规的 Pearson 相关系数, 会发现在观测到的学生中, IQ 与 EQ 的相关性非常高, 达到 0.9184, 这似乎是学生学业优异则处世能力一定强的有力佐证. 如果做散点图, 可以清晰地观察到两组数据本质上是没有关系的, 导致两组数据呈现高度相关性的一个直接原因是出现了一名 IQ 和 EQ 都很高的特殊学生, 这名学生的情况和大部分学生的特点不同, 放在一个分布之下进行分析是不合理的. 是否有其他的方法在我们肉眼观察不到的时候能够将这种异常的情况显现出来 (比如数据量很大, 作图并不实用)? 剔除这些影响数据整体关系的干扰元素, 将主体相关性比较客观地计算出来, 这就是本节和 6.2 节介绍的秩相关系数.

令 R_i 表示 X_i 在 $(X_1, X_2, \cdots, X_n)$ 中的秩, Q_i 表示 Y_i 在 $(Y_1, Y_2, \cdots, Y_n)$ 中的秩, 如果 X_i 与 Y_i 具有同步性, 那么 R_i 与 Q_i 也表现出同步性, 反之亦然. 仿照样本相关系数 $r(X, Y)$ 的计算方法, 定义秩之间的一致性, 因而有了 Spearman 相关系数:

$$r_S = \frac{\sum_{i=1}^{n} \left[\left(R_i - \frac{1}{n} \sum_{i=1}^{n} R_i \right) \left(Q_i - \frac{1}{n} \sum_{i=1}^{n} Q_i \right) \right]}{\sqrt{\sum_{i=1}^{n} \left(R_i - \frac{1}{n} \sum_{i=1}^{n} R_i \right)^2} \sqrt{\sum_{i=1}^{n} \left(Q_i - \frac{1}{n} \sum_{i=1}^{n} Q_i \right)^2}} \tag{6.2}$$

注意到

$$\sum_{i=1}^{n} R_i = \sum_{i=1}^{n} Q_i = \frac{n(n+1)}{2}$$

$$\sum_{i=1}^{n} R_i^2 = \sum_{i=1}^{n} Q_i^2 = \frac{n(n+1)(2n+1)}{6}$$

因此 r_S 可以简化为:

$$r_S = 1 - \frac{6}{n(n^2-1)} \sum_{i=1}^{n} (R_i - Q_i)^2 \tag{6.3}$$

参数统计中用 t 检验来进行相关性检验, 在零假设之下, 也可以类似地定义 T 检验统计量:

$$T = r_S \sqrt{\frac{n-2}{1-r_S^2}} \tag{6.4}$$

　　该统计量在零假设之下服从 $\nu = n - 2$ 的 t 分布, 当 $T > t_{\alpha,\nu}$ 时, 表示两变量有相关关系, 反之则无. 如果数据中有重复数据, 可以采用平均秩法定秩, 当结不多时, 仍然可以使用 r_S 定义秩相关系数, T 检验仍然可以使用.

例 6.1　有研究发现, 学生的高考英语成绩与大学英语成绩之间有相关关系, 现收集某大学部分学生一年级英语期末成绩, 与其高考英语成绩进行比较, 调查 12 位学生的结果如表 6-1 所示, 用 Spearman 秩相关系数检验.

表 6-1　学生高考英语成绩和大学英语成绩比较表

高考成绩 x	65	79	67	66	89	85	84	73	88	80	86	75
大学成绩 y	62	66	50	68	88	86	64	62	92	64	81	80

假设检验问题为:

H_0 : 学生高考英语成绩与大学英语成绩不相关

H_1 : 学生高考英语成绩与大学英语成绩相关

将表 6-1 中学生的分数定秩后如表 6-2 所示.

表 6-2　学生高考英语成绩和大学英语成绩秩计算表

x 秩	1	6	3	2	12	9	8	4	11	7	10	5
y 秩	2.5	6	1	7	11	10	4.5	2.5	12	4.5	9	8
$R_i - Q_i$	−1.5	0	2	−5	1	−1	3.5	1.5	−1	2.5	1	−3

计算秩差的平方和为:

$$\sum (R_i - Q_i)^2 = (-1.5)^2 + \cdots + (-3)^2 = 65$$

由式 (6.3) 得

$$r_S = 1 - \frac{6 \times 65}{12^3 - 12} = 1 - 0.2273 = 0.7727$$

由式 (6.4) 得

$$T = 0.7727\sqrt{\frac{12-2}{1-0.7727^2}} = 3.8494$$

实测 $T = 3.8494 > t_{0.01,10} = 3.169$, 接受 H_1, 认为学生高考英语成绩与大学英语成绩有关.
Python 示范程序如下:

```
from scipy.stats import kendalltau
x=[65,79,67,66,89,85,84,73,88,80,86,75]
y=[62,66,50,68,88,86,64,62,92,64,81,80]
spearmanr(x,y)
```

```
输出:
SpearmanrResult(correlation=0.7719, pvalue=0.0032)
```

关于 r_S 在零假设中的分布有下面定理.

定理 6.1 在零假设之下, Spearman 秩相关系数分布满足:
(1) $E_{H_0}(r_S) = 0$, $\text{var}_{H_0}(r_S) = \dfrac{1}{n-1}$;
(2) 关于原点对称.

证明 在零假设之下, $(R_1, R_2, \cdots, R_n)$ 在空间 $R = \{(i_1, i_2, \cdots, i_n) : (i_1, i_2, \cdots, i_n)$ 是 $(1, 2, \cdots, n)$ 的排列$\}$ 上服从均匀分布. 注意到 r_S 的分布只与 $\sum\limits_{i=1}^{n}(R_i - Q_i)^2$ 有关, 因此, 首先计算

$$\sum_{i=1}^{n}(R_i - Q_i)^2 = \frac{n(n+1)(2n+1)}{3} - 2\sum_{i=1}^{n}(iR_i)$$

由推论 1.3 易知

$$E_{H_0}\left(\sum_{i=1}^{n}(R_i - Q_i)^2\right) = \frac{n(n^2-1)}{6}, \qquad \text{var}_{H_0}\left(\sum_{i=1}^{n}(R_i - Q_i)^2\right) = \frac{n^2(n+1)^2(n-1)}{36}$$

下面证明对称性.

在 H_0 下, $(R_1, R_2, \cdots, R_n)$ 与 $(n+1-R_1, \cdots, n+1-R_i)$ 同分布, 即 $(R_1, R_2, \cdots, R_n) \stackrel{\mathrm{d}}{=} (n+1-R_1, \cdots, n+1-R_i)$. 于是在 H_0 下, 有

$$\begin{aligned}
\sum_{i=1}^{n}(iR_i) - \frac{n(n+1)^2}{4} &= \sum_{i=1}^{n} i\left[\frac{n+1}{2} - (n+1-R_i)\right] \\
&= \sum_{i=1}^{n} i\left(\frac{n+1}{2} - R_i\right) \\
&= \frac{n(n+1)^2}{4} - \sum_{i=1}^{n}(iR_i)
\end{aligned}$$

即统计量 $\sum\limits_{i}^{n}(R_i - Q_i)^2$ 在 H_0 下关于

$$E_{H_0}\left(\sum_i^n (R_i - Q_i)^2\right) = \frac{n(n+1)(2n+1)}{3} - 2\frac{n(n+1)^2}{4} = \frac{n(n^2-1)}{6}$$

对称.

　　根据定理 6.1 可以方便地构造 Spearman 秩相关系数零分布表. 如果令 $\alpha(2)$ 表示双边假设 $H_0 : X$ 与 Y 不相关 $\leftrightarrow H_1 : X$ 与 Y 相关的显著性水平, $\alpha(1)$ 则为单边假设 $H_0 : X$ 与 Y 不相关 $\leftrightarrow H_1 : X$ 与 Y 正相关的显著性水平. 经上面分析, 当 $r_S \geqslant c_{\alpha(1)}$(双边时为 $r_S \geqslant c_{\alpha(2)}$ 或者 $r_S \leqslant c_{\alpha(2)}$) 时拒绝 H_0.

　　当 n 较大时, 霍特林 (H. Hotelling) 等于 1936 年证明 Spearman 秩相关系数有如下的大样本性质:

　　当 $n \to \infty$ 时, 有

$$\sqrt{n-1}\, r_S \xrightarrow{\mathcal{L}} N(0,1)$$

因此在大样本时, 可用正态近似.

　　当 X 或 Y 样本中有结存在时, 可按平均秩法定秩, 相应的 Spearman 相关系数

$$r^* = \frac{\dfrac{n(n^2-1)}{6} - \dfrac{1}{12}\left[\sum\limits_{i=1}^{n}(\tau_i^3(x) - \tau_i(x)) + \sum\limits_{i=1}^{n}(\tau_i^3(y) - \tau_i(y))\right] - \sum\limits_{i=1}^{n}(R_i - Q_i)^2}{2\sqrt{\left[\dfrac{n(n^2-1)}{12} - \dfrac{1}{12}\sum\limits_{i=1}^{n}(\tau_i^3(x) - \tau_i(x))\right]\left[\dfrac{n(n^2-1)}{12} - \dfrac{1}{12}\sum\limits_{i=1}^{n}(\tau_i^3(y) - \tau_i(y))\right]}}$$

作为检验统计量, 其中 $\tau_i(x), \tau_i(y)$ 分别表示 X, Y 样本中的结统计量.

　　当结的长度较小时, 关于 r^* 的零分布仍可用无结时的零分布近似, 当 n 较大时, 也可用下面的极限分布:

$$r^*\sqrt{n-1} \xrightarrow{\mathcal{L}} N(0,1)$$

进行大样本检验.

　　关于 Spearman 秩相关系数对传统的样本相关系数的效率比较, 霍特林 (H. Hotelling) 和帕勃斯特 (M. R. Pabst) 于 1936 年估算 Spearman 等级相关系数的效率约为 Pearson 相关系数的 91%. 关于后一种相关系数检验, 巴塔查里亚 (Bhattacharyya) 等在 1970 年指出: 当分布函数 $F(x, y)$ 为 $N(\mu_1, \mu_2, \sigma_1, \sigma_2; \rho)$ 时, Spearman 秩相关系数对样本相关系数 $r(X, Y)$ 的渐近相对效率为 $\dfrac{9}{\pi^2} \approx 0.912$. 这些结果说明在正态分布假定之下, 二者在效率方面是等价的. 但它们的效率都比较低, 而对于非正态分布的数据, 采用秩相关比较合适.

例 6.2 (数据 IQ 和 EQ)　计算 Spearman 相关系数为: $r^* = 0.3032$, 检验 p 值为 0.097, 所以不能拒绝零假设, 不支持学生 IQ 与 EQ 强相关性存在.

例 6.3 (例 6.1 续)　因为数据中有秩, 因而按照有结情况计算:

$$\sum (R_i - Q_i)^2 = (-1.5)^2 + \cdots + (-3)^2 = 65$$

相应的 Spearman 相关系数为:

$$r^* = 0.7719$$

$$r^*\sqrt{n-1} = 2.56$$

标准正态分布 $\alpha = 0.05$, 对应的分位数 $c_\alpha = 1.96 < 2.56$, 所以, 拒绝零假设, 接受 H_1, 认为学生英语高考成绩与大学英语成绩有关, 两种检验结果一致.

6.2　Kendall τ 相关检验

考虑假设检验问题:
$$H_0 : X \text{ 与 } Y \text{ 不相关 } \leftrightarrow H_1 : X \text{ 与 } Y \text{ 正相关}$$
肯德尔 (Kendall) 于 1938 年提出另一种与 Spearman 秩相关相似的检验法. 他从两变量 (x_i, y_i) $(i = 1, 2, \cdots, n)$ 是否协同一致的角度出发检验两变量之间是否存在相关性. 首先引入协同的概念, 假设有 n 对观测值 $(x_1, y_1), (x_2, y_2), \cdots, (x_n, y_n)$, 如果乘积 $(x_j - x_i)(y_j - y_i) > 0$, $\forall j > i, i, j = 1, 2, \cdots, n$, 称数对 (x_i, y_i) 与 (x_j, y_j) 满足协同性 (concordant), 或者说, 它们的变化方向一致; 反之, 如果乘积 $(x_j - x_i)(y_j - y_i) < 0$, $\forall j > i, i, j = 1, 2, \cdots, n$, 则称该数对不协同 (disconcordant), 表示变化方向相反. 也就是说, 协同性测量了前后两个数对的秩大小变化同向还是反向, 若前一对的秩均比后一对小, 则说明前后数对具有同向性; 反之, 若前一对的秩比后一对大, 则前后两对数对 (x_i, y_i) 与 (x_j, y_j) 反向.

全部数据所有可能前后数对共有 $\binom{n}{2} = n(n-1)/2$ 对. 如果用 N_c 表示同向数对的数目, N_d 表示反向数对的数目, 则 $N_c + N_d = n(n-1)/2$, Kendall 相关系数统计量由二者的平均差定义, 如下所示:

$$\tau = \frac{N_c - N_d}{n(n-1)/2} = \frac{2S}{n(n-1)} \tag{6.5}$$

式中, $S = N_c - N_d$, 若所有数对协同一致, 则 $N_c = n(n-1)/2$, $N_d = 0$, $\tau = 1$, 表示两组数据正相关; 若所有数对全反向, 则 $N_c = 0$, $N_d = n(n-1)/2$, $\tau = -1$, 表示两组数据负相关; Kendall τ 为零, 表示数据中同向和反向的数对势力均衡, 没有明显的趋势, 这与相关性的含义是一致的. 总之, Kendall τ 的取值在 $-1 \leqslant \tau \leqslant +1$, 反映了两组数据的变化一致性. 该统计量是肯德尔 (Kendall) 于 1938 年提出的, 因而称为 Kendall τ 检验统计量. H_0 的拒绝域为 τ 取大值. 卡塞马克 (Kaarsemaker) 和温加尔登 (Wijingaarden) 于 1953 年给出了 Kendall τ 检验的零分布.

另外, 我们注意到, 如果定义
$$\text{sign}((X_1 - X_2)(Y_1 - Y_2)) = \begin{cases} 1, & (X_1 - X_2)(Y_1 - Y_2) > 0 \\ 0, & (X_1 - X_2)(Y_1 - Y_2) = 0 \\ -1, & (X_1 - X_2)(Y_1 - Y_2) < 0 \end{cases}$$

则
$$\tau = \frac{2}{n(n-1)} \sum_{1 \leqslant i < j \leqslant n} \text{sign}((x_i - x_j)(y_i - y_j))$$

式中, $\text{sign}((X_1 - X_2)(Y_1 - Y_2))$ 是 $P((X_1 - X_2)(Y_1 - Y_2) > 0)$ 的核估计量, 因而 τ 是 U 统计量. 用 U 统计量的方法不难证明下面的定理.

定理 6.2　在零假设成立时, 有

(1) $E_{H_0}(\tau) = 0$, $\mathrm{var}_{H_0}(\tau) = \dfrac{2(2n+5)}{9n(n-1)}$;

(2) 关于原点对称.

当 H_1 成立时, $E(\tau) > 0$. 于是, 当样本量 n 很大时, 根据 U 统计量的性质, 在 H_0 下可以证明, 当 $n \to \infty$ 时, 有

$$\tau \sqrt{\frac{9n(n-1)}{2(2n+5)}} \xrightarrow{\mathcal{L}} N(0,1)$$

实际中, 不失一般性, 假定 x_i 已从小到大或从大到小排序, 因此协同性问题就转化为 y_i 秩的变化. 令 $d_1, d_2, \cdots, d_n$ 为 $y_1, y_2, \cdots, y_n$ 的秩, 因而 x, y 的秩形成 $(1, d_1), (2, d_2), \cdots, (n, d_n)$; $\forall 1 \leqslant i \leqslant n$, 记

$$p_i = \sum_{j > i} I(d_j > d_i), \quad i = 1, 2, \cdots, n$$

$$q_i = \sum_{j > i} I(d_j < d_i), \quad i = 1, 2, \cdots, n$$

令 $P = \sum\limits_{i=1}^{n} p_i$, $Q = \sum\limits_{i=1}^{n} q_i$, 则 Kendall τ 统计量的值为 $\tau = \dfrac{P - Q}{n(n-1)/2}$. 也就是说, 对每一个 y_i 求当前位置后比 y_i 大的数据的个数, 将这些数相加所得就是 N_{c}. 同理可以计算 N_{d}. 具体计算如例 6.4.

例 6.4　现在想研究体重和肺活量的关系, 调查某地 10 名女初中生的体重和肺活量的数据如表 6–3 所示, 进行相关性检验.

表 6-3　学生体重和肺活量比较表

学生编号	1	2	3	4	5	6	7	8	9	10
体重 (x)	75	95	85	70	76	68	60	66	80	88
肺活量 (y)	2.62	2.91	2.94	2.11	2.17	1.98	2.04	2.20	2.65	2.69
肺活量秩	6	9	10	3	4	1	2	5	7	8

假设检验问题为:

$$H_0 : 体重和肺活量没有相关关系$$

$$H_1 : 体重和肺活量有相关关系$$

计算每个变量的秩, 如表 6–4 所示.

表 6-4　体重从小到大排序和肺活量对应的秩数据表

学生代号	7	8	6	4	1	5	9	3	10	2
体重 (x) 顺序	1	2	3	4	5	6	7	8	9	10
肺活量 (y) 对应秩	2	5	1	3	6	4	7	10	8	9

N_c 与 N_d 的求解方法如下:

$$N_c = 38, \quad N_d = 7, \quad S = N_c - N_d = 31$$
$$n = 10, \quad n(n-1) = 10(10-1) = 90$$

Kendall τ 数对求秩表如表 6-5 所示.

表 6-5　Kendall τ 数对求秩表

秩 (x_i, y_i)	N_c	N_d
1　2	8	1
2　5	5	3
3　1	7	0
4　3	6	0
5　6	4	1
6　4	4	0
7　7	3	0
8　10	0	2
9　8	1	0
10　9	0	0
	38	7

由式 (6.5) 得

$$\tau = \frac{2 \times 31}{90} = 0.6889$$

Python 示例程序如下:

```
from scipy.stats import kendalltau
x=[75,95,85,70,76,68,60,66,80,88]
y=[2.62,2.91,2.94,2.11,2.17,1.98,2.04,2.20,2.65,2.69]
kendalltau(x,y)
```

```
输出:
KendalltauResult(correlation=0.6889, pvalue=0.0047)
```

p 值很小, 接受 H_1, 认为体重与肺活量有关, 体重重的学生, 肺活量也大.

若 x_i 或 y_i 有相等秩, 用平均秩计算各自的秩, Kendall 的 τ 公式校正如下:

$$\tau = \frac{S}{\sqrt{n(n-1)/2 - T_x}\sqrt{n(n-1)/2 - T_y}}$$

式中, $T_x = \frac{1}{2}\sum_{}^{g_x}(\tau_x^2 - \tau_x)$, $T_y = \frac{1}{2}\sum_{}^{g_y}(\tau_y^2 - \tau_y)$, τ_x, τ_y 分别为 $\{x_i\}, \{y_i\}$ 的结长, 注意到这里对结的处理是二次方而不是三次方, 原因是这里打结的数据对总量不是 n 而是 $n(n-1)/2$. g_x, g_y 分别为两变量中结的个数.

关于 Kendall τ 的效率, 巴塔查里亚 (Bhattacharyya) 等于 1970 年指出, 两者间的 ARE 为 $9/\pi^2 \approx 0.912$. 有人也将 Spearman 相关系数和 τ 做了比较, 就皮特曼 (Pitman) 的 ARE

而言, 对所有的总体分布 $\text{ARE}(r_S, \tau) = 1$. 这也表明两者对于样本相关系数的 ARE 是相同的. 莱曼 (Lehmann, 1975) 发现, 对于所有的总体分布有 $0.746 \leqslant \text{ARE}(r_S, r) < \infty$. 对于一种形式的备择假设, 科尼金 (Konijn, 1956) 给出了表 6-6 所示结果.

表 6-6　相关系数 r_S 的效率

总体分布	正态	均匀	抛物	重指数
$\text{ARE}(r_S, \tau)$	0.912	1	0.857	1.266

6.3　多变量 Kendall 协和系数检验

前两节所介绍的 Spearman 和 Kendall τ 两种检验方法都是针对两变量的相关性, 这种相关的概念可以延拓至多变量间的相关. 比如, 在实际问题中人们感兴趣的是几个变量之间是否具有同步或相关性, 如为了诊断病情, 通常患者要做许多项检查, 这些结果彼此之间是否存在着相关性? 歌手大奖赛上, 有诸多评委对歌手进行打分, 就同一个歌手而言, 不同评委之间意见是不是一致呢? 也就是说, 从平均的意义来看, 某个歌手被某个专家给予高分, 是否意味着其他专家也对他打了高分呢? 肯德尔 (Kendall) 和巴宾顿 (Babington) 于 1939 年提出的多变量协和系数检验 (concordance of variables) 就是针对这类问题的. 变量间的协和系数检验是以多变量秩检验为基础建立起来的.

假设有 k 个变量 $\boldsymbol{X}_1, \boldsymbol{X}_2, \cdots, \boldsymbol{X}_k$, 每个变量有 n 个观测值, 设第 j 个变量 $\boldsymbol{X}_j = (X_{1j}, X_{2j}, \cdots, X_{nj})$, 假设检验问题为:

$$H_0 : k \text{ 个变量不相关} \leftrightarrow H_1 : k \text{ 个变量相关} \tag{6.6}$$

记 R_{ij} 为 X_{ij} 在 $(X_{1j}, X_{2j}, \cdots, X_{nj})$ 的秩, 表示成如表 6-7 所示数据表形式.

表 6-7　多变量的秩表示

	变量 1	变量 2	$\cdots$	变量 k	和
	R_{11}	R_{12}	$\cdots$	R_{1k}	$R_{1\cdot}$
秩	R_{21}	R_{22}	$\cdots$	R_{2k}	$R_{2\cdot}$
	$\vdots$	$\vdots$		$\vdots$	$\vdots$
	R_{n1}	R_{n2}	$\cdots$	R_{nk}	$R_{n\cdot}$

在 H_0 成立时, 各个变量应没有相关性, 因而从每一行来看, 各行秩和理应相差不大, 但在 H_1 成立时, 由于各变量有一致性, 既存在某一行的秩和较大, 也存在某一行的秩和很小. 在 H_1 成立时, 各行向量的秩和可能相差很大, 如果记 $R_{i\cdot} = \sum_{j=1}^{k} R_{ij} \ (i = 1, 2, \cdots, k)$, 所有秩和 $R_{\cdot\cdot} = \sum_{i=1}^{n} \sum_{j=1}^{k} R_{ij} = kn(n+1)/2$, 则可用统计量

$$S = \sum_{i=1}^{n} \left(R_{i\cdot} - \frac{1}{n} \sum_{i=1}^{n} R_{i\cdot} \right)^2$$

检验假设. 如果各个变量每一个排名秩完全一致, 那么每个变量 (j) 上对每个对象 i 的秩都是相同的, 秩和是 $1k, 2k, 3k, \cdots, nk$ 的某种排列. 在这种完全一致的情况下, 每个秩和与平均值 $k(n+1)/2$ 的偏差平方和为:

$$\mathrm{T} = \sum_{i=1}^{n} [ik - k(n+1)/2]^2$$

在零假设之下, 有

$$
\begin{aligned}
\mathrm{SST} &= \frac{1}{k}T = \sum \sum R_{ij}^2 - R_{..}^2/nk \\
&= k(1^2 + 2^2 + \cdots + n^2) - \frac{k^2 n^2 (n+1)^2}{4nk} \\
&= \frac{kn(n+1)(2n+1)}{6} - \frac{kn(n+1)^2}{4} \\
&= kn(n+1)\left(\frac{2n+1}{6} - \frac{n+1}{4}\right) \\
&= kn(n+1)(n-1)/12 = k(n^3 - n)/12 \\
\mathrm{SSR} &= \frac{1}{k}S = \sum R_{i\cdot}^2/k - \left(\sum R_{i\cdot}\right)^2/nk \\
&= \sum R_{i\cdot}^2/k - k^2 n^2 (n+1)^2/4nk \\
&= \sum R_{i\cdot}^2/k - kn(n+1)^2/4
\end{aligned}
$$

因此 Kendall 协和系数 W 可以表示为:

$$
\begin{aligned}
W &= \frac{\mathrm{SSR}}{\mathrm{SST}} = \frac{\sum R_{i\cdot}^2/k - kn(n+1)^2/4}{k(n^3 - n)/12} \\
&= \frac{\sum R_{i\cdot}^2 - k^2 n(n+1)^2/4}{k^2(n^3 - n)/12} \\
&= \frac{12S}{k^2 n(n^2 - 1)}
\end{aligned}
\tag{6.7}
$$

关于 Kendall 协和系数检验 W 的零分布表可以通过下列 χ^2 公式简单推导得到. 由于

$$
\begin{aligned}
\mathrm{var}(R_{ij}) &= \frac{\mathrm{SST}}{n-1}\frac{n}{n-1} \quad \left(\text{以 } \frac{n}{n-1} \text{ 为校正系数}\right) \\
&= \frac{kn(n+1)(n-1)}{12nk}\frac{n}{n-1} = \frac{n(n+1)}{12}
\end{aligned}
$$

因此

$$
\begin{aligned}
\chi^2 &= \frac{\mathrm{SSR}}{\mathrm{var}(R_{ij})} = \frac{\sum R_{i\cdot}^2/k - kn(n+1)^2/4}{\dfrac{n(n+1)}{12}} \\
&= \frac{\sum R_{i\cdot}^2 - k^2 n(n+1)^2/4}{kn(n+1)/12}
\end{aligned}
$$

由于

$$W = \frac{\sum R_{i\cdot}^2 - k^2 n(n+1)^2/4}{k^2 n(n+1)(n-1)/12}$$

$$= \frac{1}{k(n-1)} \frac{\sum R_{i\cdot}^2 - k^2 n(n+1)^2/4}{kn(n+1)/12}$$

$$= \frac{1}{k(n-1)} \chi^2$$

因此, Kendall 指出, 对于固定的 n, 当 $k \to \infty$ 时, 有

$$k(n-1)W \to \chi_{n-1}^2 \tag{6.8}$$

这样, 对于较大的 k, 就可以用极限分布进行检验.

当样本中有结时, 用平均秩方法定秩, 记号不变, 有

$$W_c = \frac{\sum\limits_{}^{n} R_{i\cdot}^2 - \left(\sum R_{i\cdot}\right)^2/n}{[k^2(n^3-n) - k\sum T]/12}$$

$$= \frac{12\sum R_{i\cdot}^2 - 3k^2 n(n+1)^2}{k^2(n^3-n) - k\sum\limits_{}^{g}(\tau_i^3 - \tau_i)} \tag{6.9}$$

式中, τ_i 为结长; g 为结的个数.

例 6.5　鹈鹕是我国珍稀保护动物, 现测量 10 只鹈鹕的翼长 (X_1)、体长 (X_2) 及嘴长 (X_3) 如表 6–8 所示, 试检验这三组数据是否相关.

表 6-8　10 只鹈鹕的翼长 (X_1)、体长 (X_2) 及嘴长 (X_3) 数据表

鹈鹕编号	翼长 (X_1)		体长 (X_2)		嘴长 (X_3)		秩和 $(R_{i\cdot})$
	数据 (cm)	秩	数据 (cm)	秩	数据 (cm)	秩	
1	41	7.5	55.7	8	8.6	7.5	23
2	43	9	56.3	9	9.2	9	27
3	39.5	4	54.5	4	8	5.5	13.5
4	38	1	54.2	1.5	5.6	1	3.5
5	40.5	6	55.1	6	6.8	2	14
6	41	7.5	55.4	7	8	5.5	20
7	40	5	54.5	4	8.6	7.5	16.5
8	38.5	2	54.2	1.5	7.4	3.5	7
9	44	10	56.9	10	9.8	10	30
10	39	3	54.5	4	7.4	3.5	10.5
							165

假设检验问题为:

$$H_0: 翼长、体长及嘴长不相关$$

$$H_1 : 翼长、体长及嘴长相关$$

计算秩统计量如下:

$$\sum R_{i\cdot}^2 - \left(\sum R_{i\cdot}\right)^2 / n = 23^2 + \cdots + 10.5^2 - 165^2/10$$
$$= 3380 - 2722.5 = 657.5$$

$$k^2(n^3 - n) = 3^2 \times (10^3 - 10) = 8910$$
$$\sum T = (2^3 - 2) + (2^3 - 2) + (3^3 - 3) + (2^3 - 2) + (2^3 - 2) + (2^3 - 2)$$
$$= 54$$

由式 (6.9) 得

$$W_c = \frac{657.5}{(8910 - 3 \times 54)/12} = \frac{657.5}{729} = 0.9019$$

由式 (6.8), 有

$$\nu = n - 1 = 10 - 1 = 9$$

$$\chi_\nu^2 = 3 \times (10 - 1) \times 0.9019 = 24.3513 > \chi_{0.05,9}^2 = 16.9190$$

由上式 χ^2 的检验结果, 接受 H_1, 翼长、体长及嘴长相关, 呈现一致性.

6.4　Kappa 一致性检验

实际中在做重大决策时, 有时需要针对同一研究对象, 进行两组或更多组独立的评判, 如果不同组的结果吻合, 决策更可靠; 反之, 如果两组结果不吻合, 说明决策可能存在一定的风险, 因而产生了不同组评判结果的一致性检验问题, 这称为结果的一致性问题.

例如, 两家不同医院的专家、医师对同一 X 光片会诊诊断结果是否相同; 对同一位求职面试者, 假定他经过两个阶段的面试, 前后两阶段的考官组的评分结果是否一致; 同一研究者, 在不同时间对同一事件的观点是否一致; 等等.

本节仅以两个变量为例, 说明一致性检验的基本原理. 即有假设检验问题:

$$H_0 : 两种方法不一致 \leftrightarrow H_1 : 两种方法一致 \tag{6.10}$$

假设评分是分类或顺序变量, 所有可能的类别为 r 个. 可以用 $r \times r$ 列联表示两组结果一致或不一致的频数. 设 p_{ij} 为对同一事件第一组判为第 i 类而第二组判为第 j 类的概率. 若两组判别结果皆相同, 也就是说, 不同专家得到的两组结果完全吻合, 则 $p_{ij} = 0, i \neq j$. 概率和为:

$$P_0 = \sum_{}^{r} p_{ii}, \quad r \ 为类别项数$$

与一致性结果相反的是独立性, 若各类别的观测值相互独立, 则判断结果皆相同的概率应满足

$$P_e = \sum p_{i\cdot} p_{\cdot i}$$

式中, p_i. 为第一组专家判为第 i 类的边缘概率; $p_{\cdot i}$ 为第二组专家判为第 i 类的边缘概率; P_e 为一致性期望概率, 因而 $P_0 - P_e$ 为实际与独立判断结果概率之差. 科恩 (Cohen,1960) 提出用 Kappa 统计量表示同一事件, 多次判断结果一致性的度量值如下式所示:

$$K = \frac{P_0 - P_e}{1 - P_e} \tag{6.11}$$

当 $P_0 = 1$ 时, $K = 1$, 这表示 $r \times r$ 列联表中非对角线上的数据都为 0, 一致性非常好. 若 $P_0 = P_e$, 即 $K = 0$, 则认为一致性较差, 其判断结果完全是由随机产生的独立事件. 另外, K 越接近 1, 表示有越高的一致性, 若 K 接近 0, 则表示一致性较低. 有时 K 也会有负值, 但很少发生.

经验指出, K 的取值与一致性有如表 6-9 所示的关系.

表 6-9 **Kappa 经验值**

$K < 0.4$	$0.4 < K < 0.8$	$K \geqslant 0.8$
一致性较低	一致性中等	一致性理想

有了估计量, 也可以通过检验判断 K 值是否为 0. 首先计算 K 的方差如下:

$$\text{var}(K) = \frac{1}{n(1 - P_e)^2} \left[P_e + P_e^2 - \sum p_i \cdot p_{\cdot i}(p_i \cdot + p_{\cdot i}) \right] \tag{6.12}$$

科恩 (Cohen) 于 1960 年指出, K 在大样本下有正态近似:

$$Z = \frac{K}{\sqrt{\text{var}(K)}} \tag{6.13}$$

如果 $Z > Z_{0.05/2} = 1.96$, 则表示 $K > 0$, 有一致性.

例 6.6 假设某啤酒大赛中, 多种品牌的啤酒由来自甲、乙两地的专业品酒师进行评分, 每个品牌只允许选送一种酒作为代表参评, 每位品酒师对每种啤酒将按照 3 个级别评分, 结果如表 6-10 所示, 其中第 i,j 位置的 n_{ij} 表示甲评分为 i 而乙评分为 j 的累积品牌数.

表 6-10 **两组品酒师评分频数交叉列联表**

		乙地 (级别)			行和
		1	2	3	
甲地 (级别)	1	18(0.36)	2(0.04)	0(0)	20(0.40)
	2	4(0.08)	12(0.24)	1(0.02)	17(0.34)
	3	2(0.04)	1(0.02)	10(0.20)	13(0.26)
列和		24(0.48)	15(0.30)	11(0.22)	50(1.00)

按式 (6.11) 计算概率:

$$P_0 = 0.36 + 0.24 + 0.20 = 0.80$$
$$P_e = 0.4 \times 0.48 + 0.34 \times 0.30 + 0.26 \times 0.22 = 0.3512$$
$$K = \frac{0.80 - 0.3512}{1 - 0.3512} = \frac{0.4488}{0.6488} = 0.6917$$

由式 (6.12) 及式 (6.13), 得

$$
\begin{aligned}
\operatorname{var}(K) = {} & \frac{1}{50(1-0.3512)^2}\{0.3512 + 0.3512^2 \\
& - [0.4 \times 0.48(0.4 + 0.48) + 0.34 \times 0.3(0.34 + 0.3) \\
& + 0.26 \times 0.22(0.26 + 0.22)]\} \\
= {} & \frac{0.2128454}{21.04707} = 0.0101128 \\
\sqrt{\operatorname{var}(K)} = {} & \sqrt{0.0101128} = 0.1005624 \\
Z = {} & \frac{0.6917}{0.1005624} = 6.8783 > Z_{0.05/2} = 1.96
\end{aligned}
$$

因此一致性不为 0, 而 $K = 0.6917$, 表示甲、乙两地品酒师的评分保持较好的一致性.

6.5　HBR 基于秩的稳健回归

在第 4 章的方差分析中, 当正态性条件的前提不能获得满足时, 就需要引入基于观测的秩统计量建立非参数检验. 如果回归分析中的残差项不满足正态性假设, 比如有离群点存在时, 很自然就会将基于秩的想法扩展到对误差的分析中. 最早是雅克尔 (L. A. Jaeckel, 1972) 和德雷珀 (Draper, 1998) 等多位学者提出了基于秩的 R 估计法, 将秩的某个得分函数作为权重引入估计模型用以降低离群点的不良影响. 之后, 为提高 R 估计稳健性, 张 (Chang, 1999) 提出 HBR 高失效点 (High Breakdown Point) 的 R 估计. 这一节将主要介绍基于残差秩的稳健回归方法中的参数 R 稳健估计、稳健性质和回归诊断.

6.5.1　基于秩的 R 估计

1. R 估计函数

假设有回归模型 $y_i = x_i\beta + r_i, i = 1, 2, \cdots, n$, 其中 $r_i = y_i - x_i\beta$ 为第 i 个样本的残差, $R(r_i)$ 为第 i 个残差的秩, $a(R(r_i))$ 为残差秩的得分函数, 定义 R 估计得分为:

$$
D_R(\widehat{\beta}) = \sum a(R(r_i))r_i
$$

得分函数 $a(i) = \phi\left(\dfrac{i}{n+1}\right)$. 其中最常用的是 Wilcoxon 得分函数: $\phi(u) = \sqrt{12}(u - 1/2)$. 代入上面的定义, 得到该估计的目标函数为:

$$
D_R(\widehat{\beta}) = \frac{\sqrt{12}}{n+1} \sum_{i=1}^{n} \left(R(r_i) - \frac{n+1}{2} \right) r_i
$$

对其求极小值, 得到相应的偏回归系数的 Wilcoxon R 估计量:

$$
\widehat{\beta}_R = \operatorname{argmin}\|y - x\beta\|_R = \operatorname{argmin} D_R(\beta)
$$

2. GR 估计函数

$D_{GR}(\beta) = \|y - x\beta\|_{GR} = \|u\|_{GR} = \displaystyle\sum\sum_{i<j} b_{ij}|u_i - u_j|$, 其中 u_i 为第 i 个观测值的残差, b_{ij} 为正的对称权重, 而且 $b_{ij} = b_{ji}$. 当 $b_{ij} \equiv 1$ 时, 该方程退化为前面的 Wilcoxon R 估计量,

这时有 $D(\beta) = \sum\sum_{i<j} |u_i - u_j| = 2\sum_{i=1}^{n}[R(u_i) - (n+1)/2]u_i$. 选择合适的 b_{ij} 作为权重函数可用来减小 X 空间离群点的影响. 一般情况下, b_{ij} 的定义如下:

$$b_i = \min(1, c_1/\sqrt{h_{ii}})^{\alpha_1}, \quad b_{ij} = b_i \times b_j$$

其中, $\alpha_1 = 2, h_{ii}$ 为观测点 i 的杠杆点, 定义为帽子矩阵 $H = X(X^{\mathrm{T}}X)^{-1}X^{\mathrm{T}}$ 主对角线第 i 位置上的元素, 表示 X 方向上该点距离中心位置的远近. c_1 一般取杠杆点的 0.70 分位数. 从这些式子中可以观察到, 某观测值的杠杆值越大, 该点位置距离中心位置越远, 在权值函数 b_{ij} 中的取值越小, 离群点在 X 空间中对 β 的估计影响越小. 不过, 当 X 空间存在多个离群点时, 杠杆值的计算比较敏感, 基于杠杆值的权重函数稳健性不佳, 这时可以考虑使用马氏距离定义 $MCD_i = (x_i - \overline{X})^{\mathrm{T}}(X^{\mathrm{T}}X)^{-1}(x_i - \overline{X})$, 可以得到 MCD_i 与杠杆值 h_{ii} 存在如下关系:

$$h_{ii} = \frac{MCD_i}{n-1} + \frac{1}{n}$$

对于普通的马氏距离, 由于 X 空间极端的多个离群点可使 MCD_i 中的均值和协方差阵发生较大偏离, MCD_i 和杠杆值一样不具有稳健性, 但马氏距离中的均值和协方差是可以做稳健化处理的, 这样就可以得到广义的 Mallows 权重:

$$b_i = \min(1, c_2/((x_i - v)^{\mathrm{T}}V^{-1}(x_i - v))^{1/2})^{\alpha_2}$$

其中, c_2 可以取自由度为 p 的 χ^2 分布的 0.95 分位数, p 是进入回归的变量数, $\alpha_2 = 2, (v, V)$ 是位置和离散程度 MVE (minimum volume ellipsoid) 或 MCD (minimum covariance determinant) 估计量, 前者的估计值反映了一般数据中的最小置信域体积, 后者从包含一般数据最小协方差阵行列式得到, 求解的方法一般采用重复抽样算法, 具体的计算可参见文献 Woodruff (1993). 从 GR 估计函数中可以看出其中的各元素同时具有对 X 空间距离和残差的降权作用, 而 R 估计仅仅是对残差做了降权, 对 GR 估计函数求极小化, 可得到参数的 GR 估计, 数值解法中 R 和 GR 均可采用梯度法实现, 而且满足位置和尺度同变性.

3. HBR 估计函数

定义

$$D_{\mathrm{HBR}}(\widehat{\beta}) = \frac{1}{n}\sum_{i=1}^{n} a_n(R_{ni}^{+})|r_i|$$

式中, r_i 为第 i 个样本点的残差; R_{ni}^{+} 为满足条件的残差绝对值的秩; $a_n(i)$ 为得分函数, 如 $a_n(i) = h^{+}(i/(n+1))$. h^{+} 的选择借用了高失效点 LTS (Least Trimmed Sum of Squares) 回归的想法, 它不仅考虑了 X 空间中每个点的权值, 还考虑了 Y 空间的权值. 例如, 只选择残差从小到大排序中排在较小的前 $\alpha(0 < \alpha < 1)$ 的观测, 这时 $h^{+} \approx n\alpha$, 这样就会令残差绝对值排序在尾部较大的 $1 - \alpha$ 的那部分观测点不必参与 D_{HBR} 的计算, 如此就可以得到该估计函数失效点为 $\epsilon^{*} = \min(\alpha, 1 - \alpha)$ (详见 Rousseeuw & Van Driessen, 1999). 当 $\alpha = 0.5$ 时, 最大的失效点为 50%, 在实际应用中可以通过 α 来控制失效点, 也可以通过重复抽样来获得.

6.5.2　假设检验

假设要对 p 个回归估计中的 q 个参数做假设检验, 两种 R 估计都可以用 F 检验统计量

$$F_R = \frac{RD_R/q}{\widehat{\tau}_R^2}$$

$$F_{GR} = \frac{\sqrt{12}}{n} \frac{RD_{GR}/q}{\widehat{\tau}_R}$$

式中, $RD_\phi = D_\phi(Y, p) - D_\phi(Y, p - q)$, 表示缩减模型 (包含 $p - q$ 个估计参数) 与完全模型 (包含 p 个参数) 之间的离差函数的减小量 (reduction in residual dispersion), $\widehat{\tau}$ 类似于 LS 估计中的剩余标准差.

6.5.3　多重决定系数 CMD

与普通线性回归类似, 也可以定义回归拟合效果的统计量, 在稳健估计中用 CMD (Coefficient of Multiple Determination) 定义如下:

$$R_R^2 = \frac{RD_R}{RD_R + (n - p - 1)(\widehat{\tau}/2)}$$

$$R_{GR}^2 = \frac{RD_{GR}}{D_{GR} + \dfrac{n(n - p - 1)}{\sqrt{12}}\widehat{\tau}}$$

当完全拟合时, 取值为 1; 完全失拟时, 取值为 0. 它能较好地反映模型拟合的效果, 而且由于它与稳健的假设检验统计量 F 相联系, 该统计量是稳健的.

6.5.4　回归诊断

1. 残差图

R 和 HBR 估计的残差图与 LS 估计用法相似, 例如用残差与预测值作图得到的图形的分布不是围绕 0 随机波动而是出现某种曲线趋势时, 则此残差图提示拟合所用的模型假设不恰当. 但是由于 GR 估计的拟合值和残差均是权重的函数, 因此在解释该残差图时就不像 R-LS 残差图那样意义明确, 但均可用于初步识别可能的离群点.

2. 标准化残差

三种估计方法都可用各自残差除以其残差标准误的估计值来得到标准化残差, 当标准差残差绝对值大于 3 时, 判为潜在的离群点.

3. 影响数据的度量

R 估计中用统计量 RFIT 表示某个数据点对模型拟合造成的影响, 定义为:

$$\text{RFIT} = \widehat{Y}_{R_i} - \widehat{Y}_{R(-i)}$$

式中, $\widehat{Y}_{R_i}$ 为第 i 个数据点的拟合值; $\widehat{Y}_{R(-i)}$ 为删除第 i 个数据点的模型 Y_i 的预测值.

如果多种估计方法得到的估计值有很大差异, 这时需要衡量两种方法的整体差异, 而且能够找到影响两种方法差异的那些观测值, 这称为影响诊断分析. 在影响诊断分析中, 常常

需要计算诊断量 TAS_R 来比较对同一份资料分别进行 R 估计和 GR 估计时, 两种方法的整体差异, 计算公式为:

$$TAS_R = (\widehat{\beta}_R - \widehat{\beta}_{\text{GR}})^{\text{T}} A_R^{-1} (\widehat{\beta}_R - \widehat{\beta}_{\text{GR}})$$

式中:

$$A_R = \begin{pmatrix} \widehat{\alpha}_R \\ \widehat{\beta}_R \end{pmatrix} = \begin{pmatrix} \widehat{\tau}^2 & 0 \\ \widehat{0} & \tau(X^{\text{T}}X)^{-1} \end{pmatrix} \tag{6.14}$$

该统计量界值为 $\dfrac{4(p+1)^2}{n}$. 对同一数据的 R 估计与 GR 估计拟合的总体差异是由于对高杠杆值进行降权处理引起的, 如果该值较大则需要计算如下 $CS_{R,i}$ 诊断量:

$$CS_{R,i} = \frac{\widehat{y}_{R,i} - \widehat{y}_{GR_i}}{(n^{-1}\widehat{\tau}^2 + h_{ii}\widehat{\tau}^2)^{1/2}}$$

该诊断量用以识别哪个点对两估计方法差异的贡献大, 其界值为 $2\sqrt{(n-p)/n}$.

例 6.7　该数据 (Rousseeuw, 1987) 是有关 CYG OB1 星团的天文观测数据, 该星团包含 47 颗恒星, 对每颗星球的发光强度和球面温度进行测量. 响应变量为对数光强 (light), 解释变量为对数温度 (temperature), 如图 6-1 所示制作了这两个变量的散点图, 其中有 4 颗恒星光强度异常, 温度较低. 在该数据集中, 这 4 颗恒星被标记为巨星, 另外还有两颗恒星对数温度分别为 3.84 和 4.01, 除了这 6 颗恒星以外, 其他 41 颗恒星被标记为该星团的主序星. 我们尝试了几种回归估计目标函数, 分别为最小二乘 (LS), GR 估计, Wilcoxonϕ 函数以及 HBR 稳健估计回归.

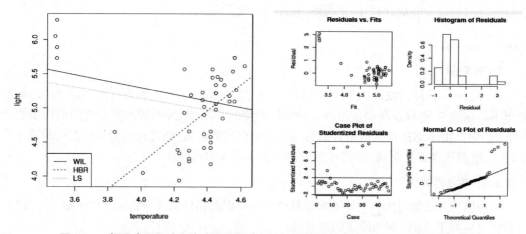

图 6-1　恒星表面温度和发光强度散点图、三种估计拟合线及 HBR 估计诊断图

图 6-1 输出了 HBR 估计的诊断图, HBR 不仅可以识别出 4 颗光强度较大的恒星, 而且可以识别出两颗温度较低的异常恒星, 它的回归线穿过了 41 颗主序恒星, 另外两种方法建立的回归线明显受到两类异常的误导, 表现出较差的拟合效果.

6.6 中位数回归系数估计法

回归分析是统计学中应用最广泛的方法之一. 回归分析主要是刻画变量和变量之间的依赖关系. 一个简单的一元回归模型如下定义: 给定数据点 $(X_i, Y_i), i = 1, 2, \cdots, n$, 假定 Y 的平均变动由 X 决定, 那么不能由 X 解释的部分用噪声 ε 表示. Y 与 X 的关系表示如下:

$$Y_i = \alpha + \beta X_i + \varepsilon_i, \ i = 1, 2, \cdots, n \tag{6.15}$$

式中, α, β 为待估的未知参数; ε_i 为来自某未知分布函数 $F(x)$ 的误差. ε_i 一般要满足 Gauss-Markov 假设条件, 即

$$E\varepsilon_i = 0, \quad i = 1, 2, \cdots, n$$
$$\mathrm{cov}(\varepsilon_i, \varepsilon_j) = \begin{cases} \sigma^2, & i = j \\ 0, & i \neq j, i, j = 1, 2, \cdots, n \end{cases} \tag{6.16}$$

实际中许多问题不满足诸如此类的假设条件, 比如等方差假设就很难满足, 最小二乘法估计回归系数的方法受到了挑战, 结果就产生了非参数系数估计的方法. 这里我们介绍两种基于秩的非参数系数估计法——Brown-Mood 方法和 Theil 方法.

6.6.1 Brown-Mood 方法

该方法是由布朗 (Brown) 和穆德 (Mood) 于 1951 年在一次会议中提出的. 为了估计 α 和 β, 首先找到 X 的中位数 X_{med}, 将数据按照 X_i 是否小于 X_{med} 分成两组 I, II, 第 I 组数据中 $X_i < X_{\mathrm{med}}$, 第 II 组数据中 $X_i > X_{\mathrm{med}}$; 然后, 在两组数据中分别找到两个代表值, 令 $X'_{\mathrm{med}}, Y'_{\mathrm{med}}$ 分别为第 I 组样本的中位数, $X''_{\mathrm{med}}, Y''_{\mathrm{med}}$ 分别为第 II 组样本的中位数, β 的估计值为:

$$\widehat{\beta}_{BM} = \frac{Y'_{\mathrm{med}} - Y''_{\mathrm{med}}}{X'_{\mathrm{med}} - X''_{\mathrm{med}}} \tag{6.17}$$

这个估计值是回归直线的斜率的估计. 因而, 回归直线在 Y 轴上的截距 α 的估计值为:

$$\widehat{\alpha}_{BM} = \mathrm{median}\{Y_i - \widehat{\beta}_{BM} X_i : i = 1, 2, \cdots, n\}$$

例 6.8 参见南非心脏病数据中的 ldl (低密度脂蛋白), adiposity (肥胖指标), 这两项指标之间存在着一定的关系. 首先通过画 15 个点的散点图 (见图 6–2) 可以看出, ldl (低密度脂蛋白) 增大, adiposity (肥胖指标) 有增加趋势. 我们编写如下程序计算中位数回归直线:

```
import matplotlib.pyplot as plt
from scipy import stats
import numpy as np
import pandas as pd
data = pd.read_csv('SAheart.data', sep=',')
yy=data['adiposity']
xx=data['ldl']
#lm 回归结果
beta_lm=stats.linregress(xx,yy).slope
alpha_lm=stats.linregress(xx,yy).intercept
```

```
♯ 求 beta_BM, alpha_BM
md=np.median(xx)
xx=np.array(xx)
yy=np.array(yy)
xx1=xx[np.where(xx<=md)[0]]
yy1=yy[np.where(xx<=md)[0]]
xx2=xx[np.where(xx>md)[0]]
yy2=yy[np.where(xx>md)[0]]
md1=np.median(xx1)
md2=np.median(xx2)
mw1=np.median(yy1)
mw2=np.median(yy2)
beta_BM=(mw2-mw1)/(md2-md1)
alpha_BM=np.median(np.array([yy[i]-beta_BM*xx[i] for i in range(len(xx))]))
♯ 作图
x= np.linspace(0,15, 100)
y1=beta_lm*x+alpha_lm
y2=beta_BM*x+alpha_BM
plt.figure()
plt.scatter(xx,yy, color='blue',label='sample data',s=10)
plt.plot(x,y1,color='blue',label='lm_regression line')
plt.plot(x,y2,color='black',label='BM_regression line')
plt.title('Brown-Mood median regression')
plt.xlabel('ldl')
plt.ylabel('adiposity')
plt.legend()
plt.show()
```

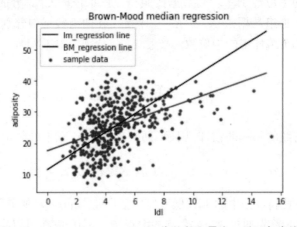

图 6-2　Brown-Mood, Theil 中位数和最小二乘回归直线图

由计算公式得 $\widehat{\beta}_{BM} = 2.9523, \widehat{\alpha}_{BM} = 11.5552$, 于是所求中位数回归直线为: adiposity $=$ 2.9523ldl$+$11.5552. 图 6–2 中的长线是最小二乘估计, 回归方程为 adiposity $=$ 1.65ldl$+$17.562, 从图 6–2 中看, 最小二乘估计显然偏离了主体数据的走向, 原因是它较易受到异常数据的拉动影响.

6.6.2　Theil 方法

6.6.1 小节介绍的 Brown-Mood 方法估计回归系数的方法较为粗糙, 它只用到样本中位数的信息, 没有用到样本中更多的信息. 与之相比, 泰尔 (Theil) 于 1950 年提出的 Theil 方法则将 Brown-Mood 方法发展到所有的样本上. 这一方法的基本原理在于: 对于任意两个横坐标不相等的点, 如 $(X_i, Y_i), (X_j, Y_j)$, 根据斜率 β 的几何意义, 可以用 $\dfrac{Y_j - Y_i}{X_j - X_i}$ 估计一个 β_{ij}, 将所有斜率平均作为 β 的估计值, 于是有了下面的估计.

假设自变量 X 中没有重复数据, 任给 $i < j$, 记 $s_{ij} = \dfrac{Y_j - Y_i}{X_j - X_i}$, 则 β 的估计为:

$$\widetilde{\beta}_T = \text{median}\{s_{ij} : 1 \leqslant i < j \leqslant n\}$$

相应地, α 的估计值取为:

$$\widetilde{\alpha}_T = \text{median}\{Y_j - \widetilde{\beta}_T X_j : j = 1, 2, \cdots, n\}$$

当自变量 X 中有相等数据存在时, 如 $(X_1, Y_1), \cdots, (X_1, Y_l)$. 记 $Y^* = \text{median}\{Y_i : 1 \leqslant i \leqslant l\}$, 也就是说用一个点 (X_1, Y^*) 代替上面的 l 个样本点后, 再用无结点方法计算 $\widetilde{\alpha}$ 和 $\widetilde{\beta}$ 即可.

例 6.9 (例 6.8 续) 对于例 6.8 中的数据, 用 Theil 方法重新计算 β_T 和 α_T 的估计值为 $\widetilde{\beta}_T = 2.029, \widetilde{\alpha}_T = 16.024$, 于是回归直线为 adiposity $= 16.024 + 2.029\text{ldl}$. 我们发现 Theil 方法得到的趋势线界于 Brown-Mood 方法和最小二乘回归直线之间.

6.6.3 关于 α 和 β 的检验

关于 α 和 β 的假设检验, 我们感兴趣的假设检验可能有如下两种:

$$H_0 : \alpha = \alpha_0 \ \beta = \beta_0 \leftrightarrow H_1 : \alpha \neq \alpha_0 \ \text{或} \ \beta \neq \beta_0 \tag{6.18}$$
$$H_0' : \beta = \beta_0 \leftrightarrow H_1' : \beta \neq \beta_0 \tag{6.19}$$

对于第一种假设问题 $H_0 \leftrightarrow H_1$, 主要判断回归直线是否比较均衡地反映了数据的分布, 我们以 Brown-Mood 检验为代表; 对于第二种假设问题, 以 Theil 检验为代表.

1. Brown-Mood 检验

对于假设问题 (6.18), 在 H_0 成立时回归直线为 $y = \alpha_0 + \beta_0 x$, 如果回归直线比较理想, 则所有的数据点应该比较均匀地分布在回归直线的上下两侧, 也就是说, 回归直线上下两侧 (X_i, Y_i) 的个数应比较接近 $\dfrac{n}{2}$. 仅仅如此还不够, 如果回归直线左右样本点不均衡, 比如较大的自变量更倾向于在回归直线的下方, 而另一侧则堆积了更多自变量较小的样本点, 就表示回归直线不理想, 于是可以用回归直线的左上与右下的样本点个数是否相等来衡量原假设 H_0.

具体而言, 记 $X_{\text{med}} = \text{median}\{X_1, X_2, \cdots, X_n\}$,

$$n_1 = \#\{(X_i, Y_i) : X_i < X_{\text{med}}, \quad Y_i > \alpha_0 + \beta_0 X_i\}$$
$$n_2 = \#\{(X_i, Y_i) : X_i > X_{\text{med}}, \quad Y_i < \alpha_0 + \beta_0 X_i\}$$

由上面分析可知, 当 H_0 成立时, $n_1 \approx n_2 \approx \dfrac{n}{4}$; 当 H_1 成立时, n_1 与 n_2 中至少有一个远离 $\dfrac{n}{4}$. 于是我们可以用

$$\left(n_1 - \frac{n}{4}\right)^2 + \left(n_2 - \frac{n}{4}\right)^2$$

作为检验统计量, 其取大值时拒绝 H_0.

为了大样本近似的方便, 布朗和穆德于 1951 年提出用

$$BM = \frac{8}{n}\left[\left(n_1 - \frac{n}{4}\right)^2 + \left(n_2 - \frac{n}{4}\right)^2\right]$$

作为检验统计量, 称为 Brown-Mood 检验统计量. 当 BM 取大值时拒绝 H_0. 关于 Brown-Mood 检验的零分布表, 没有现成表可用. 但是, 二人于 1950 年证明, 当 $n \to \infty$ 时, 有

$$BM \longrightarrow \chi^2(2)$$

类似于关于 $H_0 \leftrightarrow H_1$ 的 Brown-Mood 检验统计量的得出, 布朗和穆德在同一篇文章中提出, 关于假设 $H_0' \leftrightarrow H_1'$, 可以用统计量

$$BM' = \frac{16}{n}\left(n_1 - \frac{n}{4}\right)^2$$

检验, 其中

$$n_1 = \#\{(X_i, Y_i) : X_i < X_{\mathrm{med}}, \quad Y_i > a + \beta_0 X_i\}$$

H_0 的拒绝域为其取大值. 我们也称为 Brown-Mood 检验.

另外, 布朗和穆德证明, $n \to \infty$ 时, 有

$$BM' \to \chi^2(1)$$

例 6.10 (例 6.8 续)   对于例 6.8 中的数据, 通过 Brown-Mood 方法, 估计回归直线为 $y = 2.9523x + 11.5552$. 以下用 Brown-Mood 检验对回归直线的均衡性进行检验, 即要检验

$$H_0 : \alpha = 11.5552, \quad \beta = 2.9523$$

$n_1 = 126, \ n_2 = 104$. 经计算得

$$BM = \frac{8}{462}\left[\left(126 - \frac{462}{4}\right)^2 + \left(104 - \frac{462}{4}\right)^2\right] \approx 4.1991$$

双边检验 p 值为 0.12, 因而没有理由拒绝 H_0, 没有违背均衡性. 如果将同样的过程应用于 OLS 回归直线 $y = 1.6548x + 17.5626$, 计算得 $BM = 6.7965$, 双边检验 p 值为 $0.033 < 0.1$, 认为回归直线违背均衡性, 这一结论与图形观察结果是一致的. Theil 方法建立的回归方程的均衡性检验留作练习.

2. Theil 检验

对于假设问题 (6.18), 还有一种基于 Kendall τ 检验和 Spearman 秩相关系数给出的处理方法. 我们注意到, 当回归直线 $y = \alpha + \beta_0 x$ 拟合数据 $(X_1, Y_1), \cdots, (X_n, Y_n)$ 较好时, 说明 $Y_i - \beta_0 X_i$ 只受一个系统因素 α 和随机误差的影响, 而与自变量 X_i 没有什么关系, 于是我们可以用 X_i 与 $Y_i - \beta_0 X_i$ 相关与否衡量 $H_0' : \beta = \beta_0$. 如果相关性很强, 则认为假设检验 $H_0' : \beta = \beta_0$ 不成立, 测量相关性, 可以用 Kendall τ 和 Spearman 秩相关系数等检验. 这样, 泰尔 (Theil) 于 1950 年提出用基于 Kendall τ 的方法来检验 $H_0' \leftrightarrow H_1'$. 注意到, 此时的 R_i, Q_i 分别表示 $X_i, Y_i - \beta_0 X_i$ 在 $(X_1, \cdots, X_n)$ 和 $(Y_1 - \beta_0 X_1, \cdots, Y_n - \beta_0 X_n)$ 中的秩或者平均秩, 故称为 Theil 检验.

例 6.11 (例 6.8 续) 对于例 6.8 中的数据, 如果用 Theil 检验, Theil 中位数回归假设 H_0 : $\beta = 2.029$. 利用 Theil 回归的 β 的估计 (即 $\beta_T = 2.029$), 得到一系列残差 reyTH= $\{e_i\}$. 相应的关于 $(x_1, e_1), \cdots, (x_{25}, e_{25})$ 的 Kendall 相关系数计算参见以下程序:

```
beta_Th=1.9119
alpha_Th=16.4838
y2=beta_Th*x+alpha_Th
reyTH=(beta_Th*xx+alpha_Th)-yy
from scipy.stats import kendalltau
kendalltau(reyTH,xx)
```

```
输出: KendalltauResult(correlation=-0.0193, pvalue=0.5350)
```

Kendall 相关系数 $\tau = 0.0193$. 零假设下的 p 值为 0.5350, 双边检验协同意义下, 没有理由拒绝零假设 $H_0 : \beta = 2.029$ 这个回归系数.

6.7 线性分位回归模型

分位回归 (quantile regression) 是由科恩克 (Koenker) 和巴塞特 (Bassett) 于 1978 年提出的, 其基本思想是建立因变量 Y 对自变量 X 的条件分位数回归拟合模型, 即

$$Q_Y(\tau|X) = f(X)$$

式中, τ 为因变量 Y 在 X 条件下的分位数. $f(X)$ 拟合 Y 的第 τ 分位数, 于是中位数回归就是 0.5 分位回归. 如果将 τ 从 $0.1, 0.2, \cdots, 0.9$ 取值, 就可以解出 9 个回归方程.

传统的回归建立在假设因变量 Y 和自变量 X 有如下关系的基础上:

$$E(Y|X) = f(X) + \epsilon$$

对任意的 $X = x$, 当 ϵ 满足正态和齐性 (方差相等) 条件时, 可以用最小二乘法建立回归预测模型. 实际情况下, 这两个假设往往得不到满足, 比如 ϵ 左偏或右偏, 用最小二乘拟合回归模型稳定性很差. 分位回归对分位数进行回归, 不需要分布和齐性方面过强的假设, 在 ϵ 非正态和非齐性的情况下也能较好地把握数据的主要规律. 分位回归以其稳健的性质已经开始在经济和医学领域广泛应用, 科恩克和哈洛克 (Koenker & Hallock, 2001) 给出了这方面的很多应用. 本节着重介绍线性分位回归模型及应用.

已知观测 $(X, Y) = \{(\boldsymbol{x}_i, y_i), i = 1, 2, \cdots, n, y_i \in \mathbb{R}, x_i \in \mathbb{R}^p\}$. X 对 Y 的线性分位回归模型为:

$$Q_Y(\tau|X) = X^{\mathrm{T}}\boldsymbol{\beta} \tag{6.20}$$

怎样求解其参数? 线性回归通过最小化残差平方和求解, 中位数回归通过最小化残差的绝对值求解, 显然线性分位回归可以通过最小化残差绝对值加权求和, 只是在绝对值前应增加分位点权重系数. 于是线性分位回归的最优化问题表示为:

$$\widehat{\beta} = \underset{\boldsymbol{\beta} \in \mathbb{R}^p}{\mathrm{argmin}} \sum_{i=1}^{n} \rho_\tau(y_i - x_i^{\mathrm{T}}\boldsymbol{\beta}) \tag{6.21}$$

式中, ρ_τ 为权重函数, 表示实际值与拟合值位置关系的权重比例. τ 分位回归中小于分位点的可能性为 τ, τ 分位回归中不小于分位点的可能性为 $1 - \tau$. ρ_τ 如下理解:

$$\rho_\tau(u) = \begin{cases} \tau u, & u \geqslant 0 \\ (1 - \tau)|u|, & u < 0 \end{cases}$$

给定 τ, 注意到式 (6.21) 等价于

$$\widehat{\beta}(\tau) = \underset{\beta}{\operatorname{argmin}} \left[\sum_{i \in \{i : y_i \geqslant x_i^{\mathrm{T}}\beta(\tau)\}} \tau |y_i - x_i^{\mathrm{T}}\beta(\tau)|_+ + \sum_{i \in \{i : y_i < x_i^{\mathrm{T}}\beta(\tau)\}} (1 - \tau)|y_i - x_i^{\mathrm{T}}\beta(\tau)|_- \right]$$

科恩克和奥利 (Koenker & Orey, 1993) 运用运筹学中的单纯形法求解线性分位回归, 其思想是: 任选一个顶点, 沿着可行解围成的多边形边界搜索, 直到找到最优点. 该算法估计出来的参数具有很好的稳定性, 但是在处理大型数据时运算的速度会显著降低. 目前流行的还有内点算法 (interior point method) 和平滑算法 (smoothing method) 等. 由于分位回归需要借助大量计算, 模型的参数估计要比传统的线性回归模型的求解复杂.

除参数回归模型、分位回归模型外, 还有非参数回归模型、半参数回归模型等, 不同的模型都有相应的估计方法.

与线性最小二乘回归相比较, 分位回归的优点体现在以下几方面:

(1) 分位回归对模型中的随机误差项不需对分布做具体的假定, 有广泛的适用性;

(2) 分位回归没有使用连接函数描述因变量与自变量的相互关系, 因此分位回归体现了数据驱动的建模思想;

(3) 分位回归对分位数 τ 进行回归, 于是对于异常值不敏感, 模型结果比较稳定;

(4) 由分位回归解出的系列回归模型可更为全面地体现分布特点.

例 6.12 这是科恩克 (Koenker) 给出的一个例题, 研究者对 235 个比利时家庭的当年家庭收入 (income) 和当年家庭用于食品支出的费用 (foodexp) 进行观测. 在 R 中用分位回归建立恩格尔数据 (Engel Data) 的等间隔分位回归. Python 参考程序如下:

```
import numpy as np
import pandas as pd
import statsmodels.api as sm
import statsmodels.formula.api as smf
import matplotlib.pyplot as plt
data = sm.datasets.engel.load_pandas().data
mod = smf.quantreg('foodexp ~ income', data)
res = mod.fit(q=.5)
%matplotlib inline
quantiles = np.arange(0.1, 1, 0.1)
# 定义函数, 循环得到参数不同的 rq 回归结果
def fit_model(q):
res = mod.fit(q=q)
return [q, res.params['Intercept'], res.params['income']] + res.conf_int().loc['income'].tolist()
# 建立 rq 回归
models = [fit_model(x) for x in quantiles]
models = pd.DataFrame(models, columns=['q', 'a', 'b', 'lb', 'ub'])
# 建立 ols 回归
```

```
ols = smf.ols('foodexp  income', data).fit()
ols_ci = ols.conf_int().loc['income'].tolist()
ols = dict(a = ols.params['Intercept'],
           b = ols.params['income'],
           lb = ols_ci[0],
           ub = ols_ci[1])
#print(models)
#print(ols)
x = np.arange(data.income.min(), data.income.max(), 50)
get_y = lambda a, b:  a + b * x
# 作图
fig, ax = plt.subplots(figsize=(8, 6))
for i in range(models.shape[0]):
    y = get_y(models.a[i], models.b[i])
    ax.plot(x, y, linestyle='dotted', color='grey')
y = get_y(ols['a'], ols['b'])
y1= get_y(models.a[4], models.b[4])
ax.plot(x, y, color='red', label='mean')
ax.plot(x, y1, color='black', label='median')
ax.plot(x, y1, linestyle='dotted', color='grey',label='other quantile')
ax.scatter(data.income, data.foodexp, alpha=.2)
ax.set_xlim((240, 3000))
ax.set_ylim((240, 2000))
legend = ax.legend()
ax.set_xlabel('Household Income', fontsize=16)
```

图 6–3 中, 从下至上虚线分别为分位数回归 ($\tau = 0.1, \cdots, 0.9$), 分位数间隔 0.1, 实线为最小二乘回归. 注意到, 家庭食品支出随家庭收入增长而呈现增长趋势. 不同 τ 值的分位回归直线从上至下的间隙先窄后宽说明了食品支出是左偏的, 这一点从分位数系数随分位数增加变化图 (最右侧的点) 中也可以得到验证. 即在固定收入时, 家庭支出密集在较高的位置, 少数家庭支出偏低. 中位数回归直线始终位于最小二乘回归直线之上, 截距显著不同, 说明最小二乘回归显然受到两个异常点 (高家庭收入低食品支出) 的影响较大, 这种不稳定的结

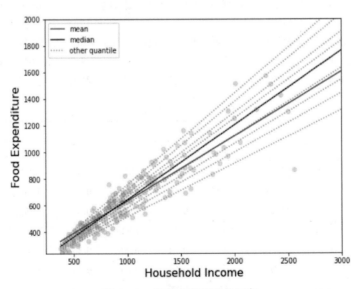

图 6-3　恩格尔数据分位回归

果, 就是对贫困家庭的平均家庭收入预测较差, 高估了他们的生活质量.

习题

6.1 某年从 30 个省份抽样的文盲率 (单位: ‰) 和各省份人均 GDP (单位: 元) 的数据如表 6–11 所示.

表 6-11

文盲率	7.33	10.80	15.60	8.86	9.70	18.52	17.71	21.24	23.20	14.24
人均 GDP	15044	12270	5345	7730	22275	8447	9455	8136	6834	9513
文盲率	13.82	17.97	10.00	10.15	17.05	10.94	20.97	16.40	16.59	17.40
人均 GDP	4081	5500	5163	4220	4259	6468	3881	3715	4032	5122
文盲率	14.12	18.99	30.18	28.48	61.13	21.00	32.88	42.14	25.02	14.65
人均 GDP	4130	3763	2093	3715	2732	3313	2901	3748	3731	5167

运用 Pearson, Spearman 和 Kendall 检验统计量检验文盲率和人均 GDP 之间是否相关, 是正相关还是负相关.

6.2 某公司销售一种特殊的化妆品, 该公司观测了 15 个城市在某季度对该化妆品的销售量 Y (单位: 万件) 和该市的人均收入 X (单位: 百元), 如表 6–12 所示.

表 6-12 15 个城市的化妆品销售量与人均收入

序号	1	2	3	4	5	6	7	8
X	9.1	8.3	7.2	7.5	6.3	5.8	7.6	8.1
Y	8.7	9.6	6.1	8.4	6.8	5.5	7.1	8.0
序号	9	10	11	12	13	14	15	
X	7.0	7.3	6.5	6.9	8.2	6.8	5.5	
Y	6.6	7.9	7.6	7.8	9.0	7.0	6.3	

以往的经验表明, 销售量与人均收入之间存在线性关系, 试写出由人均收入解释销售量的中位数线性回归直线.

6.3 在歌手大奖赛中, 评委是根据歌手的演唱进行打分的, 但有时也可能带有某种主观色彩. 此时大赛公证人员有必要对评委的打分是否一致进行检验, 如果一致, 则说明评委组的综合专家评判的结果是可靠的. 表 6–13 是某年全国青年歌手电视大奖赛业余组民族唱法决赛成绩的统计表, 试进行一致性检验.

表 6-13 决赛成绩

评委	歌手									
	1	2	3	4	5	6	7	8	9	10
1	9.15	9.00	9.17	9.03	9.16	9.04	9.35	9.02	9.10	9.20
2	9.28	9.30	9.31	8.80	9.15	9.00	9.28	9.29	9.10	9.30
3	9.18	8.95	9.24	8.93	9.17	8.85	9.28	9.05	9.10	9.20
4	9.12	9.32	8.83	8.86	9.31	8.81	9.38	9.16	9.17	9.10
5	9.15	9.20	8.80	9.17	9.18	9.00	9.45	9.15	9.40	9.35
6	9.35	8.92	8.91	8.93	9.12	9.25	9.45	9.21	8.98	9.18
7	9.30	9.15	9.10	9.05	9.15	9.15	9.40	9.30	9.10	9.20

续表

评委	歌手									
	1	2	3	4	5	6	7	8	9	10
8	9.15	9.01	9.28	9.21	9.18	9.19	9.29	8.91	9.14	9.12
9	9.21	8.90	9.05	9.15	9.00	9.18	9.35	9.21	9.17	9.24
10	9.24	9.02	9.20	8.90	9.05	9.15	9.32	9.28	9.06	9.05
11	9.21	9.23	9.20	9.21	9.24	9.24	9.30	9.20	9.22	9.30
12	9.07	9.20	9.29	9.05	9.15	9.32	9.24	9.21	9.29	9.29

　　6.4　100 名牙病患者先后经过两位不同的牙医的诊治, 两位牙医在是否需要进行某项处理时给出的诊治方案不完全一致. 现将两位牙医的不同意见数据列表如表 6-14 所示, 试分析两位医生的治疗方案是否完全一致.

表 6-14　两位牙医诊疗意见

		牙医乙		
		需要处理	不需要处理	合计
牙医甲	需要处理	40	5	45
	不需要处理	25	30	55
	合计	65	35	100

　　6.5　为测量某种材料的保温性能, 把用其覆盖的容器从室内移到温度为 x 的室外, 三小时后记录其内部温度 y. 经过若干次试验, 产生如表 6-15 所示的记录 (单位: 华氏度). 该容器放到室外前的内部温度是一样的.

表 6-15　容器的内部温度

x	33	45	30	20	39	34	34	21	27	38	30
y	76	103	69	50	86	85	74	58	62	88	210

　　试用 Theil 方法和 Brown-Mood 方法做线性回归. 两个线性方程是否一致? 是否存在离群点? 如果存在, 请指出, 并删除离群点后重新拟合.

　　6.6　用 Brown-Mood 方法检验用 Theil 方法建立的回归方程的均衡性.

　　6.7　检验例 6.9 中用 Theil 方法估计得到的回归系数.

　　6.8　有关分位回归, 回答以下问题:

　　(1) 简述分位回归模型.

　　(2) 简述分位回归模型参数估计的最优化问题.

　　(3) 分位回归相比于线性回归的优点有哪些? 为什么具备这些优点?

　　(4) 用分位回归方法拟合 infant-birthweight 数据, 并进行解释.

　　6.9　模拟试验分析: (X, Z) 的真实关系满足 $z = 2(\exp(-30(x - 0.25)^2) + \sin(\pi x^2))$. 从均匀分布 $U(0, 1)$ 中抽取 100 个 X 值, 将这些数值从小到大排序, 依次产生带有 $N(0, 1)$ 噪声的 Y 值, 即 $y = z + N(0, 1)$. 这样的实验重复 20 次, 得到 (X, Y) 观测值矩阵和真值矩阵 (X, Z), 完成以下分析任务:

　　(1) 绘制 (X, Y) 的散点图, 并在散点图上添加由 (X, Z) 生成的真实函数曲线;

　　(2) 求解中位数线性回归, 0.25 分位数线性回归和 0.75 分位数线性回归, 与不带噪声的真实值进行比较, 估计拟合的均方误差;

(3) 将线性回归改为多项式为二阶 (模型中纳入 X^2 项) 和四阶 (模型中纳入 X^2, X^3, X^4 项), 继续拟合数据, 比较 (2) 和 (3) 拟合的结果有怎样的不同;

(4) 改变 Y 值的生成方式: $y = 2(\exp(-30(x - 0.25)^2) + \sin(\pi x^2)) + N(0, (2x)^2)$, 求解多项式为二阶 (X^2) 和四阶 (X^2, X^3, X^4) 的中位数、0.25 分位数、0.75 分位回归. 将这些拟合线绘制到散点图上. 比较 (2)(3)(4) 的数据分析, 给出讨论.

第 7 章 非参数密度估计

概率分布是统计推断的核心, 从某种意义上看, 联合概率密度提供了关于所要分析变量的全部信息, 有了联合密度, 就可以回答变量子集之间的任何问题. 从广义上看, 参数估计是在假定数据总体密度形式下对参数的估计, 比如, 我们所熟知的 $\overline{X}$ 是两点分布中 p 的一致性估计, $S_n^2 = \dfrac{1}{n}\sum_{i=1}^{n}(X_i - \overline{X})^2$ 是一元正态总体方差的极大似然估计等, 而 $\boldsymbol{X}_{n\times p}\widehat{\boldsymbol{B}}_{p\times q} = \boldsymbol{X}_{n\times p}(\boldsymbol{X}'\boldsymbol{X})_{p\times p}^{-1}\boldsymbol{X}'\boldsymbol{Y}_{n\times q}$ 是多元正态分布均值的最小二乘估计等. 一旦参数确定, 则分布完全确定, 因而可以说参数统计推断的核心内容就是对密度的估计. 实际中, 很多数据的分布是无法事先假定的, 加上决策的可靠性要求不断提高, 因此需要适应性更广的密度估计方法. 最近几年尤其是随着数据库的广泛应用和数据挖掘技术的兴起, 概率密度估计成为模式分类技术的重要内容得到广泛关注.

7.1 直方图密度估计

7.1.1 基本概念

在基础的统计课程中, 直方图经常用来描述数据的频率, 使研究者对所研究的数据有一个较好的理解. 这里, 我们介绍如何使用直方图估计一个随机变量的密度. 直方图密度估计与用直方图估计频率的差别在于: 在直方图密度估计中, 我们需要对频率估计进行归一化, 使其成为一个密度函数的估计. 直方图是最基本的非参数密度估计方法, 有广泛的应用.

以一元为例, 假定有数据 $x_1, x_2, \cdots, x_n \in [a, b)$. 对区间 $[a, b)$ 做如下划分, 即 $a = a_0 < a_1 < a_2 < \ldots < a_k = b$, $I_i = [a_{i-1}, a_i)$, $i = 1, 2, \ldots, k$. 我们有 $\cup_{i=1}^{k} I_i = [a, b)$, $I_i \cap I_j = \emptyset$, $i \neq j$. 令 $n_i = \#\{x_i \in I_i\}$ 为落在 I_i 中数据的个数.

我们如下定义直方图密度估计:

$$\widehat{p}(x) = \begin{cases} \dfrac{n_i}{n(a_i - a_{i-1})}, & \text{当 } x \in I_i \\ 0, & \text{当 } x \notin [a, b) \end{cases}$$

在实际操作中, 我们经常取相同的区间, 即 $I_i (i = 1, 2, \ldots, k)$ 的宽度均为 h, 在此情况下, 有

$$\widehat{p}(x) = \begin{cases} \dfrac{n_i}{nh}, & \text{当 } x \in I_i \\ 0, & \text{当 } x \notin [a, b) \end{cases}$$

上式中, h 既是归一化参数, 又表示每一组的组距, 称为带宽或窗宽. 另外, 有

$$\int_a^b \widehat{p}(x)\mathrm{d}x = \sum_{i=1}^{k}\int_{I_i} n_i/(nh)\mathrm{d}x = \sum_{i=1}^{k} n_i/n = 1$$

由于位于同一组内所有点的直方图密度估计均相等, 因而直方图所对应的分布函数 $\widehat{F}_h(x)$ 是单调增的阶梯函数, 这与经验分布函数形状类似. 实际上, 当分组间隔 h 缩小到每组中最多只有一个数据时, 直方图的分布函数就是经验分布函数, 即 $h \to 0$, 有 $\widehat{F}_h(x) \to \widehat{F}_n(x)$.

定理 7.1 固定 x 和 h, 令估计的密度是 $\widehat{p}(x)$, 如果 $x \in I_j, p_j = \int_{I_j} \widehat{p}(x) \, \mathrm{d}x$, 有

$$E(\widehat{p}(x)) = p_j/h, \quad \mathrm{var}(\widehat{p}(x)) = \frac{p_j(1 - p_j)}{nh^2}$$

证明提示: 注意到 $E(\widehat{p}_j) = n_j/n = \int_{I_j} \widehat{p}(x) \, \mathrm{d}x, \mathrm{var}(\widehat{p}_j) = p_j(1 - p_j)/n$.

例 7.1 (数据见 chap7/fish.txt) 有鲑鱼和鲈鱼两种鱼类身长的观测数据, 共计 230 条. 在图 7-1 中, 我们从左到右, 分别采用逐渐增加的带宽间隔: $h_l = 0.75, h_m = 4, h_r = 10$ 制作了 3 个直方图. 可以发现当带宽很小时, 个体特征比较明显, 从图中可以看到多个峰值; 带宽过大的最右边的图上, 很多峰都不明显了. 中间的图比较合适, 它有两个主要的峰, 提供了最为重要的特征信息. 实际上, 参与直方图运算的是鲑鱼和鲈鱼两种鱼类身长的混合数据, 经验表明, 大部分鲈鱼具有身长比鲑鱼长的特点, 因而两个峰是合适的. 这也说明直方图的技巧在于确定组距和组数, 组数过多或过少, 都会淹没主要特征.

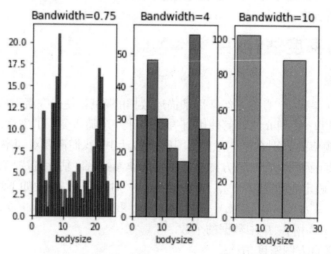

图 7-1 鲑鱼和鲈鱼身长 (bodysize) 直方图

7.1.2 理论性质和最优带宽

由上面的例子, 我们可以看出, 选择不同的带宽, 会得到不同的结果. 选择合适的带宽, 对于得到好的密度估计是很重要的. 在计算最优带宽前, 我们先定义 $\widehat{p}$ 的平方损失风险:

$$R(\widehat{p}, p) = \int (\widehat{p}(x) - p(x))^2 \, \mathrm{d}x$$

定理 7.2 $\int p'(x) \, \mathrm{d}x < +\infty$, 则在平方损失风险下,

$$R(\widehat{p}, p) \approx \frac{h^2}{12} \int (p'(u))^2 \, \mathrm{d}u + \frac{1}{nh}$$

极小化上式, 得到理想带宽为:

$$h^* = \frac{1}{n^{1/3}} \left(\frac{6}{\int p'(x)^2 \ \mathrm{d}x} \right)^{1/3}$$

于是理想的带宽为 $h = C n^{-1/3}$.

证明　考察平方损失风险:

$$
\begin{aligned}
R(\widehat{p}, p) &= E(L(\widehat{p}(x), p(x))) \\
&= E\left(\int (\widehat{p}(x) - p(x))^2 \ \mathrm{d}x \right) \\
&= \int (E(\widehat{p}(x)) - p(x))^2 \ \mathrm{d}x + E\left(\int (\widehat{p}(x) - E\widehat{p}(x))^2 \ \mathrm{d}x \right) \\
&= \int \mathrm{Bias}^2(x) \ \mathrm{d}x + \int V(x) \ \mathrm{d}x
\end{aligned}
$$

风险分解为两项: 偏差项和方差项. 偏差项用于评价估计量对真实函数估计的精准度, 方差项用于测量估计量本身的波动大小.

先看第一项偏差项:

$$
\begin{aligned}
\mathrm{Bias}(x) &= E(\widehat{p}(x)) - p(x) = \frac{p_j}{h} - p(x) \\
&= \frac{p(x)h + h p'(x)(h/2 - x)}{h} - p(x) \\
&= p'(x)(h/2 - x)
\end{aligned}
$$

注意到

$$
\begin{aligned}
\int_{I_j} \mathrm{Bias}^2(x)\mathrm{d}x &= \int_{I_j} (p'(x))^2 \, (h/2 - x)^2 \ \mathrm{d}x \\
&\approx (p'(\xi_j))^2 \frac{h^3}{12}
\end{aligned}
$$

于是

$$
\begin{aligned}
\int \mathrm{Bias}^2(x)\mathrm{d}x &= \sum_{j=1}^{m} \int_{I_j} \mathrm{Bias}^2(x) \\
&\approx \sum_{j=1}^{m} p'(\xi)^2 \frac{h^3}{12} \\
&\approx \frac{h^2}{12} \int p'(x)^2 \mathrm{d}x
\end{aligned}
$$

再看第二项方差项:

$$
\begin{aligned}
V(x) &\approx \frac{p_j}{nh^2} \\
&= \frac{p(x)h + h p'(x)(h/2 - x)}{nh^2} \\
&\approx p(x)/nh
\end{aligned}
$$

一般当 h 未知时, 可以用更实用的方式选择带宽:

$$
\begin{aligned}
R(h) &= \int (\widehat{p} - p(x))^2 \mathrm{d}x \\
&= \int \widehat{p}^2 \mathrm{d}x - 2 \int \widehat{p} p \mathrm{d}x + \int p^2(x) \mathrm{d}x \\
&= J(h) + \int p^2(x) \mathrm{d}x
\end{aligned}
$$

注意到后面一项与 h 无关, 第一项可以用交叉验证方法估计:

$$
\widehat{J}(h) = \int (\widehat{p})^2 \mathrm{d}x - \frac{2}{n} \sum_{i=1}^{n} \widehat{p}_{(-i)}(x_i)
$$

其中, $\widehat{p}_{(-i)}(x_i)$ 是去掉第 i 个观测值后对直方图的估计, $\widehat{J}(h)$ 称为交叉验证得分. 证毕 (Scott, 2009).

在大多数情况下, 我们不知道密度 $p(x)$, 因此也不知道 $p'(x)$. 对于理想带宽 $h^* = \dfrac{1}{n^{1/3}} \left(\dfrac{6}{\int p'(x)^2 \, \mathrm{d}x} \right)^{1/3}$ 也无法计算, 在实际操作中, 经常假设 $p(x)$ 为标准正态分布, 并进而得到带宽 $h_0 \approx 3.5 n^{-1/3}$.

一方面, 直方图密度估计的优势在于简单易懂, 在计算过程中也不涉及复杂的模型计算, 只需计算 I_j 中样本点的个数. 另一方面, 直方图密度估计只能给出一个阶梯函数, 该估计不够光滑. 另外一个问题是直方图密度估计的收敛速度比较慢, 也就是说, $\widehat{p}(x) \longrightarrow p(x)$ 比较慢.

7.1.3 多维直方图

直方图的密度定义公式很容易扩展到任意维空间. 设有 n 个观测点 $\boldsymbol{x}_1, \boldsymbol{x}_2, \cdots, \boldsymbol{x}_n$, 将空间分成若干小区域 R, V 是区域 R 所包含的体积. 如果有 k 个点落入 R, 则可以得到如下密度公式, 即 $p(\boldsymbol{x})$ 的估计为:

$$
p(\boldsymbol{x}) \approx \frac{k/n}{V} \tag{7.1}
$$

如果这个体积和所有的样本体积相比很小, 就会得到一个很不稳定的估计, 这时, 密度值局部变化很大, 呈现多峰不稳定的特点; 反之, 如果这个体积太大, 则会圈进大量样本, 从而使估计过于光滑. 在稳定与过度光滑之间寻找平衡就引导出下面两种可能的解决方法.

(1) 固定体积 V 不变, 它与样本总数成反比关系即可. 注意到, 在直方图密度估计中, 每一点的密度估计只与它是否属于某个 I_i 有关, 而 I_i 是预先给定的与该点无关的区域. 不仅如此, 区域 I_i 中每个点共有相等的密度, 这相当于待估点的密度取邻域 R 的平均密度. 现在以待估点为中心, 作体积为 V 的邻域, 令该点的密度估计与纳入该邻域中的样本点的多少成正比, 如果纳入的点多, 则取密度大. 这一点还可以进一步扩展开去, 将密度估计不再局限于 R 内的带内, 而是将体积 V 合理拆分到所有样本点对待估计点贡献的加权平均, 同时保证距离远的点取较小的权, 距离近的点取较大的权, 这样就形成了核函数密度估计法的基本思想. 后面我们将看到, 这些方法都可能获得较为稳健而适度光滑的估计.

(2) 固定 k 值不变, 它与样本总数成一定关系即可. 根据数据之间的疏密情况调整 V, 这样就导致了另外一种密度估计方法——k 近邻法.

下面介绍核密度估计和 k 近邻估计两种非参数方法.

7.2 核密度估计

7.2.1 核函数的基本概念

在上节中, 我们介绍了直方图密度估计. 但是通过直方图得到的密度估计函数不是一个光滑函数. 为了克服这个缺点, 我们介绍核函数密度估计. 核函数密度估计有着广泛的应用, 其理论性质也得到了很好的研究. 这里我们首先介绍一维的情况.

定义 7.1 假设数据 $x_1, x_2, \cdots, x_n$ 取自连续分布 $p(x)$, 在任意点 x 处的一种核密度估计定义为:

$$\widehat{p}(x) = \frac{1}{nh} \sum_{i=1}^{n} \omega_i = \frac{1}{nh} \sum_{i=1}^{n} K\left(\frac{x - x_i}{h}\right) \tag{7.2}$$

其中 $K(\cdot)$ 称为核函数 (kernel function). 为保证 $\widehat{p}(x)$ 作为概率密度函数的合理性, 既要保证其值非负, 又要保证积分的结果为 1. 这一点可以通过要求核函数 $K(x)$ 是分布密度得到保证, 即

$$K(x) \geqslant 0, \quad \int K(x)\, \mathrm{d}x = 1$$

实际上有

$$\begin{aligned}
\int \widehat{p}(x)\mathrm{d}x &= \int \frac{1}{n} \sum_{i=1}^{n} \frac{1}{h} K\left(\frac{x - x_i}{h}\right)\, \mathrm{d}x = \frac{1}{n} \sum_{i=1}^{n} \int \frac{1}{h} K\left(\frac{x - x_i}{h}\right)\, \mathrm{d}x \\
&= \frac{1}{n} \sum_{i=1}^{n} \int K(u)\, \mathrm{d}u = \frac{1}{n} n = 1
\end{aligned} \tag{7.3}$$

其中, $u = \dfrac{x - x_i}{h}$.

由 $\int \widehat{p}(x)\mathrm{d}x = 1$ 可知, 上述定义的 $\widehat{p}(x)$ 是一个合理的密度估计函数.

核密度估计中, 一个重要的部分就是核函数. 以一维为例, 常用核函数如表 7-1 所示.

表 7-1 常用核函数

核函数名称	核函数 $K(u)$
Parzen 窗 (Uniform)	$\frac{1}{2} I(|u| \leqslant 1)$
三角 (Triangle)	$(1 - |u|) I(|u| \leqslant 1)$
Epanechikov	$\frac{3}{4}(1 - u^2)^2 I(|u| \leqslant 1)$
四次 (Quartic)	$\frac{15}{16}(1 - u^2)^2 I(|u| \leqslant 1)$

续表

核函数名称	核函数 $K(u)$
三权 (Triweight)	$\dfrac{35}{32}(1-u^2)^3 I(|u| \leqslant 1)$
高斯 (Gauss)	$\dfrac{1}{\sqrt{2\pi}} \exp\left(-\dfrac{1}{2}u^2\right)$
余弦 (Cosinus)	$\dfrac{\pi}{4}\cos\left(\dfrac{\pi}{2}u\right) I(|u| \leqslant 1)$
指数 (Exponent)	$\exp(-|u|)$

表 7–1 中不同的核函数表达了根据距离分配各个样本点对密度贡献的不同情况.

例 7.2 (例 7.1 续) 图 7–2 给出了各种带宽之下根据正态核函数做出的密度估计曲线. 由图可知, 带宽 $h=10$ 是最光滑的 (右边), 相反带宽 $h=1$ 噪声很多, 它在密度中引入了很多虚假的波形. 从图中比较, 带宽 $h=5$ 是较为理想的, 它在不稳定和过于光滑之间做了较好的折中.

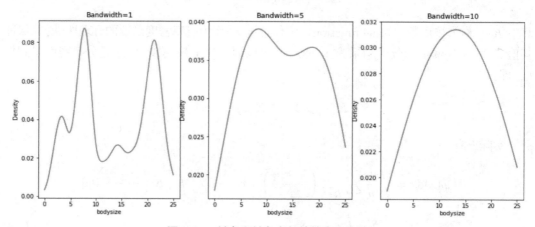

图 7-2　鲑鱼和鲈鱼身长的核密度估计

Python 程序如下:

```
from sklearn.neighbors.kde import KernelDensity
length=np.array(length).reshape(-1, 1)
X_plot = np.linspace(0, 25, 1000)[:, np.newaxis]
kde1 = KernelDensity(kernel='gaussian', bandwidth=1).fit(length)
log_dens1 = kde1.score_samples(X_plot)
kde2 = KernelDensity(kernel='gaussian', bandwidth=5).fit(length)
log_dens2 = kde2.score_samples(X_plot)
kde3 = KernelDensity(kernel='gaussian', bandwidth=10).fit(length)
log_dens3 = kde3.score_samples(X_plot)

plt.figure(figsize = (15, 6))
plt.subplot(1,3,1)
plt.plot(X_plot, np.exp(log_dens1))
plt.tick_params(labelsize = 10) # 设置坐标刻度值的大小
plt.xlabel('bodysize')
plt.ylabel('Density')
plt.title('Bandwidth=1')
```

```
plt.subplot(1,3,2)
plt.plot(X_plot, np.exp(log_dens2))
plt.tick_params(labelsize = 10) ♯ 设置坐标刻度值的大小
plt.xlabel('bodysize')
plt.ylabel('Density')
plt.title('Bandwidth=5')

plt.subplot(1,3,3)
plt.plot(X_plot, np.exp(log_dens3))
plt.tick_params(labelsize = 10) ♯ 设置坐标刻度值的大小
plt.xlabel('bodysize')
plt.ylabel('Density')
plt.title('Bandwidth=10')
plt.show()
```

7.2.2　理论性质和带宽

核函数的形状通常不是密度估计中最关键的因素, 和直方图一样, 带宽对模型光滑程度的影响较大. 因为如果 h 非常大, 将有更多的点对 x 处的密度产生影响. 由于分布是归一化的, 即

$$\int \omega_i(x-x_i)\mathrm{d}x = \int \frac{1}{h}K\left(\frac{x-x_i}{h}\right)\mathrm{d}x = \int K(u)\,\mathrm{d}u = 1$$

因而距离 x_i 较远的点也分担了对 x 的部分权重, 从而较近的点的权重 ω_i 减弱, 距离远和距离近的点的权重相差不大. 在这种情况下, $\widehat{p}(x)$ 是 n 个变化幅度不大的函数的叠加, 因此 $\widehat{p}(x)$ 非常平滑; 反之, 如果 h 很小, 则各点之间的权重由于距离的影响而出现大的落差, 因而 $\widehat{p}(x)$ 是 n 个以样本点为中心的尖脉冲的叠加, 就好像一个充满噪声的估计.

选择合适的带宽, 是核函数密度估计能够成功应用的关键. 类似于定性数据联合分布的误差平方和的分解, 理论上选择最优带宽也是从密度估计与真实密度之间的误差开始的.

对于每个固定的 x, 我们可以使用均方误 (mean squared error, MSE). 均方误可以分解为两个部分:

$$\begin{aligned} MSE(x;h) &= E\left(\widehat{p}(x)-p(x)\right)^2 \\ &= \left(E(\widehat{p}(x))-p(x)\right)^2 + E\left(\widehat{p}(x)-E(\widehat{p}(x))\right)^2 \\ &= \mathrm{Bias}(x)^2 + V(x) \end{aligned}$$

其中, $\mathrm{Bias}(x) = E(\widehat{p}(x))-p(x)$, $V(x) = E\left(\widehat{p}(x)-E(\widehat{p}(x))\right)^2$

这里由于分布密度是连续的, 因而通常考虑估计的积分均方误 (mean integral square error, MISE), 定义如下:

$$\mathrm{MISE} = E\left(\int (\widehat{p}(x)-p(x))^2\,\mathrm{d}x\right) = E(\widehat{p}(x)-p(x))^2$$

考虑大样本的渐近积分均方误 (asymptotic integral mean square error, AMISE), 它可以分解为两部分:

$$\mathrm{AMISE} = \int ((\mathrm{Bias}(x))^2 + \mathrm{var}(x))\,\mathrm{d}x$$

等式右边分别为积分偏差平方 (以下简称偏差) 与方差.

与直方图类似, 也可以得到大样本情况下核估计的如下一些基本结论.

我们先来估计 Bias($\hat{p}$), 首先, 令 $(x - x_i)/h = t$, $x_i = x - ht$, 计算可得

$$\int h^{-1} K \left(\frac{x - x_i}{h} \right) p(x_i) \mathrm{d}x_i = \int h^{-1} K(u) p(x - ht) \mathrm{d}(x - ht)$$

$$= \int h^{-1} K(u) p(x - ht) | - h| \mathrm{d}t$$

$$= \int K(u) p(x - ht) \mathrm{d}t$$

使用泰勒展开 $p(x - ht) - p(x) = -htp'(x) + \frac{1}{2} h^2 t^2 p''(x) + O(h^3)$, 因此, 我们得到

$$\int h^{-1} K \left(\frac{x - x_i}{h} \right) p(x_i) \mathrm{d}x_i - p(x)$$

$$= \int K(u) \left(p(x - ht) - p(x) \right) \mathrm{d}t$$

$$= -hp'(x) \int tK(t) \mathrm{d}t + \frac{1}{2} h^2 p^{(2)}(x) \int t^2 K(t) \mathrm{d}t + O(h^3)$$

$$= \frac{h^2}{2} \mu_2(K) p^{(2)}(x) + O(h^3)$$

其中, $\mu_2(K) = \int t^2 K(t) \mathrm{d}t$.

定理 7.3 假设 $\hat{p}(x)$ 定义如式 (7.2), 是 $p(x)$ 的核估计, 令 $\text{supp}(p) = \{x : p(x) > 0\}$ 是密度 p 的支撑. 设 $x \in \text{supp}(p) \subset \mathbb{R}$ 为 $\text{supp}(p)$ 的内点 (非边界点), 当 $n \to +\infty$ 时, $h \to 0$, $nh \to +\infty$, 核估计有如下性质:

$$\text{Bias}(x) = \frac{h^2}{2} \mu_2(K) p^{(2)}(x) + O(h^2)$$

$$V(x) = (nh)^{-1} p(x) R(K) + O((nh)^{-1}) + O(n^{-1})$$

若 $\sqrt{(nh)}\, h^2 \longrightarrow 0$, 则

$$\sqrt{(nh)}(\hat{p}_n(x) - p(x)) \longrightarrow N(0, p(x)R(K))$$

其中, $R(K) = \int K(x)^2 \mathrm{d}x$.

从均方误的偏差和方差分解来看, 带宽 h 越小, 核估计的偏差越小, 但核估计的方差越大; 反之, 带宽 h 增大, 则核估计的方差变小, 但核估计偏差增大. 因此, 带宽 h 的变化不可能一方面使核估计的偏差减小, 同时又使核估计的方差减小. 因而, 最佳带宽选择的标准必须在核估计的偏差和方差之间做一个权衡, 使积分均方误达最小. 实际上, 由定理 7.3, 我们可以得到渐近积分均方误 (AMISE) 为 $\frac{h^4}{4} \mu_2^2 \int p^{(2)}(x)^2 \mathrm{d}x + n^{-1} h^{-1} \int K(x)^2 \mathrm{d}x$. 由此可知, 最优带宽为:

$$h_{opt} = \mu_2(K)^{-4/5} \left(\int K(x)^2 \mathrm{d}x \right)^{1/5} \left(\int p^{(2)}(x)^2 \mathrm{d}x \right)^{-1/5} n^{-1/5}$$

对于上式中的最优带宽, 核函数 $K(u)$ 是已知的, 但密度函数 $p(x)$ 是未知的. 在实际操作中, 我们经常把 $p(x)$ 看成正态分布去求解, 即 $\int p^{(2)}(x)^2 \mathrm{d}x = \dfrac{3}{8}\pi^{-1/2}\sigma^{-5}$, 这样, 对于不同的核函数, 我们可以得到相应的最优带宽. 例如当核函数是高斯时, 我们可以得到 $\mu_2 = 1$, $\int K(u)^2 \mathrm{d}u = \int \dfrac{1}{2\pi}\exp(-u^2)\mathrm{d}u = \pi^{-1/2}$, 这样, 最优带宽就是 $h_{opt} = 1.06\sigma n^{-1/5}$.

除了上述方法, 从实际计算的角度, 鲁德默 (Rudemo, 1982) 和鲍曼 (Bowman, 1984) 提出用交叉验证法确定最终带宽的递推方法. 具体来说, 考虑积分平方误

$$\mathrm{ISE}(h) = \int (\widehat{p}(x) - p(x))^2 \mathrm{d}x = \int \widehat{p}^2 \, \mathrm{d}x + \int p^2 \, \mathrm{d}x - 2\int \widehat{p}p \, \mathrm{d}x \tag{7.4}$$

达到最小, 将右边展开, 因此这等价于最小化下式:

$$\mathrm{ISE}(h)_{\mathrm{opt}} = \int \widehat{p}^2 \mathrm{d}x - 2\int \widehat{p}p \, \mathrm{d}x \tag{7.5}$$

注意到等式右侧的第二项为 $\int \widehat{p}p \, \mathrm{d}x = E(\widehat{p})$, 因此, 可以用 $\int \widehat{p}p \, \mathrm{d}x$ 的一个无偏估计 $n^{-1}\sum\limits_{i=1}^{n} \cdot \widehat{p}_{-i}(X_i)$ 来估计, 其中 $\widehat{p}_{-i}$ 是将第 i 个观测点剔除后的概率密度估计. 下面只要估计第一项即可. 将核估计定义式代入第一项, 不难验证:

$$\int \widehat{p}^2 \, \mathrm{d}x = n^{-2}h^{-2}\sum_{i=1}^{n}\sum_{j=1}^{n}\int_x K\left(\frac{X_i - x}{h}\right)K\left(\frac{X_j - x}{h}\right)\mathrm{d}x$$

$$= n^{-2}h^{-1}\sum_{i=1}^{n}\sum_{j=1}^{n}\int_t K\left(\frac{X_i - X_j}{h} - t\right)K(t)\,\mathrm{d}t$$

于是, $\int \widehat{p}^2 \, \mathrm{d}x$ 可用 $n^{-2}h^{-1}\sum\limits_{i=1}^{n}\sum\limits_{j=1}^{n} K\cdot K\left(\dfrac{X_i - X_j}{h}\right)$ 估计, 其中 $K\cdot K(u) = \int_t K(u-t)K(t)\mathrm{d}t$ 是卷积. 所以, 鲁德默和鲍曼提出的交叉验证法 (cross validation) 实际上是选择 h 使下一步

$$\mathrm{ISE}(h)_1 = n^{-2}h^{-1}\sum_{i=1}^{n}\sum_{j=1}^{n} K\cdot K\left(\frac{X_i - X_j}{h}\right) - 2n^{-1}\sum_{i=1}^{n}\widehat{p}_{-i}(X_i) \tag{7.6}$$

达到最小. 当 K 是标准正态密度函数时, $K\cdot K$ 是 $N(0,2)$ 密度函数, 有

$$\mathrm{ISE}(h)_1 = \frac{1}{2\sqrt{\pi}n^2 h}\sum_i\sum_j \exp\left(-\frac{1}{4}\left(\frac{X_i - X_j}{h}\right)^2\right)$$

$$- \frac{2}{\sqrt{2\pi}n(n-1)h}\sum_i\sum_{j\neq i}\exp\left(-\frac{1}{2}\left(\frac{X_i - X_j}{h}\right)^2\right)$$

7.2.3　置信带和中心极限定理

首先, 对于单点 x 而言, 令 $s_n(x) = \sqrt{\mathrm{Var}(\widehat{p_h}(x))}$. $p_h(x) = E(\widehat{p_h}(x))$. 有中心极限定理:

$$Z_n(x) = \frac{\widehat{p_h}(x) - p_h(x)}{s_n(x)} \to h \to N(0, \tau^2(x))$$

值得注意的是, 上述的中心极限定理只能对 $p_h(x)$ 产生一个近似的置信区间估计, 不能对 $p(x)$ 产生置信区间估计. 注意到

$$\frac{\widehat{p}_h(x) - p(x)}{s_n(x)} = \frac{\widehat{p}_h(x) - p_h(x)}{s_n(x)} + \frac{p_h(x) - p(x)}{s_n(x)}$$

上式右侧的第一项是一个近似标准正态统计量, 第二项是偏差和标准差之比, 这一项有下面的收敛:

$$\frac{\widehat{p}_h(x) - p(x)}{s_n(x)} \to N(c, \tau^2(x))$$

其中, c 不为 0. 这表示置信区间 $\widehat{p}_h(x) \pm z_{\alpha/2} s(x)$ 不会以概率 $1 - \alpha$ 覆盖 $p(x)$.

对于多个点而言, 求置信区间的方法可以使用 Bootstrap 方法, 核密度的 Bootstrap 算法如下:

(1) 从经验分布 $\widehat{F}_n$ 中重抽样 $X_1^*, X_2^*, \cdots, X_n^*$, 经验分布在每个样本点上的概率密度为 $1/n$;

(2) 基于 Bootstrap 样本 $X_1^*, X_2^*, \cdots, X_n^*$ 抽样计算 $\widehat{p}_h^*$;

(3) 计算 $R = \sup_x \sqrt{nh} \|\widehat{p}_h^* - \widehat{p}_h\|_\infty$;

(4) 重复以上三个步骤共 B 次, 得到 $R_1, R_2, \cdots, R_B$;

(5) 令 z_α 是 $\{R_j : j = 1, 2, \cdots, B\}$ 的 α 分位数

$$\frac{1}{B} \sum_{j=1}^{B} I(R_j > z_\alpha) \approx \alpha$$

(6) 令 $l_n(x) = \widehat{p}_h(x) - \dfrac{z_\alpha}{\sqrt{nh}}$, $u_n(x) = \widehat{p}_h(x) + \dfrac{z_\alpha}{\sqrt{nh}}$;

(7) 结束.

定理 7.4 在比较弱的条件下, 有下面定理:

$$\lim_{n \to \infty} \inf_{\forall x} P(l_n(x) \leqslant p_h(x) \leqslant u_n(x)) \geqslant 1 - \alpha$$

如果要求 p 的置信带, 需要降低偏差, 一种较为简单的办法是用二次估计法 (twicing). 假设有两个核估计 $\widehat{p}_h$ 和 $\widehat{p}_{2h}$. 对于同一个 $C(x)$, 有

$$E(\widehat{p}_h(x)) = p(x) + C(x)h^2 + o(h^2) \tag{7.7}$$

$$E(\widehat{p}_{2h}(x)) = p(x) + C(x)4h^2 + o(h^2) \tag{7.8}$$

其中偏差的决定项是 $b(x) = C(x)h^2$. 可以如下定义

$$\widehat{b}(x) = \frac{\widehat{p}_{2h}(x) - \widehat{p}_h(x)}{3}$$

那么根据式 (7.7) 和式 (7.8) 有

$$E(\widehat{b}(x)) = b(x)$$

定义偏差降低法密度估计量为:

$$\widetilde{p}_h(x) = \widehat{p}_h(x) - \widehat{b}(x) = \frac{4}{3}\left(\widehat{p}_h(x) - \frac{1}{4}\widehat{p}_{2h}\right)$$

例 7.3 (数据见 chap7/murder.txt) 这是英国威尔士 18 年间的凶杀案数据, 尝试 Boot-strap 方法, 每次有放回地选择 9 个数据进行 0.025 尾分位数估计, 由此产生置信区间, 比较偏差, 尝试偏差降低法密度估计.

选定 $h = 26.23$. 每次重抽样 $n = 9$ 次, 重复 $B = 5000$ 次, 得到如图 7–3 所示的两个估计.

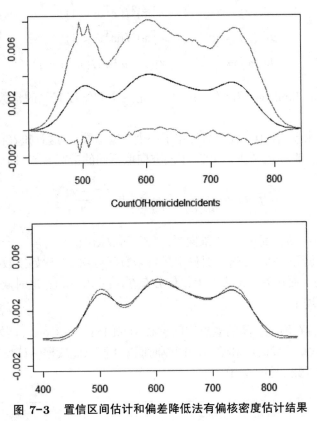

CountOfHomicideIncidents

图 7–3 置信区间估计和偏差降低法有偏核密度估计结果

图 7–3 上图浅灰色线为置信上下带, 图 7–3 下图浅色线为 $\widetilde{p}_h(x) = \frac{4}{3}(\widehat{p}_h(x) - \frac{1}{4}\widehat{p}_{2h}(x))$ 改进结果, 深色线为 $\widehat{p}_{2h}(x)$ 结果.

7.2.4 多维核密度估计

以上考虑的是一维情况下的核密度估计, 下面考虑多维情况下的核密度估计.

定义 7.2 假设数据 $\boldsymbol{x}_1, \boldsymbol{x}_2, \cdots, \boldsymbol{x}_n$ 是 d 维向量, 并取自一个连续分布 $p(\boldsymbol{x})$, 在任意点 $\boldsymbol{x}$ 处的一种核密度估计定义为:

$$\widehat{p}(\boldsymbol{x}) = \frac{1}{nh^d} \sum_{i=1}^{n} K\left(\frac{\boldsymbol{x} - \boldsymbol{x}_i}{h}\right) \tag{7.9}$$

注意到这里 $p(\boldsymbol{x})$ 是一个 d 维随机变量的密度函数. $K(\cdot)$ 是定义在 d 维空间上的核函数, 即 $K: \mathbb{R}^d \to \mathbb{R}$, 并满足如下条件:

$$K(\boldsymbol{x}) \geqslant 0, \quad \int K(\boldsymbol{x})\, \mathrm{d}\boldsymbol{u} = 1$$

类似于一维情况, 我们可以证明 $\int_{\mathbb{R}^d} \widehat{p}(\boldsymbol{x})\mathrm{d}\boldsymbol{x} = 1$, 进而可知, $\widehat{p}(\boldsymbol{x})$ 是一个密度估计函数.

对于核函数的选择, 我们经常选取对称的多维密度函数来作为核函数. 例如我们可以选取多维标准正态密度函数来作为核函数, $K_n(\boldsymbol{x}) = (2\pi)^{-d/2} \exp(-\boldsymbol{x}^{\mathrm{T}}\boldsymbol{x}/2)$. 其他常用的核函数还有

$$K_2(\boldsymbol{x}) = 3\pi^{-1}(1 - \boldsymbol{x}^{\mathrm{T}}\boldsymbol{x})^2 I(\boldsymbol{x}^{\mathrm{T}}\boldsymbol{x} < 1)$$
$$K_3(\boldsymbol{x}) = 4\pi^{-1}(1 - \boldsymbol{x}^{\mathrm{T}}\boldsymbol{x})^3 I(\boldsymbol{x}^{\mathrm{T}}\boldsymbol{x} < 1)$$
$$K_e(\boldsymbol{x}) = \frac{1}{2}c_d^{-1}(d + 2)(1 - \boldsymbol{x}^{\mathrm{T}}\boldsymbol{x})I(\boldsymbol{x}^{\mathrm{T}}\boldsymbol{x} < 1)$$

K_e 称为多维 Epanechinikow 核函数, 其中 c_d 是一个和维度有关的常数, $c_1 = 2$, $c_2 = \pi$, $c_3 = 4\pi/3$.

上述的多维核密度估计中, 我们只使用了一个带宽参数 h, 这意味着在不同方向上, 我们取的带宽是一样的. 事实上, 我们可以对不同方向取不同的带宽参数, 即

$$\widehat{p}(\boldsymbol{x}) = \frac{1}{nh_1h_2\cdots h_d}\sum_{i=1}^{n} K\left(\frac{\boldsymbol{x} - \boldsymbol{x}_i}{\boldsymbol{h}}\right)$$

其中, $\boldsymbol{h} = (h_1, h_2, \cdots, h_d)$ 是一个 d 维向量. 在实际数据中, 有时候一个维度上的数据比另外一个维度上的数据分散得多, 这个时候上述核函数就有用了. 比如说数据在一个维度上分布在 $(0, 100)$ 区间上, 而在另一个维度上仅仅分布在区间 $(0, 1)$ 上, 这时候采用不同带宽的多维核函数就比较合理了.

例 7.4　这是美国黄石国家公园的老忠实间歇泉 (Old Faithful Geyser) 数据, 它包含 272 对数据, 分别为该间歇泉喷发时间和喷发的间隔时间. 我们以此数据估计喷发时间和喷发的间隔时间的联合密度函数 (见图 7–4).

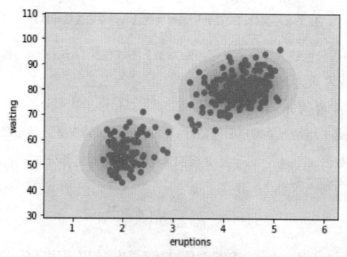

图 7-4　喷发时间和喷发的间隔时间的联合密度函数估计

```
import pandas as pd
import numpy as np
from sklearn.neighbors import KernelDensity
from sklearn.model_selection import GridSearchCV
import seaborn as sns
from matplotlib import pyplot as plt
data=pd.read_csv("./faithful.csv") ## 读入数据
data=data.drop(columns=["Unnamed: 0"])
grid = GridSearchCV(
    estimator=KernelDensity(kernel='gaussian'),
    param_grid='bandwidth': 10 ** np.linspace(-1, 1, 100),
    cv=LeaveOneOut(),
grid.fit(data)
print(f' 最佳带宽: grid.best_params_["bandwidth"]')
kde = KernelDensity(kernel='gaussian', bandwidth=0.2782).fit(data) ♯ 建立 KDE 模型
x=data["eruptions"]
y=data["waiting"]
sns.kdeplot(x,y,shade=True)
plt.scatter(x,y)
```

```
输出:
最佳带宽: 0.2783
```

关于最优带宽的选择, 也有类似一维情况下的结论. 对于多维核密度估计, 运用多维泰勒展开, 有

$$\text{Bias}(\boldsymbol{x}) \approx \frac{1}{2} h^2 \alpha \nabla^2 p(\boldsymbol{x})$$

$$V(\widehat{p}(\boldsymbol{x})) \approx n^{-1} h^{-d} \beta p(\boldsymbol{x})$$

其中, $\alpha = \int \boldsymbol{x}^2 K(\boldsymbol{x}) \mathrm{d}\boldsymbol{x}$, $\beta = \int K(\boldsymbol{x})^2 \mathrm{d}\boldsymbol{x}$.

因此我们可以得到渐近积分均方误

$$\text{AMISE} = \frac{1}{4} h^4 \alpha^2 \int \nabla^2 p(\boldsymbol{x}) \mathrm{d}\boldsymbol{x} + n^{-1} h^{-d} \beta$$

由此可得最优带宽为

$$h_{opt} = \left[d\beta \alpha^{-2} (\int \nabla^2 p(\boldsymbol{x}) \mathrm{d}\boldsymbol{x}) \right]^{1/(d+4)} n^{-1/(d+4)}$$

在上述最优带宽中, 真实密度 $p(\boldsymbol{x})$ 是未知的, 因此我们可以采用多维正态密度 $\phi(\boldsymbol{x})$ 来代替, 进而得到

$$h_{opt} = A(K) n^{-1/(d+4)}$$

其中, $A(K) = \left[d\beta \alpha^{-2} (\int \nabla^2 \phi(\boldsymbol{x}) \mathrm{d}\boldsymbol{x}) \right]^{1/(d+4)}$.

对于 $A(K)$, 在知道估计中的核函数类型后, 可以计算出来, 并进而得到最优带宽 h_{opt}. 以下是不同核函数的 $A(K)$ 值, 见表 7–2.

表 7-2　不同核函数下的 $A(K)$ 值

ID	核函数	维度	$A(K)$
1	K_n	2	1
2	K_n	d	$(4/(d+2))^{1/(d+4)}$
3	K_e	2	2.40
4	K_e	3	2.49
5	K_e	d	$[8c_d^{-1}(d+4)(2\sqrt{\pi})]^{1/(d+4)}$
6	K_2	2	2.78
7	K_3	2	3.12

7.2.5　贝叶斯决策和非参数密度估计

分类决策是对一个概念的归属做决定的过程, 比如, 生物物种的分类、手写文字的识别、西瓜是否成熟、疾病的诊断等. 如果一个概念的自然状态是相对确定的, 要对比不同决策的优劣是相对容易的. 比如, 一个人国籍身份的归属, 根据我国《国籍法》的规定 "父母双方或一方为中国公民, 本人出生在中国, 具有中国国籍", 即父母的身份和一个人的出生地可以作为公民国籍归属的基本识别属性. 一个不在中国出生的婴儿如果已有他国国籍, 则不具有中国国籍. 这是一个概念规则相对比较清晰的例子. 然而现实中更多问题需要较为清晰的、可操作性较强的分类规则, 比如, 信用评价问题、垃圾邮件识别问题、欺诈侦测问题等. 在诸如此类的问题中, 我们可能收集到信用不良事件和信用良好事件的线索记录, 比如发生时间、发生地点、当事人历史记录等, 希望通过对收集到的信息进行分析比较, 找出可用于信用概念评价的一些识别属性, 完成分类规则建制的基本任务.

不仅如此, 由于决策过程常常面对的是一个信息不充分的环境, 也就是说决策不可避免地会犯错误, 于是决策研究中对分类决策的评价就成为不可或缺的核心内容. 综上所述, 一个分类框架一般由四项基本元素构成.

(1) 参数集: 概念所有可能的不同自然状态. 在分类问题中, 自然参数是可数个, 用 $\Theta = \{\theta_0, \theta_1, \cdots\}$ 表示.

(2) 决策集: 所有可能的决策结果 $\mathcal{A} = \{a\}$. 比如, 买或卖、是否为垃圾邮件, 在分类问题中, 决策结果就是决策类别的归属, 所以决策集与参数集往往是一致的.

(3) 决策函数集: $\Delta = \{\delta\}$, 函数 $\delta : \Theta \to \mathcal{A}$.

(4) 损失函数: 联系参数和决策的一个损失函数. 如果概念和参数都是有限可数的, 那么所有的概念和相应的决策所对应的损失就构成了一个矩阵.

例 7.5　两类问题中, 真实的参数集为 θ_1 和 θ_0 (分别简记为 1 或 0), 可能的决策集由四个可能的决策构成 $\Delta = \{\delta_{1,1}, \delta_{0,0}, \delta_{0,1}, \delta_{1,0}\}$. 其中, $\delta_{i,j}$ 表示把 i 判为 $j, i, j = 0, 1$, 相应的损失矩阵可能为:

$$L = \begin{pmatrix} 0 & 1 \\ 1 & 0 \end{pmatrix}$$

这表示判对没有损失, 判错有损失. 真实的情况为 1 判为 0, 或真实的情况为 0 判为 1, 则发生损失 1, 称为 "0-1" 损失.

从分布的角度来看, 分类问题本质上是概念属性分布的辨识问题, 于是可能通过密度估计回答概念归属的问题. 以两类问题为例, 真实的参数集为 θ_1 和 θ_0, 在没有观测之前, 对 θ_1 和 θ_0 的决策函数可以应用先验 $p(\theta_1)$ 和 $p(\theta_0)$ 确定, 即定义决策函数

$$\delta = \begin{cases} \theta_1, & p(\theta_1) > p(\theta_0) \\ \theta_0, & p(\theta_1) < p(\theta_0) \end{cases}$$

很多情况下, 我们对概念能够收集到更多的观测数据, 于是可以建立类条件概率密度 $p(x|\theta_1), p(x|\theta_0)$. 显然, 两个不同的概念在一些关键属性上一定存在差异, 这表现为两个类别在某些属性上面分布呈现差异. 综合先验信息, 可以对类别的归属通过贝叶斯公式重新组织, 即

$$p(\theta_1|x) = \frac{p(x|\theta_1)p(\theta_1)}{p(x)}$$

$$p(\theta_0|x) = \frac{p(x|\theta_0)p(\theta_0)}{p(x)}$$

根据贝叶斯公式, 我们可以通过后验分布制定决策:

$$\delta = \begin{cases} \theta_1, & p(\theta_1|x) > p(\theta_0|x) \\ \theta_0, & p(\theta_1|x) < p(\theta_0|x) \end{cases}$$

注意到后验概率比较中, 本质的部分是分子, 所以上式等价于

$$\delta = \begin{cases} \theta_1, & p(x|\theta_1)p(\theta_1) > p(x|\theta_0)p(\theta_0) \\ \theta_0, & p(x|\theta_1)p(\theta_1) < p(x|\theta_0)p(\theta_0) \end{cases}$$

定理 7.5　后验概率最大化分类决策是 "0-1" 损失下的最优风险.

证明　注意到条件风险

$$R(\theta_1|x) = p(\theta_0|x)L(\theta_0, \theta_1) + p(\theta_1|x)L(\theta_1, \theta_1)$$
$$= 1 - p(\theta_1|x)$$

上述定理很容易扩展到 k $(k \geqslant 3)$ 个不同的分类 (此处不再赘述, 留作练习). 后验概率最大相当于 "0-1" 损失下的最小风险.

于是给出如下的非参数核密度估计分类即后验分布构造贝叶斯分类计算步骤.

(1) $\forall i = 1, 2, \cdots, k, \theta_i$ 下观测 $x_{i1}, x_{i2}, \cdots, x_{in} \sim p(x|\theta_i)$;

(2) 估计 $p(\theta_i), i = 1, 2, \cdots, k$;

(3) 估计 $p(x|\theta_i), i = 1, 2, \cdots, k$;

(4) 对新待分类点 x, 计算 $p(x|\theta_i)p(\theta_i)$;

(5) 计算 $\theta^* = \mathrm{argmax}(p(x|\theta_i)p(\theta_i))$.

例 7.6 (例 7.1 续)　根据核密度估计贝叶斯分类对例 7.1 中的两类鱼进行分类.

假设 θ_1 表示鲑鱼, θ_0 表示鲈鱼, 记两类鱼的先验分布如下:

$$\text{鲑鱼}: \widehat{p}(\theta_1) \quad \leftrightarrow \quad \text{鲈鱼}: \widehat{p}(\theta_0)$$

用两类分别占全部数据的频率估计先验概率. 在本例中, 由于鲑鱼为 100 条, 鲈鱼为 130 条, 两类先验概率分别估计为: $p(\theta_1) = 100/230 = 0.4348$; $p(\theta_0) = 130/230 = 0.5652$.

接着, 对每一类别独立估计概率密度, 两类鱼身长的核概率密度分别记为

$$鲑鱼: p\,(x|\theta_1) \quad \leftrightarrow \quad 鲈鱼: p\,(x|\theta_0)$$

根据 "最大后验概率" 的原则进行分类, 制定如下判别原则: 对 $\forall x$, 有

$$\delta_x \in \begin{cases} \theta_0, & 当\ p\,(\theta_0|x) > p\,(\theta_1|x) \\ \theta_1, & 当\ p\,(\theta_1|x) > p\,(\theta_0|x) \end{cases}$$

下面我们针对一组数据点, 得到如表 7-3 所示的分类结果.

表 7-3　用核密度估计对鲑鱼和鲈鱼的分类结果表

位置	数值	$p^*(\theta_1|x)$	$p^*(\theta_0|x)$	真实的类别	判断的类别
83	19.6	0.0506	0.0071	1	1
82	22.3	0.0593	0.0069	1	1
220	14.07	0.0076	0.0179	0	0
89	8.5	0.0046	0.0634	<u>1</u>	0
93	17.3	0.0135	0.0112	1	1
167	7.6	0.0044	0.0777	0	0
140	6.3	0.0051	0.0583	0	0
107	2	0.0001	0.0293	0	0

注: p^* 表示没有归一化的分布密度.

核函数密度曲线如图 7-5 所示.

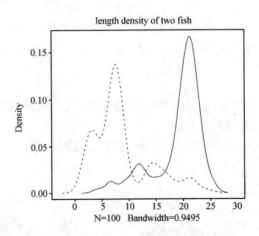

图 7-5　鲑鱼和鲈鱼核函数密度曲线图

表中有下划线的数据表示分类错误. 如上结果有 8 个数据, 7 个分类正确, 1 个分类错误, 在表 7-3 中用下划线标记.

上述的概率密度估计和分类的例子较好地说明了非参数密度估计的优点. 如果能采集足够多的训练样本, 无论实际采取哪一种核函数形式, 从理论上最终都可以得到一个可靠的

收敛于密度的估计结果. 概率密度估计和分类例子的主要缺点是为了获得满意的密度估计, 实际需要的样本量是非常惊人的. 非参数估计要求的样本量远超过在已知分布参数形式下估计所需要的样本量. 这种方法对时间和内存空间的消耗都是巨大的, 人们正在努力寻找有效降低估计样本量的方法.

然而, 非参数密度估计最严重的问题是高维应用问题. 一般在高维空间上, 会考虑定义一个 d 维核函数为一维核函数的乘积, 每个核函数有自己的带宽, 记为 $h_1, h_2, \cdots, h_d$, 参数数量与空间维数呈线性关系. 然而在高维空间中, 任何一个点的邻域里没有数据点是很正常的, 因而出现了体积很小的邻域中的任意两个点之间的距离却很远, 比如 10 维空间上位于一个体积为 0.001 的小邻域内的两个点的距离可以允许高到 0.5, 这样基于体积概念定义的核函数没有样本点估计. 这种现象称为 "维数灾难" (curse of dimensionality) 问题. 为了使核估计能够应用, 则需要更多的样本作为代价, 因此这严重限制了非参数密度估计在高维空间的应用.

7.3 k 近邻估计

Parzen 窗估计一个潜在的问题是每个点都选用固定的体积. 如果 h_n 定得过大, 则那些分布较密的点由于受到过多点的支持, 使得本应突出的尖峰变得扁平; 对于另一些相对稀疏的位置或离群点, 则可能因为体积设定过小, 而没有样本点纳入邻域, 从而使密度估计为零. 虽然可能选择像正态等一些连续核函数, 能够在一定程度上弱化该问题, 但很多情况下并不具有实质性的突破, 仍然没有一个标准指明应该按照哪些数据的分布情况制定带宽. 一种可行的解决方法就是让体积成为样本的函数, 不硬性规定窗函数为全体样本个数的某个函数, 而是固定贡献的样本点数, 以点 x 为中心, 令体积扩张, 直到包含进 k_n 个样本为止, 其中的 k_n 是关于 n 的某一个特定函数. 被吸收到邻域中的样本称为点 x 的 k_n 个最近邻. 用邻域的体积 V_n 定义估计点的密度如下:

$$\widetilde{p}_n(\boldsymbol{x}) = \frac{k_n/n}{V_n} \tag{7.10}$$

如果在点 x 附近有很多样本点, 那么这个体积就相对较小, 得到很大的概率密度; 如果在点 x 附近样本点很稀疏, 那么这个体积就会变大, 直到进入某个概率密度很高的区域, 这个体积就会停止生长, 从而概率密度比较小.

如果样本点增多, 则 k_n 也相应增大, 以防止 V_n 快速增大导致密度趋于无穷. 我们还希望 k_n 的增加足够慢, 使得为了包含进 k_n 个样本的体积能够逐渐趋于零. 在选择 k_n 方面, 福永和霍斯特勒 (Fukunaga & Hosterler, 1975) 给出了一个计算 $k(n)$ 的公式, 对于正态分布而言:

$$k = k_0 n^{4/(d+4)} \tag{7.11}$$

式中, k_0 为常数, 与样本量 n 和空间维数 d 无关.

如果取 $k_n = \sqrt{n}$, 并且假设 $\widetilde{p}_n(\boldsymbol{x})$ 是 $p(\boldsymbol{x})$ 的一个较准确的估计, 那么根据式 (7.10), 有 $V_n \approx 1/(\sqrt{n}p(\boldsymbol{x}))$. 这与核函数中的情况是一样的. 但这里的初始体积是根据样本数据的具体情况确定的, 而不是事先选定的, 而且不连续梯度的点常常并不出现在样本点处, 见图 7-6.

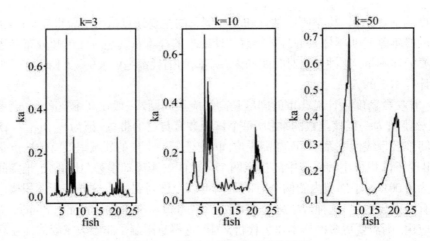

图 7-6　不同 k 的近邻密度估计图

与核函数一样, k_n 近邻估计也存在维度问题. 除此之外, 虽然 $\widetilde{p}_n(\boldsymbol{x})$ 是连续的, 但 k 近邻密度估计的梯度不一定连续. k_n 近邻估计需要的计算量相当大, 同时还要防止 k_n 增加过慢导致密度估计扩散到无穷. 这些缺点使得用 k_n 近邻法产生密度并不多见, k_n 近邻法更常用于分类问题.

习题

7.1　使用 R 里的 library (MASS) 中的案例数据 geyser 老忠实间歇泉数据, 对间隔时间做核估计.

(1) 取 $h=0.3$, 选用标准正态密度函数、Parzen 窗函数和三角函数分别作图, 分析不同窗函数对结果的影响.

(2) 固定核函数为标准正态密度, 取 h 为四个不同的值:$h = 0.3, 0.5, 1$ 和 1.5, 从图上分析带宽对核密度估计的影响.

7.2　对鲑鱼和鲈鱼识别数据, 尝试用 k_n 方法估计两类的分布密度, 再尝试贝叶斯方法设计分类器.

(1) 选择所使用的 k 近邻数.

(2) 在不同的 k 之下计算训练误差率.

7.3　考虑一个正态分布 $p(x) \sim N(\mu, \sigma^2)$ 和核函数 $K(x) \sim N(0,1)$. 证明 Parzen 窗估计 $p_n(x) = \dfrac{1}{nh_n} \sum_{i=1}^{n} K\left(\dfrac{x - x_i}{h_n}\right)$ 有如下性质:

(1) $\widehat{p}_n(x) \sim N(\mu, \sigma^2 + h_n^2)$.

(2) $\operatorname{var}(p_n(x)) \approx \dfrac{1}{2nh_n\sqrt{\pi}} p(x)$.

(3) 当 h_n 较小时, $p(x) - \overline{p}_n(x) \approx \dfrac{1}{2}\left(\dfrac{h_n}{\sigma}\right)^2 \left[1 - \left(\dfrac{x - \mu}{\sigma}\right)^2\right] p(x)$. 注意, 如果 $h_n = h_1/\sqrt{n}$, 那么这个结果表示由于偏差导致的误差率以 $1/n$ 的速度趋于零.

7.4　令 $p(x) \sim U(0, a)$ 为 0 到 a 之间的均匀分布, 而 Parzen 窗函数为当 $x > 0$ 时, $\varphi(x) = \mathrm{e}^{-x}$, 当 $x \leqslant 0$ 时则为零.

(1) 证明 Parzen 窗估计的均值为:

$$\widehat{p}_n(x) = \begin{cases} 0, & x < 0 \\ \dfrac{1}{a}(1 - \mathrm{e}^{-x/h_n}), & 0 \leqslant x \leqslant a \\ \dfrac{1}{a}(\mathrm{e}^{a/h_n} - 1)\mathrm{e}^{-x/h_n}, & a \leqslant x \end{cases}$$

(2) 画出当 $a = 1$, h_n 分别等于 1, 1/4, 1/16 时的 $\widehat{p}_n(x)$ 关于 x 的函数图像.

(3) 在这种情况下, 即 $a = 1$ 时, 求 h_n 的值, 并且画出区间 $0 \leqslant x \leqslant 0.05$ 的 $\widehat{p}_n(x)$ 的函数图像.

7.5　假设 x_1, x_2 相互独立满足 $(0,1)$ 间的均匀分布, 考虑指数核函数 $K(u) = \exp(-|u|)/2$.

(1) 写出核函数密度估计的表达式 $\widehat{p}(x)$.

(2) 计算 $\mathrm{Bias}(x) = E(\widehat{p}(x)) - p(x)$.

7.6　对于多维核密度函数 $K_e(\boldsymbol{x}) = \dfrac{1}{2}c_d^{-1}(d+2)(1 - \boldsymbol{x}^{\mathrm{T}}\boldsymbol{x})I(\boldsymbol{x}^{\mathrm{T}}\boldsymbol{x} < 1)$, 其中 d 是多元核函数的维度.

(1) 当 $d = 2$ 和 3 时, 分别计算 c_d 的值并写出对应的多维核密度函数的表达式.

(2) 当 $d = 2$ 时, 我们有数据 $(1,1), (1,2), (2,1), (2,2)$, 试计算核密度估计 $\widehat{p}(\boldsymbol{x})$ 在 $\boldsymbol{x} = (1.5, 1.5)$ 的值.

(3) 当 $d = 3$ 时, 我们有数据 $(1,1,1), (1,2,1), (2,1,2), (2,2,2)$, 试计算核密度估计 $\widehat{p}(\boldsymbol{x})$ 在 $\boldsymbol{x} = (1,1,2)$ 时的值.

7.7　信用卡信用分为三级, 试利用 Credit.txt 数据根据核估计法和后验概率来构造分类器. 尝试 Python 中所有可能的核函数进行点估计, 通过后验概率构造分类器, 比较不同的结果.

第 8 章 非参数回归

在实际中, 我们经常要研究两个变量 X 与 Y 的函数关系, 图 8-1 (数据见 chap8/motor.txt) 为两幅二元函数的散点图, 左图由 230 个成对样本点构成, 其中 $Y_i = \sin(4X_i) + \varepsilon_i, X_i \sim U(0,1), \varepsilon_i \sim N(0,1/3), i = 1, 2, \cdots, 230$. X 和 Y 看似存在某种非线性函数关系, 可以尝试非线性回归. 最常见的一种做法是用一个多项式回归来刻画二者的关系, 如下所示:

$$y(x, \beta) = \sum_{j=0}^{p} \beta_j x^j x^0 = 1$$

如果线性关系成立, 那么 $p = 1$; 如果关系不是线性的, $p > 1$. 选用高阶回归可以在一定程度上改善线性模型的拟合优度. 但是, 多项式回归的不足在于对其阶数的选择. 单从拟合优度来看, 一般更倾向于取较高的阶数, 这时模型会非常强烈地依赖于几个关键点, 对这些点的变化非常敏感, 如果这些点出现小的扰动, 可能会波及远离这些点的一些点的估计以及它们附近的曲线走向. 多项式回归需要调整参数 p 的大小, 当关系复杂时, p 也倾向于取更高阶, 选择高阶的 p 的代价是高阶的系数不仅不容易估得准确, 常常具有较大的方差, 而且会出现系数膨胀现象, 这样很容易产生错误的回归估计模型. 本章将讨论复杂数据关系的非参数回归模型的解决方案, 这些方案具有两个共同的特点: 一是模型不是事先设定的; 二是模型中引入了灵活可调节的参数, 从而尽可能用低阶的回归模型去解决复杂的数据关系问题.

在图 8-1 中, 右图是很多统计学家都研究过的摩托车碰撞模拟数据的散点图, 由 133 个成对数据构成. X 为模拟的摩托车发生相撞事故后的某一短暂时刻 (单位为百万分之一秒), Y 为该时刻驾驶员头部的加速度 (单位为重力加速度 g). X 和 Y 之间直觉上是有某种函数关系的, 但是很难用参数方法进行回归, 也很难用普通的多项式回归拟合. 因此考虑如下一般的模型.

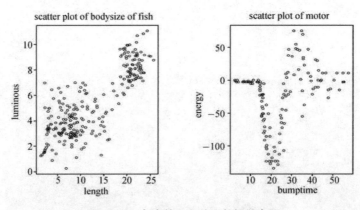

图 8-1　复杂的二元关系数据散点图

给定一组样本观测值 $(Y_1, X_1), (Y_2, X_2), \cdots, (Y_n, X_n)$, X_i 和 Y_i 之间的任意函数模型表示为:

$$Y_i = m(X_i) + \varepsilon_i, \quad i = 1, 2, \cdots, n \tag{8.1}$$

其中, $m(\cdot) = E(Y|X)$; ε 为随机误差项. 一般假定 $E(\varepsilon|X = x) = 0$, $\mathrm{var}(\varepsilon|X = x) = \sigma^2$, 不必是常数.

8.1　核回归光滑模型

回顾上一章介绍过的核密度估计法, 它相当于求 x 附近的平均点数. 平均点数的求法是对可能影响到 x 的样本点, 按照距离 x 的远近做距离加权平均. 核回归光滑的基本思路与之类似, 这里不是求平均点数, 而是估计点 x 处 y 的取值. 仍然按照距离 x 的远近对样本观测值 y_i 加权即可. 这就是纳达拉亚和沃森 (Nadaraya & Watson, 1964) 提出的 Nadaraya-Watson 核回归的基本思想.

定义 8.1　选定原点对称的概率密度函数 $K(\cdot)$ 为核函数及带宽 $h_n > 0$, 有

$$\int K(u)\mathrm{d}u = 1 \tag{8.2}$$

定义加权平均核为:

$$\omega_i(x) = \frac{K_{h_n}(X_i - x)}{\sum\limits_{j=1}^{n} K_{h_n}(X_j - x)} \tag{8.3}$$

其中 $K_{h_n}(u) = h_n^{-1} K(u h_n^{-1})$ 也是一个概率密度函数. Nadaraya-Watson 核估计定义为:

$$\widehat{m}_n(x) = \sum_{i=1}^{n} \omega_i(x) Y_i \tag{8.4}$$

注意到

$$\widehat{\theta} = \min_{\theta} \sum_{i=1}^{n} \omega_i(x)(Y_i - \theta)^2 = \sum_{i=1}^{n} \frac{\omega_i Y_i}{\sum\limits_{n} \omega_i} \tag{8.5}$$

因此, 核估计等价于局部加权最小二乘估计. 权重 $\omega_i = K(X_i - x)$. 常用的核函数与上一章的表 7–1 类似.

若 $K(\cdot)$ 是 $[-1, 1]$ 上的均匀概率密度函数, 则 $m(x)$ 的 Nadaraya-Watson 核估计就是落在 $[x - h_n,\ x + h_n]$ 上的 X_i 对应的 Y_i 的简单算术平均值. 称参数 h_n 为带宽, h_n 越小, 参与平均的 Y_i 就越少; h_n 越大, 参数平均的 Y_i 就越多.

若 $K(\cdot)$ 是 $[-1, 1]$ 上的概率密度函数, 则 $m(x)$ 的 Nadaraya-Watson 核估计就是落在 $[x - h_n,\ x + h_n]$ 上的 X_i 对应的 Y_i 的加权算术平均值.

若 $K(\cdot)$ 是 $(-\infty,\ +\infty)$ 上关于原点对称的标准正态密度函数, 则 $m(x)$ 的 Nadaraya-Watson 核估计就是 Y_i 的加权算术平均值. 当 X_i 离 x 越近时, 权数就越大; 离 x 越远时, 权数就越小; 当 X_i 落在 $[x - 3h_n,\ x + 3h_n]$ 之外时, 权数为零.

Nadaraya-Watson 核估计直接使用密度加权, 但是在实际估计参数和计算带宽时, 可能需要对权重取导数运算, 这时将核表达为密度积分的形式是比较方便的, 从而形成了另一种核估计——Gasser-Müller 核估计:

$$\widehat{m}(x) = \sum_{i=1}^{n} \left[\int_{s_{i-1}}^{s_i} K\left(\frac{u-x}{h}\right) \, \mathrm{d}u \right] y_i$$

式中, $s_i = (x_i + x_{i+1})/2, x_0 = -\infty, x_{n+1} = +\infty$. 显然它是用面积而不是密度本身作为权重.

例 8.1 (核回归的例子)　图 8–2 为鲑鱼和鲈鱼体长与光泽度之间的 Nadaraya-Watson 核回归光滑. 为了说明带宽 h 的作用, 这里的 h 分别取 3, 1.5, 0.5 和 0.1.

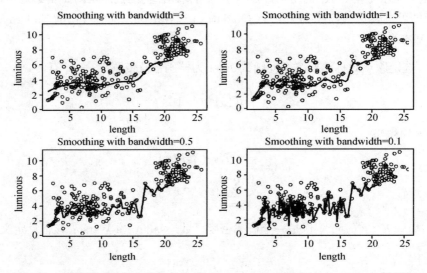

图 8-2　不同带宽的鲑鱼和鲈鱼体长 (length) 和光泽度 (luminous) 核回归

8.2　局部多项式回归

8.2.1　局部线性回归

核估计虽然实现了局部加权, 但这个权重在局部邻域内是常量, 由于加权是基于整个样本点的, 因此在边界的估计往往不理想. 如图 8–3 所示, 真实的曲线用虚线表示, Nadaraya-Watson 核回归拟合曲线用虚线表示. 在左边和右边的边界点处, 曲线真实的走向有很大的线性斜率, 但是在拟合曲线上, 显然边界的估计有高估的现象. 这是因为核函数是对称的, 因而在边界点处起决定作用的是内点, 比如影响左边界点走势的主要是右边的点. 同样, 影响到右边界点走势的主要是左边的点. 越到边界这种情况越突出. 显然问题并非仅对外点而言, 如果内部数据分布不均匀, 则那些恰好位于高密度附近的内点的核估计也会存在较大偏差.

解决的方法是用一个变动的函数取代局部固定的权, 这样就可能避免这种边界效应. 最直接的做法就是在待估计点 x 的邻域内用一个线性函数 $Y_i = a(x) + b(x)X_i, X_i \in [x-h, x+h]$, 取代 Y_i 的平均, 其中 $a(x)$ 和 $b(x)$ 是两个局部参数. 因而就得到了局部线性估计.

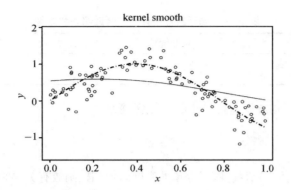

图 8-3　核回归和真实函数曲线比较

具体而言, 局部线性估计为最小化

$$\sum_{i=1}^{n}[Y_i - a(x) - b(x)X_i]^2 K_{h_n}(X_i - x) \tag{8.6}$$

其中 $K_{h_n}(u) = h_n^{-1} K(h_n^{-1}u)$, $K(\cdot)$ 为概率密度函数. 若 $K(\cdot)$ 是 $[-1,1]$ 上的均匀概率密度函数 $K_0(\cdot)$, 则 $m(x)$ 的局部线性估计就落在 $[x - h_n,\ x + h_n]$ 的 X_i 与其对应的 Y_i 关于局部模型

$$\widehat{m}(x) = \widehat{a}(x) + \widehat{b}(x)X_i \tag{8.7}$$

的最小二乘估计.

若 $K(\cdot)$ 是 $[-1,1]$ 上的概率密度函数 $K_2(\cdot)$, 则 $m(x)$ 的局部线性估计就落在 $[x - h_n,\ x + h_n]$ 的 X_i 与其对应的 Y_i 关于局部模型 (8.6) 的加权最小二乘估计. 当 X_i 越接近 x, 对应 Y_i 的权数就越大; 反之, 则越小.

若 $K(\cdot)$ 是 $(-\infty, +\infty)$ 上关于原点对称的标准正态密度函数 $K_2(\cdot)$, 则 $m(x)$ 的局部线性估计就是局部模型 (8.6) 的加权最小二乘估计. 当 X_i 离 x 越近, 权数就越大; 反之, 就越小. 当 X_i 落在 $[x - 3h_n,\ x + 3h_n]$ 之外时, 权数基本上为零.

$m(x)$ 的局部线性估计的矩阵表示为:

$$\begin{aligned}\widehat{m}_n(x, h_n) &= \boldsymbol{e}_1^{\mathrm{T}} (\boldsymbol{X}_x^{\mathrm{T}} \boldsymbol{W}_x \boldsymbol{X}_x)^{-1} \boldsymbol{X}_x^{\mathrm{T}} \boldsymbol{W}_x \boldsymbol{Y} \\ &= \sum_{i=1}^{n} l_i(x) y_i\end{aligned} \tag{8.8}$$

其中

$$\boldsymbol{e}_1 = (1, 0)^{\mathrm{T}}, \quad \boldsymbol{X}_x = (X_{x,1}, \cdots, X_{x,n})^{\mathrm{T}}, \quad \boldsymbol{X}_{x,i} = (1, (X_i - x))^{\mathrm{T}}$$

$$\boldsymbol{W}_x = \mathrm{diag}(K_{h_n}(X_1 - x), \cdots, K_{h_n}(X_n - x)), \quad \boldsymbol{Y} = (Y_1, \cdots, Y_n)^{\mathrm{T}}$$

当解释变量为随机变量时, 局部线性估计 $\widehat{m}_n(x, h_n)$ 在内点处的渐近偏差和方差如表 8-1 所示.

表 8-1 局部线性估计内点渐近偏差和方差

	渐近偏差	渐近方差
总变异	$h_n^2 \dfrac{m''(x)}{2}\mu_2(K)$	$\dfrac{\sigma^2(x)}{nh_n f(x)}R(K)$

使得 $\hat{m}_n(x, h_n)$ 的均方误差达最小的最佳窗宽为:

$$h_n = cn^{-1/5} \tag{8.9}$$

其中, c 与 n 无关, 只与回归函数、解释变量的密度函数和核函数有关. 在内点, 使得 $\hat{m}_n(x, h_n)$ 的均方误差达到最小的最优的核函数为 $K(z) = 0.75(1-z^2)_+$, 此时, 局部线性估计可达到收敛速度 $O(n^{-2/5})$.

例 8.2 图 8-4 显示了用局部线性回归对图 8-3 关系的重新拟合, 可见边界效应问题有所缓解, 即其在边界点的收敛速度与内点几乎一样, 且等于核估计在内点处的收敛速度, 它的偏差比核估计小, 而且其偏差与解释变量的密度函数无关. 此外, 局部线性估计在估计出回归函数 $m(x)$ 的同时也估计出回归函数的导函数 $m'(x)$, 导数在实际中可用于分析边际变化率.

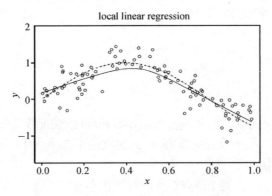

图 8-4 局部线性回归和真实曲线的比较图

8.2.2 局部多项式回归的基本原理

如图 8-4 所示, 与真实函数比较起来, 局部线性回归虽然较好地克服了边界的偏差, 但在曲线导数符号改变的附近仍然产生偏差, 又由于导数改变的点通常为极值点, 因而呈现出"山头被削, 谷底添满"的平滑效果, 这时就需要考虑高阶局部多项式的情况. 局部线性回归很容易扩展到一般的局部多项式回归.

考虑二元数据对 $\{(X_1, Y_1), \cdots, (X_n, Y_n)\}$, 它们独立同分布取自总体 (X, Y), 待估的回归函数是: $m(x) = E(Y|X = x)$, 它的各阶导数记为 $m'(x), m''(x), \cdots, m^{(p)}(x)$.

定义 8.2 局部 p 阶多项式估计为最小化 p 阶多项式

$$\sum_{i=1}^{n} [Y_i - \beta_0 - \cdots - \beta_p(X_i - x)^p]^2 K\left(\frac{X_i - x}{h}\right) \tag{8.10}$$

这里的记号与前面类似. h 为带宽, K 为核函数.

令

$$X = \begin{pmatrix} 1 & X_1 - x & \cdots & (X_1 - x)^p \\ \vdots & \vdots & & \vdots \\ 1 & X_n - x & \cdots & (X_n - x)^p \end{pmatrix}$$

$$\boldsymbol{\beta} = \begin{pmatrix} \widehat{\beta}_0 \\ \widehat{\beta}_1 \\ \vdots \\ \widehat{\beta}_p \end{pmatrix}_{(p+1) \times 1}, \quad \boldsymbol{y} = \begin{pmatrix} Y_1 \\ Y_2 \\ \vdots \\ Y_n \end{pmatrix}_{n \times 1}$$

$$\boldsymbol{W} = h^{-1} \mathrm{diag} \left[K\left(\frac{X_1 - x}{h} \right), \cdots, K\left(\frac{X_n - x}{h} \right) \right]$$

因此有加权最小二乘问题的估计 $\widehat{\boldsymbol{\beta}} = (\boldsymbol{X}'\boldsymbol{W}\boldsymbol{X})^{-1}\boldsymbol{X}'\boldsymbol{W}\boldsymbol{Y}$.

例 8.3　图 8-5 中实线表示真实曲线走向, 虚线显示用局部二项回归对图 8-4 关系的重新拟合, 可见极值点的问题有所缓解.

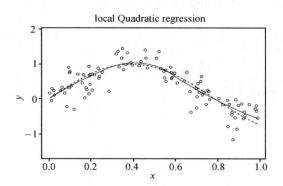

图 8-5　局部线性回归和真实曲线的比较图

8.3　LOWESS 稳健回归

异常点可能造成线性回归模型最小二乘估计发生偏差, 因而有必要改进局部线性拟合方法来降低异常点对估计结果的影响. LOWESS (locally weighted scatter plot smoothing) 稳健估计方法就是在这样的背景下产生的, 它是由威廉斯·克里维兰德 (Williams Cleveland, 1979) 提出的, 目前已在国际上得到广泛应用. LOWESS 的基本思想是先用局部线性估计进行拟合, 然后定义稳健的权数并进行平滑, 重复运算几次后就可消除异常值的影响, 从而得到稳健的估计. LOWESS 稳健回归的计算步骤如下:

第一步: 对模型 (8.6) 进行局部线性估计, 得到 $m(X_i)$ 的估计 $\widehat{m}(X_i)$, 进而得到残差 $r_i = Y_i - \widehat{m}(X_i)$.

第二步: 计算稳健权数 $\delta_i = B(r_i/(6 \cdot \mathrm{median}(|r_1|, |r_2|, \cdots, |r_n|)))$, 其中 $B(t) = (1 - |t|^2)^2 I_{[-1,1]}(t)$. 式中:

$$I_{[-1,1]}(t) = \begin{cases} 1, & \text{当 } |t| \leqslant 1 \text{ 时} \\ 0, & \text{当 } |t| > 1 \text{ 时} \end{cases}$$

第三步: 使用权 $\delta_i\, K(h_n^{-1}(X_i - x))$ 对模型 (8.1) 进行局部加权最小二乘估计, 就可得到新的 r_i.

第四步: 重复第二步和第三步 s 次后就可得到稳健估计.

由于稳健权数 δ_i 可将异常值排除在外, 并且初始残差大 (小) 的观测值在下一次局部线性回归中的权数就小 (大), 因而, 重复几次后就可将异常值排除在外, 并最终得到稳健的估计. 克里维兰德 (Cleveland,1979) 推荐 $s = 3$.

例 8.4 (数据见 fish.txt)　本例仍然是关于鲑鱼和鲈鱼两种鱼类身长和光泽度之间关系的进一步研究, 假设现在有 3 个异常点被加入, 3 个异常点分别为: $x_1 =$ (22.03784, -18.22867), $x_2 = (24.21510, -20.62153)$, $x_3 = (22.70523, -20.90481)$. 这些异常点可能是由于仪器损坏、人为疏漏或黑客侵犯等原因造成的. 图 8-6 左图为局部线性核最小二乘估计的拟合值与鲑鱼和鲈鱼两种鱼类身长和光泽度之间散点图的比较, 右图为 LOWESS 稳健估计的拟合值和实际值散点图的比较. 左图曲线的右端显然有向下的偏差, 这是异常值造成的, 而右边图形中向下的偏差并不明显. 由此可见, LOWESS 稳健回归方法通过三次对异常点权重的减少, 基本上消除了异常点对非参数回归模型估计的影响, 而且该方法不需要知道异常点的位置, 简单易行, 因而在国际上得到广泛应用.

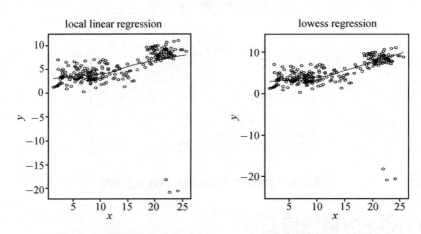

图 8-6　局部线性回归和 LOWESS 稳健回归拟合效果比较图

8.4　k 近邻回归

与 k 近邻密度估计类似, 也有 k 近邻回归, k 近邻回归的基本原理是用距离待估计点最近的 k 个样本点处 y_i 的值来估计当前点的取值. 按照是否对这些点按距离加权, k 近邻回归又分为普通 k 近邻估计和 k 近邻核加权回归两类, 下面分别介绍两者的应用.

k 近邻估计的主要优点在于该方法可以自动地适应局部信息. 也就是说, 局部的点越多, 所选的带宽越小, 这是 k 近邻和核估计的主要不同之处. 但 k 近邻估计过于局限于局部信息而失去了一些全局的信息, 对于有些数据, 这种方法有一定的缺陷.

8.4.1 k 近邻估计

令 $1 < k < n$, 记

$$I_{x,k} = \{i:\ X_i\ \text{是离}\ x\ \text{最近的}\ k\ \text{个观测值之一}\} \tag{8.11}$$

非参数回归模型 (8.1) 的 k 近邻估计为:

$$\widehat{m}_n(x,k) = \sum_{i=1}^{n} w_i(x,k)Y_i \tag{8.12}$$

其中

$$w_i(x,k) = \begin{cases} 1/k, & i \in I_{x,k} \\ 0, & i \notin I_{x,k} \end{cases}$$

当解释变量为随机变量时, 如果当 $n \to \infty$ 时, $k \to \infty$, $k/n \to 0$, 则 $\widehat{m}_n(x,k)$ 在内点处逐点渐近偏差和方差如表 8-2 所示. 此外, 在适当的条件下, $\widehat{m}_n(x,k)$ 还具有一致性和渐近正态性.

表 8-2 k 近邻估计内点逐点渐近偏差和方差

	渐近偏差	渐近方差
总变异	$\dfrac{1}{24f(x)^3}[(m''f + 2m'f')(x)](k/n)^2$	$\dfrac{\sigma^2(x)}{k}$

k 近邻估计既适用于解释变量是确定性的模型, 也适用于解释变量是随机变量的模型.

8.4.2 k 近邻核估计

非参数回归模型 (8.1) 的近邻核估计为:

$$\widehat{m}_n(x,k) = \frac{\sum\limits_{i=1}^{n} K((X_i - x)/R(x,k))Y_i}{\sum\limits_{i=1}^{n} K((X_i - x)/R(x,k))} \tag{8.13}$$

其中, $R(x,k) = \max(|X_i - x|)\ (i \in I_{x,k})$.

由式 (8.13) 可见, k 近邻估计是 k 近邻核估计的特例. 由式 (8.12) 可知, k 近邻估计就是用最靠近 x 的 k 个观测值进行加权平均. 它的基本原理与核估计相似, 性质也相似. 当解释变量为随机变量时, 当 $n \to \infty$ 时, $k \to \infty$, $k/n \to 0$, 则 $\widehat{m}_n(x,k)$ 在内点处的逐点渐近偏差和方差如表 8-3 所示. 此外, 在适当的条件下, $\widehat{m}_n(x,k)$ 还具有一致性和渐近正态性. 易见, k 近邻估计在内点处的收敛速度可达到 $O(n^{-2/5})$.

表 8-3 k 近邻核估计的内点逐点渐近偏差和方差

	渐近偏差	渐近方差
总变异	$\dfrac{\mu(K)}{8f(x)^3}[(m''f + 2m'f')(x)](k/n)^2$	$2\dfrac{\sigma^2(x)}{k}R(K)$

例 8.5 本例是关于鲑鱼和鲈鱼两种鱼类身长和光泽度之间关系的 k 近邻回归, 图 8-7 左图表示 $k = 3$ 时的近邻估计, 右图表示 $k = 6$ 时的近邻估计. 我们发现随着 k 的增加, 曲线的光滑度也在增加, 但是与核回归比较, k 近邻回归显然在 k 较小时不够光滑.

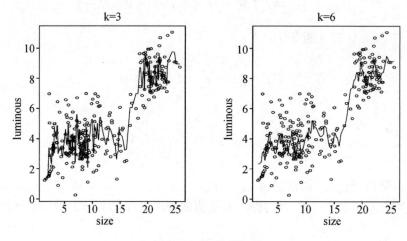

图 8-7 k 近邻回归

k 近邻回归的主要优点在于该方法可以自动对数据进行局部估计. 也就是说, 当一个点的附近观测点越多, 所选的带宽越小, 这是 k 近邻回归与 8.1 节的核回归的主要不同之处. 但 k 近邻回归过于强调局部估计, 这样就有可能忽视较远观测值对局部模式的影响, 选择合适的 k 是 k 近邻回归有效的必要条件.

8.5 正交序列回归

前面介绍的非参数回归模型的核估计、局部线性估计和近邻估计属局部估计方法, 局部估计方法用于预测时只能预测数据区域内的回归函数值, 对于附近没有观察点的回归函数值则无法预测, 因而仍然需要全局估计法. 正交序列回归的一个优势在于正交基函数比较容易构造, 比如数学上常用的 Fourier 序列. 因此, 整个方法在结构上比较简单, 而且在数学上比较容易分析其性质. 本节将简单介绍正交序列估计的基本原理.

设回归函数 $m(x) \in C[a, b]$, 假设 $\{\varphi_i\}_{j=0}^{\infty}$ 构成 $[a, b]$ 上的一组正交基, 即

$$\int_a^b \varphi_i(x)\varphi_j(x)\mathrm{d}x = \delta_{ij} = \begin{cases} 0, & i \neq j \\ c_i, & i = j \end{cases}$$

则 $m(x)$ 有正交序列展开 $m(x) = \sum_{i=1}^{\infty} \theta_i \varphi_i(x)$. 可将非参数回归模型 (8.1) 近似为:

$$Y_i = \sum_{j=1}^{m} \theta_j \varphi_j(X_i) + \nu_i \tag{8.14}$$

对模型 (8.14) 进行最小二乘估计, 得到

$$\widehat{\boldsymbol{\theta}} = (\boldsymbol{Z}^{\mathrm{T}} \boldsymbol{Z})^{-1} \boldsymbol{Z}^{\mathrm{T}} \boldsymbol{Y} \tag{8.15}$$

其中, $\boldsymbol{Z} = (\boldsymbol{Z}_1, \boldsymbol{Z}_2, \cdots, \boldsymbol{Z}_m)$, $\boldsymbol{Z}_i = (\varphi_i(X_1), \cdots, \varphi_i(X_n))^{\mathrm{T}}$. 于是, $m(x)$ 有正交序列估计:

$$\widehat{m}_n(x) = \boldsymbol{z}(x)^{\mathrm{T}}\widehat{\boldsymbol{\theta}} \tag{8.16}$$

其中, $\boldsymbol{z}(x) = (\varphi_1(x), \cdots, \varphi_m(x))^{\mathrm{T}}$.

设解释变量为确定性变量. 记 $\nu(x) = \sigma_u^2(\boldsymbol{z}(x)^{\mathrm{T}}(\boldsymbol{Z}^{\mathrm{T}}\boldsymbol{Z})^{-1}\boldsymbol{z}(x))$, 则当 $n \to \infty$, $m \to \infty$ 时, 正交序列估计有如下性质:

(1) $\nu(x)^{-1/2}(\widehat{m}_n(x) - E(\widehat{m}_n(x))) \overset{\mathcal{L}}{\longrightarrow} N(0,1)$;

(2) $\nu(x)^{-1/2}(E(\widehat{m}_n(x)) - m) \to 0$;

(3) $\widehat{\sigma}_u^2 = n^{-1}\sum_{i=1}^{n}(Y_i - \widehat{m}_n(X_i))^2$ 是 σ_u^2 的一个一致估计.

区间 $[-1,1]$ 上 Legendre 多项式正交基为:

$$P_0(x) = 1/\sqrt{2}$$
$$P_1(x) = x/\sqrt{2/3}$$
$$P_2(x) = \frac{1}{2}(3x^2 - 1)/\sqrt{2/5}$$
$$P_3(x) = \frac{1}{2}(5x^3 - 3x)/\sqrt{2/7}$$
$$P_4(x) = \frac{1}{8}(35x^4 - 30x^2 + 3)/\sqrt{2/9}$$
$$P_5(x) = \frac{1}{8}(63x^5 - 70x^3 + 15x)/\sqrt{2/11}$$

其他高阶 Legendre 多项式可由下式递推:

$$(m+1)P_{m+1}(x) = (2m+1)xP_m(x) - mP_{m-1}(x) \tag{8.17}$$

Legendre 多项式正交基 $\{P_j(x)\}_{j=0}^{\infty}$ 满足

$$\int_{-1}^{1} P_i(x)P_j(x)\mathrm{d}x = \begin{cases} 0, & i \neq j \\ 1, & i = j \end{cases}$$

例 8.6　图 8-8 给出了前六个 Legendre 多项式的图像.

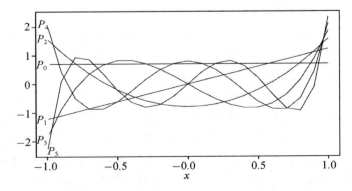

图 8-8　Legendre 多项式的函数图

例 8.7 图 8–9 是对摩托车数据采用 Legendre 多项式正交基进行正交序列估计拟合效果图. 若解释变量 X 在区间 $[a, b]$ 上取值, 则必须做变量替换 $Z = \dfrac{2X - a - b}{b - a}$, 使得变量 Z 的取值区间为 $[-1, 1]$.

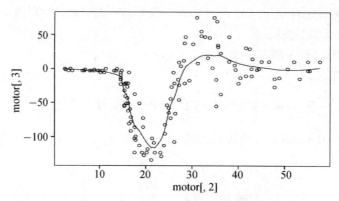

图 8-9 Legendre 多项式正交函数拟合摩托车数据效果图

8.6 罚最小二乘法

考虑在普通最小二乘问题中, 求函数 m 使得

$$\sum_{i=1}^{n}(Y_i - m(X_i))^2 \tag{8.18}$$

达到最小. 该问题有无穷多解. 比如, 通过所有观察点的折线和通过所有观察点的任意阶多项式光滑曲线都是解. 但这些解没有应用价值, 它们的残差全为 0, 虽然完整地拟合了数据, 但是模型的泛化能力和预测效果都很差, 随机误差项产生的噪声没有在模型中得到体现, 这样的问题称为过度拟合现象. 因而这些解并非我们真正需要的. 为了寻求既可排除随机误差项产生的噪声, 又使得解具有一定的光滑性 (二阶导数连续), 罚方法是控制模型不致过于复杂的一种选择, 其中较有代表性的是二次罚, 也称罚最小二乘法, 它的原理是使

$$\sum_{i=1}^{n}(Y_i - m(X_i))^2 + \lambda \int_0^1 (m''(x))^2 \mathrm{d}x \tag{8.19}$$

达到最小的解 $\widehat{m}_{n,\lambda}(\cdot)$, 其中 $\lambda > 0$. 式中, λ 称为罚 (penalty) 参数.

该问题有唯一解, 它的解可以表达为 $Y_i\ (i = 1, 2, \cdots, n)$ 的线性组合. 由于求解过程复杂且解也没有显示表达式, 因而这里省略其求解过程.

通过所有观察点的折线所对应的模型, 虽然使得式 (8.19) 第一项平方和为零, 但它不满足光滑性; 对于直线模型, 式 (8.19) 第二项为零, 却会使得式 (8.19) 的第一项平方和过大. 因而, 罚最小二乘法实际上是在最小二乘法和解的光滑性之间的平衡. 式 (8.19) 的第二项实际上就是对第一项平方和过小的一个罚系数, 也称为光滑系数. 罚最小二乘法的光滑系数 λ 可以人为确定, 并不是对每一个 λ, 罚最小二乘法的解都能够充分排除随机误差项产生的噪声. 当 $\lambda = 0$ 时, 通过所有观察点的任意高方差的曲线没有意义; 当 $\lambda = +\infty$ 时, 直线解也没有意义. 最优的光滑系数应该界于 0 和 $+\infty$ 之间. 应该说, 非参数回归模型的罚最小二乘估计的效果完全取决于 λ 的选择. 最佳的平滑参数一般采用如下的广义交叉验证法确定. 在实际应用中, 需要不断调整 λ, 直到找到满意解为止.

例 8.8 本例是对摩托车数据进行的罚最小二乘估计的效果图, 如图 8-10 所示. 左图显示的是 $\lambda = 10$ 时的拟合效果, 可以看出, 采用较大的 λ, 拟合效果不好; 右图显示的是 $\lambda = 3$ 时的拟合效果, 可以看出, 采用较小的 λ, 拟合效果较好.

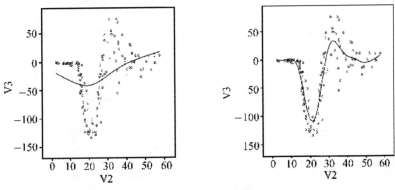

图 8-10 罚最小二乘拟合的摩托车数据拟合结果

值得一提的是, 罚方法不仅用于直接对函数部分进行惩罚, 更多的则是表现在系数求罚上, 从而也使得罚方法成为模型选择的重要组成部分.

8.7 样条回归

8.7.1 模型

在正交序列回归中, 我们假设 $\varphi_j(t)$ 是正交的. 在样条回归中, 我们不做这样的要求, 因此可以选择更多可能的基函数. 我们希望通过减少要求的条件, 得到更好的拟合效果.

假设观测到如下 n 组数据 $(x_1, y_1), (x_2, y_2), \ldots, (x_n, y_n)$, 其中 $x_i \in [a, b]$. 在很多情况下, 我们并不知道 (x_i, y_i) 满足什么关系, 在这种情况下, 假设 (x_i, y_i) 满足如下关系:

$$y_i = f(x_i) + \varepsilon_i, \quad i = 1, 2, \ldots, n$$

式中, $f(x)$ 为关于 x 的未知函数; ε_i 为独立同分布的正态分布 $N(0, \sigma^2)$. 在上述假设下, 有 $E(y) = f(x)$.

对于未知的函数 $f(x)$, 我们采用样条基函数去估计, 这里以线性样条基函数来介绍样条回归模型. 首先介绍线性样条基函数. 对于 $x \in [a, b]$, x 的线性样条基函数定义为:

$$1, x, (x - \kappa_1)_+, (x - \kappa_2)_+, \ldots, (x - \kappa_K)_+$$

这里 $\kappa_j \in [a, b]$ 称为结点. 我们可以采用上述样条基函数去逼近 $f(x)$, 即

$$f(x) \approx \beta_0 + \beta_1 x_i + \sum_{k=1}^{K} b_k (x_i - \kappa_k)_+$$

在本节后面的部分, 我们假设存在一组基函数, 使得 $f(x) = \beta_0 + \beta_1 x_i + \sum_{k=1}^{K} b_k (x_i - \kappa_k)_+$. 当然, 事实上等号一般是不能取到的, 但如果差别足够小, 可以认为上述假设是合理的.

定义 8.3 一个样条模型 (spline model) 可以写成

$$y_i = \beta_0 + \beta_1 x_i + \sum_{k=1}^{K} b_k (x_i - \kappa_k)_+ + \varepsilon_i, \quad i = 1, 2, \ldots, n \tag{8.20}$$

我们引入以下的记号, $\boldsymbol{y} = (y_1, y_2, \ldots, y_n)^{\mathrm{T}}$ 代表观测到的因变量, 设计矩阵为:

$$\boldsymbol{X} = \begin{pmatrix} 1 & x_1 & (x_1 - \kappa_1)_+ & (x_1 - \kappa_2)_+ & \ldots & (x_1 - \kappa_K)_+ \\ \vdots & \vdots & \vdots & \vdots & & \vdots \\ 1 & x_n & (x_n - \kappa_1)_+ & (x_n - \kappa_2)_+ & \ldots & (x_n - \kappa_K)_+ \end{pmatrix}$$

和多元线性回归类似, 参数 $(\beta_0, \beta_1, b_1, b_2, \ldots, b_K)$ 的估计值为:

$$\widehat{\boldsymbol{\beta}} = (\widehat{\beta}_0, \widehat{\beta}_1, \widehat{b}_1, \widehat{b}_2, \ldots, \widehat{b}_K)^{\mathrm{T}} = (\boldsymbol{X}^{\mathrm{T}} \boldsymbol{X})^{-1} \boldsymbol{X}^{\mathrm{T}} \boldsymbol{y}$$

$f(x)$ 的估计值为 $\widehat{f}(x) = \widehat{\beta}_0 + \widehat{\beta}_1 x_i + \sum_{k=1}^{K} \widehat{b}_k (x_i - \kappa_k)_+$ (Ruppert et al., 2003).

8.7.2 样条回归模型的节点

对于样条回归模型, 重要的问题是节点 (knot) 的位置选择和数量选择. 节点的位置选择是根据点的疏密程度选择. 基本原则是如果 x_i 比较均匀地分布在区间 $[a, b]$ 上, 可以取等距的节点. 如果 x_i 在有些区域比较密, 可以在密集的区域多取一些节点. 数量的选择则是把样条基函数看成多元线性模型中的自变量, 然后使用常用的模型选择的方法, 例如 AIC 准则.

除了对节点进行选择外, 我们还可以控制这些节点的影响. 即在 $\boldsymbol{\beta}^{\mathrm{T}} \boldsymbol{D} \boldsymbol{\beta} \leqslant C$ 条件下, 最小化如下公式:

$$\|\boldsymbol{y} - \boldsymbol{X} \boldsymbol{\beta}\|^2 \tag{8.21}$$

这里 $\boldsymbol{\beta} = (\beta_0, \beta_1, b_1, \ldots, b_K)$, $D = \begin{pmatrix} \mathcal{O}_{2 \times 2} & \mathcal{O}_{2 \times K} \\ \mathcal{O}_{K \times 2} & \mathcal{I}_K \end{pmatrix}$. 其中 $\mathcal{O}_{m \times n}$ 是 $m \times n$ 阶的零矩阵, $\mathcal{I}_K$ 是 K 阶单位矩阵.

类似于岭回归, 上述问题可以等价地转化为如下的最小化问题:

$$\|\boldsymbol{y} - \boldsymbol{X} \boldsymbol{\beta}\|^2 + \lambda \boldsymbol{\beta}^{\mathrm{T}} \boldsymbol{D} \boldsymbol{\beta}$$

观察上述公式, 容易看出来 $\boldsymbol{\beta}^{\mathrm{T}} \boldsymbol{D} \boldsymbol{\beta} = \sum_{i=1}^{K} b_i^2$, 因此可以看到我们只是对带有节点的基函数 $(x - \kappa_1)_+, (x - \kappa_2)_+, \ldots, (x - \kappa_K)_+$ 进行了限制, 对没有节点的基函数 $1, x$ 没有限制.

对于上述问题, 参数 $(\beta_0, \beta_1, b_1, b_2, \ldots, b_K)$ 的估计值为:

$$\widehat{\boldsymbol{\beta}} = (\widehat{\beta}_0, \widehat{\beta}_1, \widehat{b}_1, \widehat{b}_2, \ldots, \widehat{b}_K)^{\mathrm{T}} = (\boldsymbol{X}^{\mathrm{T}} \boldsymbol{X} + \lambda \boldsymbol{D})^{-1} \boldsymbol{X}^{\mathrm{T}} \boldsymbol{y}$$

$f(x)$ 的估计值为:

$$\widehat{f}(x) = \widehat{\beta}_0 + \widehat{\beta}_1 x_i + \sum_{k=1}^{K} \widehat{b}_k (x_i - \kappa_k)_+$$

如图 8-11 所示, 我们用样条回归模型对摩托车数据进行分析, 三个不同的 λ 值, 即 $\lambda = 1, 10, 100$. 我们可以看到, λ 比较小时, 估计值波动比较多, 随着 λ 的增大, 估计值逐渐光滑, 但是当 λ 过大时, 估计值会出现较大偏差.

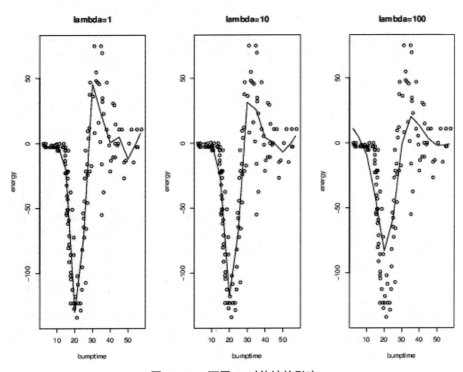

图 8-11　不同 λ 对估计的影响

8.7.3　常用的样条基函数

上面的线性样条基函数在节点处不光滑 (不可导). 为了克服这个缺点, 可以采用二次样条基函数 (quadratic spline basis functions),

$$1, x, x^2, (x - \kappa_1)^2, (x - \kappa_2)^2, \ldots, (x - \kappa_K)^2$$

可以看到, 二次样条基函数在节点处是可导的.

也可以扩张线性样条基函数, 引入 p 阶截断样条基函数 (truncated power basis of degree p), 即

$$1, x, \ldots, x^p, (x - \kappa_1)_+^p, (x - \kappa_2)_+^p, \ldots, (x - \kappa_K)_+^p$$

容易看到, 当 $p = 1$ 时, 截断样条基函数即为线性样条基函数. 当 $p \geqslant 2$ 时, 截断样条基函数在节点处是可导的.

还有一类常用的样条基函数, 即 B–样条基函数 (B-spline basis functions). B–样条基函数是通过递推公式来定义的, 1 阶 B–样条基函数定义为:

$$B_{i,1}(x) = I(\kappa_i \leqslant x < \kappa_{i+1})$$

这里的 $I(\cdot)$ 是示性函数. $p > 1$ 阶 B-样条基函数通过如下递推公式定义:

$$B_{i,p} = \frac{x - \kappa_i}{\kappa_{i+p-1} - \kappa_i} B_{i,p-1}(x) + \frac{\kappa_{i+p} - x}{\kappa_{i+p} - \kappa_{i+1}} B_{i+1,p+1}(x)$$

1,2,3 阶的 B-样条基函数如图 8-12 所示.

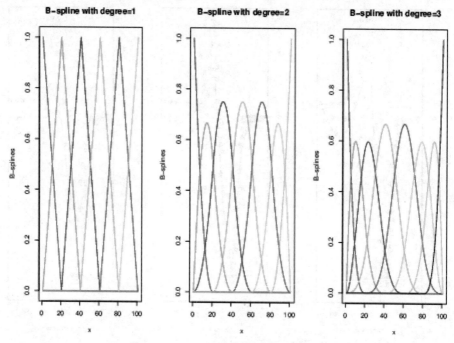

图 8-12　1,2,3 阶的 B-样条基函数

8.7.4　样条模型自由度

这里来看误差的自由度. 对于样本模型

$$y_i = f(x_i) + \varepsilon_i, \quad i = 1, 2, \ldots, n$$

通过罚最小二乘法, 我们知道参数的估计值为 $\widehat{\boldsymbol{\beta}} = (\boldsymbol{X}^{\mathrm{T}}\boldsymbol{X} + \lambda\boldsymbol{D})^{-1}\boldsymbol{X}^{\mathrm{T}}\boldsymbol{y}$, $f(x)$ 的估计值为:

$$\widehat{\boldsymbol{y}} = \boldsymbol{S}_\lambda \boldsymbol{y}$$

其中, $\boldsymbol{S}_\lambda = \boldsymbol{X}(\boldsymbol{X}^{\mathrm{T}}\boldsymbol{X} + \lambda\boldsymbol{D})^{-1}\boldsymbol{X}^{\mathrm{T}}$.

这里误差的自由度定义为:

$$df_{res} = n - 2\mathrm{tr}(\boldsymbol{S}_\lambda) + \mathrm{tr}(\boldsymbol{S}_\lambda\boldsymbol{S}_\lambda^{\mathrm{T}})$$

令残差平方和 SSE $= (\widehat{\boldsymbol{y}} - \boldsymbol{y})^{\mathrm{T}}(\widehat{\boldsymbol{y}} - \boldsymbol{y})$, 通过计算我们可以知道

$$\begin{aligned}
E(\mathrm{SSE}) &= E((\widehat{\boldsymbol{y}} - \boldsymbol{y})^{\mathrm{T}}(\widehat{\boldsymbol{y}} - \boldsymbol{y})) \\
&= E(\boldsymbol{y}^{\mathrm{T}}(\boldsymbol{S}_\lambda - \boldsymbol{I})^{\mathrm{T}}(\boldsymbol{S}_\lambda - \boldsymbol{I})\boldsymbol{y}) \\
&= \boldsymbol{y}^{\mathrm{T}}(\boldsymbol{S}_\lambda - \boldsymbol{I})^{\mathrm{T}}(\boldsymbol{S}_\lambda - \boldsymbol{I})\boldsymbol{y} + \sigma^2\mathrm{tr}((\boldsymbol{S}_\lambda - \boldsymbol{I})^{\mathrm{T}}(\boldsymbol{S}_\lambda - \boldsymbol{I})) \\
&= \boldsymbol{y}^{\mathrm{T}}(\boldsymbol{S}_\lambda - \boldsymbol{I})^{\mathrm{T}}(\boldsymbol{S}_\lambda - \boldsymbol{I})\boldsymbol{y} + \sigma^2 df_{res}
\end{aligned}$$

上面用到如下性质: 对于任意随机向量 $\boldsymbol{v}$ 和对称矩阵 $\boldsymbol{A}$, 有 $E(\boldsymbol{v}^{\mathrm{T}}\boldsymbol{A}\boldsymbol{v}) = E(\boldsymbol{v})^{\mathrm{T}}\boldsymbol{A}E(\boldsymbol{v}) + \mathrm{tr}(\boldsymbol{A}\mathrm{Cov}(\boldsymbol{v}))$.

如果 $\boldsymbol{y}^{\mathrm{T}}(\boldsymbol{S}_\lambda - \boldsymbol{I})^{\mathrm{T}}(\boldsymbol{S}_\lambda - \boldsymbol{I})\boldsymbol{y}$ 比较小, 那么 SSE/df_{res} 是对 σ^2 的一个估计. 可以把上面的结果和参数线性模型进行比较, 在线性模型中, $\boldsymbol{S}_\lambda$ 对应的是 $\boldsymbol{H} = \boldsymbol{X}(\boldsymbol{X}^{\mathrm{T}}\boldsymbol{X})^{-1}\boldsymbol{X}^{\mathrm{T}}$, 并且 $\boldsymbol{H}\boldsymbol{H}^{\mathrm{T}} = \boldsymbol{H}$. 在 df_{res} 的定义中, 用 $\boldsymbol{H}$ 代替 $\boldsymbol{S}_\lambda$, 有

$$df_{res} = n - 2\mathrm{tr}(\boldsymbol{H}) + \mathrm{tr}(\boldsymbol{H}\boldsymbol{H}^{\mathrm{T}}) = n - \mathrm{tr}(\boldsymbol{H}) = n - p$$

因此 df_{res} 可以看成是对线性模型中误差自由度的推广.

习题

8.1　令 $u_i \sim N(0, 0.025), i = 1, 2, \cdots, 300, X_i = i/300$, 则 $X_i \in [0, 1]$. 模拟产生如下数据: $Y_i = \sin(2\exp(X_i + 1)) + u_i$, 尝试 R 中所有可能的核函数估计 X 与 Y 的函数曲线.

8.2　对于 Nadaraya-Watson 核估计 $\widehat{m}_n(x) = \sum\limits_{i=1}^{n} w_i(x)Y_i$. 在给定的点 x, 假设 $Y_1, Y_2, \ldots, Y_n$ 满足独立同分布 $N(m(x), \sigma^2)$, 计算 $E(\widehat{m}_n(x))$ 和 $\mathrm{var}(\widehat{m}_n(x))$.

8.3　令 $X_i \sim N(0, 1), u_i \sim N(0, 0.025X_i^2), i = 1, 2, \cdots, 300, X_i$ 为相互独立的变量. 模拟产生如下数据: $Y_i = \exp(|X_i|) + u_i$, 用局部线性和局部二项式估计 X 与 Y 的函数曲线.

8.4　用求导的方法最小化式 (8.6), 写出具体步骤并给出 $a(x)$ 和 $b(x)$ 的估计公式.

8.5　数据见 Indchina.txt, 记 $Y_t =$ 居民消费价格指数, $X_t =$ 商品进出口额 (亿美元). 采用 1993 年 4 月到 1998 年 11 月 68 个月的月度资料, 应用 LOWESS 稳健估计方法对居民消费价格指数与商品进出口额的关系进行非参数回归模型估计.

8.6　产生 B–样条基函数, 定义域为 $[0, 100]$, 节点为 $0, 20, 50, 90, 100$. 写出 B–样条基函数在 $d = 0, 1, 2$ 的形式.

8.7　用 B–样条基函数拟合摩托车数据 (数据见 motor.txt). 注明所用的节点, d 和 λ.

8.8　本题中使用波士顿 (Boston) 数据中变量到波士顿五个就业中心的加权平均距离 (dis) 和每十万分之一的氮氧化物颗粒浓度 (nox). 将加权平均距离 (dis) 作为预测变量, 氮氧化物颗粒浓度 (nox) 作为响应变量.

a. 用 poly() 函数对加权平均距离 (dis) 和氮氧化物颗粒浓度 (nox) 拟合三次多项式回归模型, 输出回归结果并画出数据点及拟合曲线.

b. 选择阶数从 1 到 10 的多项式模型的拟合结果, 绘制相应的残差平方和曲线.

c. 运用交叉验证或者其他方法选择合适的多项式模型的阶数并解释结果.

d. 用 bs() 函数对加权平均距离 (dis) 和氮氧化物颗粒浓度 (nox) 拟合回归样条, 输出自由度为 4 时的拟合结果, 说明选择节点时使用了什么准则, 最后绘制出拟合曲线.

e. 尝试不同的自由度拟合回归样条, 绘制拟合曲线图和相应的 RSS, 并解释结果.

f. 运用交叉验证或者其他方法选择合适的回归样条模型的自由度并解释你的结果.

第 9 章　数据挖掘与机器学习

近 20 年来, 统计学与计算机科学发生了很多交叉, 机器学习为现代统计注入了新鲜血液, 丰富了现代统计推断的研究内容. 从 20 世纪 50 年代开始, 人工智能探索出一系列方法, 包括逻辑推理、约束规划、概率推理和从经验中训练等. 这些内容常被称为机器学习 (machine learning). 到了 20 世纪 90 年代, 机器学习方法与理论逐渐清晰, 与统计学方法和原理密切相关, 机器学习与统计学之间的界限开始消失, 形成了现代统计学的概貌: 强调分类、预测、非参数和计算效率. 本章主要介绍数据挖掘与机器学习中的主要方法, 内容包括: 线性判别分析、Logistic 回归、k 近邻、决策树、Boosting、随机森林、支持向量机、MARS 和深度学习等方法.

9.1　分类一般问题

分类问题是普遍存在的, 比如, 垃圾邮件概念的识别、飞机设备故障诊断的维修日志分析、图嵌入的融合推荐等问题, 这些问题都在强调新数据和新任务面前分类模型的匹配作用. 分类问题的一般定义是: 给定 $(X_1, Y_1), \cdots, (X_n, Y_n)$, Y_i 取离散值, 表示每个样例的分类, 目标是找到一个模型 $\hat{f}$, 对于新观测点 X, 能够用 $\hat{f}(X)$ 预测分类 Y. 分类中的三个核心要素是模型、损失和算法. 预测的模型也称为函数或假设, 那么学习的空间就称为函数空间或假设空间. 定义预测的损失函数为 $L(y, f)$, 拟合函数 f 所带来的预测风险定义为:

$$R(\beta) = E_{x,y}L(y, f(x, \beta))$$

预测风险最小的参数估计定义为:

$$\beta^* = \underset{\beta}{\mathrm{argmin}} R(\beta)$$

由于建立模型之前数据的联合分布未知, 所以实际中无法通过准确给出 β 的具体形式计算风险的极小值点. 用矩估计经验风险替代预测风险如下:

$$\widehat{R}(\beta) = \frac{1}{n}\sum_{i=1}^{n}L(y_i, f(x_i, \beta))$$

经验风险最小的参数估计定义为:

$$\widehat{\beta}^* = \underset{\beta}{\mathrm{argmin}} \widehat{R}(\beta)$$

如果 n 表示训练数据量, p 表示待估计参数的数量, 即模型的复杂性, $n/p \to \infty$, 根据估计的一般理论, 期望风险 $R(\widehat{\beta}^*) \to R(\beta^*)$, 经验风险 $\widehat{R}(\widehat{\beta}^*) \to R(\beta^*)$. 但当样本量 n 相对于预

测变量数不足或远小于 p 时, 这两个不等式都不成立. 事实上, 根据弗拉基米尔·万普尼克 (Vladimir Vapnik, 1995) 估算: 如果 h 是函数空间的 VC 维, n 是训练数据量, 有

$$R(\widehat{\beta}^*) \leqslant \widehat{R}(\widehat{\beta}^*) + \phi\left(\frac{h}{n}\right)$$

以上给出了期望风险与经验风险之间的关系. 一个好的预测模型应该令上式右侧的两项同时小, 但是注意到, 第一项取决于训练数据的量, 第二项取决于函数的复杂度, 学习器的复杂度越高, 实际风险与经验风险之间的差异越大. 可以通过控制函数复杂性, 在逐步实现模型预测能力提高的过程中实现最优风险模型的建立目标. 这一建立模型的算法方法称为结构风险最小化设计方法. 结构风险最小化的建模思想是统计机器学习的核心概念, 它定义了由数据对模型的选择方式, 在模型精度和复杂性之间进行折中, 实时通过测试数据评估来引导建模的进程, 逐步实现最优的建模目标.

9.2 线性判别

线性判别分析 (LDA) 由 R. Fisher 于 1936 年提出, 它是一种监督学习的降维技术, 数据集的每个样本有类别输出. LDA 的基本目标是 "投影后类内方差最小, 类间方差最大", 为此 LDA 方法的核心内容是求解低维决策面的法线 w, 以使得每类数据在由法线为 w 的决策面上的投影距离尽可能接近, 而不同类别的数据的类别中心之间的投影距离尽可能远.

假设数据中有 K 个 p 维总体, 分别记为 $C_1, C_2, \cdots, C_K$, 分布特征未知, 均值向量为 $(\mu_1, \mu_2, \cdots, \mu_K)$, 协方差矩阵相等 $\Sigma_k = \Sigma, k = 1, 2, \cdots, K$. 每个数据点 $x = (x_1, x_2, \cdots, x_p)^T$ 与总体 C_k 之间的马氏距离定义为:

$$d(x, C_k) = (x - \mu_k)^T \Sigma^{-1}(x - \mu_k), \quad k = 1, 2, \cdots, K \tag{9.1}$$

一个待分配的数据点将通过后验分布概率最大获得归类, 具体而言是综合考虑先验分布和似然分布如下:

$$p(C_k|x) = p(x|C_k)p(C_k) \tag{9.2}$$

当每个总体的先验分布为 $p(C_k)$, 每个总体 k 下 x 都服从多元正态分布, $p(x|C_k) \sim MVN(\mu_k, \Sigma)$, 由贝叶斯判别式 (9.2) 得到线性决策函数如下:

$$\begin{aligned} \delta(x, C_k) &= x^T \Sigma^{-1} \mu_k - \frac{1}{2}\mu_k^T \Sigma^{-1} \mu_k + \log(\pi_k) \\ k^* &= \operatorname*{argmax}_{k \in 1,2,\cdots,K} \delta(x, C_k) \end{aligned} \tag{9.3}$$

式 (9.3) 在式 (9.1) 基础上增加了先验分布的影响. 结合式 (9.3) 和式 (9.1) 可知, LDA 运用投影技术将 K 组 p 维数据投影到某个方向, 使投影后的组与组之间尽量分开, 组内数据尽可能靠近. 当 (μ_k, Σ) 未知时, 假设样本 $\{x_1, x_2, \cdots, x_n\} \in R^p$, 其中 $x_i = (x_{i1}, x_{i2}, \cdots, x_{ip})^T$. 将极大似然估计代入得到决策函数的估计函数如下: $\widehat{\mu}_k = \overline{x}_k = (\overline{x}_{k1}, \overline{x}_{k2}, \cdots, \overline{x}_{kp})^T$. 其中 $\overline{x}_{kj}$ 是第 k 类在第 j 个特征上的均值. 如果 C_k 中的数据点数量为 n_k, 那么第 k 类第 j 个特征的均值估计为 $\overline{x}_{kj} = \sum_{i \in C_k}^{n_k} x_{ij}/n_k$. 令 $\overline{x} = (\overline{x}_1, \overline{x}_2, \cdots, \overline{x}_p)^T$, 其中 $\overline{x}_j = \sum_{i=1}^{n} x_{ij}/n$. 于是有

$\widehat{\Sigma} = \frac{1}{n}(X - \overline{X})^{\mathrm{T}}(X - \overline{X})$. 这里 X 是样本矩阵, $\overline{X}$ 是样本均值矩阵.

$$X = \begin{pmatrix} x_{11} & \cdots & x_{1p} \\ \vdots & & \vdots \\ x_{n1} & \cdots & x_{np} \end{pmatrix} \quad \overline{X} = \begin{pmatrix} \overline{x}^{\mathrm{T}} \\ \vdots \\ \overline{x}^{\mathrm{T}} \end{pmatrix} = \begin{pmatrix} \overline{x}_1 & \cdots & \overline{x}_p \\ \vdots & & \vdots \\ \overline{x}_1 & \cdots & \overline{x}_p \end{pmatrix}$$

由此得到 LDA 的估计决策函数:

$$\widehat{\delta}(x, C_k) = x^{\mathrm{T}} \widehat{\Sigma}^{-1} \widehat{\mu}_k - \frac{1}{2} \widehat{\mu}_k^{\mathrm{T}} \widehat{\Sigma}^{-1} \widehat{\mu}_k + \log(\pi_k)$$

$$k^* = \underset{k \in 1,2,\cdots,K}{\operatorname{argmax}} \widehat{\delta}(x, C_k)$$

(9.4)

LDA 适用于样本服从正态分布, 各类样本协方差矩阵相等的数据, 而且样本中不能有大量高度相关的预测变量, 否则就会产生过度拟合. 在实际应用中, 当样本数 n 远远小于特征数 p 时, 迪皮洛 (Dipillo, 1976; 1977) 研究指出, 式 (9.4) 的样本协方差矩阵 $\widehat{\Sigma}$ 是病态矩阵, 它不再是总体 Σ 的一个良好估计, 这样精度矩阵 Σ^{-1} 的估计偏差非常大, 直接的矩阵解法根本不适用, 效率低下将造成错误的分类和准确率降低.

IR-LDA 基本原理

为解决协方差矩阵不可逆与大量相关变量 LDA 矩阵解法的奇异性问题, 郭 (Guo, 2007) 提出了收缩质心正则法 (shrunken centroids regularized discriminant analysis, SCRDA), 它在观测数据集协方差矩阵 $\widehat{\Sigma}$ 的基础上添加一个正的对角矩阵, 通过忽略某些特征的相关性解决可逆问题, 表达式如下:

$$\widetilde{\Sigma} = \alpha \widehat{\Sigma} + (1 - \alpha) I_p$$

(9.5)

其中, $\alpha \in [0,1]$, I_p 为 p 维单位阵. 通过调节参数 α 的值可以得到不同程度的正则化 LDA 模型的目标. 用 $\widetilde{\Sigma}$ 代替 LDA 目标函数 (9.4) 中的 $\widehat{\Sigma}$, 再对式 (9.4) 求极值即可得出模型最优解. 虽然正则化解决了矩阵的奇异性问题, 但是对于高维矩阵的直接操作复杂度仍然非常高, 正则 LDA 采取最近收缩质心 (NSC) 的算法过滤与分类无关的随机特征, 将它与正则 LDA 结合, 就会产生具有显著分类效果的特征. 具体如下:

$$d_{kj} = \frac{\overline{x}_{kj} - \overline{x}_j}{m_k(s_j + s_0)}$$

(9.6)

它表示了第 k 类在特征 j 的均值与该特征的总体均值之间的标准距离, 其中 s_j 表示第 j 个特征类内的标准差, 该值越大表示该维度越重要, 其中

$$s_j^2 = \frac{1}{n-k} \sum_k \sum_{i \in C_k} (x_{ij} - x_{kj})^2$$

$$m_k = (1/n_k + 1/n)^{1/2}$$

s_0 是一个正的常量, 用来保证 d_{kj} 在特征 j 上表达能力不强时仍然能够维持在一个较小的值上. NSC 方法的核心是定义了一个区分维度有效性的方法. 具体而言, 通过设置阈值 Δ 调整 d_{kj}, 每个 d_{kj} 的绝对值都减去一个阈值 Δ, 如果结果小于 0, 那么 d_{kj} 为该差值加上原来的符号, 即:

$$d_{kj}^* = \operatorname{sgn}(d_{kj})(d_{kj} - \Delta)$$

(9.7)

在 NSC 与判别分析结合的算法中, 可以通过交叉验证泛化误差最小的方式, 调节出适用的 α 和 Δ 两个参数.

当有一个新的数据点 $x = (x_1, x_2, \cdots, x_p)$, 根据式 (9.6) 定义每个维度的区分距离 d_{kj}, 再根据式 (9.7) 定义有效区分维度集为 $\text{Ep} = \{j | d_{kj} \neq 0, \exists k \in K\}$. 取式 (9.5) 中 $\widetilde{\Sigma}$ 中 Ep 维度集的那些行和列组成 $\widetilde{\Sigma}_E$, 代入式 (9.3) 得到如下最优化目标函数:

$$\widetilde{\delta}(x, C_k) = x^{\mathrm{T}} \widetilde{\Sigma}_E^{-1} \widehat{\mu}_k - \frac{1}{2} \widehat{\mu}_k^{\mathrm{T}} \widetilde{\Sigma}_E^{-1} \widehat{\mu}_k + \log(\pi_k)$$
$$k^* = \underset{k \in 1,2,\cdots,K}{\operatorname{argmax}} \widetilde{\delta}(x, C_k) \tag{9.8}$$

另一种更加直观的正则化方式是以相似的方式修正相关矩阵:

$$\widehat{R} = \widehat{D}^{-1/2} \widehat{\Sigma} \widehat{D}^{-1/2} \tag{9.9}$$

根据相关矩阵 $\widehat{R}$ 代入式 (9.10),

$$\widetilde{R} = \alpha \widehat{R} + (1 - \alpha) I_p \tag{9.10}$$

得到协方差阵 $\widetilde{\Sigma}_R$:

$$\widetilde{\Sigma}_R = \widehat{D}^{1/2} \widetilde{R} \widehat{D}^{1/2}$$

其中 $\widehat{D}$ 是协方差矩阵 $\widehat{\Sigma}$ 对角元素构成的对角阵. 根据式 (9.4) 得到正则化协方差矩阵判别函数形式, 如下所示:

$$\widetilde{\delta}_R(x, C_k) = x^{\mathrm{T}} \widetilde{\Sigma}_R^{-1} \widehat{\mu}_k - \frac{1}{2} \overline{\mu}_k^{\mathrm{T}} \widetilde{\Sigma}_R^{-1} \widehat{\mu}_k + \log \pi_k$$
$$k^* = \underset{k \in 1,2,\cdots,K}{\operatorname{argmax}} \widetilde{\delta}_R(x, C_k) \tag{9.11}$$

此外, 样本量大小和数据维度正则化参数 α 的选择也有影响, 郭在 2007 年从理论上指出只要选取合适的参数值, 正则化 LDA 方式式 (9.8) 或式 (9.11) 不仅稳定了方差, 也稳定了模型, 同时降低了判别函数的偏差, 并提高了预测精度. 尤其当样本量小于数据维度时, 通过该方法可以对样本协方差矩阵得到准确的估计. 当样本量小于数据维度时, 虽然 $\widetilde{\Sigma}$ 还是 $\widetilde{\Sigma}_R$ 对真实的总体协方差矩阵估计有偏的, 但通过偏差-方差权衡, 其整体估计精度较无正则的情形是提高的.

例 9.1 (数据见 partyblog.txt)　网络数据的分类是一个重要的问题. 本例选取了 2004 年美国大选前博客中的争论话题和关联模式构成的社交网络 (见图 9-1), 试图根据网络节点之间的连接关系和特征判断节点的归属. 该数据集包含 1490 个节点和 19090 条边. 数据集中每个节点都有一个标签描述 (用 0 或者 1 表示). 数据集通过对度的测量, 得出相关节点 (博主) 的中心度特征. 这里呈现其某一日的单日快照, 显示一张静态的博客圈情况, 该数据集共有 26 个图论、社会网络学中衍生出的常用特征变量, 除去 9 个归一化重复特征和 1 个分类标签, 可以通过其他 16 个特征的情况作图, 如图 9-2 所示. 通过分别对 16 个特征进行标准化处理, 绘制博客阵营的分布图, 发现数据在 DC, CES, CEP, CODS, CTDS, CA, CBS, CC, CH, CIVCS, CMW 11 个变量上能够在一定程度上帮助判别阵营.

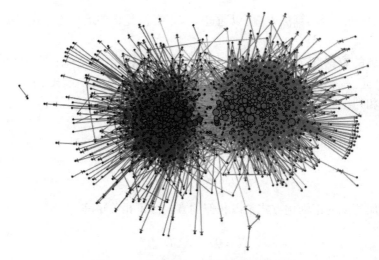

图 9-1   美国 2004 年大选博客阵营图

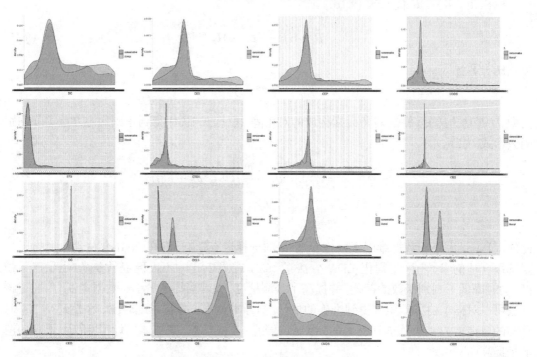

图 9-2   16 个特征的概率密度分布

尝试 LDA 方法, 得到判别系数如下 (见图 9-3).

从结果来看, 两类数据的分布表现出一定的差异, 标签为 0 的数据集中在原点左侧均值大概为 -1 左右, 标签为 1 的数据集中在均值大概为 1 左右的位置上, 说明 LDA 能够将这两类数据较好地区分开来. 根据 LDA 方法预测得到的准确率为 79.66%, 说明 LDA 方法表现良好. 进一步我们采用 QDA 方法进行预测, 得到的准确率为 79.80%, 略高于 LDA 的准确率, 说明此时 $Y = 0$ 和 $Y = 1$ 两类样本的协方差阵存在一定的差异, 但两种算法表现结果相近.

```
Coefficients of linear discriminants:
                                                                    LD1
Centrality.Authority.resource.x.resource                    3.578600e+01
Centrality.Betweenness.resource.x.resource..unscaled.      -9.903192e-05
Clique.Count.resource.x.resource                            2.777042e-04
Centrality.Closeness.resource.x.resource                   -2.123905e+03
Density.Clustering.Coefficient.resource.x.resource          8.489082e-01
Centrality.Eigenvector.resource.x.resource..unscaled.      -6.836233e+02
Centrality.Eigenvector.Per.Component.resource.x.resource    6.079402e+02
Centrality.Hub.resource.x.resource                          7.988199e+00
Centrality.In.Closeness.resource.x.resource                 6.369508e+02
Centrality.In.Degree.resource.x.resource..unscaled.         1.048407e+00
Centrality.Information.resource.x.resource..unscaled.      -1.240462e-01
Centrality.Inverse.Closeness.resource.x.resource..unscaled. 1.324496e-02
Centrality.Out.Degree.resource.x.resource..unscaled.        1.083009e+00
Simmelian.Ties.resource.x.resource..unscaled.              -8.241848e-02
Centrality.Total.Degree.resource.x.resource..unscaled.     -9.990048e-01
Component.Members.Weak.resource.x.resource                  1.036592e-02
```

图 9-3　LDA 方法所得的判别系数

9.3　Logistic 回归

普通回归是对连续变量依赖关系建模的过程. 然而, 现实中大部分概念是以类别的形态表现出来的, 于是建立分类变量和可能构成概念的相关因素之间的数学关系就很有必要. 比如发生借贷逾期未还行为的商户有怎样的特征? 电信用户流失前几个月的话费情况表现如何? 发病的关键个体因素和环境因素有哪些? 等等. 这里, 目标概念因变量 Y 是分类变量, 要回答的问题是用其他变量充分表示这个概念. 典型的情况是两类问题, 可称为 0-1 变量, 如发病 $Y=1$ 与不发病 $Y=0$. 一个直接的想法是, 将 Y 作为因变量直接建立普通的线性回归. 设收集到数据对 $(\boldsymbol{x}_1,y_1),(\boldsymbol{x}_2,y_2),\cdots,(\boldsymbol{x}_n,y_n)$, $\boldsymbol{x}_i=(x_{i1},\cdots,x_{ip})^{\mathrm{T}}$, p 为变量数, n 为样本量, 相应的多元回归模型如下:

$$y=\beta_0+\sum_{j=1}^p\beta_ix_{ij}+\epsilon_i,\quad i=1,2,\cdots,n$$
$$y_i\in\{0,1\}$$

于是

$$E(y_i|\boldsymbol{x}_i)=\beta_0+\sum_{j=1}^p\beta_ix_{ij},\quad i=1,2,\cdots,n$$

直接对 Y 或后验概率 $P(Y=1|\boldsymbol{x})$ 建立模型至少存在以下两方面的问题.

(1) 一般假设因变量服从正态分布, 随机误差项有 0 均值, 但因变量此时是分类变量, 服从两点分布, 残差的分布显然非正态, 而且很难保证残差方差齐性. 因为此时

$$\mathrm{var}(\epsilon)=p_iq_i=\left(\beta_0+\sum_{i=1}^p\beta_ix_{ip}\right)\left(1-\beta_0-\sum_{i=1}^p\beta_ix_{ip}\right)$$

(2) 线性回归模型估计的实际概率值很容易在 $\boldsymbol{x}$ 很大或很小时超出 [0,1] 区间.

因此, 一般不直接对 Y 或后验概率 $P(Y=1|\boldsymbol{x})$ 建立模型, 而是对 Y 进行一个变换. Logistic 回归是对后验概率 $P(Y=1|\boldsymbol{x})$ 作 Logit 变换, 然后进行线性建模的方法.

9.3.1 Logistic 回归模型

训练数据: $(\boldsymbol{x}_1,y_1),(\boldsymbol{x}_2,y_2),\cdots,(\boldsymbol{x}_n,y_n)$, n 为样本量, 其中 $\boldsymbol{x}_i \in \mathbb{R}^p$ 为特征向量; $y_i \in (0,1)$ 为分类变量. 当特征变量取值 $\boldsymbol{x}$ 时, $Y=1$ 的概率记为 $P(Y=1|\boldsymbol{x})$, $Y=0$ 的概率为 $1-P(Y=1|\boldsymbol{x})$. 使用 Logit 变换如下: $(0,1) \rightarrow (-\infty,+\infty)$, 有

$$\ln \frac{p}{1-p}$$

Logistic 回归是对后验概率 $P(Y=1|\boldsymbol{x})$ 作 Logit 变换, 建立线性模型:

$$\ln \frac{P(Y=1|\boldsymbol{x})}{1-P(Y=1|\boldsymbol{x})} = \beta_0 + \boldsymbol{\beta}_1^{\mathrm{T}}\boldsymbol{x} \tag{9.12}$$

其中, $\boldsymbol{x}$ 是 p 维观测, $\boldsymbol{\beta}_1 = (\beta_1,\beta_2,\cdots,\beta_p)^{\mathrm{T}}$ 为 p 维列向量.

从式 (9.12) 可以很方便地计算得出 Logistic 回归的判别函数:

$$\ln \frac{P(Y=1|\boldsymbol{x})}{P(Y=0|\boldsymbol{x})} = \beta_0 + \boldsymbol{\beta}_1^{\mathrm{T}}\boldsymbol{x} \tag{9.13}$$

当 $\beta_0 + \boldsymbol{\beta}_1^{\mathrm{T}}\boldsymbol{x} > 0$ 时, $\boldsymbol{x}$ 被分为 1 类, 否则分为 0 类, Logistic 回归的分界面为:

$$\{\boldsymbol{x}: \beta_0 + \boldsymbol{\beta}_1^{\mathrm{T}}\boldsymbol{x} = 0\} \tag{9.14}$$

注意到该分界面是线性的.

从 Logistic 回归模型可以直接得到

$$P(Y=1|\boldsymbol{x}) = \frac{\exp(\beta_0 + \boldsymbol{\beta}_1^{\mathrm{T}}\boldsymbol{x})}{1 + \exp(\beta_0 + \boldsymbol{\beta}_1^{\mathrm{T}}\boldsymbol{x})} \tag{9.15}$$

Logit 变换的好处是, 当 p 接近 1 或 0 时, 一些因素即便有很大变化, 也不可能使 p 有较大变化. 从数学上来看, p 对 $\boldsymbol{x}$ 的变化在 0 和 1 附近不敏感, 这表示对远离分界面的点的分类确定性应该是稳定的, 分到某一类的可能性不应发生较大变化, 而 p 在 0.5 附近变化比较大, 这反映了分界面附近点的不确定性, 这一函数特点与建立稳健决策面算法的设计思想是一致的, 这也是选择 Logit 函数作变换的一个基本理由.

9.3.2 Logistic 回归模型的极大似然估计

Logistic 回归参数的拟合一般采用极大似然估计 (maximum likelihood, ML). 极大似然估计的基本原理是写出待估参数的样本联合分布, 求对数似然函数, 再使对数似然函数最大化, 求解相应的参数估计值. 为此, 考虑 Logistic 回归的似然函数为:

$$L = \prod_{i=1}^{n} P(Y=1|\boldsymbol{x}_i)^{y_i}(1-P(Y=1|\boldsymbol{x}_i))^{1-y_i}, \quad i=1,2,\cdots,n \tag{9.16}$$

取对数化简为对数似然函数:

$$\ln L = \sum_{i=1}^{n} [y_i \ln P(Y=1|\boldsymbol{x}_i) + (1-y_i)\ln(1-P(Y=1|\boldsymbol{x}_i))] \tag{9.17}$$

为使对数似然函数最大, 令导数为零:

$$\frac{\partial \ln L}{\partial \beta_j} = \sum_{i=1}^{n} \boldsymbol{x}_i(y_i - P(Y=1|\boldsymbol{x}_i)) = 0, \quad j = 0, 1, 2, \cdots, p \tag{9.18}$$

以上是 $p+1$ 个有关 β 的非线性方程.

为解式 (9.17), 常用 Newton-Raphson 算法. 这需要二阶导数矩阵:

$$\frac{\partial^2 \ln L}{\partial \boldsymbol{\beta} \partial \boldsymbol{\beta}^{\mathrm{T}}} = \sum_{i=1}^{n} \boldsymbol{x}_i \boldsymbol{x}_i^{\mathrm{T}} P(Y=1|\boldsymbol{x}_i)(1 - P(Y=1|\boldsymbol{x}_i)) \tag{9.19}$$

Newton-Raphson 算法的迭代为

$$\beta^{\mathrm{new}} = \beta^{\mathrm{old}} - \left(\frac{\partial^2 \ln L}{\partial \beta_i \partial \beta_j}\right)^{-1} \frac{\partial \ln L}{\partial \beta}\Big|_{\beta^{\mathrm{old}}} \tag{9.20}$$

式中, $\left(\dfrac{\partial^2 \ln L}{\partial \beta_i \partial \beta_j}\right)$ 是 Jacobi 矩阵. 由式 (9.20) 可以迭代求出 Logistic 回归参数的估计: $\widehat{\beta_0}, \widehat{\beta_1},$ $\widehat{\beta_2}, \cdots, \widehat{\beta_p}$.

9.3.3 Logistic 回归和线性判别函数 LDA 的比较

回顾线性判别函数 LDA, 假设类别变量 $Y \in \{c_1, c_2, \cdots, c_d\}$, c_k 表示第 k 类, c_k 类密度函数假定为正态分布如下:

$$P(\boldsymbol{x}|c_k) = \frac{1}{(2\pi)^p |\boldsymbol{\Sigma}_k|^{1/2}} \exp^{-\frac{1}{2}(\boldsymbol{x}-\boldsymbol{\mu}_k)^{\mathrm{T}} \boldsymbol{\Sigma}_k^{-1}(\boldsymbol{x}-\boldsymbol{\mu}_k)}$$

简单的情形是每类协方差矩阵都相等, $\Sigma_k = \Sigma$, 由贝叶斯公式可以得到判别函数为:

$$\ln \frac{P(c_k|x)}{P(c_l|x)} = \ln \frac{P(c_k)}{P(c_l)} - \frac{1}{2}(\mu_k + \mu_l)^{\mathrm{T}} \Sigma^{-1}(\mu_k - \mu_l) + x^{\mathrm{T}} \Sigma^{-1}(\mu_k - \mu_l)$$

注意到 LDA 的判别函数在 x 上是线性的:

$$\begin{aligned}\ln \frac{P(c_k|x)}{P(c_l|x)} &= \ln \frac{P(c_k)}{P(c_l)} - \frac{1}{2}(\mu_k + \mu_0)\Sigma^{-1}(\mu_k - \mu_0) + x^{\mathrm{T}} \Sigma^{-1}(\mu_k - \mu_0) \\ &= \alpha_{kl0} + \alpha_{kl1}^{\mathrm{T}} x\end{aligned}$$

而 Logistic 回归也可以简化为

$$\ln \frac{P(c_1|x)}{P(c_0|x)} = \beta_0 + \beta_1^{\mathrm{T}} x$$

从形式上看, 在类分布正态和等方差假定下, Logistic 回归和 LDA 判别函数都给出了线性解. 但方差不等的一般情形或非正态分布下, LDA 判别函数则不一定是线性的. 另外, 二者对系数的估计方法是不同的, LDA 是极大化联合似然函数 $p(Y, X)$, 这使得该方法受到联合分布假设的限制; Logistic 回归极大化条件似然 $p(Y|X)$, Logistic 回归没有对类条件密度做更多假定, 从参数估计的过程来看, 有更广泛的适用性.

例 9.2 (数据见 SAheart.txt) 南非心脏病数据收集了 160 名心脏病患者的病历数据, 对照组为没有患心脏病的正常人 302 名, 收集了 10 个相关指标变量, 希望建立患心脏病的关系模型. chd 为目标变量: 是否患有心脏病. 9 个影响变量为: sbp (收缩压), tobacco (累计吸烟量), ldl (低密度脂蛋白), adiposity (肥胖指标), famhist (家族心脏病史), obesity (脂肪指标), alcohol (酒精量), typea (A 型行为), age (年龄). 现在我们在 R 中用 Logistic 回归方法对 462 个观测构成的训练数据建立模型, 估计训练误差率.

```python
import pandas as pd
from sklearn.model_selection import train_test_split
from sklearn.linear_model import LogisticRegression
data=pd.read_table("saheart.txt",sep='\+')# 读取数据
object_to_int="Present":0,"Absent":1
data["famhist1"]=data["famhist"].map(object_to_int)
data.drop(["famhist"],axis=1,inplace=True)
y=data["chd"]
x=data[data.columns.difference(['chd', 'row.names'])]
X_train, X_test, Y_train, Y_test = train_test_split(x,y,train_size=0.8)# 划分数据集和测试集
model = LogisticRegression()# 创建模型
model.fit(X_train, Y_train)# 训练
model.score(X_test, Y_test)
```

```
输出:
0.7204
```

上面的程序中, 我们首先使用 train_test_split 函数将数据集划分为训练集和测试集, 其中, 训练集的比例为 80%, 再调用 sklearn 中的 LogisticRegression 函数建立 Logistic 回归方程, 用训练集拟合模型, 并在测试集上计算模型的预测准确, 此模型的预测准确率为 72.04%.

9.4 k 近邻

近邻是一种分类方法, 基本原理是对一个待分类的数据对象 x, 从训练数据集中找出与之空间距离最近的 k 个点, 取这 k 个点的众数类作为该数据点的类赋给这个新对象. 具体而言, 令训练集收集到数据对 $\mathcal{T} = (x_1, y_1), (x_2, y_2), \cdots, (x_n, y_n)$, $x_i = (x_{i1}, x_{i2}, \cdots, x_{ip})^{\mathrm{T}}$, 令 $\mathcal{D} = \{d_i = d(x_i, x)\}$ 是训练集与 x 的距离, 待分类点 x 的 k 邻域表示为 $N_k(x) = \{x_i \in \mathcal{T}, r(d_i) \leqslant k, i = 1, \cdots, n\}$, $r(\cdot)$ 定义了训练数据与 x 距离的秩. 那么 x 的分类 y 定义为:

$$\widehat{y} = \frac{1}{k} \sum_{y_i \in N_k(x)} y_i$$

我们看到, k 近邻法是在对数据分布没有过多假定的前提下, 建立响应变量 y 与 p 个预测或解释变量 $x = (x_1, x_2, \cdots, x_p)$ 之间的分类函数 $f(x_1, x_2, \cdots, x_p)$. 对 f 唯一的要求是函数应该满足光滑性. 我们注意到, 建立分类的过程与传统的统计函数建立过程有所不同, 并非事先假定数据分布结构, 再通过参数估计过程确定函数, 而是直接针对每个待判点, 根据距离该点最近的训练样本的分类或取值情况做出分类. 因此 k 近邻方法是典型的非参数方法, 也是非线性分类模型的良好选择.

9.4.1　参数选择与维数灾难

k 近邻法最感兴趣的问题是 k 如何选取. 最简单的情况是取 $k=1$, 这样得到的分类模型相当不稳定, 每个点的状态仅由离它最近的点的类别决定. 如果某个观测稍微出现一点偏差, 分类模型就会发生剧烈变化, 对训练数据过于敏感. 提高 k 值, 可以得到较为平滑且方差小的模型, 但过大的 k 将导致取平均的范围过大, 估计的偏差也会随之变大, 预测误差会比较大. 在这里就产生了模型选择中的偏差和方差的平衡问题. 如何在泛化误差未知的情况下估计这个预测误差呢? 这个问题在技术上通常有两种方法. (1) 测试集平衡法: 选定测试集, 将 k 由小变大逐渐递增, 计算测试误差, 制作 k 与测试误差的曲线图, 从中确定使测试误差最小且适中的 k 值. (2) 交叉验证法: 对于较小的数据集, 为了分离出测试集合而减小训练集合是不明智的, 因为最佳的 k 值显然依赖于训练数据集中数据点的个数. 一种有效的策略 (尤其是对于小数据集) 是采用 "留一法" (leaving-one-out) 或交叉验证评分函数替代前面的一次性测试误差来选择 k.

k 近邻法的第二个问题是维数问题, 运用空间距离远近作为训练样本的影响因子的最大问题在于维数灾难. 增加变量的维数, 会使数据变得越来越稀疏, 这会导致每一点附近的真实密度估计出现较大偏差, k 近邻法更适用于低维的问题.

另外, 不同的测量尺度也会极大地影响分类模型, 因为距离的计算中那些尺度较大的变量会较尺度较小的变量更容易对分类结果产生重要影响, 所以一般在运用 k 近邻法之前对所有变量实行标准化.

9.4.2　k 近邻与线性模型之间的比较

线性回归是典型的参数建模方式, 它将函数 $f(X)$ 假设为线性函数形式. 参数方法的优点是需要估计的系数较少, 易于拟合, 解释性高, 与统计显著性检验高度契合. 参数方法的不足是: 在建立模型的过程中对 $f(X)$ 的形式有很强的假设, 比如样本正态性假设、独立、方差齐性等, 而实际的数据可能不满足线性回归的基本假设, 指定的函数形式无法适用于数据的变化, 这样参数方法必然效果不佳. 如果假设自变量与响应变量之间是线性关系, 但真实关系是非线性的, 那么线性回归模型对数据的拟合将会很差, 基于这些模型的结果预测都值得怀疑.

与此相反, k 近邻法并不明确假设一个参数化的形式 $f(X)$, 这样就可以对应于非线性问题. 也就是说, 如果选定的参数形式接近 f 的真实形式, 则参数方法更优. 另外, 如果变量比较多, 线性回归的效果一般会优于 k 近邻. 事实上, 维度的增加只给线性回归的拟合优度带来很小的负面影响, 但 k 近邻的拟合优度会极度恶化. k 近邻的预测效果随着输入变量维数的增加而变差, 这是著名的 k 近邻 "维数灾难" 问题.

例 9.3　对鸢尾花数据应用 Sepal.Length, Setal.Width 两个输入变量, 用 Python 中的 KNeighborsClassifier 函数构造分类模型, 并计算训练分类错误率, 示范程序如下:

```
from sklearn import datasets
from sklearn.model_selection import train_test_split
from sklearn.neighbors import KNeighborsClassifier
from sklearn.preprocessing import scale
iris=datasets.load_iris() # 获取 iris 数据集
iris # 以数组的形式排列 data:X,target:y
X=scale(iris.data[:,2:]) # 选取'petal length (cm)','petal width (cm)' 两列, 并对数据进行标准化
```

```
y=iris.target
♯ 划分训练集和测试集
X_train,X_test, y_train, y_test =train_test_split(X,y,test_size=0.2, random_state=0,stratify=y)
♯80% 作为训练集, 20% 作为测试集
♯ 建立模型
model=KNeighborsClassifier(n_neighbors=6,weights='uniform',metric='minkowski',
                           algorithm='auto')♯K=6, 距离为欧氏距离
model.fit(X_train,y_train)
error=1-model.score(X_test,y_test)
error
```

```
输出:
0.0333
```

本例中, KNeighborsClassifier 函数使用的是欧氏距离, 可以设定不同的 k, 默认时 $k = 1$. 本例中, 输出训练误差在 0.033 左右.

9.5 决策树

9.5.1 决策树的基本概念

决策树 (decision tree) 是一种树状分类结构模型. 它是一种通过变量值拆分建立分类规则, 又利用树形图分割形成概念路径的数据分析技术. 决策树的基本思想中有两个关键步骤: 第一步对特征空间按变量对分类效果影响大小进行变量和变量值选择; 第二步用选出的变量和变量值对数据区域进行矩形划分, 在不同的划分区间进行效果和模型复杂性比较, 从而确定最合适的划分, 分类结果由最终划分区域优势类确定. 决策树主要用于分类, 也可用于回归, 与分类的主要差异在于选择变量的标准不是分类的效果而是预测误差.

20 世纪 60 年代, 两位社会学家摩根 (Morgan) 及松奎斯特 (Sonquist) 在密歇根大学 (University of Michigan) 社会科学研究所开发了 AID (Automatic Interaction Detection) 程序, 这可以看成是决策树的早期萌芽. 1973 年利奥·布雷曼 (Leo Breiman) 和弗雷德曼 (J. Friedman) 独立将决策树方法用于分类问题研究. 70 年代末, 机器学习研究者昆兰 (J. R. Quinlan) 开发出决策树 ID3 算法, 提出用信息论中的信息增益 (information gain) 作为决策树属性拆分节点的选择, 从而产生分类结构的程序. 80 年代以后决策树发展飞快, 1984 年利奥·布雷曼将决策树的想法整理成 CART (Classification And Regression Trees) 算法; 1986 年, 施林纳 (J. C. Schlinner) 提出 ID4 算法; 1988 年, 托戈夫 (P. E. U. Tgoff) 提出 ID5R 算法; 1993 年, 昆兰在 ID3 算法的基础上研发出 C4.5, C5.0 系列算法. 这些算法标志着决策树算法家族的诞生.

这些算法的基本设计思想是通过递归算法将数据拆分成一系列矩形区隔. 建立区隔形成概念的过程以树的形式展现. 树的根节点显示在树的最上端, 表示关键拆分节点, 下面依次与其他节点通过分枝相连, 形成一幅 "提问–判断–提问" 的树形分类路线图. 决策树的节点有两类: 分枝节点和叶节点. 分枝节点的作用是对某一属性的取值提问, 根据不同的判断, 转向不同的分枝, 最终到达没有分枝的叶节点. 叶节点上表示相应的类别. 由于决策树采用一系列简单的查询方式, 一旦建立树模型, 以树模型中选出的属性重新建立索引, 就可以用结构化查询语言 SQL 执行高效的查询决策, 这使得决策树迅速成为联机分析 (OLAP) 中

重要的分类技术. 昆兰 (Quinlan) 开发的 C4.5 是第二代决策树算法的代表, 它要求每个拆分节点仅由两个分枝构成, 从而避免了属性选择的不平等问题.

最佳拆分属性的判断是决策树算法设计的核心环节. 拆分节点属性和拆分位置的选择应遵循数据分类 "不纯度" 减少最大的原则, 度量信息 "不纯度" 的常用方法有三种. 以下以离散变量为例定义节点信息. 假设节点 G 处待分的数据一共有 k 类, 记为 $c_1, c_2, \cdots, c_k$, 那么 G 处的信息 $I(G)$ 可以如下定义.

(1) 熵不纯度: $I(G) = -\sum_{j=1}^{k} p(c_j) \ln(p(c_j))$, 其中 $p(c_j)$ 表示节点 G 处属于 c_j 类样本数占总样本的频数. 如果离散变量 $X \in \{x_1, \cdots, x_i, \cdots\}$, 用 $X = x$ 拆分节点 G, 则定义信息增益 $I(G|X = x)$ 为:

$$I(G|X = x) = -\sum_{j=1}^{k} p(c_j|x) \ln(p(c_j|x))$$

拆分变量 X 对节点 G 的信息增益 $I(G|X)$ 定义为:

$$I(G|X) = -\sum_{X \in \{x_1, \cdots, x_i, \cdots\}} \sum_{j=1}^{k} p(c_j, x_i) \ln(p(c_j|x_i))$$

(2) GINI 不纯度: $I(G) = -\sum_{j=1}^{k} p(c_j)(1 - p(c_j))$, 它表示节点 G 类别的总分散度. 拆分变量任意点拆分的信息和拆分变量的信息度量与熵的定义类似.

(3) 分类异众比: $I(G) = 1 - \max(p(c_j))$, 表示节点 G 处分类的散度. 拆分变量任意点拆分的信息和拆分变量的信息度量与熵的定义类似.

拆分变量和拆分点的选择是使得 $I(G)$ 改变最大的方向, 如果 s 是由拆分变量定义的划分, 那么

$$s^* = \operatorname{argmax}(I(G) - I(G|s))$$

其中, s^* 为最优的拆分变量定义的拆分区域.

以上定义的三种信息度量从不同角度测量了类别变量的分散程度. 当类别分散程度较大时, 意味着信息大, 类别不确定性较高, 需要对数据进行划分. 划分应该降低不确定性, 也就是划分后的信息应该显著低于划分前, 不确定性应减弱, 确定性应增强. 以两类和熵信息度量为例, $I(G) = -p_1 \ln p_1 - (1 - p_1) \ln(1 - p_1)$, 在 $p_1 = 0.5$ 处达到最大值, 这是两类势均力敌的情况, 体现了最大的不确定性. $p_1 = 0$ 或 $p_1 = 1$ 处只有一类, $I(G) = 0$ 体现了类别的确定性. 于是 $I(G)$ 度量了信息的大小, 通过 $I(G)$ 和条件信息 $I(G|X)$ 可以测量信息的变动, 因此可以通过这些信息量作为划分的依据.

有了信息定义之后, 可以根据变量对条件信息的影响大小选择拆分变量和变量值.

(1) 对于连续变量, 将取值从小到大排序, 令每个值作为候选分割阈值, 反复计算不同情况下树分枝所形成的子节点的条件不纯度, 最终选择使不纯度下降最快的变量值作为分割阈值.

(2) 对于离散变量, 各分类水平依次划分成两个分类水平, 反复计算不同情况下树分枝所形成的子节点的条件不纯度, 最终选择不纯度下降最快的分类值作为分割阈值.

最后判断分枝结果是否达到了不纯度的要求或是否满足迭代停止的条件, 如果没有则再次迭代, 直至结束.

9.5.2 CART

CART 算法又称为分类回归树, 当目标变量是分类变量时, 则为分类树, 当目标变量是定量变量时, 则为回归树. 它以迭代的方式, 从树根开始反复建立二叉树. 考虑一个具有两类的因变量 Y 和两个特征变量 X_1, X_2 的数据. CART 每次选择一个特征变量把区域划分为两个半平面如 $X_1 \leqslant t_1$, $X_1 > t_1$. 经过不断划分之后, 特征空间被划分为矩状区域 (形状是一个盒子), 如图 9-4 所示. 将待预测点 x 预测为包含它的最小矩形区域上的类.

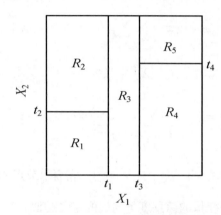

图 9-4 CART 对数据的划分

现在较为详细地给出 CART 算法的拆分方法, 考虑拆分变量 j 和拆分点 s, 定义一组半平面:

$$R_1(j,s) = \{X|X_j \leqslant s\}, \qquad R_2(j,s) = \{X|X_j > s\}$$

令划分后的每一块区域纯度最大化, 不纯度最小化, 求出分类变量 j 和分裂点 s:

$$\min_j \left(\min_{x_i \in R_1(j,s)} \sum_{k=1}^{K} p_{m_k}(1 - p_{m_k}) + \min_{x_i \in R_2(j,s)} \sum_{k=1}^{K} p_{m_k}(1 - p_{m_k}) \right)$$

找到最好的拆分后, 将数据划分为两个结果区域, 对每个区域重复拆分过程.

最后将空间划分为 M 个区域 $R_1, R_2, \cdots, R_M$, 区域 R_m 对应势最大的类 c_m, 该 CART 预测模型为:

$$\widehat{f}(\boldsymbol{x}) = \sum_{i=1}^{M} c_m I(x \in R_i) \tag{9.21}$$

这里, CART 使用了 GINI 信息度量方法选择变量.

9.5.3 决策树的剪枝

由以上决策树的生成过程看, 分类决策树可以通过深入拆分实现对训练数据的完整分类, 如果无限制拆分下去而没有停止规则, 就会得到对训练数据完整拆分的结果, 这样的模型无法较好地适用于新数据, 这种现象称为模型的过度拟合. 过细的拆分树也不能较好地捕捉到重要的分布的结构特征. 这就需要将决策树剪掉一些枝节, 避免决策树过于复杂, 从而增强决策树对未知数据的适应能力, 这个过程称为剪枝 (pruning). 剪枝是决策树学习算法处理 "过拟合" 的主要手段, 当决策树分枝过多, 就会把训练集自身的一些特点当做所有数据中都具有的一般性质而导致过拟合.

剪枝一般分为 "预剪枝" 和 "后剪枝". "预剪枝" 是指在决策树生成过程中, 对每个节点在划分前先通过验证数据进行评估, 若当前节点的划分不能带来决策树泛化性能提升, 则阻止本次划分并将当前节点标记为叶节点. "预剪枝" 拆分的一个缺点是: 如果在树生成的早期运用此策略, 可能会导致一些深藏于不值得拆分位置的规律较早地被禁止.

CART 算法采用的是另一种称为 "后剪枝" 的策略, 首先生成一棵较大的树 T_0 或完整的树, 然后自底向上对非叶节点通过验证数据进行考察, 若将该节点对应的子树替换为叶节点能带来决策树泛化性能的提升, 则将该子树替换为叶节点, 这个方法也称为树的 "复杂性代价剪枝法", 如下所示.

定义子树 $T \subset T_0$ 是待剪枝的树, 用 m 表示 T 的第 m 个叶节点, $|\tilde{T}|$ 表示子树 T 的叶节点数, R_m 表示叶节点 m 处的划分, n_m 表示 R_m 的数据量. 用 $|T|$ 代表树 T 中端节点的个数.

对子树 T 定义复杂性代价测度:

$$R_\alpha(T) = \sum_{m=1}^{|\tilde{T}|} n_m \text{GINI}(R_m) + \alpha|\tilde{T}|$$

叶节点的整体不确定性越强, 表示该树过于复杂. 对每个保留的树 $T_\alpha \subset T_0$ 应使 $R_\alpha(T)$ 最小化. 显然, 较大的树比较复杂, 拟合优度好但适应性差, 较小的树简约, 拟合优度差, 但适应性好. 参数 $\alpha \geqslant 0$ 的作用是在树的大小和树对数据的拟合优度之间折中, α 的估计一般通过五折或十折交叉验证实现.

9.5.4　回归树

CART 的回归树和分类树的不同在于: 搜索分裂变量 j 和分裂点 s 时求解

$$\min_{j,s} \left(\min_{c_1} \sum_{x_i \in R_1(j,s)} p_{m_k}(1-p_{m_k}) + \min_{c_2} \sum_{x_i \in R_2(j,s)} p_{m_k}(1-p_{m_k}) \right)$$

其中, c_1, c_2 用下式估计:

$$\widehat{c_1} = \text{avg}\{y_i|x_i \in R_1(j,s)\}, \widehat{c_2} = \text{avg}\{y_i|x_i \in R_2(j,s)\}$$

目的是使平方和 $\sum_i (y_i - f(x_i))^2$ 最小.

9.5.5　决策树的特点

一般认为, 决策树有以下优点:

(1) 决策树不固定模型结构, 适用于非线性分类问题;

(2) 决策树给出完整的规则表达式, 概念清晰, 容易解释;

(3) 决策树可以选择出构成概念的重要因素;

(4) 决策树给出了影响概念重要因素的影响序, 一般距离根节点近的变量比距离根节点远的变量对概念的影响大;

(5) 决策树适用于各种类型的预测变量, 当数据量很大时, 变量中如存在个别离群点, 一般不会对决策树整体结构造成太大影响.

决策树主要的不足是树的不稳定性. 造成决策树不稳定的根源是分层迭代的算法本质: 顶层分裂中的错误影响将被传播到下层的所有分裂. 由于树的拆分完全依赖每个点的空间位置, 如果位于拆分边界点上的点发生较小变化, 则可能导致一系列完全不同的拆分, 从而建立完全不同的树. 要想在建立树之前评估每一点对树稳定性的影响又不是很容易, 这些问题都导致决策树可能有较大方差. 另外, 决策树仅考虑矩形划分, 显然只适用于预测变量无关的情形, 当预测变量之间有显著的相关关系时, 决策树更容易陷入局部最优循环, 破坏了树的直观性. 另外, 决策树的 "后剪枝" 常常过于保守, 避免复杂树并不总是很有效. 尽管如此, 决策树作为从大规模数据中探索未知概念的代表, 是在未知特征影响形式的前提下, 探索创建用特征表示概念的算法代表, 决策树因此成为数据挖掘的典型技术而得到广泛探讨和应用.

例 9.4 (数据见 Carseats.xls) Carseats 是 ISLR 包里的数据, 该案例来自《统计学习导论》(G. James, D. Witten, T. Hastie, R. Tibshirani, 王星译), 其中有 400 家位于不同地区的不同商店的儿童汽车座椅销售的模拟数据集, 该数据集的主要影响因素名称和数据集中的取值情况如表 9–1 所示.

表 9-1　儿童座椅销售量影响因素列表

序号	中文名称	英文简称	单位	作用
1.	每千人销售量	Sales	–	响应变量
2.	当地平价	CompPrice	千美元	输入变量
3.	当地收入水平	Income	千美元	输入变量
4.	广告支出	Advertising	千美元	输入变量
5.	当地人口规模	Population	千人	输入变量
6.	平均年龄	Age	岁	输入变量
7.	平均价格	Price	–	输入变量
8.	货架位置	ShelveLoc	三值输入变量: 优 (Good), 一般 (Medium) 或角落 (Bad)	输入变量
9.	年龄	Age	岁	输入变量
10.	教育水平	Education	年	输入变量
11.	城乡类型	Urban	二值变量: 城市 (Yes)或乡村 (No)	输入变量
12.	美国境内	US	二值变量: 是 (Yes)或否 (No)	输入变量

响应变量销售量 (Sales) 是一个连续变量, 首先根据销量是否大于 8 将其设置为二元变量. 用 if-else 语句创建一个变量 y, 若销量的值大于 8, 变量 y 取值为 Yes, 否则取值为 No. 用函数 train_test_split 将数据集划分为测试集和训练集, 其中训练集和测试集各占 50%. 使用 sklearn 库里的函数 DecisionTreeClassifier 建立分类树, 并输出模型的预测准确率.

Python 程序如下: 决策树

```
import warnings
warnings.filterwarnings("ignore")
import pandas as pd
from sklearn import tree
from sklearn.tree import DecisionTreeClassifier
from sklearn.model_selection import train_test_split
from sklearn.preprocessing import LabelEncoder,OrdinalEncoder
from sklearn.linear_model import LogisticRegression
df=pd.read_csv('Carseats.csv')
for i in range(len(df)):
    if df.Sales[i] > 8:
        df.Sales[i]='Yes'
    else:
        df.Sales[i]='NO'
y=df.Sales
x=df.drop(columns=['Sales'])
x.loc[x.ShelveLoc == 'Medium', 'ShelveLoc'] = 0
x.loc[x.ShelveLoc == 'Bad', 'ShelveLoc'] = 1
x.loc[x.ShelveLoc == 'Good', 'ShelveLoc'] = 2
x.loc[x.Urban == 'Yes', 'Urban'] = 0
x.loc[x.Urban == 'No', 'Urban'] = 1
x.loc[x.US == 'Yes', 'US'] = 0
x.loc[x.US == 'No', 'US'] = 1
# 划分训练集和测试集
X_train, X_test, Y_train, Y_test = train_test_split(x,y,random_state=0,train_size=0.5)# 划分数据集和测试集
model1=DecisionTreeClassifier(random_state=0,max_depth=10)
model1.fit(X_train,Y_train)
print(model1.score(X_test,Y_test))# 预测准确率
tree.plot_tree(model1)
```

```
输出:
0.74
```

从输出结果看测试准确率是 74%. 用函数 plot_tree() 显示树的结构, 得到图 9-5.

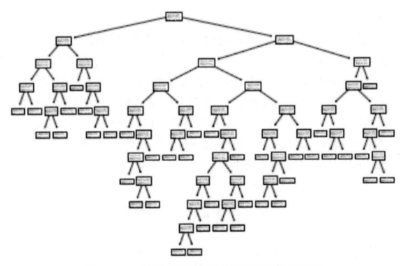

图 9-5　儿童座椅销售量的影响因素的树形图

接下来, 考虑剪枝能否改进预测结果. 设置最大树深为 6, 降低树的复杂性, 得到新的决策树 (见图 9-6), Python 程序和输出结果如下所示:

```
model2=DecisionTreeClassifier(random_state=0,max_depth=6)
model2.fit(X_train,Y_train)
print(model2.score(X_test,Y_test))# 预测准确率
tree.plot_tree(model2)
```

```
输出:
0.75
```

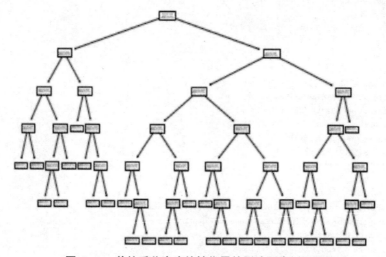

图 9-6 剪枝后儿童座椅销售量的影响因素树形图

可以发现, 降低模型的复杂度后, 预测准确率反而提升了.

9.6 Boosting

9.6.1 Boosting 提升方法

实际中, 数据中常常有复杂的异质性结构, 用一个模型结构反映出所有的异质性常常是不现实的, 即便一个模型可以完成全能性的任务, 但难免不出现过度拟合. 组合模型是一个思路, 它的基本原理是: 用现成的方法建立一些精度不高的弱分类器或回归, 将这些效果粗糙的模型组合起来, 集合成一个整体分类系统, 达到改善整体模型性能的效果. Boosting 是这种思想的一个代表, Boosting 的操作对象是误差率只比随机猜测略好一点的弱分类器, Boosting 设计算法反复调整误判数据的权重, 依次产生一个个弱分类器序列: $h_m(\boldsymbol{x}), m = 1, 2, \cdots, M$. 最后用投票方法 (voting) 产生最终预测模型:

$$h(\boldsymbol{x}) = \mathrm{sign}\left(\sum_{m=1}^{M} \alpha_m h_m(\boldsymbol{x})\right) \tag{9.22}$$

式中, α_m 为相应弱分类器 $h_m(\boldsymbol{x})$ 的权重. 赋予分类效果较好的分类器以相应较大的权重. 经验和理论都表明, Boosting 算法能够显著提升弱分类器的性能.

9.6.2 AdaBoost.M1 算法

基本的 Boosting 思想有很多变形. AdaBoost 算法是 Boosting 家族最具代表性的算法, 在 AdaBoost 算法的基础之上又出现了更多的 Boosting 算法, 如 GlmBoost, Gbm-Boost, GBDT 和 XGBoost 等. AdaBoost.M1 算法是比较流行的方法之一, 它的主要功能是做分类, AdaBoost 最早由弗伦德 (Freund) 和夏皮雷 (Schapire) 于 1995 年提出. 下面我们以二分类为例, $(\boldsymbol{x}_1,y_1),(\boldsymbol{x}_2,y_2),\cdots,(\boldsymbol{x}_n,y_n), \boldsymbol{x}_i \in \mathbb{R}^d, y_i \in \{+1,-1\}$ 是训练数据, $W_t(i)$ 表示第 t 次迭代时样本的权重分布, 给出 AdaBoost.M1 算法.

(1) 输入训练数据: $(\boldsymbol{x}_1,y_1),(\boldsymbol{x}_2,y_2),\cdots,(\boldsymbol{x}_n,y_n)$.

(2) 初始化: $W_1 = \{W_1(i) = 1/n, i = 1,2,\cdots,n\}$.

(3) For $t = 1,2,\cdots,T$.

① 在 W_t 下训练, 得到弱学习器 $h_t : X \mapsto \{-1,+1\}$.

② 计算分类器的误差: $E_t = \dfrac{1}{n}\sum W_t(i)I(h_t(\boldsymbol{x}_i) \neq y_i)$.

③ 计算分类器的权重: $\alpha_t = \dfrac{1}{2}\ln[(1-E_t)/E_t]$.

④ 更改训练样本的权重: $W_{t+1}(i) = W_t(i)\mathrm{e}^{-\alpha_t y_i h_t(\boldsymbol{x}_i)}/Z_t$.

(4) 输出: $H(\boldsymbol{x}) = \mathrm{sign}\left(\sum\limits_{t=1}^{T}\alpha_t h_t(\boldsymbol{x})\right)$.

Z_t 为归一化因子, 保证样本服从一个分布. 除非个别问题, 大部分情况下, 只要每个分量 $h_t(\boldsymbol{x})$ 都是弱学习器, 那么当迭代次数 T 充分大, 组合分类器 $g(\boldsymbol{x})$ 的训练误差可以任意小, 即有

$$E = \prod_{t=1}^{T}\left[2\sqrt{E_t(1-E_t)}\right] = \prod_{t=1}^{T}\sqrt{1-4G_t^2} \leqslant \exp\left(-2\sum_{t=1}^{T}G_t^2\right) \tag{9.23}$$

其中, $E_t = \dfrac{1}{2} - G_t$.

从算法中我们看到, AdaBoost 首先为训练集指定分布为 $\dfrac{1}{n}$, 这表示最初的训练集中, 每个训练样例的权重都一致地等于 $\dfrac{1}{n}$. 调用弱学习算法进行 T 次迭代, 每次迭代后, 按照训练样例在分类中的效果进行分布调整: 训练失败的样例赋予较大的权重, 为训练正确的样例赋予较小的权重, 使得下一个分类器更关注那些错分样例, 也就是令学习算法对比较难的训练样例进行有针对性的学习. 这样, 每次迭代都能产生一个新的预测函数, 这些预测函数形成序列 $h_1,h_2,\cdots,h_T$, 每个预测函数可能针对不同的样本点. 每个预测函数 h_t 根据它对训练整体样例的贡献赋予不同的权重, 如果函数整体预测效果好, 误判概率较低, 则赋予较大权重. 经过 T 次迭代后, 使用分类问题的组合预测函数 $H(\boldsymbol{x})$ 做决策. 这相当于对各分量预测函数加权平均投票决定最终的结果, 回归是相似的.

使用 AdaBoost 方法之后, 可以将学习准确率不高的单个弱学习器提升为准确率较高的最终预测函数结果. 图 9-7 给出了 AdaBoost 算法的过程.

Boosting 算法自产生后受到人们广泛关注. 在实际应用中, 人们不需要将所有的精力都集中在开发一个预测精度很高的算法上, 而只需找到一个比随机猜测略好的弱学习算法, 通

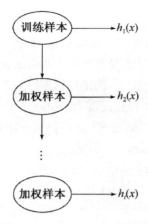

图 9-7　AdaBoost 示意图

过选择合适的迭代次数, 将弱学习算法提升为强学习算法, 不仅提高了预测精度, 而且有利于解释不同的样本点主要是从哪些分类器中产生的. 利奥·布雷曼将基于树分类器的 Boosting 算法称为世界上最好的现成的分类器, 不需要为了建立一个全新的模型而费力从头开始清理数据, 因为摆在面前的现实困难是很难决定哪些数据需要进行怎样的清洗, 但是如果一些数据和正常数据显著不同, 那么这些数据就会在专有的学习器中获得重视, 这将有助于更有效地把握主流信息.

　　Boosting 算法的缺陷在于它的迭代速度较慢 (当迭代次数较多, 数据量较大时, 会占用较长时间). Boosting 生成的组合模型在一定程度上依赖于训练数据和弱学习器的选择, 训练数据不充足或者弱学习器太 "弱" 时, 其训练精度提高缓慢. 另外, Boosting 还易受到噪声数据的影响, 这是因为它可能为噪声数据分配较大权重, 使得对噪声的拟合成为提升预测优度的主要努力方向.

例 9.5　乳腺癌数据 (BreastCancer) 有 699 个观测, 11 个变量. 目标是判别第 11 个变量 (乳腺癌) 良性 (benign) 还是恶性 (malignant). 其他预测变量有: Cell.size (肿块大小), Cell.shape (肿块形状), Bare.nuclei (肿块中核个数), Normal.nucleoli (正常的核仁个数) 等.

　　我们先用 Bootstrap 方法在乳腺癌数据中分离出训练集和测试集. 在训练集上, 用 AdaBoost 方法建立判断乳腺癌是否良性的分类器, 用测试集检验分类器的误差. 以下是在乳腺癌数据上应用 AdaBoost 方法的 R 程序:

```
import numpy as np
from sklearn import datasets
from sklearn.ensemble import AdaBoostClassifier
breast=datasets.load_breast_cancer()
X=breast.data
y=breast.target
# 用 Bootstrap 方法划分测试集和训练集
a=list(range(len(X)))
b=list(set(np.random.choice(a,len(a),replace=True).tolist()))
for i in range(len(b)):
    a.remove(b[i])
```

```
X_train=X[b,:]
X_test=X[a,:]
y_train=y[b]
y_test=y[a]
model=AdaBoostClassifier()
model.fit(X_train,y_train)
error=1-model.score(X_test,y_test)
print(' 分类错误率: ',error)
```

```
输出:
分类错误率: 0.0521
```

程序中的抽样方法采用有放回抽样再消除重复数据的方法, 可能得到 63% 左右的训练数据和 37% 左右的测试数据. 当然这种方法也可以用不重复抽样的方法替代.

图 9-8 是 AdaBoost 迭代次数为 10, 20, 30, · · · , 100 次时的测试误差, 注意到分类器的测试误差随着迭代次数的增加有明显下降. 这一现象是 Boosting 可以在一定程度上避免过度拟合的具体体现.

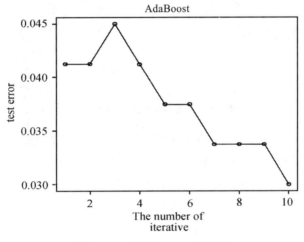

图 9-8　AdaBoost 效果图

9.7　支持向量机

支持向量机 (support vector machine, SVM) 是寻找稳健分类模型的一种代表性技术. 支持向量机的思想最早在 1936 年费歇尔 (Fisher) 构造判别函数时就已经显露出来, 其构造的两组数据之间的判别模型是过两个集合中心位置的中垂线, 中垂线体现的就是稳健模型的思想. 1974 年万普尼克 (Vapnik) 和泽范兰杰斯 (Chervonenkis) 建立了统计学习理论, 比较正式地提出结构风险建模的思想, 这种思想认为稳健预测模型的建立可以通过设计结构风险不断降低的算法建模过程实现, 该过程以搜索到结构风险最小为目的. 20 世纪 90 年代弗拉基米尔 · 万普尼克 (Vladimir N. Vapnik) 基于小样本学习问题正式提出支持向量机的概念.

除了稳健性的概念以外, 使用核函数解决非线性问题是 SVM 另一个吸引人的地方, 即将低维空间映射到高维空间, 在高维空间构造线性边界, 再还原到低维空间, 从而解决非线性边界问题.

9.7.1 最大分类间隔

首先考虑最简单的情况: 数据线性可分的两分类问题. 训练数据为 n 个对: $(\boldsymbol{x}_1, y_1)$, $(\boldsymbol{x}_2, y_2), \cdots, (\boldsymbol{x}_n, y_n)$, 其中 $\boldsymbol{x}_i \in \mathbb{R}^p$ 为特征变量, $y_i \in \{-1, +1\}$ 为因变量.

图 9-9 给出了一组二维两类数据的训练集, 实心点和空心点表示两个不同的类. 该数据集是线性可分的, 因为可以绘制一条直线将 $+1$ 的类和 -1 的类分开. 显然该图上这样的直线可以有很多条. 自然产生一个问题, 即哪一条最好, 是否存在一条直线能把数据中不同的类别分开, 当面对新数据时适应性最好, 如果存在, 如何找到. 如果特征变量超过二维, 则要寻找的是最佳超平面.

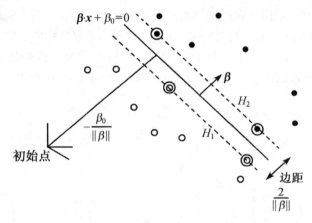

图 9-9   支持向量机二维示意图

要找出最佳超平面, 首先要给出衡量超平面 "好坏" 的标准. 把超平面同时向两侧平行移动, 直到两侧分别遇到各自在训练集上第一个点停下, 这两个点是距离超平面最近的两个点, 这时两个已移动的超平面之间的距离定义为分类间隔 (margin). 支持向量机算法搜索的最佳超平面就是具有最大间隔的超平面. 直觉上, 具有最大间隔的超平面有更强的适应能力, 更稳健.

下面给出超平面的定义:

$$\{\boldsymbol{x} : f(\boldsymbol{x}) = \boldsymbol{x}^{\mathrm{T}}\boldsymbol{\beta} + \beta_0 = 0\} \tag{9.24}$$

其中, $\boldsymbol{\beta}$ 为单位向量. 由 $f(\boldsymbol{x})$ 导出的分类规则也称判决函数:

$$G(\boldsymbol{x}) = \operatorname{sign}(\boldsymbol{x}^{\mathrm{T}}\boldsymbol{\beta} + \beta_0) \tag{9.25}$$

可以看到如果点 $\boldsymbol{x}_i$ 满足 $\boldsymbol{x}_i^{\mathrm{T}}\boldsymbol{\beta} + \beta_0 > 0$, 则 $G(\boldsymbol{x})$ 把 $\boldsymbol{x}_i$ 分为 $+1$ 类, 否则分为 -1 类. 通过判决函数 $G(\boldsymbol{x})$ 可以计算出该定义下超平面的间隔为 $m = \boldsymbol{\beta}^{\mathrm{T}}(\boldsymbol{x}_i - \boldsymbol{x}_j)$. $\boldsymbol{x}_i, \boldsymbol{x}_j$ 为超平面向两侧平移最先相交的点.

由于类是可分的, 调整 $\boldsymbol{\beta}$ 和 β_0 的值, 使得对任意的 i 有: $y_i f(\boldsymbol{x}_i) > 0$. 要找到在类 $+1$ 和类 -1 的训练点之间产生最大间隔的超平面, 相当于解最优化问题:

$$\max_{\boldsymbol{\beta}, \beta_0, ||\boldsymbol{\beta}||=1} m$$
$$\text{s.t. } y_i(\boldsymbol{x}_i^{\mathrm{T}}\boldsymbol{\beta} + \beta_0) \geqslant m, \quad i = 1, 2, \cdots, n \tag{9.26}$$

这相当于寻找将所有点分得最开的最大间隔所对应的超平面, 间隔为 $2m$. 注意到其实距离并非本质, 距离由超平面的法线决定, 于是归一化间隔后, 式 (9.26) 的最优化问题等价于

$$\max_{\boldsymbol{\beta}, \beta_0} \frac{1}{||\beta||} \tag{9.27}$$
$$\text{s.t.} \quad y_i(\boldsymbol{x}_i^{\mathrm{T}} \boldsymbol{\beta} + \beta_0) \geqslant 1, \quad i = 1, 2, \cdots, n$$

相应的间隔为 $m = 2/||\beta||^2$.

实际中更为常见的是, 特征空间上存在个别的点不能用超平面分开, 这是训练集线性不可分的情况. 处理这类问题的一种办法仍然是极大化分类间隔, 但允许某些点在间隔的错误侧. 此时, 定义松弛变量 $\boldsymbol{\xi} = (\xi_1, \xi_2, \cdots, \xi_n)$, 将约束 (9.26) 改写为

$$\text{s.t.} \quad y_i(\boldsymbol{x}_i^{\mathrm{T}} \boldsymbol{\beta} + \beta_0) \geqslant C(1 - \xi_i), \quad i = 1, 2, \cdots, n$$

对于两间隔之间的点 $\xi_i > 0$, 两间隔外的点 $\xi_i = 0$, 间隔之外错分的点 $\xi_i > 1$, 用约束

$$\sum_i \xi_i \leqslant 常量 C$$

可以限制错分点的个数.

在不可分情况下, 最优化问题变为:

$$\min_{\boldsymbol{\beta}, \beta_0, \boldsymbol{\xi}} \quad ||\boldsymbol{\beta}|| + C \sum_{i=1}^{n} \xi_i$$
$$\text{s.t.} \quad y_i(\boldsymbol{x}_i^{\mathrm{T}} \boldsymbol{\beta} + \beta_0) \geqslant 1 - \xi_i \tag{9.28}$$
$$\xi_i \geqslant 0, i = 1, 2, \cdots, n$$

支持向量机的解可以通过最优化问题来解决.

9.7.2 支持向量机问题的求解

首先注意到最优化问题 (9.27) 等价于下式:

$$\min_{\boldsymbol{\beta}, \beta_0} \quad \frac{1}{2}||\boldsymbol{\beta}||^2 + \gamma \sum_{i=1}^{n} \xi_i \tag{9.29}$$
$$\text{s.t.} \quad 1 - \xi_i - y_i(\boldsymbol{x}_i^{\mathrm{T}} \boldsymbol{\beta} + \beta_0) \leqslant 0, \quad \xi_i \geqslant 0, \forall i = 1, 2, \cdots, n$$

γ 与常量 C 的作用是一样的. 式 (9.26) 的最优化问题可以转化为相应的 Lagrange 函数的极值问题, 其 Lagrange 函数问题为:

$$\mathcal{L}(\boldsymbol{\beta}, \beta_0, \boldsymbol{\alpha}, \boldsymbol{\xi}) = \frac{1}{2}\boldsymbol{\beta}^{\mathrm{T}}\boldsymbol{\beta} + \gamma \sum_{i=1}^{n} \xi_i - \sum_{i=1}^{n} \alpha_i[y_i(\boldsymbol{x}_i^{\mathrm{T}} \boldsymbol{\beta} + \beta_0) - (1 - \xi_i)] - \sum_{i=1}^{n} \mu_i \xi_i \tag{9.30}$$

Lagrange 函数的极值问题等价于具有线性不等式约束的二次凸最优化问题, 我们使用 Lagrange 乘子来描述一个二次规划解.

初始化问题 (9.29) 重写为:

$$\min_{\boldsymbol{\beta}} \max_{\alpha_i \geqslant 0, \beta_0, \xi_i \geqslant 0} \mathcal{L}(\boldsymbol{\beta}, \beta_0, \boldsymbol{\alpha}, \boldsymbol{\xi}) \tag{9.31}$$

式 (9.31) 的对偶问题为:

$$\max_{\alpha_i \geqslant 0, \xi_i \geqslant 0} \min_{\beta_0, \boldsymbol{\beta}} \mathcal{L}(\boldsymbol{\beta}, \beta_0, \boldsymbol{\alpha}, \boldsymbol{\xi}) \tag{9.32}$$

要使 $\mathcal{L}$ 最小, 需要 $\mathcal{L}$ 对 $\boldsymbol{\beta}$, β_0, ξ_i 的导数为零:

$$\boldsymbol{\beta} - \sum_{i=1}^n \alpha_i y_i \boldsymbol{x}_i = \boldsymbol{0} \tag{9.33}$$

$$\sum_{i=1}^n \alpha_i y_i = 0 \tag{9.34}$$

$$\alpha_i = \gamma - \mu_i, \quad \forall i = 1, 2, \cdots, n \tag{9.35}$$

注意: $\alpha_i, \mu_i, \xi_i \geqslant 0$.

把式 (9.33), 式 (9.34), 式 (9.35) 代入式 (9.30), 得到支持向量机的最优化问题的 Lagrange 对偶目标函数:

$$\mathcal{L}_D = \sum_{i=1}^n \alpha_i - \frac{1}{2} \sum_{i,j=1}^n \alpha_i \alpha_j y_i y_j \boldsymbol{x}_i^{\mathrm{T}} \boldsymbol{x}_j \tag{9.36}$$

由式 (9.36) 可知: 现在需要找到合适的 $\beta_0, \boldsymbol{\beta}$ 使 $\mathcal{L}_D$ 最大. 在 $0 \leqslant \alpha_i \leqslant \gamma$ 和 $\sum_{i=1}^n \alpha_i y_i = 0$ 的约束下, 考虑 Karush-Kuhn-Tucker 条件的另外三个约束:

$$\alpha_i[y_i(\boldsymbol{x}_i^{\mathrm{T}}\boldsymbol{\beta} + \beta_0) - (1 - \xi_i)] = 0 \tag{9.37}$$

$$\mu_i \xi_i = 0 \tag{9.38}$$

$$y_i(\boldsymbol{x}_i^{\mathrm{T}}\boldsymbol{\beta} + \beta_0) - (1 - \xi_i) \geqslant 0 \tag{9.39}$$

以上三式对 $i = 1, 2, \cdots, n$ 都成立. 式 (9.33) 至式 (9.39) 共同给出原问题和对偶问题的解. $\boldsymbol{\beta}$ 的解具有如下形式:

$$\widehat{\boldsymbol{\beta}} = \sum_{i=1}^n \widehat{\alpha}_i y_i \boldsymbol{x}_i \tag{9.40}$$

其中, 满足式 (9.37) 的观测 i 有非 0 系数 $\widehat{\alpha}_i$, 这些观测称为支持向量 (support vector). 根据前面 6 个式子解出支持向量和 $\widehat{\alpha}_i$ 后, 可得

$$\widehat{G}(\boldsymbol{x}) = \mathrm{sign}(\boldsymbol{x}^{\mathrm{T}}\widehat{\boldsymbol{\beta}} + \widehat{\beta_0}) \tag{9.41}$$

9.7.3 支持向量机的核方法

虽然引入软松弛变量可以解决部分的线性不可分问题, 但是当不可分的数据成一定规模时, 需要有比线性函数更富有表现力的非线性边界. 核函数是解决非线性可分问题的一种想法, 它的基本思想是引入基函数, 将样本空间映射到高维, 低维线性不可分的情况在高维上可能得到解决.

假设将 $\boldsymbol{x}_i$ 映射到高维 $\boldsymbol{h}(\boldsymbol{x}_i)$, 式 (9.36) 有形式:

$$\mathcal{L}_D = \sum \alpha_i - 1/2 \sum \sum \alpha' \alpha y_i y_i' \langle \boldsymbol{h}(\boldsymbol{x}_i), \boldsymbol{h}(\boldsymbol{x}_i') \rangle \tag{9.42}$$

由式 (9.24), 解函数可以重写为

$$f(\boldsymbol{x}) = \boldsymbol{h}(\boldsymbol{x})^{\mathrm{T}}\boldsymbol{\beta} + \beta_0 = \sum_{i=1}^{n} \alpha_i \langle \boldsymbol{h}(\boldsymbol{x}), \boldsymbol{h}(\boldsymbol{x}') \rangle + \beta_0 \tag{9.43}$$

由于上式运算只涉及内积, 所以不需要指定变换 $\boldsymbol{h}(\boldsymbol{x})$, 只需知道内积的形式即核函数就可以. 定义核函数为

$$K(\boldsymbol{x}, \boldsymbol{x}') = \langle \boldsymbol{h}(\boldsymbol{x}_i), \boldsymbol{h}(\boldsymbol{x}_i') \rangle$$

比较常见的核函数有以下三种:

(1) d 次多项式: $K(\boldsymbol{x}, \boldsymbol{x}') = (1 + \langle \boldsymbol{x}, \boldsymbol{x}' \rangle)^d$.

(2) 径向基: $K(\boldsymbol{x}, \boldsymbol{x}') = \exp(-\|\boldsymbol{x} - \boldsymbol{x}'\|^2/c)$.

(3) 神经网络: $K(\boldsymbol{x}, \boldsymbol{x}') = \tanh(\kappa_1 \langle \boldsymbol{x}, \boldsymbol{x}' \rangle + \kappa_2)$.

例如, 考虑一个只有二维的特征空间, 给定一个 2 次多项式核:

$$\begin{aligned} K(\boldsymbol{x}, \boldsymbol{x}') &= (1 + \langle \boldsymbol{x}, \boldsymbol{x}' \rangle)^2 \\ &= (1 + \boldsymbol{x}_1\boldsymbol{x}_1' + \boldsymbol{x}_2\boldsymbol{x}_2')^2 \\ &= 1 + 2\boldsymbol{x}_1\boldsymbol{x}_1' + 2\boldsymbol{x}_2\boldsymbol{x}_2' + (\boldsymbol{x}_1\boldsymbol{x}_1')^2 + (\boldsymbol{x}_2\boldsymbol{x}_2')^2 + 2\boldsymbol{x}_1\boldsymbol{x}_1'\boldsymbol{x}_2\boldsymbol{x}_2' \end{aligned}$$

这个核函数等价于基函数集:

$$h(X_1, X_2) = (1, \sqrt{2}X_1, \sqrt{2}X_2, X_1^2, X_2^2, \sqrt{2}X_1X_2)$$

注意到这个基函数可以把二维空间映射到六维空间.

如果在高维可以建立超平面, 并将超平面反映射到原空间, 分界面可能是弯曲的. 一些学者证明如果使用充足的基函数, 数据可能会可分, 但可能会发生过拟合. 所以我们并不直接将样本空间映射到高维, 而是通过核函数这种简便的方式实现高维可分.

例 9.6 (数据见 iris.txt)　鸢尾花数据有 150 个观测和 5 个变量: Sepal.Length (花萼片的长度), Sepal.Width (花萼片的宽度), Petal.Length (花瓣的长度), Petal.Width (花瓣的宽度), Species (花的种类, 三种).

本例只考虑二分类问题, 即只对两类花 versicolor 和 virginica, 用花瓣长度和花瓣宽度建立模型预测花的类别. 我们在 R 程序中还绘制了以花萼片长度和花萼片宽度为坐标轴的散点图, 给出支持向量机模型的判别曲线和支持向量机. Python 示范程序如下:

```python
import numpy as np
from sklearn import datasets
from sklearn import svm
from sklearn.model_selection import train_test_split
iris=datasets.load_iris()
X=iris.data[iris.target>0,2:3]
```

```
y=iris.target[iris.target>0]
♯ 划分训练集和测试集
X_train,X_test,y_train,y_test=train_test_split(X,y,random_state=0,test_size=0.3)
model = svm.SVC() ♯ 默认核是径向基函数
model.fit(X_train,y_train)
error=1-model.score(X_test,y_test)
print(' 分类错误率: ',error)
```

```
输出:
分类错误率: 0.1333
```

图 9–10 为支持向量机二维示意图, 其中判别曲线将空间分成上下两部分, × 号表示支持向量机.

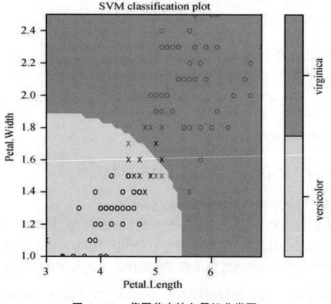

图 9-10　鸢尾花支持向量机分类图

9.8　随机森林

随机森林 (random forest) 算法是利奥·布雷曼 (Leo Breiman, 2001) 提出的一种组合多个树分类器进行分类的方法. 随机森林的基本思想是每次随机选取一些特征, 独立建立树, 重复这个过程, 保证每次建立树时变量选取的可能性一致, 如此建立许多彼此独立的树, 最终的分类结果由产生的这些树共同决定.

9.8.1　随机森林算法的定义

定义 9.1　令 X 为 p 维输入, H 为所有变量, Θ_k 是第 k 次独立重复抽取 (bootstrap) 的分类变量构成的集合, $\{h_{\Theta_k}\}$ 为由部分变量训练产生的子分类树, X 的分类由 $\{h_{\Theta_k}, k = 1, 2, \cdots\}$ 在 X 上的作用 $\{h_{\Theta_k}(\boldsymbol{x})\}$ 均匀投票决定, X 分类取所有分类树结果的众数类.

9.8.2　随机森林算法的性质

给定一列分类树: $h_1(\boldsymbol{x}), h_2(\boldsymbol{x}), \cdots, h_k(\boldsymbol{x})$, 对输入 (X, Y), 定义余量函数 (margin function) 为:

$$\mathrm{mg}(X, Y) := \underset{k}{\mathrm{avg}}\, I(h_k(X) = Y) - \max_{Z \neq Y} \underset{k}{\mathrm{avg}}\, I(h_k(X) = Z) \tag{9.44}$$

式中, $I(\cdot)$ 为示性函数, 第一项 avg 表示将 X 判对的平均分类器数, 第二项 avg 表示将 X 判错时判为最多类的平均分类器数, 余量函数度量了随机森林对输入 X 产生的最低正误偏差. 余量函数可用于定义随机森林的预测误差:

$$PE^* = P_{X,Y}(\mathrm{mg}(X, Y) < 0) \tag{9.45}$$

定理 9.1　当随机森林中分类器的数目增加时, PE^* 几乎处处收敛于

$$\mathrm{mg}(X, Y) = P_{X,Y}(P_\theta(h_\Theta(X) = Y) - \max_{Z \neq Y} P_\theta(h_\Theta(X) = Z) < 0)$$

其中, θ 表示选用所有变量所建立的分类模型.

定理 9.1 说明随机森林算法的预测误差会收敛到泛化误差, 这说明随机森林理论上不会发生过拟合.

于是随机森林的余量函数定义为:

$$\mathrm{mr}(X, Y) = P_\theta(h_\Theta(X) = Y) - \max_{Z \neq Y} P_\theta(h_\Theta(X) = Z)$$

余量反映了随机森林的整体最低正误率偏差, 显然值越大整体的强度越大, 注意到余量与输入 (X, Y) 有关, 于是强度定义如下.

定义 9.2　树分类器强度 (strength) 定义为:

$$s = E_{X,Y}\,\mathrm{mr}(X, Y)$$

定理 9.2　随机森林的泛化误差的上界由下式给出:

$$PE^* \leqslant \bar{\rho}(1 - s^2)/s^2$$

其中, $\bar{\rho}$ 度量了各个分类树平均相关性的大小.

由定理 9.2 可以看出, 随机森林算法的预测误差取决于森林中每棵树的分类效果, 树之间的相关性和强度. 相关性越大, 预测误差可能越大, 相关性越小, 预测误差上界越小; 强度越大, 预测误差越小, 强度越小, 预测误差越大. 预测误差是相关性和强度二者的权衡.

9.8.3　如何确定随机森林算法中树的节点分裂变量

首先, 由 Bootstrap 方法形成 K 个变量子集. 每个子集 $\Theta_1, \Theta_2, \cdots, \Theta_K$ 单独构建一棵树, 不进行剪枝. 每次构建树时, 需要选择拆分变量. 随机森林变量选择方法与决策树相似, 每个拆分节点处拆分变量确定的基本原则是对训练输入 X 按信息减少最快或信息下降最大的方向选择. 随机森林算法由于不对树进行剪枝, 所以要考虑不同树之间的相关性和子树的简单性, 于是在建立子树时与建立单一的决策树略有不同, 具体而言可分为两种不同的方法, 相应地, 我们称两类随机森林分别为 Forest-RI (random input) 和 Forest-RC (random combination).

1. Forest-RI

设 M 为输入变量 (特征变量) 总数, F 为每次拆分时选择用于拆分的备选变量个数, 根据 F 取值不同通常有两种选择. 选择一: $F = 1$, 即每棵树仅由一个从 M 个拆分变量中选出的重要变量生成. 选择二: $F = \text{int}(\ln M + 1)$, 即每棵树拆分时选的拆分变量总数不超过 $\text{int}(\ln M + 1)$ 个特征变量, 按照信息缩减最快 (或最小) 的原则每次选出最优的一个作为分裂变量进行拆分. 很多研究显示, $F = 1$ 和 $F = 2$ 甚至更高的 F 效果差不多, 于是很多随机森林的子树常选择 $F = 1$.

2. Forest-RC

如果输入变量不多, F, M 不大, 由简单的子树组合起来的森林很容易达到很高的强度, 但子树之间的相关性可能会很高, 从而导致预测误差较大. 于是考虑用一些新变量替换原始变量产生子树. 每次生成树之前, 确定衍生变量由 L 个原始变量线性组合生成, 随机选择 L 个组合变量, 随机分配 $[-1, 1]$ 中选出的权重系数, 产生一个新的组合变量, 如此选出 F 个线性组合变量, 从 F 个变量中按照信息缩减最快 (或最小) 的原则每次选出最优的一个作为分裂变量进行拆分. 例如, $L = 3, F = 8$ 表示每个衍生变量由 3 个原始变量线性组合构成, 每次产生 8 个线性组合变量进行拆分节点选择 (每个线性组合中变量系数均满足 $[-1, 1]$ 上的均匀分布). 实验表明: 当数据集相对变量数很大时, 尝试稍大一点的 F 可能会产生更好的效果.

结合树的性质和两种方法, F 越大, 树之间的相关性越小, 每棵树的分类效果越好. 因此, 要让随机森林取得较好的效果, 一般应该取较大的 F, 但 F 大时运行的时间稍长. 在 Forest-RI 中, F 大并没有实质性地改善预测误差, 于是经验指出, Forest-RI 中一般取 $F = 1$ 或 $F = 2$, 对组合 Forest-RC, 可以取稍大的 F, F 一般不必过大.

9.8.4 随机森林的回归算法

把分类树换成回归树, 把类别替换为每个回归树预测值的加权平均, 就可以将随机森林转换成随机森林回归算法. 当然回归算法也会遇到如何选择 F 的问题, 和分类不同的是, 随着 F 的增大, 树的相关性增加的速度可能比较慢, 所以可以选择较大的 F 提高预测精度.

9.8.5 有关随机森林算法的一些评价

利奥·布雷曼 (Leo Breiman, 2001) 的文章中指出, 随机森林算法经一些实验后显示出以下特点.

(1) 随机森林是一个有效的预测工具. 很多数据显示能够达到同 Boosting 和自适应装袋 (adaptive bagging) 算法一样好的效果, 中间不需反复改变训练集, 对噪声的稳健性比 Boosting 好.

(2) 能处理海量数据, 不需要提前对变量进行删减和筛选.

(3) 能够提高分类或回归问题的准确率, 同时也能避免过拟合现象.

(4) 当数据集中存在大量缺失值时, 能对缺失值进行有效的估计和处理.

(5) 能够在分类或回归过程中估计特征变量或解释变量的重要性.

(6) 随着森林中树的增加, 模型的泛化误差 (generalization error) 已被证明趋于一个上界, 这表明随机森林对未知数据有较好的泛化能力.

例 9.7　对支持向量机一节介绍的 iris 数据, 首先用 Bootstrap 方法分离出 63% 训练集和 37% 测试集. 用随机森林方法在训练集上建立预测模型, 在测试集上得出误差率. Python 示范程序如下:

```
import numpy as np
from sklearn import datasets
from sklearn.ensemble import RandomForestClassifier

iris=datasets.load_iris()
X=iris.data
y=iris.target
♯ 用 Bootstrap 方法划分测试集和训练集
a=list(range(len(X)))
b=list(set(np.random.choice(a,len(a),replace=True).tolist()))
for i in range(len(b)):
    a.remove(b[i])
X_train=X[b,:]
X_test=X[a,:]
y_train=y[b]
y_test=y[a]
model=RandomForestClassifier()
model.fit(X_train,y_train)
error=1-model.score(X_test,y_test)
print(' 分类错误率: ',error)
```

```
输出:
分类错误率: 0.0408
```

从结果看, 随机森林的预测误差是很小的.

9.9　MARS

多元自适应回归样条法 (multivariate adaptive regression spline, MARS) 是弗里德曼 (Friedman, 1991) 提出的专门用于解决高维回归问题的非参数方法. 它的基本原理不是用原始预测变量直接建立回归模型, 而是对一组特殊的线性基建立回归.

假设 $X_1, X_2, \cdots, X_p$ 为训练集的 p 个特征, 训练数据点在第 j 维特征上的坐标为 $\{x_{1j}, x_{2j}, \cdots, x_{nj}\}$, n 为训练样本量, MARS 基函数集定义为:

$$\mathcal{C} = \{(X_j-t)_+, (t-X_j)_+\}, t \in \{x_{1j}, x_{2j}, \cdots, x_{nj}\}, \quad j=1,2,\cdots,p$$

如果所有特征的值都不一样, 则基函数集共有 $2np$ 个函数. 对每个常数 t, 其中 $(x-t)_+$ 和 $(t-x)_+$ 称为一个反演对. 反演对中的每个函数是分段线性的, 扭结在值 t 上. 例如, $(x-x_{ij})_+, (x_{ij}-x)_+$ 是一个反演对. MARS 基函数如图 9-11 所示.

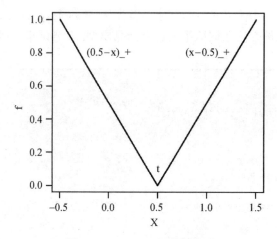

图 9-11 MARS 基函数图

MARS 的预测模型如下:

$$\widehat{f}(X) = \beta_0 + \sum_{m=1}^{M} \beta_m h_m(X) \tag{9.46}$$

式中, $h_m(X)$ 为 $\mathcal{C}$ 中的某个基函数或多个基函数的乘积.

MARS 预测模型的建立过程分为向前逐步建模和向后逐步建模两个步骤. 向前逐步建模过程主要的任务是构造 $h_m(X)$ 函数, 并且将其添加到模型中, 直到添加的项数达到预先设定的最大项数 $M_{\max}$, 类似于前向逐步线性回归. 在构造 $h_m(X)$ 函数时, 不仅用到集合 $\mathcal{C}$ 中的函数而且使用它们的积. 选择 $h_m(X)$ 之后, 系数 β_m 通过最小化残差平方和估计. 这样做显然会过拟合, 于是需要向后逐步建模简化模型. 向后逐步过程考虑模型子项, 将那些对预测影响最小的项删除, 直到选到最好的项, 这个过程类似于决策树的剪枝过程.

MARS 的预测模型关键在于如何选择 h_m. 以下给出 $h_m(X)$ 的构造过程, 同时也是估计系数 β_m 的过程.

(1) 令 $h_0(X) = 1$, 用最小二乘法估计出唯一的参数 β_0, 得出估计的残差 R_1. 将 $h_0(X) = \widehat{\beta}_0$ 加入到模型集 $\mathcal{M}$ 中.

(2) 考虑模型集 $\mathcal{M}$ 与 $\mathcal{C}$ 的反演对中一个函数的积, 将所有这样的积看作一个新的函数对. 估计出如下形式的项:

$$\widehat{\beta}_{M+1} h_0(x)(X_j - t)_+ + \widehat{\beta}_{M+1} h_0(x)(t - X_j)_+$$

这样可得 $h_1 = (X_j - t)_+$, $h_2 = (t - X_j)_+$, 把 $h_1(X)$, $h_2(X)$ 添加到模型集 $\mathcal{M}$ 中. 目前的模型集 $\mathcal{M} = \{h_0(X), h_1(X), h_2(X)\}$. 使用最小二乘法拟合参数, 求出残差 R_2. t 的选择是从 np 个基函数选出残差降低最快的基.

(3) 考虑新的模型集 $\mathcal{M}$ 与 $\mathcal{C}$ 的反演对中一个函数的积:

$$\widehat{\beta}_{M+1} h_l(x)(X_j - t)_+ + \widehat{\beta}_{M+1} h_l(x)(t - X_j)_+$$

这样 h_l 就不是 (1) 中只有 $h_0(X)$ 这一个选择, 而是有三个选择: $h_0(X), h_1(X), h_2(X)$, 到底选择哪个就要结合 t 通过上式估计使 (1) 中的残差降到最小. 参数的估计与 (1) 中一样, 将

$h_3(X) = h_l(x)(X_j - t)_+$, $h_4(X) = h_l(x)(t - X_j)_+$ 添加到模型集 $\mathcal{M}$ 中. 这一步更新的残差为 P_3.

(4) 循环上一步.

(5) 直到模型集 $\mathcal{M}$ 达到指定项数 $M_{\max}$ 后, 停止循环.

上述前向搜索建模过程结束后, 我们得到一个如式 (9.46) 所示的大模型. 同决策树一样, 该模型过拟合数据, 为此进入后向删除过程. 每一步将从模型中删除引起残差平方和增长最小的项, 产生函数项数目为 λ 的最佳估计模型 $\widehat{f_\lambda}$. λ 的最佳值可以通过交叉验证估计, 但为了降低计算代价, MARS 使用的是更为简便的广义交叉验证方法:

$$\mathrm{GCV}(\lambda) = \frac{\sum_{i=1}^n (y_i - \widehat{f_\lambda}(\boldsymbol{x}_i))^2}{(1 - M(\lambda)/n)^2}$$

值 $M(\lambda)$ 是模型中有效的参数个数, 它是模型中项的个数加上用于选择扭结最佳位置的参数个数. 一些经验计算结果显示, 在分段线性回归中要选择一个扭结一般要用 3 个参数.

9.9.1　MARS 与 CART 的联系

对 MARS 过程做如下修改:

(1) 用阶梯函数 $I(x - t > 0)$ 和 $I(x - t \leqslant 0)$ 代替分段线性基函数;

(2) 当一个模型项包含在乘积中, 它将被交叉项取代, 于是交叉项将不再参与模型建设.

改变后 MARS 的前向过程与 CART 的树增长算法基本一致. 一个阶梯函数乘以一个反演阶梯函数等价于在该步分裂一个节点. 第二个限制意味着节点不会多次分裂.

9.9.2　MARS 的一些性质

MARS 过程中可以对交叉积的阶设置上界. 如把阶数的上界设为 2, 就不允许 3 个和 3 个以上的分段线性函数相乘, 这有助于模型的解释. 阶数的上界设为 1 将产生加法模型. MARS 与 CART 的一个不同点就是: MARS 可以捕捉到加法结构, 而 CART 不可以.

因为 MARS 的非线性和基函数选择, 使得它不仅适用于高维回归问题, 而且适用于变量之间存在交互作用和混合变量的情形. 相比于其他的经典回归模型, 在高维、变量有交互作用、混合变量问题下, MARS 较有优势, 解释性较好.

例 9.8　数据集 trees 取自 31 棵被砍伐的黑樱桃树, 有三个特征: Girth (黑樱桃树的根部周长), Height (高度), Volume (体积). 下面我们通过 MARS 方法拟合 trees 数据, 建立预测树体积的模型. 以下是 Python 软件的程序:

```
from pyearth import Earth
import Pandas as pd
data=read.csv('tree.csv')
X=data[['Girth','Height']]
y=data[['Volume']]
model=Earth()
model.fit(X,y)
model.summary()
print('MSE=',model.mse)
```

```
输出:
Earth Model
=============================================
Basis Function Pruned Coefficient
=============================================
(Intercept)          No      6.3426
h(Girth-14.5)        No      6.5799
h(14.5-Girth)        No     -3.2975
Height               No      0.3322
h(Height-80)         Yes     None
h(80-Height)         Yes     None
=============================================
MSE:6.8994,GCV:13.0970,RSQ:0.9736,GRSQ:0.9531
```

9.10　深度学习

近年来, 随着计算机科学、人工智能的迅猛发展, 让计算机以层次化和强化概念的方式学习复杂主题成为重要研究领域. 相对于深度学习, 前面所提到的分类、回归、支持向量机等学习算法都属于简单学习或浅层结构, 浅层结构通常只包含 1 层或 2 层非线性特征转换层. 其中, 最成功的分类模型是支持向量机, 支持向量机使用一个浅层线性模式分离模型, 当不同类别的数据向量在低维空间无法划分时, 支持向量机会将它们通过核函数映射到高维空间中寻找最优分类超平面, 通过核表示统一了非线性问题的线性表示问题. 浅层结构学习模型的共同点是采用一层简单结构将原始输入信号或特征转换到特定问题的特征空间中. 浅层模型的局限性是对复杂函数使用统一的处理方式, 其表示能力有限, 对复杂分类问题其泛化提升能力有限, 特别是对于一些比较难解决的自然信号处理问题, 例如人类语音和自然图像等. 相对于浅层学习而言, 深度学习是机器学习发展的高级阶段. 深度学习可通过学习深层非线性网络结构, 表征输入数据, 实现复杂函数逼近, 兼具强大的从少数样本集中学习数据集本质特征的能力.

9.10.1　神经网络

神经网络是一个多学科交叉学科领域, 各相关学科都有不同的定义, Kohonen (1988) 对神经网络的定义是: 由具有适应性的简单单元组成的广泛并行互联的网络, 它的组织能够模拟生物神经系统对真实无知所做出的交互反应. 机器学习中的神经网络指的是神经网络学习, 是机器学习与神经网络的交叉部分; 一个神经网络中最基本的成分是神经元模型, 它的状态由激活函数、阈值和权值三个概念来决定; 前面讲过的 Logistic 回归就可以看成一个单神经元模型, 由输入、sigmoid 激活函数和阈值、输出构成. 将多个神经元模型按一定的层次结构连接起来, 就能得到神经网络的模型, 一个神经网络模型可看成一个包含了许多超参数的数学模型, 这个模型由若干激活函数组成. 如图 9–12 所示, 这是一个单隐层前馈神经网络, 输入层有 n 个变量, 隐层里有 5 个神经元, 每个神经元接受输入的全连接线性组合, 再经过各自的阈值和激活转换成输出, 输出层的每个神经元接受隐层的全连接线性组合, 再经过各自的阈值和激活转换成真正的输出. 具体而言, 以一个单隐层前馈神经网络为例, 神经网络的一般表示如下.

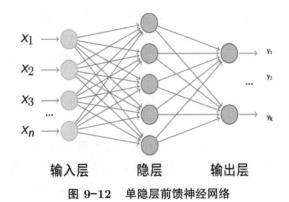

图 9-12 单隐层前馈神经网络

模型输出的 y_k 可以通过激活函数由隐层单元 a_j 表示, $y_k = \sigma(a_j)$, 那么它对输入的表示如下:

$$y_k(\boldsymbol{x}, \boldsymbol{w}) = \sigma\bigg(\sum_{j=0}^{M} \omega_{kj}^{(2)} h\big(\sum_{i=0}^{n} \omega_{ji}^{(1)} x_i\big)\bigg) \tag{9.47}$$

其中, M 为隐层单元的数量; $h(\cdot)$ 和 $\sigma(\cdot)$ 分别为隐层和输出层的激活函数, 比如常见的双曲正切、Sigmoid 逻辑函数或 Relu 函数等. 这里, 输出单元是输入单元线性组合激活后二次线性组合被激活后的结果. 可以这样说, 一个多层的前馈神经网络是从输入层依次向后嵌套线性组合的结果. 神经网络通过嵌套线性组合表示了复杂模式, 也将复杂模式的提取问题直接简化为连接权值的计算问题. 通常嵌套线性组合函数的损失函数对于权值而言不是全局凸的, 一般不再像浅层机器学习那样可以简化为数值计算的形式对权值进行更新, 而只能通过误差反向传播算法实现权值的更新. 误差反向传播算法 (简称 BP 算法) 可以在很多教材中找到, 这里不赘述. BP 算法的优点是:

(1) 具有很强的非线性映射能力. BP 神经网络实质上实现了一个从输入到输出的映射功能, 数学理论证明三层的神经网络就能够以任意精度逼近任何非线性连续函数. 这使得其特别适合求解内部机制复杂的问题, 即 BP 神经网络具有较强的非线性映射能力.

(2) 自学习和自适应能力. BP 神经网络在训练时, 能够通过学习自动提取输入和输出数据间的 "合理规则", 可以分批次甚至可以对某个训练样例对输入的权值进行更新, 它解决了单一连接模型中权值一次性由所有样本估计的难题, 并自适应地将学习内容记忆于网络权值中, 即 BP 神经网络具有高度自学习和自适应能力.

(3) 泛化能力. 所谓泛化能力是指在设计模式分类器时, 既要考虑网络保证对所需分类对象进行正确分类, 又要关心网络在经过训练后, 能否对未见过的模式或有噪声污染的模式进行正确的分类, 也即 BP 神经网络具有将学习成果应用于新知识的能力.

(4) 容错能力. BP 神经网络在其局部的或者部分的神经元受到破坏后对全局的训练结果不会造成很大的影响, 也就是说即使系统在受到局部损伤时还可以正常工作, 即 BP 神经网络具有一定的容错能力.

BP 神经网络的不足表现为两个方面: 一是传统的 BP 神经网络是全连接网络, 待估参数过多, 权值更新却是局部搜索优化方法, 这样就易使算法陷入局部极值, 权值收敛到局部极小点, 从而导致全局网络训练失败. 二是其收敛速度慢. 由于 BP 神经网络算法本质上为梯度下降法, 它所要优化的目标函数是非常复杂的, 因此, 常常会出现权值 "锯齿形变化现象",

学习率是 BP 算法低效又很难解决的问题. 它必然会在神经元输出接近 0 或 1 的情况下, 出现一些平坦区, 在这些区域内, 权值误差改变很小, 使训练过程几乎停顿. 而必须把步长的更新规则预先赋予网络, 这种方法也会引起算法低效. 全连接网络和学习率困扰导致 BP 效率低下、开销巨大、收敛速度慢.

9.10.2 卷积神经网络

卷积神经网络于 20 世纪 90 年代由多伦多大学杨立昆 (Yann LeCun) 等研发, 最早的卷积神经网络是 LeNet. 1995 年卷积神经网络首次应用于著名的手写体识别 MNIST 数据集中, 用于对数字 $0 \sim 9$ 的分类. 1998 年杨立昆提出了卷积神经网络 LeNet-5, 用于处理手写数字识别的视觉任务, 确立了卷积神经网络的基本结构. 随着计算机硬件的飞速发展, 2006 年研究人员成功利用 GPU 加速了卷积神经网络. 2012 年由于 AlexNet 在 ImageNet 大规模视觉识别竞赛中的出色表现, 卷积神经网络在图像领域展现出巨大优势. 此后, 卷积神经网络得到了快速发展, 被广泛应用到计算机视觉、自然语言处理等领域.

卷积神经网络是神经网络的一个改进, 它是一个多层的神经网络, 常见结构包含输入层、卷积层、池化层、全连接层和输出层. 卷积层可以是多层, 每一层在信息的表达和组织层次上均优于 BP 全连接神经网络. 其中, 输入层用于输入数据, 并将输入的数据进行预处理, 常见的处理方式有对数据标准化和数据增强等. 卷积层是卷积神经网络的核心组成部分, 也称为特征提取层. 每个神经元的输入都与前一层的局部感受野相连, 用于提取局部特征. 卷积层由多个二维平面组成, 通过使用卷积核来提取局部相关信息. 以图像识别为例, 卷积核相当于选取一个小窗口, 只对窗口内的图像进行识别, 亦即只对局部信息进行识别; 再将该小窗口遍历整张图片, 对整张图片的每个局部都做相同内容的识别. 当局部特征获得提取之后, 它与其他特征间的位置关系也确定下来. 卷积层之后是池化层, 也称为下采样层. 池化是将多组数据合成为一个数据, 从而减少总的数据量. 每个计算层由多个特征映射组成, 每个特征映射为一个平面, 平面上所有神经元的权值相等. 池化是一个筛选简化的过程, 将卷积层中信息进一步简化, 筛选出突出的信息. 常见的池化方式有最大池化、均值池化. 池化层对特征进行下采样. 根据任务的复杂性, 卷积层和池化层可以是多层, 最后两层是全连接层和输出层. 每个平面又由多个独立神经元组成. 总的来说, 卷积网络的核心思想是将局部感受野、权值共享以及时间或空间下采样这三种结构思想组合起来获得对复杂模式进行识别降噪的能力. 图 9–13 (王星, 郑溙彬, 2018) 是一个手写签名图像识别的卷积神经网络概念示范图.

该手写在线签名的任务是针对高仿手写签名进行真签名识别, 其卷积神经网络的结构设计分三阶段进行. 第一阶段: 图片的矩阵化表示. 原始图片一般清晰度很高, 具有很高的像素点, 输入空间较大, 通常需要更复杂的模型和更多的参数, 模型训练速度会变慢, 进而要求更多的训练样本. 对于签名识别问题, 考虑到安全性, 输入的真签名和高仿签名数量不宜太多, 但又要求训练速度快, 这样就需要压缩原始图片的预处理过程. 第二阶段: 使用全部签名样本建立适用于签名识别目标的卷积神经网络结构. 输入层为 28×28, 即 28×28 的矩阵, 在考虑时间信息的情况下, 相当于多加 x 轴和 y 轴两个方向上时间信息维度, 输入层会相应变为 $28 \times 28 \times 3$. 第一层卷积层, 共使用 16 个卷积核, 窗宽 5×5, 步长设置为 1, 采用最大值池化, 其中窗宽 2×2, 步长 2, 不使用零填充. 第二层卷积层, 共使用 32 个卷积核, 窗宽同样为 5×5, 步长 1, 池化层使用最大值池化, 窗宽 2×2, 步长 2, 不使用零填充. 考虑到 sigmoid

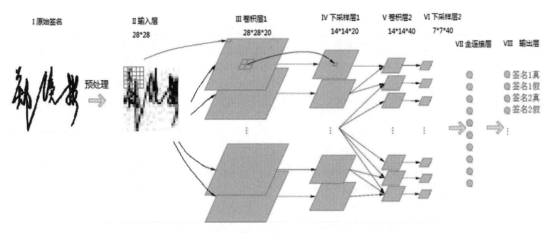

图 9-13　签名图像识别的卷积神经网络结构示意图

和双曲正切 tanh 激活函数可能引起梯度衰减或消失问题, 文中选取了 ReLU 作为激活函数. 模型训练阶段采用随机梯度下降, 采用剔除方法 (drop-out) 以 0.5 的概率保留神经元. 采用柔性最大值函数 (softmax) 作为分类函数. 第三阶段: 根据第一步提取的特征, 保留第二阶段卷积神经网络 softmax 之前的神经元, 再针对每个签名样本, 进行 Logistic 回归二分类器训练, 以提高网络对每个签名的识别精度.

例 9.9　MNIST 手写数字识别数据集来自美国国家标准与技术研究所 (National Institute of Standards and Technology, NIST). 这个数据集由 250 个不同人手写的数字构成, 其中 50% 来自高中生, 50% 来自美国人口普查局的工作人员. 原始数据中包含 0~9 共 10 个数字, 案例中只选取了较为难分辨的 3, 8, 9 三个数字, 其中 3 的样本 658 个, 数据集结构为 658×256, 8 的样本 542 个, 数据集结构为 542×256, 9 的样本 644 个, 数据集结构为 644×256. 图 9-14 是数据集的可视化展示.

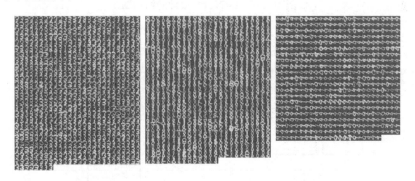

图 9-14　手写数字 3, 8, 9 的数据集可视化展示

变量说明见表 9-2.

表 9-2　变量说明

序号	变量名称	类型说明
1	data	原始数据
2	label	原始数据标签
3	X_train	训练集数据
4	y_train	训练集标签
5	X_test	测试集数据
6	y_test	测试集标签
7	X_train4D	重新转化形状后的训练集数据
8	X_test4D	重新转化形状后的测试集数据
9	model	CNN 模型
10	loss_and_metrics	模型的损失函数
11	y_pre	对测试集数据的预测
12	err_list	错判样本

模型设置: 程序中的上面的 cnn 模型为经典的 LeNet5 模型, 利用三层 5×5 卷积 + 池化提取信息, 利用 Dropout 防止过拟合, LeNet5 模型的结构图如图 9–15 所示.

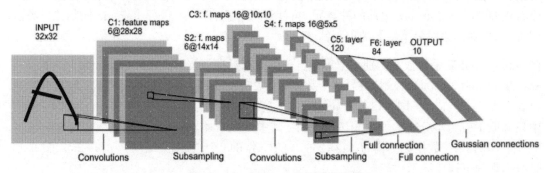

图 9-15　LeNet5 模型的结构图

分析的整体流程图如图 9–16 所示.

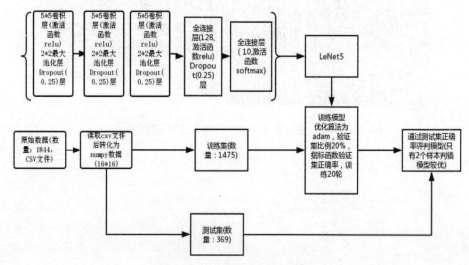

图 9-16　分析的整体流程图

模型结果显示: 训练结果为 362us/sample-loss:0.0087-accuracy:0.9946, 模型在验证集上判别正确率超过 99%, 说明卷积神经网络模型可以较好地解决手写数字 3, 8, 9 的识别任务. 具体而言, 在 368 个测试集样本中只有 2 个样本判别错误: (1) 42 号样本本应是 3 错判为 9; (2) 67 号样本本应是 8 错判为 9. 这两个错判样例从形态上观察与数字 9 呈现出易混淆的难区分的复杂数据特点.

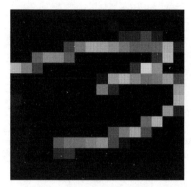 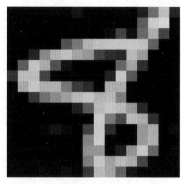

(a) 42 号样本　　　　　　　　　　(b) 67 号样本

图 9-17　错判样本

Python 示范程序如下:

```python
# 加载相应的 python 库主要通过 tensorflow+keras 构建 cnn 模型
from collections import Counter
from operator import attrgetter
import csv
import os
import tensorflow as tf
from tensorflow.keras.utils import to_categorical
from matplotlib.image import imsave
from sklearn.model_selection import train_test_split
import numpy as np
from tensorflow.keras.models import Sequential
from tensorflow.keras.layers import Dense, Dropout, Flatten, Conv2D, MaxPool2D
# 定义读取数据集保持数据的函数
file_name_3='train3.csv'
file_name_8='train8.csv'
file_name_9='train9.csv'
label_set=[3,8,9]

def read_csv(file_name):
    data=[]
    csv_reader=csv.reader(open(file_name))
    for row in csv_reader:
        row_i=[]
        for j in range(len(row)):
            row_i.append(float(row[j]))
        data.append(row_i)
    return data

def save_data_to_pic(data,file_name):
    pic_data=np.array(data).reshape(16,16)
    imsave(file_name, pic_data)
```

```python
def trans_data(data):
    data_new=[]
    for i in range(len(data)):
        data_new.append(np.array(data[i]).reshape(-1,16,16))
    data_new=np.reshape(data_new,(len(data),16,16))
    return data_new
# 区分数学数字中的 3, 8, 9
# 读取文件并划分训练集、测试集

data_3,data_8,data_9=read_csv(file_name_3),read_csv(file_name_8),read_csv(file_name_9)
data=data_3+data_8+data_9
#data=trans_data(data)
label=[3]*len(data_3)+[8]*len(data_8)+[9]*len(data_9)
X_train,X_test,y_train_0,y_test_0=train_test_split(data,label,test_size=0.2,random_state=2)
X_train4D = np.array(X_train).reshape(len(X_train), 16, 16, 1).astype('float32')
X_test4D = np.array(X_test).reshape(len(X_test), 16, 16, 1).astype('float32')
y_train,y_test=to_categorical(y_train_0),to_categorical(y_test_0)
# 构建 cnn 模型，通过卷积池化层提取信息，并且通过 Dropout 防止过拟合

model = Sequential()
model.add(
    Conv2D(
        filters=16,
        kernel_size=(5, 5),
        padding='same',
        input_shape=(16, 16, 1),
        activation='relu'))
model.add(MaxPool2D(pool_size=(2, 2)))
model.add(Dropout(0.25))
model.add(
    Conv2D(filters=32, kernel_size=(5, 5), padding='same', activation='relu'))
model.add(MaxPool2D(pool_size=(2, 2)))
model.add(Dropout(0.25))
model.add(
    Conv2D(filters=64, kernel_size=(5, 5), padding='same', activation='relu'))
model.add(
    Conv2D(filters=128, kernel_size=(5, 5), padding='same', activation='relu'))
model.add(MaxPool2D(pool_size=(2, 2)))
model.add(Dropout(0.25))
model.add(Flatten())
model.add(Dense(128, activation='relu'))
model.add(Dropout(0.25))
model.add(Dense(10, activation='softmax'))
model.compile(loss='categorical_crossentropy',
              optimizer='adam',
              metrics=['accuracy'])

# 上面的 cnn 模型为经典的 LeNet5 模型，利用三层卷积 + 池化 +Dropout 提取信息，利用 softmax 做最后的分类函
# 数，当面临较为复杂的图片分类任务时
# 可以利用其他的 cnn 模型如 VGG, ResNets
# 训练模型并存储训练错误的图片
model.fit(x=X_train4D,
          y=y_train,
        validation_split=0.2,
        batch_size=32,
        epochs=20,
        verbose=2)
```

```
loss_and_metrics = model.evaluate(X_test4D, y_test, batch_size=32)
y_pre=model.predict_classes(X_test4D)
err_list=[]
for i in range(len(y_pre)):
    if y_pre[i] != y_test_0[i]:
        print(i,':',y_test_0[i],' ',y_pre[i])
        err_list.append(i)
for i in err_list:
    file_name=str(i)+'.jpg'
    save_data_to_pic(X_test[i],file_name)
```

```
输出:
♯ 训练结果为 362us/sample - loss: 0.0087 - accuracy: 0.9946
```

习题

9.1　假设有输入 $x(i) \in \mathbb{R}^d$ 和输出 $y(i) \in \{0,1\}, i=1,2,\cdots,n$.

(1) y 的 Logistic 回归模型是什么?

(2) 叙述拟合 Logistic 回归模型的基本原理.

(3) 写出 Logistic 回归模型拟合的最优化问题表示, 给出数值方法求解的基本计算步骤.

(4) 比较两种分类方法 LDA 和 Logistic 回归在南非心脏病数据上的分类效果, 在训练数据上比较各自的分类误差.

9.2　(1) 在鸢尾花数据中, 只选择 Sepal.Length, Setal.Width 两个输入变量, 调用 R 中的 knn 函数, 设置不同的 k 构造分类模型, 分别计算训练分类错误率, 选择合适的 k.

(2) 将鸢尾花数据随机分成大小为 70:30 的训练集和测试集, 对 Sepal.Length 和 Setal.Width 两个输入变量, 用 R 中的 knn 函数在训练集上构造分类模型, 计算测试分类错误率, 选择合适的 k.

9.3　(1) 举例说明决策树方法作为分类器的优势和劣势.

(2) 剪枝一棵分类树, 在下面的集合上, 判断是否经常还是偶尔改进或降低分类器的性能:

① 训练集;

② 测试集.

(3) 表 9–3 的数据由输入 x_1, x_2 和输出 y 构成.

表 9-3　练习数据

x_1	x_2	y
red	5.1	0
red	0.8	1
red	6.6	0
red	7.7	1
red	1.3	1
blue	4.6	1
blue	6.0	1
blue	4.6	0
yellow	7.4	0
yellow	5.9	0

假设第一个拆分变量是 x_1, 使用 GINI 准则, 计算每个在 x_1 上可能的拆分的增益, 并确定最终的拆分点.

9.4 对于儿童座椅销量影响因素数据, 分别研究随着叶节点数量从 $5{\sim}27$ 变化以及代价复杂性参数值 k 变化时所带来的交叉验证错误率的变化,

9.5 (1) 试解释 Boosting 方法的原理.

(2) 试述 Boosting 方法和 AdaBoost 算法的关系.

(3) 用 Bootstrap 方法把乳腺癌数据分为测试集和训练集. 用 R 软件求出下列题目:

① 用 AdaBoost 算法拟合乳腺癌数据训练集, 求出其训练误差和测试误差.

② 用 AdaBoost 方法拟合乳腺癌数据训练集时, 当 error 有明显下降时, 怎样调整合适的迭代次数?

③ 叙述 AdaBoost 方法的原理, 它和决策树、支持向量机有何区别?

9.6 (1) 支持向量机算法的模型是什么? 怎样拟合模型参数?

(2) 支持向量机算法使用核函数的目的是什么?

(3) 对于南非心脏病数据, 用 Bootstrap 方法抽出训练集和测试集. 用 R 软件求出下列题目:

① 求出支持向量机拟合南非心脏病数据训练集后的判别函数和其训练误差.

② 同 Logistic 回归方法拟合南非心脏病数据训练集进行比较, 比较两种方法的训练误差和测试误差.

9.7 (1) 比较随机森林分类算法和决策树分类算法的区别, 解释随机森林是怎样工作的.

(2) 比较随机森林和 Boosting 算法的区别和联系, 画图表示.

(3) 在 Titanic 数据上, 用 Bootstrap 方法分出 63:37 的训练集和测试集. 用 R 软件求出下列题目:

① 用随机森林拟合 Titanic 数据训练集, 求出测试误差, 并且和决策树的测试误差比较.

② 用随机森林拟合 Titanic 数据训练集, 在迭代次数为 $10, 20, \cdots, 100$ 次下, 求出测试误差.

③ 用 AdaBoost 方法拟合乳腺癌数据, 并作图和随机森林比较测试误差.

9.8 (1) 证明 MARS 可以表示成如下形式:

$$a_0 + \sum_i f_i(\boldsymbol{x}_i) + \sum_{i,j} f_{ij}(\boldsymbol{x}_i, y_i) + \sum_{i,j,k} f_{ijk}(\boldsymbol{x}_i, y_i, \boldsymbol{x}_k) + \cdots$$

(2) 解释 MARS 算法怎样从基函数集 $\mathcal{C}$ 中选择基函数 $h_m()$, 也就是解释 MARS 是怎样工作的.

(3) MARS 算法怎样避免过拟合?

(4) 用 Titanic 数据, 建立线性回归预测树的体积的模型, 并和 MARS 方法比较误差.

附录　Python 基础

Python 作为一种面向对象的、解释型的、通用的、开源的脚本编程语言于 20 世纪 90 年代初诞生, 其创始人为荷兰人吉多·范罗苏姆 (Guido van Rossum). 之所以选中 Python (意为 "大蟒蛇") 作为该编程语言的名字, 是取自英国 20 世纪 70 年代首播的电视喜剧《蒙提·派森的飞行马戏团》(Monty Python's Flying Circus).

Python 的设计哲学是优雅、明确、简单. Python 开发者的哲学是 "用一种方法, 最好是只有一种方法来做一件事". 在设计 Python 语言时, 如果面临多种选择, Python 开发者一般会拒绝花哨的语法而选择明确的没有或者很少有歧义的语法. 因此 Python 代码具备更好的可读性, 并且能够支撑大规模的软件开发.

Python 1.0 版本于 1994 年 1 月发布, 这个版本的主要新功能是 lambda, map, filter 和 reduce, 但是吉多不喜欢这个版本. 六年半之后的 2000 年 10 月份, Python 2.0 发布了. 这个版本的主要新功能是内存管理和循环检测垃圾收集器以及对 Unicode 的支持. 早期的 Python 版本在基础方面设计上存在一些不足. 2008 年吉多又开发了 Python 3.0, Python 3.0 在设计时很好地解决了以上遗留问题, 并且在性能上有了一定提升. Python 3.0 的最大问题是不完全向后兼容, 因此, Python 3.0 和 Python 2.0 就进入了长期并行开发和维护的状态. 就更新速度来说, Python 3.0 更新速度远快于 Python 2.0, Python 2.0 目前主要以维护为主, Python 3.0 是未来的趋势.

Python 的优点归纳如下:

(1) 简单易学. Python 语言相对于其他编程语言来说, 比较容易学习, 它注重如何解决问题而不是编程语言的语法和结构. 正是因为 Python 语言简单易学, 所以有越来越多的初学者选择 Python 语言作为编程的入门语言.

(2) 语法优美. Python 语言力求代码简洁、优美. 在 Python 语言中, 采用缩进来标识代码块, 通过减少无用的大括号, 去除语句末尾的分号等视觉杂讯, 使得代码的可读性显著提高.

(3) 丰富强大的库. Python 包含了解决各种问题的类库. 无论实现什么功能, 都有现成的类库可以使用. 如果一个功能比较特殊, 标准库没有提供相应的支持, 那么很大概率会有相应的开源项目提供类似的功能. 合理使用 Python 的类库和开源项目, 能够快速地实现功能, 满足业务需求.

(4) 开发效率高. Python 的各个优点是相辅相成的. 例如, Python 语言因为有了丰富强大的类库, 所以 Python 的开发效率能够显著提高. 相对于 C, C++ 和 Java 等编译语言, Python 开发者的效率提高了数倍.

(5) Python 是开放源码软件之一. 简单地说, 你可以自由地发布这个软件的拷贝、阅读它的源代码、对它做改动、把它的一部分用于新的自由软件中.

Python 并不是没有缺点, Python 的执行速度不够快, 网络或磁盘的延迟会抵消掉部分 Python 本身节约的时间; 另外, Python 2.0 与 Python 3.0 不兼容, 这就给一些人带来了很多烦恼.

Python 基本概念和操作

Python 安装

Python 是一种跨平台的编程语言, 这意味着它能够运行在所有主要的操作系统中, 例如 Linux 系统、OS X 系统以及 Windows 系统, 本文主要介绍如何在 Windows 系统中安装 Python, 其他操作系统的 Python 安装方法可访问网上教程.

首先访问 https://www.python.org/downloads/. 你将看到两个按钮, 分别用于下载 Python 3.0 和 Python 2.0. 单击用于下载 Python 3.0 的按钮, 这会根据你的系统自动下载正确的安装程序. 下载安装程序后, 运行它. 请务必选中复选框 Add Python to environment variables (如图 A–1 所示), 这使你能更轻松地配置系统.

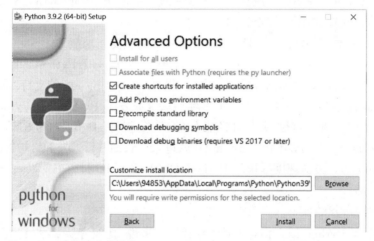

图 A-1　确保选中复选框 Add Python to environment variables

安装成功后打开一个命令窗口, 在其中执行命令 python. 如果出现了 Python 提示符 (¿¿¿), 就说明 Windows 找到了你刚安装的 Python 版本, 如图 A–2 所示.

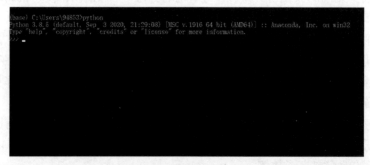

图 A-2　终端运行 python 命令

Python 程序安装成功后, 我们还需要安装一个文本编辑器, 这样能够直接运行几乎所有

的程序 (而无须通过终端); 使用不同的颜色来显示代码, 以突出代码语法. 常见的文本编辑器有 Vim, Atom, Sublime Text, Visual Studio Code 等, 我们可以根据自己的偏好选择合适的文本编辑器. 一切准备就绪后, 就可以进行编程操作了.

变量

在 Python 中, 我们可以设置变量, 每个变量都存储了一个值——与变量相关联的信息, 在程序中可随时修改变量的值, 而 Python 将始终记录变量的最新值.

在 Python 中使用变量时, 需要遵守一些规则和指南. 违反这些规则将引发错误, 而指南旨在让你编写的代码更容易阅读和理解. 请务必牢记下列有关变量的规则:

(1) 变量名只能包含字母、数字和下划线. 变量名能以字母或下划线打头, 但不能以数字打头, 例如, 可将变量命名为 message_1, 但不能将其命名为 1_message.

(2) 变量名不能包含空格, 但可使用下划线来分隔其中的单词. 例如, 变量名 greeting_message 可行, 但变量名 greeting message 会引发错误.

(3) 不要将 Python 关键字和函数名用作变量名, 即不要使用 Python 保留用于特殊用途的单词, 如 print.

(4) 变量名应既简短又具有描述性. 例如, name 比 n 好, student_name 比 s_n 好, name_length 比 length_of_persons_name 好.

(5) 慎用小写字母 l 和大写字母 O, 因为它们可能被人错看成数字 1 和 0. 下面编写一个简单的程序说明变量的作用:

```
message='Hello Python Crash Course reader!'
print(message)
```

运行结果如下:

```
Hello Python Crash Course reader!
```

数据类型

大多数程序都定义并收集某种数据, 然后使用它们来做些有意义的事情. 鉴于此, 对数据进行分类大有裨益, 见表 A–1.

表 A–1　数据类型

文本类型	str
数值类型	int, float, complex
序列类型	list, tuple, range
映射类型	dict
集合类型	set, frozenset
布尔类型	bool
二进制类型	bytes, bytearray, meomoryview

1. 字符串

下面我们介绍第一种数据类型: 字符串. 字符串看似简单, 但能够以很多方式使用.

字符串就是一系列字符. 在 Python 中, 用引号括起的都是字符串, 引号可以是单引号, 也可以是双引号, 如下所示:

```
'This is a string.'
"This is also a string."
```

下面来看一些使用字符串的方式.

(1) 修改字符串的大小写.

```
str1='This is a string.'
print(str1.title()) # 使用 title() 方法将每个单词首字母转化为大写
print(str1.upper()) # 使用 upper() 方法将每个单词转化为大写
print(str1.lower()) # 使用 lower() 方法将每个单词转化为小写
```

程序运行结果如下:

```
This Is A String.
THIS IS A STRING.
this is a string.
```

(2) 合并 (拼接) 字符串.

```
first_name='ada'
last_name='lovelace'
full_name=first_name + " " + last_name # 使用"+" 来合并字符串
print(full_name.title())
```

运行结果如下:

```
Ada Lovelace
```

(3) 对空白的处理.

```
print('pythonlanguage')
print('python\tlanguage') # 使用 \t 添加制表符
print('python\nlanguage') # 用 \n 换行

str1='python'
str2='python '
str3=' python '
print(str1.lstrip()) # 使用 lstrip() 方法删除字符串开头空白
print(str1.rstrip()) # 使用 lstrip() 方法删除字符串末尾空白
print(str1.strip()) # 使用 lstrip() 方法删除字符串首尾空白
```

结果如下:

```
pythonlanguage
python language
python
language

python
python
python
```

2. 列表

列表由一系列按特定顺序排列的元素组成. 在 Python 中, 用方括号 ([ ]) 来表示列表, 并用逗号来分隔其中的元素. 列表中的元素可以是各种类型. 以下是一个简单的列表实例.

```
fruits=['apple','banana','pear','orange']
print(fruits)
```

结果如下:

```
['apple','banana','pear','orange']
```

列表是有序集合, 因此要访问列表的任何元素, 只需将该元素的位置或索引告诉 Python 即可. 在 Python 中, 第一个列表元素的索引为 0 而不是 1. 在大多数编程语言中都是如此, 这与列表操作的底层实现相关. 如果结果出乎意料, 请看看你是否犯了简单的差一错误. 第二个列表元素的索引为 1. 根据这种简单的计数方式, 要访问列表的任何元素, 都可将其位置减 1, 并将结果作为索引. 下面我们以程序来说明常用的列表操作.

```
fruits=['apple','banana','pear','orange']
# 访问列表元素
print(fruits[1]) # 访问列表第 2 个元素
print(fruits[-1]) # 以负索引访问列表倒数第一个元素
print(fruits[1:  ])  # 以切片的方式访问列表第 2 个以及之后的所有元素
print(fruits[-2:  ])  # 以负索引切片的方式访问列表倒数两个元素

# 使用 len() 函数统计列表元素个数
print(len(fruits))

# 修改列表元素
fruits[0]='grape'
print(fruits)
```

结果如下:

```
    'banana'
    'orange'
'banana','pear','orange'
'pear','orange'

4

'grape','banana','pear','orange'
```

列表还能够进行排序、插入新元素、删除元素、遍历列表等操作.

(1) 排序操作使用 sort() 方法可以对列表进行排序, 但这会永久性修改列表元素的排列顺序. 还可以按与字母顺序相反的顺序排列列表元素, 为此, 只需向 sort() 方法传递参数 reverse=True.

```
fruits=['apple','banana','pear','orange']
fruits.sort()
print(fruits)
```

结果如下:

```
['apple','banana','orange','pear']
```

此外, 也可以用 sorted() 函数对列表进行临时排序, 调用函数 sorted() 后, 列表元素的排列顺序并没有变.

```
fruits=['apple','banana','pear','orange']
print(sorted(fruits))
print(fruits)
```

结果如下:

```
['apple','banana','orange','pear']
['apple','banana','pear','orange'] # 原来的顺序没有改变
```

(2) 插入新元素.

```
fruits=['apple','banana','pear','orange']
fruits.append('grape') # 在末尾添加元素'grape'
print(fruits)
fruits.insert(2,'lemon') # 指定位置插入元素
print(fruits)
```

结果如下:

```
['apple','banana','pear','orange','grape']
['apple','banana','lemon','pear','orange','grape']
```

(3) 删除元素.

```
fruits=['apple','banana','pear','orange']
# 使用 del 语句可删除任何位置处的列表元素, 条件是知道其索引
del fruits[0]
print(fruits)

# 使用 pop() 方法删除并弹出特定位置的值
fruit=fruits.pop(0)
print(fruits)
print(fruit)

# 使用 remove() 方法删除指定元素
fruits.remove['pear']
print(fruits)
```

结果如下:

```
['banana','pear','orange']

['pear','orange']
'banana'

['orange']
```

(4) 遍历列表中的元素使用 for 循环来打印水果名单中的所有名字.

```
fruits=['apple','banana','pear','orange']
for fruit in fruits:
    print(fruit.title())
```

结果如下:

```
'Apple'
'Banana'
'Pear'
'Orange'
```

3. 元组

列表非常适合存储在程序运行期间可能变化的数据集. 列表是可以修改的, 这对处理网站的用户列表或游戏中的角色列表至关重要. 然而, 有时候你需要创建一系列不可修改的元素, 元组可以满足这种需求. 元组看起来犹如列表, 但使用圆括号而不是方括号来标识. 定义元组后, 就可以使用索引来访问其元素, 就像访问列表元素一样, 但元组的元素是不可更改的.

```
fruits=('apple','banana','pear','orange')
print(fruits)
type(fruits)
```

结果如下:

```
('apple','banana','pear','orange')
tuple
```

4. 字典

在 Python 中, 字典是一系列键值对. 每个键都与一个值相关联, 你可以使用键来访问与之相关联的值. 与键相关联的值可以是数字、字符串、列表乃至字典. 事实上, 可将任何 Python 对象用作字典中的值. 在 Python 中, 字典用放在花括号中的一系列键值对表示, 下面是一个简单的字典的实例.

```
user={'name':'Jane','age':18,'gender':'Female','city':'Shanghai'}
print(user)
```

结果如下:

```
{'name':'Jane','age':18,'gender':'Female','city':'Shanghai'}
```

使用上面的实例, 我们使用程序来说明字典的常用操作:

```
user={'name':'Jane','age':18,'gender':'Female','city':'Shanghai'}

# 访问字典的值:要获取与键相关联的值,可依次指定字典名和放在方括号内的键
print(user['name'])

# 添加键值对:要添加键值对,可依次指定字典名、用方括号括起的键和相关联的值
user['career']='student'
print(user)

# 修改字典中的值:要修改字典中的值,可依次指定字典名、用方括号括起的键以及与该键相关联的新值.
user['age']=28
print(user)

# 删除键值对:使用 del 语句将相应的键值对彻底删除. 使用 del 语句时,必须指定字典名和要删除的键.
del user['career']
print(user)
```

结果如下:

```
'Jane'

{'name':'Jane','age':18,'gender':'Female','city':'Shanghai','career':'student'}

{'name':'Jane','age':28,'gender':'Female','city':'Shanghai','career':'student'}

{'name':'Jane','age':28,'gender':'Female','city':'Shanghai'}
```

一个 Python 字典可能只包含几个键值对, 也可能包含数百万个键值对. 鉴于字典可能包含大量的数据, Python 支持对字典遍历. 字典可用于以各种方式存储信息, 因此有多种遍历字典的方式: 可遍历字典的所有键值对、键或值.

(1) 遍历字典的键值对.

```
user={'name':'Jane','age':18,'gender':'Female','city':'Shanghai'}
for key,value in user.items():  #items() 方法返回的是键值对列表
    print('Key:',key)
    print('Value:',value)
```

结果如下:

```
Key:name
Value:Jane
Key:age
Value:18
Key:gender
Value:Female
Key:city
Value:Shanghai
```

(2) 遍历字典中的所有键.

在不需要使用字典中的值时, 方法 keys() 很有用.

```
user={'name':'Jane','age':18,'gender':'Female','city':'Shanghai'}
for key in user.keys():
    print(key)
```

结果如下:

```
name
age
gender
city
```

(3) 遍历字典中的所有值.

如果你感兴趣的主要是字典包含的值, 可使用方法 values(), 它返回一个值列表而不包含任何键.

```
user={'name':'Jane','age':18,'gender':'Female','city':'Shanghai'}
for value in user.values():
    print(value)
```

结果如下:

```
Jane
28
Female
Shanghai
```

函数

函数是带名字的代码块, 用于完成具体的工作. 要执行函数定义的特定任务, 可调用该函数. 需要在程序中多次执行同一项任务时, 你无须反复编写完成该任务的代码, 而只需调用执行该任务的函数, 让 Python 运行其中的代码. 你将发现, 通过使用函数, 程序的编写、阅读、测试和修复都将更容易.

1. 定义函数以及实参的传递方式

下面是一个打印问候语的简单函数, 名为 greet_user().

```
def greet_user(username):
    '''向用户打印问候语'''
    print('Hello,',username.title(),'!')
```

使用关键字 def 来告诉 Python 你要定义一个函数. 这是函数定义, 向 Python 指出了函数名, 还可能在括号内指出函数为完成其任务需要什么样的信息. 在这里, 函数名为 greet_user(), 它需要使用者传递一个参数, 最后, 定义以冒号结尾. 紧跟在 def greet_user(): 后面的所有缩进行构成了函数体. 三引号处的文本称为文档字符串的注释, 描述了函数是做什么的. 文档字符串用三引号括起, Python 使用它们来生成有关程序中函数的文档. 代码行 print 语句是函数体内的唯一一行代码, greet_user() 只做一项工作: 打印问候语.

要调用函数, 可依次指定函数名以及用括号括起的必要信息, 例如要调用上述函数, 需要为 username 参数指定一个值.

```
greet_user('Jane')
```

结果如下:

```
Hello,Jane!
```

在函数 greet_user() 的定义中, 变量 username 是一个形参, 即函数完成其工作所需的一项信息. 在代码 greet_user('Jane') 中, 值'Jane'是一个实参. 实参是调用函数时传递给函数的信息. 我们调用函数时, 将让函数使用的信息放在括号内. 在 greet_user('Jane') 中, 将实参'Jane'传递给了函数 greet_user(), 这个值被存储在形参 username 中. 鉴于函数定义中可能包含多个形参, 因此函数调用中也可能包含多个实参. 向函数传递实参的方式很多, 可使用位置实参, 这要求实参的顺序与形参的顺序相同, 也可使用关键字实参, 其中每个实参都由变量名和值组成.

(1) 位置实参. 调用函数时, Python 必须将函数调用中的每个实参都关联到函数定义中的一个形参. 为此, 最简单的关联方式是基于实参的顺序. 这种关联方式称为位置实参. 使用位置实参来调用函数时, 位置实参的顺序很重要, 如果实参的顺序不正确, 结果可能出乎意料.

```
def describe_pet(animal_type,pet_name):
    '''显示宠物的信息'''
    print("I have a",animal_type,".")
    print("My pet's name is",pet_name,".")

describe_pet('dog','HaQi') # 位置实参
```

结果如下:

```
I have a dog.
My pet's name is HaQi.
```

(2) 关键字实参. 关键字实参是传递给函数的名称值对. 直接在实参中将名称和值关联起来, 因此向函数传递实参时不会混淆关键字实参, 无须考虑函数调用中的实参顺序, 还清楚地指出了函数调用中各个值的用途.

```
def describe_pet(animal_type,pet_name):
'''显示宠物的信息'''
print("I have a",animal_type,".")
print("My pet's name is",pet_name,".")

describe_pet(animal_type='dog',pet_name='HaQi') # 关键字实参
```

结果如下:

```
I have a dog.
My pet's name is HaQi.
```

(3) 默认值. 编写函数时, 可给每个形参指定默认值. 在调用函数中给形参提供了实参时, Python 将使用指定的实参值, 否则, 将使用形参的默认值. 因此, 给形参指定默认值后, 可在函数调用中省略相应的实参. 使用默认值可简化函数调用, 还可清楚地指出函数的典型用法.

```
def describe_pet(pet_name,animal_type='dog'):
'''显示宠物的信息'''
print("I have a",animal_type,".")
print("My pet's name is",pet_name,".")

describe_pet('HaQi')
```

结果如下:

```
I have a dog.
My pet's name is HaQi.
```

2. 返回值

函数并非总是直接显示输出, 相反, 它可以处理一些数据, 并返回一个或一组值. 函数返回的值称为返回值. 在函数中, 可使用 return 语句将值返回到调用函数的代码行. 返回值让你能够将程序的大部分繁重工作移到函数中去完成, 从而简化主程序. 函数可返回任何类型的值, 包括列表和字典等较复杂的数据结构.

```
def bulid_person(first_name,last_name):
    '''返回一个字典, 其中包含一个人的姓名信息'''
    person={'first':first_name.title(),'last':last_name.title()}
    return person
```

调用返回值的函数时, 需要提供一个变量, 用于存储返回的值.

```
get_person=build_person('jimi','handrix')
print(get_person)
```

结果如下:

```
{'first':Jimi,'last':'Handrix'}
```

编写函数时, 需要牢记几个细节. 应给函数指定描述性名称, 且只在其中使用小写字母和下划线. 描述性名称可帮助你和别人明白代码想要做什么. 每个函数都应包含简要阐述功能的注释, 该注释应紧跟在函数定义后面, 并采用文档字符串格式. 文档良好的函数让其他程序员只需阅读文档字符串中的描述就能够使用它, 即他们完全可以相信代码如描述的那样运行, 只要知道函数的名称、需要的实参以及返回值的类型, 就能在自己的程序中使用它.

Pandas 介绍

Python Data Analysis Library 或 Pandas 是基于 NumPy 的一种工具, 该工具是为了解决数据分析任务而创建的. Pandas 纳入了大量库和一些标准的数据模型, 提供了高效操作大型数据集所需的工具. Pandas 提供了大量快速便捷地处理数据的函数和方法, 它是使 Python 成为强大而高效的数据分析环境的重要因素之一. Pandas 的数据结构如下.

Series: 一维数组, 与 NumPy 中的一维 array 类似. 二者与 Python 基本的数据结构 List 也很相近, 其区别是: List 中的元素可以是不同的数据类型, 而 Array 和 Series 中则只允许存储相同的数据类型, 这样可以更有效地使用内存, 提高运算效率.

Time-Series: 以时间为索引的 Series.

DataFrame: 二维的表格型数据结构. 很多功能与 R 中的 data.frame 类似. 可以将 DataFrame 理解为 Series 的容器. 以下内容主要以 DataFrame 为主.

Panel: 三维的数组, 可以理解为 DataFrame 的容器.

对于 Pandas 的使用, 我们主要介绍基于 Series 对象和 DataFrame 对象的操作.

(1) Series 对象. Series 就如同列表一样, 一系列数据, 每个数据对应一个索引值. 我们导入 Pandas 模块并使用别名.

```
import pandas as pd
w=pd.Series([6,7,9])
print(w)
```

结果如下:

```
0 6
1 7
2 9
dtype:int64
```

这里, 我们实质上创建了一个 Series 对象, 可以直接访问其属性和方法.

```
w.index
w.values
```

结果如下:

```
RangeIndex(start=0, stop=3, step=1)
array([6, 7, 9], dtype=int64)
```

Series 对象还可以自定义索引, 如:

```
w=pd.Series([6,7,9],index=['first','second','third'])
w
```

结果如下:

```
first 6
second 7
third 9
dtype:int64
```

(2) DataFrame 对象. DataFrame 是一种二维的数据结构, 非常接近于电子表格或者类似 MySQL 数据库的形式. 它的竖行称为 columns, 横行跟前面的 Series 一样, 称为 index, 也就是说可以通过 columns 和 index 来确定一个主句的位置. DataFrame 对象的创建可以通过 Ndarray、字典、矩阵以及数据框等格式, 下面介绍以字典形式创建 DataFrame 对象.

```
import pandas as pd
df=pd.DataFrame({'name':['小明','小红','小蓝'],'age': [18,19,17]},index=['first','second','third'])
df
```

结果如下:

```
      name age
first  小明  18
second 小红  19
third  小蓝  17
```

下面通过程序来说明 Pandas 中有关数据框对象的操作:

```
df.index      # 行名
df.columns    # 列名
len(df)       # 输出的是行数
df.shape      # 行数和列数
df.index.size    # 行数
df.columns.size   # 列数
```

结果如下:

```
Index(['first', 'second', 'third'], dtype='object')
Index(['name', 'age'], dtype='object')
3
(3,2)
3
2
```

取行、列、切片操作如下:

(1) 取列.

```
df['name']        # 取列名为'name'的列, 格式为 Series

df[['name']]       # 取列名为'name'的列, 格式为 Dataframe

df['name'].values    # 取列名为'name'的列的值, 格式为 array
```

结果如下:

```
first      小明
second     小红
third      小蓝
Name: name, dtype: object


          name
first     小明
second    小红
third     小蓝

array(['小明', '小红', '小蓝'], dtype=object)
```

(2) 取行.

```
df.loc['first']  #.loc 为按标签提取

df.iloc[1]       #.iloc 按位置索引提取
# 提取多行
df.loc[['first','second']]

df.iloc[0:2]

# 满足某些条件的行
df[df['age']>18]
df.loc[(df['age']<19) & (df['age']>17)]
```

结果如下:

```
name    小明
age     18
Name: first, dtype: object

name    小红
age     19
Name: second, dtype: object


        name age
first   小明  18
second  小红  19


        name age
first   小明  18
second  小红  19


        name age
second  小红  19


        name age
first   小明  18
```

(3) 切片操作.

```
df.loc[['first','second'],['name','age']]

df.iloc[0:2, 1]
```

结果如下:

```
        name  age
first    小明   18
second   小红   19


first    18
second   19
Name:  age, dtype:  int64
```

数据可视化

数据可视化指的是通过可视化表示来探索数据, 它与数据挖掘紧密相关, 数据挖掘指的是使用代码来探索数据集的规律和关联. 漂亮地呈现数据关乎的并不仅仅是漂亮的图片. 以引人注目的简洁方式呈现数据, 让观看者能够明白其含义, 发现数据集中原本未意识到的规律和意义. 在基因研究、天气研究、政治经济分析等众多领域, 大家都使用 Python 来完成数据密集型工作. 数据科学家使用 Python 编写了一系列令人印象深刻的可视化和分析工具, 其中很多可供我们使用. 最流行的工具之一是 Matplotlib, 它是一个数学绘图库, 我们将使用它来制作简单的图表, 如折线图和散点图.

1. 折线图

下面使用 Matplotlib 绘制一张简单的折线图, 再对其进行定制, 以实现信息更丰富的数据可视化. 我们将使用平方数序列 1, 4, 9, 16 和 25 来绘制这张图. 只需向 Matplotlib 提供如下数字, Matplotlib 就能完成其他的工作.

```python
import matplotlib.pyplot as plt

values=[1,2,3,4,5]
squares=[1,4,9,16,25]
plt.plot(values,squares)
plt.show()
```

结果见图 A–3.

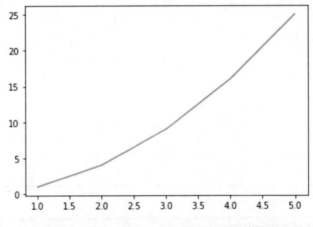

图 A–3　使用 Matplotlib 绘制的简单折线图

这是最简单的折线图, 我们可以对其进行定制, 实现信息更丰富的数据可视化. 使用
plot() 时可指定各种实参, 还可使用众多函数对图形进行定制.

```
import matplotlib.pyplot as plt

values=[1,2,3,4,5]
squares=[1,4,9,16,25]
plt.plot(values,squares,c='red',linewidth=5) # 设置线条粗细以及线条颜色
plt.title('Square Numbers',fontsize=15) # 添加标题并设置字号
plt.xlabel('Value',fontsize=12) # 为 x 轴添加标签
plt.ylabel('Square of value',fontsize=12) # 为 y 轴添加标签
plt.figure(figsize=(10,6)) # 设定图片的宽和高
plt.show()
```

结果见图 A–4.

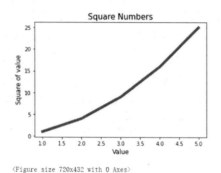

⟨Figure size 720x432 with 0 Axes⟩

图 A-4 定制的折线图

2. 散点图

要绘制一系列的点, 可向 scatter() 传递两个分别包含 x 值和 y 值的列表. 继续使用上面
的数据.

```
import matplotlib.pyplot as plt

values=[1,2,3,4,5]
squares=[1,4,9,16,25]
plt.scatter(values,squares)
plt.show()
```

结果见图 A–5.

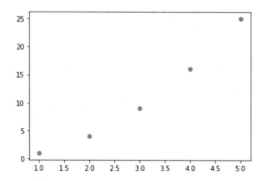

图 A-5 使用 Matplotlib 绘制的散点图

有时候需要绘制散点图并设置各个数据点的样式. 例如, 你可能想以某种颜色显示较小的值, 而用另一种颜色显示较大的值, 以突出它们.

```python
import matplotlib.pyplot as plt

values=[1,2,3,4,5]
squares=[1,4,9,16,25]
plt.scatter(values,squares,c=squares,cmap=plt.cm.Purples,s=20) # 设置点的大小以及颜色
plt.title('Square Numbers',fontsize=15) # 添加标题并设置字号
plt.xlabel('Value',fontsize=12) # 为 x 轴添加标签
plt.ylabel('Square of value',fontsize=12) # 为 y 轴添加标签
plt.figure(figsize=(10,6)) # 设定图片的宽和高
plt.show()
```

颜色映射 (colormap) 是一系列颜色, 从起始颜色渐变到结束颜色. 在可视化中, 颜色映射用于突出数据的规律. 例如, 你可能用较浅的颜色来显示较小的值, 并使用较深的颜色来显示较大的值. 模块 pyplot 内置了一组颜色映射. 要使用这些颜色映射, 你需要告诉 pyplot 该如何设置数据集中每个点的颜色. 上面演示了如何根据每个点的 y 值来设置其颜色, 我们将参数 c 设置成一个 y 值列表, 并使用参数 cmap 告诉 pyplot 使用哪个颜色映射. 这些代码将 y 值较小的点显示为浅紫色, 并将 y 值较大的点显示为深紫色, 生成的图形如图 A-6 所示.

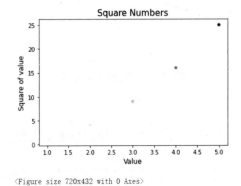

⟨Figure size 720x432 with 0 Axes⟩

图 A-6　使用颜色映射 Purples 的散点图

要了解 pyplot 中所有的颜色映射, 请访问 http://matplotlib.org/, 单击 Examples, 向下滚动到 Color Examples, 再单击 colormaps_reference.

要查看使用 Matplotlib 可制作的各种图表, 请访问 http://matplotlib.org/ 的示例画廊. 单击画廊中的图表, 就可查看用于生成图表的代码.

Scipy.stats 介绍

Scipy 是 Python 中用来进行数据分析的包, 其中的 scipy.stats 模块包含了多种统计工具以及概率分析工具. 本节主要从三个部分出发来介绍这个模块, 包括通用函数、常用分布以及常用的统计检验方法. 关于 scipy.stats 模块更详细的知识请访问网址 (https://docs.scipy.org/doc/scipy/reference/tutorial/stats.html).

1. 通用函数

通用函数见表 A–2.

表 A-2 通用函数

函数名	作用
pdf	概率密度函数
pmf	离散变量取某个值的概率
cdf	累积分布函数
ppf	分位点函数 (cdf 的逆)
rvs	产生服从指定分布的随机数

```
from scipy import stats

print(stats.norm.cdf(0))
print(stats.norm.ppf(0.5))
print(stats.norm.rvs(size=5))
```

结果如下:

```
0.5
0
array([-0.35687759, 1.34347647, -0.11710531, -1.00725181, -0.51275702])
```

2. 常用分布

常用分布见表 A-3

表 A-3 常用分布

函数名	对应分布
norm	正态分布
possion	泊松分布
uniform	均匀分布
binom	二项分布
beta	beta 分布
gamma	gamma 分布
hypergeom	超几何分布
lognorm	对数正态分布
chi2	卡方分布
cauchy	柯西分布
laplace	拉普拉斯分布
t	t 分布
expon	指数分布
f	F 分布

这里以二项分布为例说明用法, 其余分布函数使用方法与此类似.

二项分布: 假设某个试验是伯努利试验, 其成功概率用 p 表示, 那么失败的概率为 $q = 1-p$. 进行 n 次这样的试验, 成功了 x 次, 则失败次数为 $n-x$, 二项分布求的是成功 x 次的概率.

```
import matplotlib.pyplot as plt

n=10 # 做某件事的次数，例如三分投篮次数
p=0.75 # 三分投篮命中率
X=np.arange(0,n+1,1) # 产生了一个序列
pList=stats.binom.pmf(X,n,p) # 每一点的概率值
pList1=stats.binom.cdf(X,n,p) # 累积概率

plt.plot(X,pList,marker='o',linestyle='None')
plt.vlines(X,0,pList)
plt.xlabel('Number of shots')
plt.ylabel('P(X=k)')
plt.title('Probability of binomial distribution')
plt.show()

plt.plot(X,pList1,marker='o',linestyle='None')
plt.vlines(X,0,pList1)
plt.xlabel('Number of shots')
plt.ylabel('P(X<=k)')
plt.title('Cumulative probability of binomial distribution')
plt.show()
```

结果见图 A–7 和图 A–8.

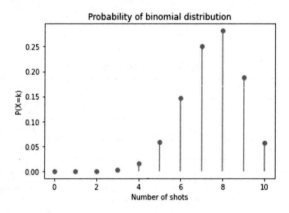

图 A-7   二项分布的概率值

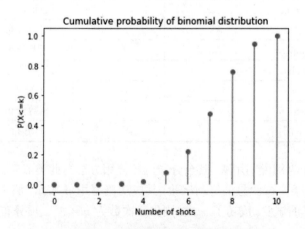

图 A-8   二项分布的累积概率值

3. 常用的统计检验方法

这里列举一些常用的非参数统计检验方法, 如表 A–4 所示.

表 A–4 常用的非参数统计检验方法

名称	用途
ttest_1samp()	单一样本 t 检验
ttest_ind()	两独立样本 t 检验
kstest()	Kolmogorov-Smirnov 正态性检验
wilcoxon()	Wilcoxon 符号秩检验
kruskal()	独立样本 Kruskal-Wallis H 检验
bartlett()	等方差 Bartlett 检验
levene()	等方差 Levene 检验
shapiro()	Shapiro-Wilk 正态性检验
binom_test()	伯努利检验
mood()	Mood 检验

这里以 Wilcoxon 符号秩检验为例, 说明其使用方法.

```
import scipy.stats as stats
spammail=[310,350,370,377,389,400,415,425,440,295,325,296,250,340,298,365,375,360,385]
spammail_t=[320]*len(spammail)
#wilcoxon 检验
#scipy.stats.wilcoxon( x,y, correction = Flase, alternative = 'two-sided')x 是第一组测量值,y 是第二组测量值
stats.wilcoxon(spammail,spammail_t,correction=True,alternative='greater')
```

结果如下:

```
WilcoxonResult(statistic=158.0, pvalue=0.004726409912109375)
```

$p = 0.004726409912109375$ 小于 0.05 的显著性水平, 所以拒绝原假设.

参考文献

[1] Arbuthnot J. An argument for divine providence, taken from the constant regularity observed in the births of both sexes. Philos Trans R Soc. 1710, 27: 186-190.

[2] Beecher H K. Measurement of subjective response: quantitative effects of drugs. New York: Oxford University Press, 1959.

[3] Benjamini & Hochberg. Controlling the false discovery rate practical and powerful approach to multiple testing. J. R. Stat. Soc. Ser. B. Stat. Method, 1995, 57: 289-300.

[4] Bowman O & Katz B. Hand strength and prone extension in right-dominant, 6 to 9 year aids. Americanjournal of Occupational Therapy, 1984, 38: 367-376.

[5] Box G E P. Non-normality and tests on variances. Biometrika, 1953, 40: 318-335.

[6] Bradley J V. Distribution-free tests. Prentice-Hall, Englewood Cliffs, 1968.

[7] Breiman L, Friedman J, Olshen R & Stone C. Classification and regression trees. Belmont, CA: Wadsworth International Croup, 1984.

[8] Breiman L. Random forests. Machine Learning, 2001, 45: 5-32.

[9] Breslow N E, Day N E. Statistical methods in Cancer Research, Vol(2): the design and analysis of cohort studies. Lyon: International Agency for Research on Cancer, 1987.

[10] Bross I D J. How to use Ridit analysis. Biometrics Vol. 14, No. 1 (Mar. , 1958), 1958: 18-38.

[11] Brown G W & Mood A M. Amer Statist, 1948, 2(3): 22.

[12] Brown G W & Mood A M. Proc. 2nd Berkeley Symp. Math. Statist. Prob. University of California Press, Berkeley, Calif, 1951: 159-166.

[13] Chambers J, Cleveland W. Graphical methods for data analysis. Boston: Duxbury Press India, 1983.

[14] Chang W H, McKean J W, Naranjo J D & Sheather S J. High-breakdown rank regression. Journal of the American Statistical Association, 1999: 205-219.

[15] Bishop C M. Pattern recognition and machine learning. New York: Springer-Verlag, 2007.

[16] Conover W J. Practical nonparametric statistics (2nd ed). New York: John Wiley & Sons, 1980.

[17] Cook R D, Li B. Dimension reduction for the conditional mean in regression. Ann. Stat. 2002, 30: 455-474.

[18] Cox D R & Stuart A. Some quick sign tests for trend in location and dispersion. Biometrika, 1955, Vol. 42: 80-95.

[19] Denker, Manfred. Asymptotic distribution theory in nonparametric statistics, Fr. Vieweg & Sohn, Braunschweig, Wiesbaden, 1985.

[20] Donoho D L & Huber P J. The notion of breakdown point. In: A Festschrift for Erich Lehmann (P. J. Bickel, K. Doksum and J. L. Hodges, Jr., Eds.), Wadsworth, Belmont, CA, 1983: 157-184.

[21] Donoho D L & Jiashun Jin. Higher criticism for detecting sparse heterogeneous mixtures. Ann Statistics, The Annals of Statistics, 2004, Vol. 32, No. 3: 962-994.

[22] Donoho D L & Jiashun Jin. Higher criticism for large-scale inference, especially for rare and weak effects. Statistical Science, 2016, 30(1): 1-25.

[23] Donoho D L & JohnStone I M. Ideal spatial adaptation via wavelet shrinkage. Biometrika, 1994, 81: 425-455.

[24] Draper N L & Smith H. Applied regression analysis. New York: John Wiley & Sons, Inc., 1966.

[25] Efron et al., Tibshirani R, Storey J D & Tusher V. Empirical Bayes analysis of a microarray experiment. Journal of the American Statistical Association, 2001, 96: 1151-1160.

[26] Eubank R L. Nonparametric regression and spline smoothing, 2nd edn. New York: Marcel Dekker, 1999.

[27] Fan J, Gijbels. Local polynomial modeling and its applications. London: Chapman & Hall, 1996.

[28] Fan J, Li R. Variable selection via nonconcave penalized likelihood and its oracle properties. J Am stat ASSOC, 2001, 96: 1348-1360.

[29] Ferguson T S. A course in large sample theory. New York: Chapman-Hall, 1996.

[30] Fraser D A S. Nonparametric methods in statistics. New York: John Wiley & Sons, 1957.

[31] Freund Y. A decision-theoretic generalization of on-line learning and an application to boosting. AT& T Labs, 180 Park Avenue, Florham Park, New Jersey, 1997, 07932.

[32] Friedman J H. Multivariate adaptive regression splines. Ann. statist., 1991, 19(1): 123-141.

[33] Fukunaga K, Hostetler L D. The estimation of the gradient of a density function, with applications in pattern recognition. IEEE Transactions on Information Theory, 1975, 21(1): 32-40.

[34] Gibbons J D, Chakraborti S. Nonparametric statistical inference (5th ed). Boca Raton: Taylor & Fancis/CRC Press, 2010.

[35] Green P J, Silverman B W. Nonparametric regression and generalized linear models. Boca Raton: Chapman & Hall/CRC press, 1994.

[36] Hampel F R. Contributions to the theory of robust estimation. Ph. D. thesis. California, Berkeley: Dept. Statistics, Univ., 1968.

[37] Hampel F R. The influence curve and its role in robust estimation. Journal of American Statistical Association, 1974, 69: 383-393.

[38] Hardle W, Kerkyacharian G, Picard D, Tsybakov A. Wavelets, approximation, and statistical applications. Lecture notes in statistics, vol 129. New York: Springer, 1998.

[39] Hart J D. Nonparamrtic smoothing and lack-of-fit tests. New York: Springer, 1997.

[40] Hastie T, Tibshirani R, Friedman J H. The elements of statistical learning. New York: Springer-Verlag, 2003.

[41] Hoeffding W. A class of statistics with asymptotically normal distribution. Ann. Math. Statist., 1948a, 19: 293-325.

[42] Hoeffding W. A non-parametric test for independence. Ann. Math. Statist., 1948b, 19: 546-557.

[43] Lee A J. U-statistics. New York: Marcel Dekker Inc., 1990.

[44] Hollander M, Wolfe D A. Nonparametric statistical methods (2nd ed). New York: Wiley, 1999.

[45] Hotelling H. Relations between two sets of variates. Biometrika, 1936, 28: 321-377.

[46] Huber P J. Robust regression: asymptotics, conjectures and Monte carlo. Annals of Statistics. 1973, 1: 799-821.

[47] Huber P J. Robust estimation of a location parameter. Annals of Mathematical Statistics. 1964, 35: 73-101.

[48] Huber P J. Robust Statistics. New York: John Wiley and Sons, 1981.

[49] Jaeckel L A. Estimating regression coefficients by minimizing the dispersion of residuals. The Annals of Mathematical Statistics, 1972, 43: 1449-1458.

[50] Jonckheere A R. A distribution-free k-sample test again ordered alternatives. Biometrika, 1954, 41: 133-145.

[51] Kaarsemaker L, van Wijngaarden A. Tables for use in rank correlation. Stat. Neerland. 1953, Vol 7: 53.

[52] Kendall M G. A new measure of rank correlation. Biometrika, 1938: 30, 81-93.

[53] Kendall M G, Babington Smith B. The problem of rankings. The Annals of Mathematical Statistics, 1939, 10: 275-287.

[54] Koenker R, Bassett Jr. G. Regression quantiles. Econometrica, 1978, 46: 33-50.

[55] Koenker R. When are expectiles percentiles? Econometric Theory, 1993, 9: 526-527.

[56] Koenker R, Hallock K. Quantile regression: an introduction. Journal of Economic Perspectives, 2001, 15: 43-56.

[57] Koenker R. Quantile regression. Cambridge: Cambridge University Press, 2005.

[58] Kolmogrow A N Sulla. Determinatzione empirica di una legge di distribuzione. Gione Ist Ital Attuai, 1933, 4: 83-91.

[59] Konijn H S. On the power of certain tests for independence in bivariate populations. Ann. Math. Statist., 1956, 27(2): 300-323.

[60] Wasserman L. All of nonparametric statistics. New York: Springer-Verlag, 2007.

[61] Lehmann E L. Testing stochastical hypotheses (3rd ed). New York: Springer, 2008.

[62] Lehmann E L. Nonparametrics: statistical methods based on ranks. San Francisco: Holden-Day, 1975.

[63] Lehmann E L. Nonparametric statistical methods, rev ed. Berlin: Springer, 2006.

[64] Mann H B, Whitney D R. On a test of whether one of two random variables is stochastically larger than the other. Ann. Math. Statist. 1947, 18: 50-60.

[65] Mason S J, Graham N E. Areas beneath the relative operating characteristics (ROC) and relative operating levels (ROL) curves: statistical significance and interpretation, Q. J. R. Meteorol. Soc. 2002, 128: 2145-2166.

[66] McCullagh P, Nelder J A. Generalized linear models (2nd ed). London: Chapman and Hall, 1989.

[67] McNemar Q. Note on the sampling error of the difference between correlated proportions or percentages. Psychometrica, 1947, 12: 153-157.

[68] Morgan J N. Problems in the analysis of survey data, and a proposal. Amer. statist. assoc, 1963.

[69]　Myles Hollander, Wolfe D A. Nonparametric statistical methods (2nd ed). London: Wiley-Interscience, 1999.

[70]　Mood A M. Introduction to the theory of statistics. New York: McGraw-Hill, 1950.

[71]　Nadaraya. On estimating regression, theory of probability & its applications. Soc. Ind. Appl. Math., 1964, 9(1): 141-142.

[72]　Norman R, Smith D H. Applied regression analysis (third ed). John Wiley & Sons, Inc., 1998.

[73]　Nother G E. The asymptotic relative efficiencies of tests of hypotheses. Ann. Math. Statist., 1955.

[74]　Nother G E. Elements of nonparametric statistics. New York: Wiley, 1967.

[75]　Pitman E J G. Lecture notes on non-parametric statistical inference. University of North Carolina Institute of Statistics, 1948.

[76]　Quinlan J A. C4.5: Programs for machine learning. San Francisco: Morgan Kaufmann, 1993.

[77]　Rice J. Mathematical statistics and data analysis (3rd ed). Boston: Duxbury Press India, 2007.

[78]　Rousseeuw P, Van Driessen K. A fast algorithm for the minimum covariance determinant estimator. Technometrics, 1999, 41: 212-223.

[79]　Ruppert D, Wand M P, Carroll R J. Semiparametric regression. Cambridge: Cambridge University Press, 2003.

[80]　Saligrama V, ZHAO M. Local anomaly detection. JMLR W& CP, 2012, 22: 969-983.

[81]　Schlimmer J C. A case study of incremental concept induction. Proceedings of the Fifth National Conference on Artificial Intelligence. Philadelphia, PA: Morgan Kaufmann, 1986.

[82]　Schlimmer J C. Incremental learning from noisy data. Machine Learning, 1986, 1: 317-354

[83]　Scott D W. Multivariate density estimation: theory, practice, and visualization. Wiley, 2009.

[84]　Serfling R J. Approximation theorems of mathematical statistics. New York: JohnWiley & Sons, 1980.

[85]　Wilcoxon, Frank. Individual comparisons by ranking methods. Biometrics, 1945, 1: 80-83.

[86]　Siegel S. Nonparametric statistics for the behavioural sciences. New York: McGraw-Hill, 1956.

[87]　Siegel S, Castellan N J. Nonparametric statistics for the behavioural sciences. 2nd ed. New York: McGraw-Hill, 1988.

[88]　Silverman B W. Density estimation for statistics and data analysis. London: Chapman and Hall, 1986.

[89]　Silverman B W. Nonparametric regression and generalized linear models. London: Chapman and Hall, 1994.

[90]　Simonnoff J. Smoothing methods in statistics. New York: Springer-Verlag, 1998.

[91]　Sonquist J A. The detection of interaction effects. Survey Research Center, University of Michigan, 1964.

[92]　Sprent P. Applied nonparametric statistical methods (4th ed). London: Chapman and Hall, Boca Raton: Hall Press, 2007.

[93]　Stephens S, Madronich S, Wu F, Olson J. Weekly patterns of Mexico City's surface concentrations of CO, NOx, PM$_{10}$ and O$_3$ during 1986—2007. Atmos. Chem. Phys. Discuss., 2008, 8: 8357-8384.

[94] Terpstra T J. The asymptotic normality and consistency of Kendall's test against trend, when ties are present in one ranking. Indagationes Mathematicae, 1952, 14: 327-333.

[95] Theil H. A rank-invariant method of linear and polynomial regression analysis, III. Proc. Kon. Ned. Akad. v. Wetensch, 1950, 53: 1397-1412.

[96] Tukey J W. A survey of sampling from contaminated distributions. In Contributions to Probability and Statistics, eds I. Olkin, S. Ghurye, W. Hoeffding, W. Madow and H. Mann. Stanford: Stanford University Press, 1960: 448-485.

[97] Utgoff P E. ID5: An incremental ID3. Proceedings of the Fifth International Conference on Machine Learning. Ann Arbor, MI: Morgan Kaufmann, 1988: 107-120.

[98] Vapnik V N. The nature of statistical learning theory. Springer-Verlag New York, Inc., 1995.

[99] Vapnik V N. Statistical learning theory. New York: Wiley-Interscience, 1998.

[100] Venables W N, Ripley B D. Modern applied statistics with SPLUS. Second Edition. New York: Springer, 1997.

[101] Venables W N, Smith D M. cran.r-project.org/doc/manuals/R-intro.pdf, 2008.

[102] Wahba G. Spline models for observational data. Philadelphia: Society for Industrial, 1990.

[103] Watson. Smooth regression analysis. India J. Stat. Series A, 1964: 359-372.

[104] Wegman E J. Nonparametric probability density estimation. Technometrics, 1972, 14: 513-546.

[105] Yu B. Stability. Bernoulli, 2013, 19(4): 1484-1500.

[106] 陈希孺. 高等数理统计学. 北京: 中国科学技术大学出版社, 1999.

[107] David Hand, 等. 数据挖掘原理. 北京: 机械工业出版社, 2003.

[108] 海特曼斯波格. 基于秩的统计推断. 长春: 东北师范大学出版社, 1995.

[109] 李裕奇, 等. 非参数统计方法. 成都: 西南交通大学出版社, 1998.

[110] 刘勤, 金丕焕. 分类数据的统计分析及 SAS 编程. 上海: 复旦大学出版社, 2002.

[111] 柳青. 中华医学统计百科全书多元统计分册. 北京: 中国统计出版社, 2013.

[112] 茆诗松, 王静龙. 高等数理统计. 北京: 高等教育出版社, 1999.

[113] J. P. Marques de Sa. 模式识别: 原理、方法及应用. 北京: 清华大学出版社, 2002.

[114] 迈克尔·贝里, 等. 数据挖掘. 北京: 中国劳动社会保障出版社, 2004.

[115] Pang-Ning Tan, Michael Steinbach, Vipin Kumar. 数据挖掘导论. 北京: 人民邮电出版社, 2006.

[116] Richard O. Duda, 等. 模式分类. 北京: 机械工业出版社, 2003.

[117] 理查德·P. 鲁尼恩. 行为统计学基础: 第 9 版. 北京: 中国人民大学出版社, 2007.

[118] 孙婧芳. 城市劳动力市场中户籍歧视的变化: 农民工的就业与工资. 经济研究. 2017(8): 171-186.

[119] 孙山泽. 非参数统计讲义. 北京: 北京大学出版社, 2000.

[120] 王星, 褚挺进. 非参数统计. 2 版. 北京: 清华大学出版社, 2014.

[121] 王星. 大数据分析: 方法与应用. 北京: 清华大学出版社, 2013.

[122] 王星. 非参数统计. 3 版. 北京: 电子工业出版社, 2020.

[123] 吴喜之, 王兆军. 非参数统计方法. 北京: 高等教育出版社, 1996.

[124] 吴喜之. 非参数统计. 北京: 中国统计出版社, 1999.

[125] 吴喜之, 赵博娟. 非参数统计. 4 版. 北京: 中国统计出版社, 2013.

[126] 解其昌. 稳健非参数 VaR 建模及风险量化研究. 中国管理科学, 2015(23): 8, 29-38.

[127]　蒋重阳, 周萍. 降低心理衰竭患者 30 天内再入院率的文献分析与启示. 中国卫生质量管理, 2017, 24(02): 94-96.

[128]　徐端正. 生物统计在药理学中的应用. 北京: 科学出版社, 1986.

[129]　杨辉, Shane Thomas. 再入院: 概念、测量和政策意义. 中国卫生质量管理, 2009, 16(5): 113-115.

[130]　叶阿忠. 非参数计量经济学. 天津: 南开大学出版社, 2003.

[131]　张家放. 医用多元统计方法. 武汉: 华中科技大学出版社, 2002.

[132]　张尧庭. 定性资料的统计分析. 桂林: 广西师范大学出版社, 1991.

[133]　郑忠国. 高等统计学. 北京: 北京大学出版社, 1998.

图书在版编目（CIP）数据

非参数统计：基于 Python／王星编著. -- 北京：
中国人民大学出版社，2022.6
　（基于 Python 的数据分析丛书）
　ISBN 978-7-300-30149-5

　Ⅰ.①非… Ⅱ.①王… Ⅲ.①非参数统计②软件工具
-程序设计 Ⅳ.①O212.7②TP311.561

中国版本图书馆 CIP 数据核字（2021）第 281025 号

基于 Python 的数据分析丛书
非参数统计——基于 Python
王　星　编著
Fei Canshu Tongji——Jiyu Python

出版发行	中国人民大学出版社			
社　　址	北京中关村大街 31 号		**邮政编码**	100080
电　　话	010 - 62511242（总编室）		010 - 62511770（质管部）	
	010 - 82501766（邮购部）		010 - 62514148（门市部）	
	010 - 62515195（发行公司）		010 - 62515275（盗版举报）	
网　　址	http://www.crup.com.cn			
经　　销	新华书店			
印　　刷	北京昌联印刷有限公司			
规　　格	185 mm×260 mm　16 开本		**版　　次**	2022 年 6 月第 1 版
印　　张	19.5　插页 1		**印　　次**	2022 年 6 月第 1 次印刷
字　　数	470 000		**定　　价**	49.00 元

中国人民大学出版社　管理分社

教师教学服务说明

中国人民大学出版社管理分社以出版经典、高品质的工商管理、统计、市场营销、人力资源管理、运营管理、物流管理、旅游管理等领域的各层次教材为宗旨。

为了更好地为一线教师服务，近年来管理分社着力建设了一批数字化、立体化的网络教学资源。教师可以通过以下方式获得免费下载教学资源的权限：

★ 在中国人民大学出版社网站 www.crup.com.cn 进行注册，注册后进入"会员中心"，在左侧点击"我的教师认证"，填写相关信息，提交后等待审核。我们将在一个工作日内为您开通相关资源的下载权限。

★ 如您急需教学资源或需要其他帮助，请加入教师 QQ 群或在工作时间与我们联络。

中国人民大学出版社　管理分社

🔔 **教师 QQ 群**：64833426（仅限教师加入）

☎ **联系电话**：010-82501048，62515782，62515735

✉ **电子邮箱**：glcbfs@crup.com.cn

📍 **通讯地址**：北京市海淀区中关村大街甲 59 号文化大厦 1501 室（100872）